“十二五”国家重点图书出版规划项目
草业科学研究生创新教育系列丛书

草业信息学

梁天刚 主编

科学出版社
北京

内 容 简 介

草业信息学是现代信息技术与草业科学相结合的新兴交叉学科，是草业科学的重要分支学科，它运用草原学、生态学和信息学等学科的理论与技术，重点研究现代信息技术及其在草业科学领域方面的应用，主要包括草业信息的数字化与可视化表达、处理、分析、集成和应用等。

本书共 11 章，主要内容有草业信息学基础、草业数据的采集、草业信息统计分析与处理方法、草业信息模拟模型、草业基础数据库构建、草业资源管理信息系统、草业遥感技术、草业地理信息系统、草业决策支持系统、草业专家系统和精准草业与数字草业，为定量研究草地农业生态系统中土-草-畜-社会之间的互作关系及草业生产、经营管理、科学研究和技术推广提供了新的管理技术和传播途径，促进了草业的持续发展和数字化管理。

本书适合高等院校草业科学及相关专业的本科生和研究生教学使用，也可供草业管理人员和技术人员阅读。

图书在版编目（CIP）数据

草业信息学/梁天刚主编. —北京：科学出版社, 2017.6
（草业科学研究生创新教育系列丛书）
“十二五”国家重点图书出版规划项目
ISBN 978-7-03-052745-5

Ⅰ. ①草… Ⅱ. ①梁… Ⅲ. ①草原建设–信息化–研究 Ⅳ. ①S812.5-39

中国版本图书馆 CIP 数据核字(2017)第 101259 号

责任编辑：李秀伟 白 雪 / 责任校对：郑金红
责任印制：赵 博 / 封面设计：北京铭轩堂广告设计有限公司

科学出版社 出版
北京东黄城根北街 16 号
邮政编码：100717
http://www.sciencep.com
北京凌奇印刷有限责任公司印刷
科学出版社发行 各地新华书店经销
*
2017 年 6 月第 一 版 开本：787×1092 1/16
2025 年 1 月第三次印刷 印张：20
字数：460 000
定价：118.00 元
(如有印装质量问题, 我社负责调换)

《草业科学研究生创新教育系列丛书》
总编委会

《草业信息学》编委会名单

主　编：梁天刚（兰州大学）

编　者：（按姓氏拼音排序）

冯琦胜（兰州大学）

高新华（兰州大学）

郭正刚（兰州大学）

黄晓东（兰州大学）

李文龙（兰州大学）

梁天刚（兰州大学）

林慧龙（兰州大学）

张　丛（甘肃省信息中心）

审　定：张德罡（甘肃农业大学）

谢红接（美国得克萨斯大学圣安德鲁分校）

前　　言

自21世纪初期以来，随着移动通信、“3S”技术（地理信息系统、遥感和全球定位系统）、移动互联网、物联网、大数据（Big Data）等现代信息技术的快速发展及其在草原管理中的不断应用，草业科学信息化已与草地管理深入融合，主要包括草原生态信息化、草业信息化和草原畜牧业信息化等内容，涉及草原生产、经营、管理、服务各个环节，已在草地农业现代化过程中发挥了重要作用。草业信息学是草地农业生产及管理信息化与现代化的基础，对有效解决草原“三化”、草畜平衡管理决策等诸多复杂问题，实现牧区及半农半牧区社会经济的协调发展，具有重要的现实意义和应用前景。

信息化是以现代通信、网络、数据库技术为基础，将所研究对象各要素汇总至数据库，供特定人群生活、工作、学习、辅助决策的一种技术，信息化可极大地提高各种行为的效率，为推动人类社会进步提供极大的技术支持。近年来，欧美、日本、澳大利亚等发达国家和地区，在信息化方面取得了显著的成效，如移动通信、智能通信、4G 等现代通信技术，以及移动网络、物联网等网络技术，大数据和云计算（Cloud Computing）等计算机技术，基于无人机的航空遥感技术，高分遥感技术和高光谱遥感技术，基于大数据的数据库及其分析与管理技术，以及基于“3S”技术的精准农牧业等方面发展迅速，并取得了显著的成效。国内在移动通信、移动互联网、物联网、“3S”技术、大数据等信息技术方面也开展了卓有成效的研究工作，这些技术已逐步应用于草原管理中，在草原生态保护、草地畜牧业管理等方面均建立了数据库和信息服务平台，并建立了诸多业务信息系统。例如，草原防火指挥信息系统、草原生态保护补助奖励信息系统，已形成了部、省、地（市、州）、县、乡信息管理体系；许多地区对草原生态展开长期监测，获取了海量数据；部分地区基于草原承包经营管理系统，开展了草原承包管理、合同打印和牧户档案管理等。

近十年以来，随着大数据、物联网、云计算、移动互联网、位置服务（Location Based Service，LBS）、遥感及地理信息系统等技术的飞速发展，草地农业数据呈现海量爆发趋势，草业跨步迈入大数据时代，草业科学与信息科学之间的相互交叉及融合，推动了草业信息学这一交叉学科的诞生。由于受多种支撑学科及其方法论的影响，草业信息学的相关技术及理论也处于不断探索和发展的过程中。目前，国内多所农业院校开设了与草业信息学相关的课程，诸如地理信息系统、遥感等，但尚无统一的草业信息学教材。为了更好地促进高等院校草业信息学的教学及研究工作，我们组织了多名长期从事草地农业信息学教学和研究方面的专家，编写了《草业信息学》一书。本书由梁天刚教授设计大纲并主持撰写，全书共 11 章，各章执笔人员如下：第一章草业信息学基础由梁天刚执笔，第二章草业数据的采集由梁天刚和高新华执笔，第三章草业信息统计分析与处理方法由林慧龙执笔，第四章草业信息模拟模型和第七章草业遥感技术由李文龙执笔，

第五章草业基础数据库构建由冯琦胜和张丛执笔，第六章草业资源管理信息系统和第十章草业专家系统由张丛执笔，第八章草业地理信息系统由黄晓东和张丛执笔，第九章草业决策支持系统和第十一章精确草业与数字草业由郭正刚执笔。本书以“基础理论-关键技术-主要方法-实践应用”为主线，重点介绍遥感、地理信息系统、全球定位系统、数据库、管理信息系统、专家系统、决策支持系统等关键技术及其在草业科学生产和管理中的应用。草业信息学运用草原学、生态学、计算机科学与信息学、遥感、地理信息系统和全球定位系统等学科的理论与技术，研究草业信息的表达、处理、分析、集成和应用，对草业资源与环境的监测、评价和管理进行方法性研究，为草业信息的数字化、可视化管理提供理论和技术支撑。草业信息学体系由理论基础、关键技术、应用系统这3方面组成，涉及众多学科体系，具有多学科的交叉性和综合性。《草业信息学》可作为草业科学及相关专业的高年级本科生和研究生教材，也可供草原、农学、畜牧、生态、规划、农业经济专业的教学、科研和生产工作者参考。

本书为草业科学研究生创新教育系列教材，在编写初期，承蒙任继周、南志标两位院士审阅教材大纲并予以指导，在编写过程中得到了张德罡教授的指导和帮助，全书由张德罡教授和谢红接教授主审，谨此一并致以衷心感谢！

本书编写时正处于草业科学和信息学快速发展的阶段，由于学识所限，书中不足之处在所难免，敬请读者批评指正。

编　者

2016年10月9日

目　　录

第一章　草业信息学基础

自 21 世纪以来，信息化已成为国民经济和社会发展的一项重要战略目标，对人们的工作、生活、学习和文化传播方式产生了深刻影响。在信息技术（Information Technology，IT）和信息科学（Information Science，IS）快速发展过程中，基于草业科学与信息科学相互交叉而形成的草业信息学（Pratacultural Informatics）正在成为一门新兴的学科，为定量研究草地农业生态系统中土-草-畜-社会之间的互作关系及草业生产、经营管理、科学研究和技术推广，提供了新的管理技术和传播途径，促进了草业的持续发展和数字化与可视化管理。

本章主要介绍草业信息学的形成、草业信息学的一些基本概念（包括信息技术、信息科学、草业信息学等）、草业信息学的特征、草业信息学研究的关键技术，以及草业信息学的作用与应用。

第一节　草业信息学的形成

从 1923 年美国学者 Arthur 所著的 *Range and Pasture Management* 作为第一本大学教科书，草业科学自诞生到现在已经有 90 多年。自 20 世纪 70 年代信息科学形成以来，信息技术和信息科学得到快速发展，信息学已广泛应用于包括草业科学在内的各个学科及各种行业，对人类社会经济发展和科学研究产生了深刻影响。信息技术和信息科学是草业信息学形成及发展的重要基础。随着信息科学和草业科学的理论及技术在近 30 年的交叉融合发展，逐渐形成了草业信息学这一新兴学科。

一、信息技术与信息科学

（一）信息技术

信息化是指培养、发展以计算机为主的智能化工具为代表的新生产力，并使之造福于社会的历史过程。信息技术是指用于管理和处理信息所采用的各种技术的总称。它主要是应用计算机科学和通信技术来设计、开发、安装和实施信息系统及应用软件。信息技术通常也称为信息和通信技术（Information and Communications Technology，ICT），其研究包括科学、技术、工程及管理等学科。

信息技术的应用包括计算机硬件和软件、网络和通信技术、应用软件开发工具等。自从计算机和互联网普及以来，人们日益普遍地使用计算机来生产、处理、交换和传播各种形式的信息（如书籍、商业文件、报刊、电影、电视节目、语音、图形、影像等）。

信息技术代表着当今先进生产力的发展方向，信息技术的广泛应用使信息的重要生产要素和战略资源的作用得以发挥，使人们能更高效地进行资源优化配置，从而推动传统产业不断升级，提高社会劳动生产率和社会运行效率。随着信息化在全球的快速进展，世界对信息的需求快速增长，信息产品和信息服务对于各个国家、地区、企业、单位、家庭、个人都不可缺少。信息技术已成为支撑当今经济活动和社会生活的基石。

信息技术的类型较多，有多种分类方法。按表现形态的不同，信息技术可分为硬技术（物化技术）与软技术（非物化技术）。前者指各种信息设备及其功能，如显微镜、电话、通信卫星、多媒体电脑等。后者指有关信息获取和处理的各种知识、方法与技能，如语言文字技术、数据统计分析技术、规划决策技术、计算机软件技术等。按工作流程中基本环节的不同，信息技术可分为信息获取技术、信息传递技术、信息存储技术、信息加工技术及信息标准化技术。

（二）信息科学

信息科学以信息为主要研究对象，以信息的运动规律和应用方法为主要研究内容，以计算机等技术为主要研究工具，以扩展人类的信息功能为主要目标。信息科学是研究信息运动规律和应用方法的科学，是由信息论、控制论、计算机理论、人工智能理论和系统论相互渗透、相互结合而成的一门新兴综合性科学。其支柱为信息论、控制论和系统论。

1. 信息论

信息论是信息科学的前导，是一门用数理统计方法研究信息的度量、传递和交换规律的科学，主要研究通信和控制系统中普遍存在着的信息传递的共同规律，以及建立最佳的解决信息的获取、度量、变换、存储、传递等问题的基础理论。

2. 控制论

控制论的创立者是美国科学家维纳，1948 年他撰写了《控制论》一书，明确提出控制论的两个基本概念——信息和反馈，揭示了信息与控制规律。控制论是关于动物和机器中的控制与通信的科学，它研究各种系统的共同控制规律。在控制论中广泛采用功能模拟和黑箱方法。控制系统实质上是反馈控制系统。负反馈是实现控制和使系统稳定工作的重要手段。控制论中，对系统控制调节通过信息的反馈来实现。

3. 系统论

系统论的基本思想是把系统内各要素综合起来进行全面考察统筹，以求整体最优化。整体性原则是其出发点，层次结构和动态原则是其研究核心，综合化、有序化是其精髓。系统论是国民经济中广泛运用的一大组织管理技术。

（三）信息科学主要研究内容

信息科学正在迅速发展中，人们对其研究内容的范围尚无统一的认识。现在的研究主要集中在以下 6 个方面。

1）信息源理论和信息的获取，研究自然信息源和社会信息源，以及从信息源提取信息的方法和技术。

2）信息的传输、存储、检索、变换和处理。

3）信号的测量、分析、处理和显示。

4）模式信息处理，研究对文字、图像、声音等信息的处理、分类和识别，研制机器视觉系统和语音识别装置。

5）知识信息处理，研究知识的表示、获取和利用，建立具有推理和自动解决问题能力的知识信息处理系统，即专家系统。

6）决策和控制，在对信息的采集、分析、处理、识别和理解的基础上做出判断、决策或控制，从而建立各种控制系统、管理信息系统和决策支持系统。

二、草业信息学发展背景与形成过程

草业信息学是草业科学与信息学相互渗透、相互结合而形成的一门新兴的交叉学科，是草业科学的重要分支学科，也是信息学重要应用领域之一。草业科学自诞生至今已有 90 多年，信息科学的发展从 20 世纪 70 年代末期开始，至今也有 40 多年的历史。草业信息学的形成过程与计算机技术和信息科学的发展紧密相关。

20 世纪 40 年代末，电子计算机的诞生，以及信息论等理论的创立及其在通信工程中的广泛应用，为信息科学的研究奠定了初步的基础。随着自动化系统和自动控制理论的出现，对信息的研究开始突破原来仅限于传输方面的概念。

20 世纪 60 年代，数据库技术、计算机图形学、遥感（美国极轨气象卫星 NOAA 成功发射）、地理信息系统等理论与技术的创立和应用，使信息学得到空前发展，信息和控制成为信息科学的基础和核心。从草业科学看，草地类型学及其分类研究是人类科学认识、评价和合理开发利用草原的理论基础。世界草地资源类型复杂、空间分布广泛，许多国家在这一时期及之前多采用传统的地面调查方法开展草地资源研究工作，获取了较为丰富的数据资料。这一时期，美国、澳大利亚等发达国家开始应用遥感技术，初步探索划分地类和草地类型，判定边界，进行制图。同时，在家庭牧场科学管理方面，开始研究基于计算机技术的概念模型及相关算法和软件。

20 世纪 70 年代，随着电视、数据通信、遥感（美国第一代地球资源卫星 Landsat-1、Landsat-2、Landsat-3 成功发射）和生物医学工程的发展，信息论已从原来的通信广泛地渗入自动控制、信息处理、系统工程、人工智能等领域，这就要求对信息的本质、信息的语义和效用等问题进行更深入的研究，建立更一般的理论，从而产生了信息科学。这一时期，澳大利亚、美国等发达国家利用人机交互技术探索遥感图像的计算机自动分类和制图，研发出放牧系统优化与管理的综合模型（Comprehensive Model for the Management and Optimization of Grazing Systems）。我国在 70 年代末开展了中国历史上第一次全国统一组织、按照统一规范进行的全国性大规模草地资源调查工作，历时 10 余年，普遍引进了遥感技术，与传统的地面调查方法相结合，提高了调查精度。在调查中，首次采用电子计算机处理调查数据，为建立全国草地资源数据库打下了基础（许鹏，2000）。这一时期是信息学在草业科学中的初步应用阶段。

20 世纪 80 年代，为了解决控制和决策中的非数值问题与适应智能机研究的需要，以及要解决知识信息处理的问题，遂产生了知识工程，并研制成专家系统、自然语言理解系统和智能机器人等。80 年代，随着新一代航天遥感影像资料（美国第二代地球资源卫星 Landsat-4、Landsat-5 成功发射）的出现，以及计算机、数据库、遥感、地理信息系统等技术的不断成熟及广泛应用，为草业科学研究提供了更加有效的手段，进一步提高了草地调查资料的处理、分析和制图水平，开启了草地资源遥感动态监测的新时代。

这一时期新西兰学者开始采用 NOAA/AVHRR 遥感数据计算的归一化植被指数（Normalized Difference Vegetation Index，NDVI）来监测草地植被生物量的动态变化，发现牧草地上生物量与 NDVI 密切相关，NDVI 和比值植被指数（Ratio Vegetation Index，RVI）与绿色植物生物量有很好的相关性，并提供了在木本植物盖度小于 10%的情况下，直接用 NDVI 监测草地总产草量的方法。此后，国内外开展了许多相关研究。

1985 年，澳大利亚启动了 GrazPlan 项目，开发出了牧草生长模块（Pasture Growth Module），为家庭牧场管理系统的商业化研发奠定了良好的基础。同年，原甘肃草原生态研究所（现兰州大学草地农业科技学院）引入美国 ERDAS 遥感图像处理系统，使用 NOAA/AVHRR 资料开始研究草地牧草产量的遥感监测方法。美国环境系统研究所公司（Environmental Systems Research Institute，Inc.，ESRI）成立于 1969 年，其开发的产品 PC Arc/Info 在 1986 年的正式发布标志着 GIS 在众多领域实际应用的开端。自 1978 年与 ESRI 开展技术交流以来，中国一直致力于将国外的先进技术、理念和应用引进来，以提升国内的应用水平。1988 年 ESRI 向中国近百个科研单位及大专院校赠送了 100 套 PC Arc/Info 产品，这成为中国 GIS 在草业科学及其他领域的应用得以快速发展的重要条件。这一时期是信息科学与草业科学进入广泛融合及应用的新阶段。

20 世纪 90 年代，随着互联网技术的应用、计算机软硬件技术的不断改进，以及人工智能和“3S”技术的发展，信息科学与草业科学等学科的结合更为紧密，计算机、遥感（美国第三代地球资源卫星 Landsat-6、Landsat-7 成功发射）、地理信息系统等信息科学相关技术在草业科学中得到广泛应用。与此同时，人类面临的资源与环境问题日益突出，社会经济发展对草业科学提出许多亟待解决的重大问题，如草地自然灾害快速监测、草地退化评价、草畜平衡动态分析等。这些具有显著时空特性的复杂问题的解决，都离不开信息技术与信息科学的方法及手段。90 年代中后期，澳大利亚在 GrazPlan 项目资助下正式发布了 Windows 版本的 MetAccess、LambAlive、GrassGro、GrazFeed 等软件，广泛应用于家庭牧场的研究和管理。同时，基于 Internet 等信息技术的各类专业网络服务系统不断涌现，新一代对地观测系统航天遥感资料，特别是 Terra 卫星中分辨率成像光谱仪（MODerate-resolution Imaging Spectroradiometer，MODIS）资料的出现及其全球共享政策，以及 GPS 技术的广泛应用和“3S”技术的融合发展，极大地促进了信息技术在草业科学和其他相关学科的应用，为深入研究长时间序列的区域乃至全球尺度的草地植被动态变化提供了前所未有的基础。

21 世纪初，人类全面迈向一个信息时代，信息技术革命是经济全球化的重要推动力量和桥梁，是促进全球经济和社会发展的主导力量，以信息技术为中心的新技术革命成为世界经济发展史上的新亮点。随着大数据、物联网、云计算、移动互联网、遥感及地理信息系统等技术的飞速发展，草地农业数据呈现海量爆发趋势，草业跨步迈入大数据时代。

随着数字地球技术、人工智能技术、“3S”技术等多项信息技术综合集成系统的不断发展和应用，信息科学与草业科学得到进一步深入融合。在这期间，国外开发的家庭牧场管理系统得到不断丰富和广泛使用，在放牧草场 P、N、S 及 C 的原型模型研究、农牧业优化管理系统（如 GrazPlan 的 FarmWi$e）、智能决策支持系统的开发等方面取得良好进展。同时，国内在草地资源宏观管理系统开发方面也取得不少成果。中国农业科学院草原研究所等相关研究单位和机构相继研发出中国草地资源与牧草种质资源信息网（http://grassland.net.cn/）、中国草业开发与生态建设网（http://www.ecograss.com.cn/）、中国草业网（http://www.digitalgrass.cn/）等基于 WebGIS 等技术的信息系统。

与此同时，2002 年我国部分高等院校开始为草业科学专业的本科生及研究生开设地理信息系统课程，自 2007 年开始兰州大学草地农业科技学院在全国率先开设了草业信息学的理论及实验课程。2010 年任继周院士和侯扶江教授发表的《草业科学的多维结构》一文中指出，草业科学内部有 4 个学科具有维的性质，它们分别是草原类型学，可称为类型维；草原生态化学，可称为化学维；草地农业生态系统学，可称为系统维；草业信息学，可称为信息维。他们认为信息维不仅是草业科学四维特征之一，还是草业科学现代化的神经网络；并首次明确提出草业科学的信息维特征，以及草业信息学的概念、内涵及主要研究内容（任继周和侯扶江，2010）。这标志着草业信息学这门新兴学科的初步形成。表 1-1 系统总结了这一时期影响草业信息学形成与发展的重要事件。

表 1-1　影响草业信息学形成与发展的部分重要事件

时间	重要事件概述
1946 年	世界上最早的计算机诞生于美国宾夕法尼亚大学，至今已经历了四个阶段
20 世纪 40 年代	美国数学家克劳德·艾尔伍德·香农（Claude Elwood Shannon）提出信息熵的数学公式，从量的方面描述了信息的传输和提取问题，创立了信息论
1961 年	美国发射了第一颗试验型极轨气象卫星 NOAA（National Oceanic and Atmospheric Administration）
1963 年	伊凡·苏泽兰（Ivan Sutherland）在麻省理工学院发表了名为《画板》的博士论文，它标志着计算机图形学的正式诞生
20 世纪 60 年代末期	数据库技术产生，主要研究如何存储、使用和管理数据 遥感技术兴起。根据电磁波的理论，应用各种传感仪器对远距离目标所辐射和反射的电磁波信息，进行收集、处理，并最后成像，从而对地面各种景物进行探测和识别的一种综合技术
1967 年	罗杰·汤姆林森（Roger Tomlinson）博士开发出加拿大地理信息系统（CGIS），是世界上第一个真正投入应用的地理信息系统，该系统由联邦林业和农村发展部在加拿大安大略省的渥太华研发
20 世纪 70 年代	美国发射了第一代地球资源卫星 Landsat-1、Landsat-2、Landsat-3
20 世纪 80 年代	美国发射了第二代地球资源卫星 Landsat-4、Landsat-5
1988 年	1988 年我国第一颗风云气象卫星（FY-1A）发射成功
1990 年	1990 年 9 月 3 日，我国第二颗风云气象卫星（FY-1B）极轨试验气象卫星发射成功
1994 年	全球定位系统（GPS）全面建成。GPS 是美国从 20 世纪 70 年代开始研制，于 1994 年全面建成，具有海、陆、空全方位实时三维导航与定位能力的新一代卫星导航与定位系统
1997 年	1997 年我国成功发射了第一颗静止轨道风云二号气象卫星
20 世纪 90 年代	美国发射了第三代地球资源卫星 Landsat-6、Landsat-7

续表

时间	重要事件概述
1999 年	1999 年 12 月 18 日美国成功发射了新一代对地观测系统卫星 Terra，其中 MODIS 传感器观测的遥感数据向全球免费提供服务 1999 年 10 月 14 日，中巴地球资源卫星 01 星（CBERS-01）成功发射 1999 年 5 月 10 日，风云一号（FY-1C）极轨业务气象卫星发射成功
2000 年	2000 年我国成功发射了第二颗静止轨道风云二号气象卫星
2002 年	美国新一代对地观测系统卫星（EOS-AQUA）于 2002 年 5 月 2 日成功发射
2003 年	中巴地球资源卫星 02 星（CBERS-02）于 2003 年 10 月 21 日成功发射
2005 年	Google Earth 于 2005 年向全球推出，使用了公共领域的图片、受许可的航空照相图片、KeyHole 间谍卫星的图片和很多其他卫星所拍摄的城镇照片
2007 年	中巴地球资源卫星 02B 星于 2007 年 9 月 19 日在中国太原卫星发射中心发射，并成功入轨，2007 年 9 月 22 日首次获取了对地观测图像
2008 年	2008 年 9 月 6 日，我国环境与灾害监测小卫星星座 A、B 星由 CZ-2C/SMA 火箭在太原卫星发射中心采用一箭双星方式成功发射并顺利进入预定轨道 2008 年 5 月 17 日，我国新一代极轨气象卫星风云三号试验星发射成功
2011 年	我国资源一号 02C 卫星（ZY-1 02C）于 2011 年 12 月 22 日发射成功
2012 年	我国资源三号卫星于 2012 年 1 月 9 日成功发射 2012 年 12 月 27 日，北斗卫星导航系统（BDS）空间信号接口控制文件正式版 1.0 公布，北斗导航业务正式对亚太地区提供无源定位、导航、授时服务
2013 年	2013 年 2 月 11 日美国第八颗 Landsat 卫星（Landsat-8）在加利福尼亚州范登堡空军基地发射成功，相关遥感数据向全球提供免费服务

第二节　草业信息学特征

草业信息学运用草原学、生态学、计算机与信息学、遥感、地理信息系统和全球定位系统等学科的理论与技术，研究草业信息的表达、处理、分析、集成和应用，对草业资源与环境的监测、评价和管理进行方法性研究，为草业信息的数字化、可视化管理提供理论和技术支撑。草业信息学体系由理论基础、关键技术、应用系统这 3 方面组成，涉及众多学科体系，因此草业信息学的特征也具有多学科的交叉性和综合性。

一、草业信息学的定义与内涵

（一）草业信息学的定义

草业信息学是探究草业各个因子群、各个界面、各个生产层而建立的众多板块之间的信息认知、采集、处理、流通、反馈、调控的科学（任继周和侯扶江，2010）。

信息（Information）是用文字、数字、符号、语言、图像等介质来表示事件、事物、现象等的内容、数量或特征，从而向人们或系统提供关于现实世界新的事实和知识并将其作为生产、建设、经营、管理、分析和决策的依据。信息具有客观性、适用性、可传输性和共享性等特征。信息来源于数据，而数据（Data）是一种未经加工的原始资料，数字、文字、符号、图像都是数据，数据是对客观对象的表示，而信息则是数据内涵的意义，是对数据内容的解释。

草业信息学以信息学自身的特殊手段，将草原类型学（Typology）、草原生态化学（Ecological Chemistry）、草地农业生态系统学（Agro-ecosystem），以及草业科学内部各个分支学科所提供的信息加以整合，建立自身的学科系统，阐述草业科学内部的信息关联并加以调控。其集成表现之一就是草业专家系统（Expert System），它是草业科学现代化的神经网络。

草业信息学的概念涉及一系列有关草业科学和信息学的相关内容，下面就一些关键概念作进一步解释。

1. 因子群（Factor Group）

草业科学的因子群可概括为生物因子（植物、动物、微生物等）、非生物因子（土壤、气候、地形等）和社会因子（人口、交通、经济等）三大类，包括众多因素。草地农业生态系统的生物因子群居于核心地位，非生物因子群是生态系统的自然立地条件，社会因子群是草地农业系统所处的社会立地条件。

2. 界面（Interface）

草业科学由许多界面沟通、连缀而成。草地农业生态系统含有许多子系统，这些子系统各有自己的界面，子系统正是通过相关的界面互相分隔并互相联系的。分隔与联系，这是界面的双重作用。因而界面是各个子系统之间相互作用的区域，是系统最活跃、最敏感、功能最密集的部分。草业科学的界面指土、草、畜、大气、社会经济等不同界面之间的分界面，如大气与土壤、草地与家畜等。草业科学最重要的3个界面是草丛-地境界面、草地-家畜界面、草畜-社会界面，它们是系统最活跃、最敏感、功能最密集的部分。

3. 生产层（Production Level）

草业科学 3 个最重要的界面连缀了 4 个生产层，即前植物生产层（即景观层）、植物生产层、动物生产层、后生物生产层（任继周和侯扶江，2004）。

4. 板块（Plate）

一个板块可理解为由一个特定区域的各因子群、界面、生产层而形成的具有区域特色及更高层级的生态系统或景观。

5. 信息认知（Information Cognition）

信息认知指通过形成概念、知觉、判断或想象等心理活动获取知识。人对客观事物的认知，是从自己感知开始的；如果一个人没有自我的感知活动，那么就不可能产生出认知，反过来，这种感知也是人类特有的认知形式。

6. 信息采集（Information Collection）

信息采集指按照一定规范和标准，对相关信息进行的收集、观测和记录。信息采集应遵循信息的可靠性、完整性、实时性、准确性和易用性 5 个方面的原则，这些原则是保证信息采集质量最基本的要求。

7. 信息处理（Information Processing）

信息处理指根据特定需要，将信息进行分类、计算、分析、检索、管理和综合等处理。

8. 信息流通（Information Transmission）

信息流通指通过计算机内部的指令或计算机之间构成的网络将信息从一地传送到另外一地，或从一个部门传送到另外一个部门。

9. 信息反馈（Information Feedback）

信息反馈是指由控制系统把信息输送出去，再把其作用结果反馈回来，并对信息的再输出产生影响，以达到预定的目的。

10. 信息调控（Information Adjustment）

信息调控是草业信息学研究的主要目标之一。通常依据信息反馈结果，对相关研究领域的信息进行改进调整，以指导草业生产实践活动。

（二）草业信息学的内涵

草业信息学是在草业科学和信息学的基本理论与技术的基础上，对草业系统采用数据库技术、遥感技术、地理信息系统、专家系统、决策支持系统等现代信息技术的集成和应用，主要包括草业信息的数字化与可视化表达、处理、分析、集成和应用等方面。草业信息学正处在发展阶段，其内涵随着信息科学和草业科学的发展也在不断丰富之中。从建立学科的基本内容看，草业信息学体系应由理论基础、关键技术、应用系统这3方面组成。

草业信息学的理论基础涵盖草业科学和信息学交叉融合而形成的一些基本理论，广泛涉及信息科学、计算机科学、地球科学、系统科学、管理科学、生态学、土壤学等多个学科领域，包括草业信息的结构、性质、分类及其表达，草业信息的传输机制与信息流的形成机理，草业信息的管理与调控技术等。草业科学由生产域、管理域、市场域构成，其中管理域的核心就是信息系统对草业的操控过程。信息是现代草业构建和发展的必要条件，信息维是草业系统的神经网络。草业科学涉及的3类因子群、3个主要界面及4个生产层是该学科的理论基础。研究这些因子群、界面及生产层的信息认知、采集、处理、流通、反馈、调控是草业信息学的核心，其中信息调控是草业信息学研究的主要目标之一。

草业信息学的技术体系包括草业信息获取、信息传递、信息存储、信息加工处理、信息模拟、信息控制、信息标准化等7个主要方面。其中，信息获取技术包括信息的搜索、感知、接收、过滤等，如航空航天遥感技术、全球定位技术、地面各类调查和无损快速检测技术。信息传递技术指跨越空间共享信息的技术，又可分为不同类型，如单向传递与双向传递技术，单通道传递、多通道传递与广播传递技术。信息存储技术指跨越时间保存信息的技术，如照相、录音、录像、缩微、磁盘、光盘等技术。信息加工处理技术是对信息进行描述、分类、排序、转换、浓缩、扩充、创新等方面的技术，主要包括地理信息系统技术提供的空间分析技术、人工智能技术和各类专业模型技术。信息加工处理技术的发展已有两次突破：从人脑信息加工到使用机械设备（如算盘、标尺等）进行信息加工；再发展为使用电子计算机与网络进行信息加工。信息模拟技术主要包括模拟模型技术、虚拟现实技术和多媒体技术等，用来构建仿真型和虚拟化的草业生产系统，并模拟再现牧草生长过程及生产管理效应；信息控制技术主要是在信息处理分析基础上，对草业生产系统进行科学的优化设计和管理调控，以获得最佳的系统表现和综合效益。信息标准化技术是指使信息的获取、传递、存储、加工各环节有机衔接，提高信息交换共享能力的技术，如信息管理标准、字符编码标准、语言文字的规范化等。

草业信息学的应用系统以提高草业生产效益和保护生态环境为目标，以草业信息学的关键技术为基础，以草业科学的应用领域为服务对象，包括草地资源动态监测、草地健康评价、草地退化诊断与评价、牧区灾害监测与预警、草畜平衡管理、资源优化配置、牧草种质资源信息管理、草坪建植决策等多个领域。目前较为成功的应用系统包括基于“3S”和 Internet 等技术的草地资源动态监测信息管理系统、基于人工智能的苜蓿病害诊断专家系统、基于决策支持系统技术的牧场管理系统等。随着草业信息学研究的不断深入，其应用系统的实用性及其应用领域、应用的深度和广度必将得到进一步拓展。

二、草业信息学的基本特征

草业信息学是现代信息技术与草业科学相结合的新兴交叉学科，是草业科学和信息科学的重要分支学科，它运用草原学、生态学和信息学等学科的理论与技术，重点研究现代信息技术及其在草业领域的应用，主要包括草业信息的数字化与可视化表达、信息处理、分析、集成和应用等内容。草业信息学涵盖理论基础、技术体系、应用系统这 3 个方面的重要内容，涉及众多学科体系，因此草业信息学的特征也具有多学科的交叉性和综合性。

草业信息学具有信息科学的基本特征。草业信息学是信息科学的一个应用分支，因而草业信息学具有系统化、模型化、知识化、智能化、可视化、数字化、网络化、多媒体化、虚拟化等信息科学和信息技术的基本特征。草业科学和信息科学的理论和技术是草业信息学的主要基础，就信息技术的特征而言，可从技术性和信息性两方面来理解：①信息技术具有技术的一般特征——技术性，具体表现为方法的科学性、工具设备的先进性、技能的熟练性、经验的丰富性、作用过程的快捷性、功能的高效性等；②信息技术具有区别于其他技术的特征——信息性，具体表现为信息技术的服务主体是信息，核心功能是提高信息处理与利用的效率、效益。信息的秉性决定信息技术还具有普遍性、客观性、相对性、动态性、共享性、可变换性等特征。

草业信息学具有多维技术体系的特征。草业信息学研究涵盖一个多维技术体系，既有信息学的共有技术，又有草业领域的学科特点。在信息科学基础上，形成的许多诸如数据库、遥感、地理信息系统、空间定位系统、决策支持系统、专家系统等技术是草业信息学的共有技术，这些多维技术和草业科学理论与知识的综合应用，是研发草业信息各类应用系统和服务系统的前提条件，也是实现草业信息的处理与分析、调控与服务的基础。

草业信息学是一种应用系统平台，是草业科学信息化的基础。具有组装和集成多种草业信息技术且有特定目标的草业信息应用系统，是草业信息技术的具体应用平台和工具，而草业信息资源的网络化传播则是草业信息的服务系统。草业信息应用系统和草业信息服务系统将是未来草业信息技术在实践中发挥作用的两种最主要的形式。随着草业信息学理论的不断丰富和多维技术体系的创新发展，草业信息应用系统和草业信息服务系统的内容及形式必将得到更大的发展。

第三节　草业信息学研究的关键技术

草业信息学是草业科学的重要分支学科，它通过现代信息技术，对草业资源与管理系统加以数字化与可视化表达、处理、分析、集成和应用等。草业信息学研究的关键技术主要有草业数据库技术、草业信息遥感监测技术、草业空间信息管理技术、草业空间定位信息获取技术、草业系统数理模拟技术、草业管理信息系统技术、草业决策支持系统技术、草业专家系统技术、精准草业技术、数字草业技术、草业信息网络服务技术、草业信息系统开发技术。其中，草业技术及数据库技术、“3S”技术、模拟技术和网络技术是草业信息学研究的最基础性的关键技术，管理信息系统、决策支持系统、专家系统、精准草业、数字草业是这些基本关键技术的系统集成，草业信息网络服务系统是多种关键技术的综合应用平台（图 1-1）。

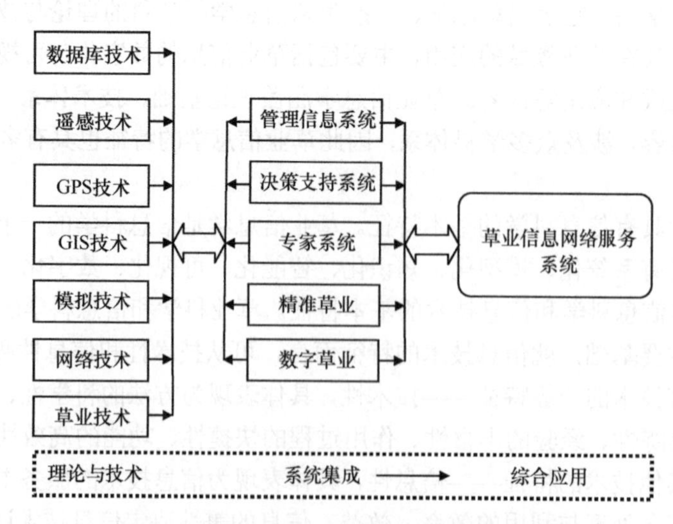

图 1-1　草业信息学研究的关键技术及其关系

一、草业数据库技术

数据库技术产生于 20 世纪 60 年代末，其主要目的是有效地管理和存取大量的数据资源。数据库技术主要研究如何存储、使用和管理数据。

数据库（Database）是按照数据结构来组织、存储和管理数据的仓库。随着信息技术和市场的发展，特别是20世纪90年代以后，数据管理不再仅仅是存储和管理数据，而转变成用户所需要的各种数据管理的方式。数据库有很多种类型，从最简单的存储有各种数据的表格到能够进行海量数据存储的大型数据库系统，在各个方面都得到了广泛应用。

数据库管理系统（Database Management System，DBMS）是一种操纵和管理数据库的大型软件，用于建立、使用和维护数据库。它对数据库进行统一的管理和控制，以保证数据库的安全性和完整性。

草业数据库主要研究内容包括：①草业数据库的结构与特征；②草业数据库建设，如草业信息基础数据库的设计（内容、结构、分类及编码），草业信息基础数据库的建立方法（关系型数据库标准语言 SQL、MS Access 等）；③数据标准化与规范化；④数据库的维护与更新；⑤大数据、现有草业数据库及其应用。

二、草业信息遥感监测技术

遥感（Remote Sensing，RS）简单讲就是遥远的感知。遥感技术是20世纪60年代兴起的一种探测技术，是根据电磁波的理论，应用各种传感仪器对远距离目标所辐射和反射的电磁波信息，进行收集、处理，并最后成像，从而对地面各种景物进行探测和识别的一种综合技术（梅安新等，2001）。

依据遥感平台，可分为地面遥感、航空遥感和航天遥感。按传感器的探测波段可分为紫外遥感（探测波段在0.05～0.38μm）、可见光遥感（探测波段在0.38～0.76μm）、红外遥感（探测波段在 0.76～1000μm）、微波遥感（探测波段在 1mm～10m）。多波段遥感指探测波段在可见光和红外波段的范围内，再分成若干窄波段来探测目标。

草业遥感内容涉及草业遥感原理与发展动态，包括草业遥感的定义、作用、发展动态；草业遥感原理，包括电磁波和电磁波谱、太阳辐射与大气窗口、地物波谱特征、彩色合成原理、草地植物物候学与遥感最佳时相的选择等；草业遥感方法，包括地面遥感试验研究、空间遥感数据处理方法、植被指数模型等；草业遥感应用，包括草业资源遥感调查、草地植被长势监测与估产、草地灾害监测与评估等。

三、草业空间信息管理技术

地理信息系统（Geographic Information System 或 Geo-Information System，GIS）也称为“地学信息系统”或“资源与环境信息系统”。它是在计算机硬件、软件系统支持下，对整个或部分地球表层（包括大气层）空间中的有关地理分布数据进行采集、储存、管理、运算、分析、显示和描述的技术系统（Chang，2010）。

GIS 主要研究内容包括地理信息系统的基本特征、构成与功能。地理信息系统的基本原理与软件，包括地理信息系统的基本原理、地理信息系统软件、GIS 与 RS 及 GPS 的集成技术；草业地理信息系统的研制，包括草业地理信息系统的研制流程、地理信息系统平台、草业地理信息系统的二次开发等；草业地理信息系统的应用，包括草业地理信息系统应用领域、草业地理信息系统与其他技术的结合。

四、草业空间定位信息获取技术

目前全球有中国的北斗卫星导航系统[BeiDou（COMPASS）Navigation Satellite System，BDS]、美国的全球定位系统（Global Positioning System，GPS）、俄罗斯的格洛纳斯（GLONASS）和欧盟的伽利略（GALILEO）四大卫星导航系统。其中，我国的BDS是一种与其他3种系统兼容共用的全球卫星导航系统。在各类草业信息采集、处理、分析中，基于卫星导航系统的空间定位信息的采集是必不可少的一类信息。

全球定位系统是美国从20世纪70年代开始研制，于1994年全面建成，具有陆、海、空全方位实时三维导航与定位能力的新一代卫星导航与定位系统。GPS起始于1958年美国军方的一个项目，1964年投入使用。70年代，美国陆海空三军联合研制了新一代卫星定位系统GPS，主要是为陆海空三大领域提供实时、全天候和全球性的导航服务，并用于情报收集、核爆监测和应急通信等一些军事目的，经过20余年的研究试验，耗资300亿美元，到1994年，全球覆盖率高达98%的24颗GPS卫星星座已布设完成（邬伦等，2002）。

北斗卫星导航系统是中国自行研制的全球卫星定位与通信系统，是继美国GPS和俄罗斯GLONASS之后第三个成熟的卫星导航系统。2012年12月27日，北斗系统空间信号接口控制文件正式版公布，北斗导航业务正式对亚太地区提供无源定位、导航、授时服务。BDS由空间端、地面端和用户端组成，可在全球范围内全天候、实时为各类用户提供高精度、高可靠定位、导航、授时服务，并具短报文通信能力，已经初步具备区域导航、定位和授时能力。

五、草业系统数理模拟技术

针对不同的草业数据类型及研究目标，通常需要采用不同的数理模拟技术。主要包括：①与地理位置无关的草业属性数据的处理与分析方法，常用SAS、SPSS等软件进行数据分析；②与地理位置相关的草业属性数据处理与分析的地统计学方法，如整合在GIS软件中的整体空间插值分析方法、局部空间插值分析方法；③草业信息处理与分析的多目标规划方法，如线性规划、多目标规划、不确定性多目标规划，常用MATLAB等软件。

根据系统或过程的特性，按一定规律用计算机程序语言模拟系统原型的数学方程称为模型。从人类使用数字开始，就不断地建立各种数学模型，以解决各种各样的实际问题。数学模型（Mathematical Model）可以将实际问题归结为相应的数学问题，并在此基础上利用数学的概念、方法和理论进行深入的分析和研究，从而从定性或定量的角度来刻画实际问题，并为解决现实问题提供精确的数据或可靠的指导。

草业系统数理模拟技术的研究内容有：①草业模拟模型的特征与功能，包括草业模拟模型的类型、特征、作用与功能；②草业系统模拟的原理与技术，包括系统分析方法、机理性与经验性的关系、模拟研究的尺度、模型开发环境与工具、构件化程序设计等；

③草业模拟模型的研制步骤，包括模型选择与系统定义、资料获取与算法构建、模块设计与模型实现、模型检验与改进；④草业模拟模型基本算法构建，包括牧草生长发育的模拟、草地净初级生产力的模拟、草地生物量与可食牧草产量的模拟、草地生态服务价值的模拟、草地生态补偿价值的模拟、草地养分效应的模拟、草地水分效应的模拟、草畜平衡动态的模拟等；⑤草业模拟模型的应用，包括草业模拟模型的应用领域、模拟模型与其他技术的耦合。

六、草业管理信息系统技术

管理信息系统（Management Information System，MIS）是一个以人为主导，利用计算机硬件、软件、网络通信设备及其他办公设备，进行信息的收集、传输、加工、储存、更新和维护、管理及应用，以提高效益和效率为目的的计算机系统。

管理信息系统由信息的采集、信息的传递、信息的储存、信息的加工、信息的维护和信息的使用 6 个方面组成。管理信息是重要的资源和决策的基础，不仅是实施管理控制的依据，还是联系组织内外的纽带。MIS 的基本功能有数据处理、流程控制、预测和辅助决策。

草业管理信息系统技术的主要研究内容有：①草业管理信息系统的结构与特征，包括草业管理信息系统的组成、草业管理信息系统的特征；②草业管理信息系统的研制与应用，包括草业管理信息系统的设计、开发和应用。

七、草业决策支持系统技术

决策支持系统（Decision Support System，DSS）是辅助决策者通过数据、模型和知识，以人机交互方式进行半结构化或非结构化决策的计算机应用系统。它是管理信息系统（MIS）向更高一级发展而产生的先进信息管理系统。它为决策者提供分析问题、建立模型、模拟决策过程和方案的环境，调用各种信息资源和分析工具，帮助决策者提高决策水平和质量。

主要内容有决策支持系统的概念与功能，包括决策支持系统的基本概念、决策支持系统的产生、发展及功能；草业决策支持系统的类型与结构，包含草业决策支持系统的类型，如基于牧草生长模型的决策支持系统、基于知识规则的草地管理决策支持系统、基于知识模型的草地管理决策支持系统、基于知识模型和生长模型的草畜管理决策支持系统等；草业决策支持系统的开发技术，包括草业决策支持系统开发的关键技术、草业决策支持系统的设计与开发；主要草业决策支持系统及其应用，包括基于生长模型、知识规则、知识模型的草地管理系统，专家系统与生长模型、知识模型相结合的草地管理决策支持系统等。

八、草业专家系统技术

专家系统（Expert System，ES）是根据人们在某一领域内的知识、经验和技术而建立的解决问题和进行决策的计算机软件系统，它能对复杂问题给出专家水平的结果。草业专家系统是信息技术与草业系统交互融合的最高形态。它使我们能够精密掌控草业系统各个分量，对系统内部各个板块运行实时监测，发出指令，删除其冗余，补充其不足，调控其结构。

主要研究内容包括：①草业专家系统的特征与功能，包括草业专家系统的特征、草业专家系统的结构与功能；②草业专家系统的研制与应用，包括开发过程、知识获取、知识表达、知识库与模型库的构建、系统调试与修改、开发平台及草业专家系统的应用。

九、精准草业技术

精准农业（Precision Agriculture）是当今世界农业发展的新潮流，是由信息技术支持的，根据空间变异，定位、定时、定量地实施一整套现代化农事操作技术与管理的系统。其基本涵义是根据作物生长的土壤性状，调节对作物的投入，即一方面监测一定地域范围内的土壤性状与生产力空间变异，另一方面确定农作物的生产目标，进行定位的“系统诊断、优化配方、技术组装、科学管理”，调动土壤生产力，以最少的或最节省的投入达到同等收入或更高收入，并改善环境，高效地利用各类农业资源，取得经济效益和环境效益。

精准农业由空间定位系统、信息采集系统、遥感监测系统、地理信息系统、农业专家系统、智能化农机具系统、环境监测系统、系统集成、网络化管理系统和培训系统等技术系统组成。

精准草业源自精准农业的概念，精准草业技术的研究涉及精准农业的各项技术，同时需要根据草业科学与生产的特点，探索研究各项技术在草业生产与管理方面的具体应用，如运动场草坪养护与管理、智能化饲草料生产与家畜育肥等系统的建设，都离不开精准草业技术的研究及应用。

十、数字草业技术

“数字地球”（the Digital Earth）最早提出于 1997 年下半年。1998 年 1 月 31 日，美国副总统戈尔（Al Gore）在美国加利福尼亚科学中心发表了题为《数字地球：21 世纪认识地球的方式》（*The Digital Earth*：*Understanding Our Planet in the 21st Century*）的讲演，正式提出“数字地球”的概念。戈尔指出：“数字地球”是一种可以嵌入海量地理数据的、多分辨率的和三维的地球的表示（冯学智等，2007）。

Google 公司 2005 年向全球推出的一款虚拟地球仪软件——Google 地球（Google Earth）可以看作“数字地球”的雏形。它把卫星照片、航空照相和 GIS 布置在一个地球的三维模型上，用户可以 3D 形式遨游大都市上空，俯瞰全景，查询检索各地著名的地标和自然景观等信息。

在“数字地球”理念的推动下，也逐渐形成数字城市、数字农业、数字草业等不同学科分支。数字草业（Digital Prataculture）是指将遥感、地理信息系统、全球定位系统、计算机技术、通信和网络技术、自动化技术等高新技术与地理学、草业科学、生态学、植物生理学、土壤学等基础学科有机地结合起来，实现在草业生产过程中对牧草、土壤从宏观到微观的实时监测，以实现对草地生长、发育状况、病虫害、水肥状况及相应的环境进行定期信息获取，生成动态空间信息系统，对草业生产中的现象、过程进行模拟，达到合理利用草业资源、降低生产成本、改善生态环境、提高草地产量和质量的目的。数字草业技术的研究内容包括数字地球、数字农业、数字草业技术体系、数字草业应用等。

十一、草业信息网络服务技术

计算机网络技术是通信技术与计算机技术相结合的产物。计算机网络是按照网络协议，将地球上分散的、独立的计算机相互连接的集合。连接介质可以是电缆、双绞线、光纤、微波、载波或通信卫星。计算机网络具有共享硬件、软件和数据资源的功能，具有对共享数据资源集中处理及管理和维护的能力。

草业信息网络服务系统主要研究内容有：①草业信息网络，包括草业资源信息发布、草业资源信息检索；②草业信息服务领域，包括智能学习与远程教学、草业物流服务（物流信息发布与物流管理、电子商务）、牧草长势监测与估产信息服务（草业信息咨询服务，如专家咨询、在线服务）、草地自然灾害监测与预警信息服务、草畜平衡决策支持和技术咨询服务、草地生态环境监测与评价信息服务等。

十二、草业信息系统开发技术

使用已有的开发工具（如专家系统研发工具等）或利用计算机程序开发语言，设计并研发拥有自主知识产权的草业信息系统，对创新、改进、完善及丰富现有草业信息学的理论、技术和应用，具有重要的意义。常用的信息系统开发语言主要有 Java、PowerBuilder、Visual Basic、C#、Fortran 等。

第四节　草业信息学的作用及应用

信息维对草业系统的整合作用无所不在。在对草业科学信息维的认知基础上，采用草业信息学手段，研究草业信息的获取、表达、处理、分析、综合集成等方法，实现草业信息的数字化、可视化与集成化管理系统，对促进草业科学的连缀与规整具有重要意义，对草业科学研究及实践有重要的推动作用，具有广泛的应用领域。

一、草业信息学的作用

随着信息技术的迅猛发展，草业信息学在草地资源管理、牧草生长模拟与草地生产力评价、草地生态环境监测与评估、草地类型与气候变化动态关系模拟、草地自然灾害管理决策等方面具有重要的应用前景。总体而言，草业信息学在草业学科中的作用可以概括为以下两个方面。

1）草业信息学是解决草业科学中具有时空动态分布特征的复杂系统问题的重要手段，具有其他学科不可替代的重要作用。草业信息学具有草业信息数字化、可视化、网络化、智能化等信息科学的基本特征，同时具有多维技术体系和作为应用及服务系统平台的特征，因此它是区域及全球尺度草地类型划分及地理分布模拟、草地动态变化监测、草地植被与气候变化交互响应机制等理论研究与实践应用的重要手段，是对草业科学各分支学科研究信息进行综合处理与分析、系统耦合与集成、成果数字化与可视化展示、信息快速传播与应用的一门学科，对促进各学科研究内容的整合、拓宽研究思路、提升信息处理与集成手段，尤其对气候变化与草地植被响应特征、草地灾害预警等复杂问题的动态模拟与研究，具有其他学科不可替代的重要作用。

2）草业信息学是实现草业科学数字化、可视化及网络化管理与应用的基础，是草业科学现代化的神经网络。草业科学有四维特征，其中信息维是草业科学现代化的神经网络。信息维对草业系统的整合作用无所不在，对促进草业科学的连缀与规整具有重要作用。通过草业信息学方法，将草业的各个生产板块加以连缀，构建草业系统并将其置于有序运转轨道。在其系统连缀和系统运转流程中，不断进行信息的收集和处理，对系统发出指令、依据信息反馈加以调控。这一复杂过程的前提是草业数字化。在草业数字化的基础上，结合全球定位系统和遥感技术、地理信息系统、智能化草业机械装备技术、数字草业技术体系等，最终构建草业信息网络服务系统，其中包括草业知识获取与表达，数据库、知识库与模型库的构建，系统调试与修改等。其主要功能是草业信息的咨询服务，包括草业资源信息检索、牧草病害诊断、草地类型信息处理与鉴别、智能学习与远程教学、草业物流服务、牧草长势监测与估产信息服务、草地自然灾害监测与预警信息服务、草畜平衡决策支持和技术咨询服务、草地生态环境污染监测与评价信息服务等。

草业信息学研究的最终目标是建立草业信息应用系统和草业信息服务系统。草地专家系统是信息技术与草业系统交互融合的最高形态。它使人们能够精密掌控草业系统各个分量，对系统内部各个板块运行实时监测，发出指令，删除其冗余，补充其不足，调控其结构。

二、草业信息学的应用

随着信息科学和信息技术的不断发展，国内外在近 20 年以来，在草业信息学关键技术及其应用方面开展了大量的研究与实践，取得了一系列研究成果。尽管如此，由于受现有草业信息学相关技术的局限，在数字草业、精准草业及草业专家系统的研发方面，以及天然草地植被退化状况评估、草地健康状况评价、草畜平衡决策支持、草地植被对气候变化的响应等研究领域，目前仍然处于不断探索之中。总体而言，草业信息学比较成功的应用实践可以概括为以下 5 个方面。

（一）草地资源调查与制图

草地资源类型学是草业科学研究的基础。随着人类对草地生态系统的结构与功能认识的提高，以及研究方法的不断丰富及要求的提高，现代草地类型学所需资料的获取和处理方法也日新月异（任继周，1995；胡自治，1997；赵军和胡自治，2005）。由最初的徒步现场调查发展到应用航空、航天遥感资料与地面调查相结合，运用计算机及网络和“3S”等技术，建立信息系统，发展定量化、数字化和可视化分类的新方向。基于草业信息学多维技术，开展不同时空尺度的天然草地资源遥感调查与制图，是解决诸如草畜平衡决策、草地退化评价、草地健康评估、草地对全球气候变化的响应等复杂系统问题的重要基础，也是草业信息应用系统与草业信息服务系统研发的主要信息源。

天然草地资源调查与制图内容主要包括草地资源的类型、面积、生产力等。与西方发达国家相比，我国在草地资源调查与制图方面的研究明显滞后。自 20 世纪七八十年代开展全国第一次草地资源调查以来，相关调查数据沿用至今，而发达国家每隔 3～5 年便进行一次资源调查。美国、澳大利亚等发达国家在 20 世纪 60 年代开始应用遥感技术，初步探索划分地类和草地类型，判定边界及制图，70 年代利用人机交互技术探索遥感图像的计算机自动分类和制图。我国在 70 年代末开展的全国性草地资源调查工作中，普遍引进了遥感技术，与传统的地面调查方法相结合，提高了调查精度（许鹏，2000）。20 世纪 80 年代以来，国内外广泛开展了草地类型遥感判识、草地遥感植被指数和草地生物量动态变化监测等方面的许多研究；进入 90 年代以来，在基于较高时空分辨率（如 Landsat 和 SPOT 等卫星）的草地类型遥感解译与制图、草地生长状况遥感监测、草地生产力评价等方面，形成了比较成熟的理论及技术体系。自 21 世纪以来，随着高分遥感、高光谱遥感及相关技术的发展和应用，天然草地资源类型遥感解译的精度得到进一步改善，过去依托“3S”技术及地面调查资料只能解译草地类、亚类，目前逐渐探索草地型、优势牧草品种及毒杂草的辨识和解译方法。

如果采用综合顺序分类方法，在确定大类、类及亚类基础上，对草地型的判识也必须借助地面外业调查数据和遥感图像的解译（梁天刚等，2015）。

（二）草地牧草长势及生产力动态监测与评价

草地资源是全球陆地绿色植物资源中面积最大的再生性自然资源之一，是发展畜牧业的物质基础，草地生态系统是陆地生态系统中最重要、分布最广的生态系统类型之一，对全球碳循环和气候调节起着重要的作用。动态监测草地长势及生产力不仅是草业科学研究与应用的核心问题之一，还是研究气候变化与草地植被响应、区域草畜平衡决策等复杂系统问题的基础。

遥感植被指数与草地生物量、盖度、叶面积指数等定量指标之间具有较好的相关关系。迄今为止，国内外已研发出 40 多种遥感植被指数。草地牧草长势可以采用时间序列的遥感植被指数或草地生物量、盖度等指标进行动态监测和评价。草地生产力监测可以归纳为单纯采用遥感数据的统计模型、生态系统过程模型和光能利用率模型等 3 种方法。生态系统过程模型和光能利用率模型本身机理复杂，涉及参数较多，许多参数不易获得，限制了其发展及应用；统计模型参数简单，重点在于研究遥感植被指数与产草量的关系，其特点表现为所用遥感数据多样化、植被指数多样化、模型多样化，存在的主要问题表现在天地数据的时空匹配、生态因子的量化及精度等方面。常用的卫星遥感数据有 NOAA/AVHRR、NASA/MODIS、Landsat TM/ETM 等，采用的遥感植被指数主要有归一化植被指数（Normalized Difference Vegetation Index，NDVI）、比值植被指数（Ratio Vegetation Index，RVI）、垂直植被指数（Perpendicular Vegetation Index，DVI）、增强型植被指数（Enhanced Vegetation Index，EVI）等。

过去主要利用NOAA/AVHRR、Landsat、SPOT等遥感资料，自21世纪以来，针对新一代对地观测系统（如美国的Terra及Aqua卫星、我国的环境减灾HJ-A/B卫星等）等多源遥感数据，研发出多种监测算法与产品（如NDVI、EVI等）。通常依据多种遥感植被指数及地面观测数据，统计分析二者之间的相关关系，建立植被指数与实地调查样点测产值之间的数学模型，以遥感植被指数值计算单位面积的生物量，开展大范围的天然草地的估产。基于卫星遥感植被指数与地上生物量的关系估算得到的结果，只能反映卫星探测时牧草长势和生物量的空间分布状况，当遥感数据获取的时间与地面实测时间基本同步且数据观测的时间足够长时，估产模型的精度可达70%～80%甚至以上。

结合长时间序列的遥感资料、草地面积、实际放牧家畜数量、补饲量等信息，根据草地生物量遥感监测模型可统计分析区域草地植被的总生物量及理论载畜量，研究区域草畜平衡状况，为牧区草地资源的保护及合理利用提供科学依据。

（三）草地自然灾害监测与预警

草地资源种类繁多，空间分布广泛，地域差异较大，自然灾害频发，损失巨大，因此监测和防治各类自然灾害，对牧区防灾减灾和草地畜牧业的可持续发展具有重要的意义。草地自然灾害种类较多，主要包括非生物灾害（雪灾、火灾、旱灾）及生物灾害（鼠害、虫害、病害、毒杂草）两大类。单纯利用地面人工调查方法，往往不能及时发现草地灾害，对危害面积和扩展速度不能准确了解，以致延误时机。卫星资料具有观测范围广、信息量大、多时相、成本低、不受地理条件限制等特点，结合地面调查数据，利用遥感等技术对大范围草地灾害进行动态监测，具有其他常规手段无法替代的优势，不但能节省调查的人力和时间，而且能提供有利的防治时机，采取合理的防治方法，以免造成不必要的经济损失。

在牧区各类自然灾害的监测、评价与预警研究及应用中，仅有雪灾、火灾及部分鼠害和虫害比较成功，其他类型的草地自然灾害（特别是旱灾、病害及毒杂草）由于涉及因素众多，干扰因素复杂，研究相对较为薄弱，存在较多技术问题，监测、评价及预警的指标体系及精度还需要不断探索，实际应用中尚存在较大困难。

（四）家庭牧场管理

我国草地严重超载，平均超载率30%以上，有90%以上的草地出现不同程度的退化。针对草地资源利用、草地生态保护与草地管理方面存在的众多问题，国家实施了退牧还草、围栏封育等一系列草地生态环境保护工程及措施。家庭农牧场是2012年前后才在我国兴起的新型土地规模经营主体，2013年“家庭农场”的概念首次在中央一号文件中出现，引导农村土地承包经营权有序流转，鼓励和支持承包土地向专业大户、家庭农场、农民合作社流转，发展多种形式的适度规模经营。家庭农牧场及相关制度的实施，在天然草地资源的适度利用及生态保护等方面，必将产生重要的影响。

国内基于生产及管理过程的家庭牧场信息化管理系统的研发基础薄弱，相关软件较少，应用严重滞后。近年来，针对经济效益较好的奶牛牧场管理系统的研发取得了一些成果，如上海益民科技有限公司开发的“奶业之星（Dairy Star）”系列软件包（http://www.dairystar.online），北京历源金成科技有限公司2012年发布的我国首款奶牛牧场云计算管理系统——“新牛人X6”（http://www.liyuantech.com/）等。但是，美国、英国、法国、澳大利亚、新西兰等发达国家早已开发出多种家庭牧场管理系统，广泛应用于家庭牧场的草畜管理，推行严格的放牧管理制度和禁垦制度，草地基本实现可持续利用。在国外研发出的众多家庭牧场管理系统中，应用较为广泛的系统有GrazPlan、GrazeMore、DairyWIN、牧场生产和利用模拟系统（Simulation Production and Utilization of Rangeland，SPUR）等。GrazPlan是由澳大利亚联邦科学与工业研究组织（Commonwealth Scientific and Industrial Research Organisation，CSIRO）植物产业部开发的放牧管理软件包，其中GrassGro是一种针对家庭农牧场管理的智能决策支持系统（Decision Support Software for Agriculture）（http://www.grazplan.csiro.au/）。依据气象、土壤和牧草参数，GrassGro可估测牧草的生长量，结合草地饲养的动物品种、生产能力、产品质量和价格，确定补充饲草量，制订饲草饲料生产计划，以达到最佳经济效益的畜群管理。GrazeMore是英国北爱尔兰农业研究所（Agricultural Research Institute of Northern Ireland，ARINI）开发的奶牛放牧管理系统，可以基于实时的和模拟的气象数据逐日进行模拟，能够预测每个放牧小区的牧草生长、采食、牧草损耗和牧群的产奶量，能够管理放牧草地资源，提高放牧管理者经营和利用草地的技能。DairyWIN是新西兰梅西大学研发的奶牛牧场管理系统，可以综合监测畜群行为，为逐日奶牛畜群的管理提供决策（http://www.dairywin.co.nz/）。

（五）天然草地资源与生态环境管理信息系统

以草地资源监测数据为基础，结合草业科学研究与实践过程中积累的相关知识，国内外在研发包括草地资源类型、牧草特性、草地生态环境信息等内容，以及具有草地资源及其生境信息查询检索等功能的草地资源与生态管理信息系统方面，已有许多成功的实践及应用。

按照服务内容、目标、功能等特征的差异，该类系统可分为不同的类型：依据系统涉及的空间尺度，可分为全球、区域及地区尺度的草地资源与生态管理系统；依据系统服务内容、目标及功能，可分为以草地类型及其空间分布格局、时空变化动态信息检索服务为主的草地资源管理信息系统、栽培牧草种质资源管理信息系统、草地长势监测与估产信息服务系统、牧草病害诊断系统等功能及内容相对单一的系统，以及草地自然灾害监测与预警信息服务系统、草畜平衡决策支持和技术咨询服务系统、草地生态环境监测与评价信息服务系统等功能及内容复杂的综合系统。

该类系统的信息需求量大，通常包括气候（年平均气温、年极端最高温、年极端最低温、大于零摄氏度的年积温、空气湿度、年平均降水量、年日照时数等）、地形（数字高程模型、坡度、坡向）、土壤（土壤类型、土壤养分含量）、水文（河流水系、径流量、集水区边界等）、草地资源（类型、等级与面积、草地利用状况等）、家畜（种类、数量、载畜量等)、土地覆盖、行政分区、社会经济（人口数量、密度、交通道路、工农业生产状况）等基础空间数据库。但是，系统内容的动态更新、系统功能的智能化拓展等方面仍然存在诸多问题，是今后系统研发及建设的重要方向。

思 考 题

1. 什么是草业信息学？
2. 简述草业信息学研究的关键技术？
3. 简述草业信息学研究的关键技术及其关系？
4. 论述草业信息学在草业科学中的作用及主要应用实践？

参 考 文 献

曹卫星. 2005. 农业信息学[M]. 北京: 中国农业出版社.
冯学智, 王结臣, 周卫, 等. 2007. “3S”技术与集成[M]. 北京: 商务印书馆.
胡自治. 1997. 草原分类学概论[M]. 北京: 中国农业出版社.
梁天刚, 林慧龙, 冯琦胜. 2015. 草地综合顺序分类系统研究进展(Ⅰ)——自然植被分类与碳汇研究[M]. 南京: 江苏凤凰科学技术出版社.
梅安新, 彭望琭, 秦其明, 等. 2001. 遥感导论[M]. 北京: 高等教育出版社.
任继周. 1995. 草地农业生态学[M]. 北京: 中国农业出版社.
任继周. 2010. 草业科学框架结构与教学实践[J]. 高等理科教育, (4): 1-7.
任继周, 侯扶江. 2004. 草业科学框架纲要[J]. 草业学报, 13(4): 1-6.
任继周, 侯扶江. 2010. 草业科学的多维结构[J]. 草业学报, 19(3): 1-5.
邬伦, 刘瑜, 张晶, 等. 2002. 地理信息系统——原理、方法和应用[M]. 北京: 科学出版社.
许鹏. 2000. 草地资源调查规划学[M]. 北京: 中国农业出版社.
赵军, 胡自治. 2005. 从生态信息图谱的角度看草原综合顺序分类法检索图[J]. 草原与草坪, (2): 12-14.
Chang KT. 2010. 地理信息系统导论(原著第 7 版)[M]. 陈健飞, 连莲译. 北京: 科学出版社.

第二章　草业数据的采集

草业系统的复杂性决定了草业数据的复杂性和多样性。对于不同的草业实体、要素、现象、事件和过程，需要采用不同的数据形式和数据类型进行描述。研究各类草业数据的外业观测与采集技术，对定量研究草地农业生态系统中土-草-畜-社会之间的互作关系，改进草业生产、经营和管理方法，具有重要意义。本章主要介绍草业数据类型及其基本特征，以及草业数据的采集技术、外业观测方法、常用观测仪器设备等内容。

第一节　草业数据类型及其基本特征

草业信息学是草业科学与信息科学相互交叉融合形成的一门新兴学科，目前国际上对该学科尚无一致的概念，仅从支撑学科和发展趋势看，草业数据的主要内容涵盖理论基础、技术方法、应用实践等几个方面，涉及不同的学科体系，其特征同样表现为不同学科和不同内涵的交叉与融合（曹卫星，2005）。一般而言，所有草业数据均具有数量化、形式化、逻辑化、多种时空尺度、多维性、观测变量误差的不确定性等基本特征。

一、草业数据类型

数据是未经加工处理的原始材料，是通过数字化或记录下来可以鉴别的符号，不但数字是数据，而且文字、符号和图像也是数据。草地是地表一种重要的土地覆盖类型，草业科学的研究对象总是与一定的地理区域相对应。因此，草业数据是一种重要的地理数据。草业数据具有地理数据的基本特征，可以分为空间数据（Spatial Data）和属性数据（Attribute Data）两大类。

空间数据用于描述草业实体、要素、现象、事件及过程产生、存在和发展的地理位置、区域范围及空间联系。一般用经纬度坐标或公里网表示具体的空间位置。对于空间数据的表达，可以将其归纳为点、线、面三种几何实体及描述它们之间空间联系的拓扑关系。

属性数据主要用于描述草业实体、要素、现象、事件及过程的有关属性特征，如草地类型、面积、产量、草层高度、植被盖度等。

按照数据的测量和记录标准，草业数据可以划分为定性而非定量的命名型数据、按顺序排列的次序型数据（如草地退化分级）、按照一定间隔或不固定间隔观测的间隔型数据（如分层土壤养分、气象站观测的气温等）、依据比例的比率型数据（如生物量密度、载畜力等）。此外，依据内容，草业数据可分为地形与地貌数据（Topographic and Geomorphologic Data）、气象数据（Climate Data）、土壤数据（Soil Data）、生物数据（Biological Data）、人文数据（Social Economic Data）等类型。

二、草业数据基本特征

（一）数量化（Quantification）、形式化（Formalization）与逻辑化（Logicalization）

草业数据既包括数字、文字、符号，又包括图形和图像。在信息学研究中，这些数据都可以使用数量化、形式化或逻辑化的数学方法表达。

数量化是进行评价时常用的方法，它是在评价过程中采用定量分析的方法，特别是采用各种数学方法，可以定量地对评价对象的各个环节中每一影响因素进行分析，研究各因素之间的数量关系，表示其数量变化和规律。数量化是草业数据统计分析的前提。

形式化是指分析、研究思维形式结构的方法。它把各种具有不同内容的思维形式（主要是命题和推理）加以比较，找出其中各个部分相互联结的方式，如命题中包含概念彼此间的联结，推理中则是各个命题之间的联结，抽取出它们共同的形式结构；再引入表达形式结构的符号语言，用符号与符号之间的联系表达命题或推理的形式结构。形式化方法在古代就运用了，而在现代逻辑中又有了进一步的发展和完善。这种方法特别在数学、计算机科学、人工智能等领域得到广泛运用。它能精确地揭示各种逻辑规律，制定相应的逻辑规则，使各种理论体系更加严密。同时，也能正确地训练思维，提高思维的抽象能力。形式化方法是基于数学的特种技术，适合于软件和硬件系统的描述、开发和验证。将形式化方法用于软件和硬件设计，是期望能够像其他工程学科一样，使用适当的数学分析方法提高设计的可靠性。

逻辑化是指符合思维的规律或反映客观的规律性。逻辑是关于思维的形式和规律的科学。逻辑有4种不同层次和角度的含义：①表示客观事物发展的规律；②表示思维的规律性或规则；③某种特殊的理论、观点或说法，如草地综合顺序分类系统；④研究思维形式及其规律的科学或行动，如逻辑学、逻辑研究。因此，草业数据的逻辑化是指与草业科学研究或应用实践相关的数据要反映其客观规律性。草业数据的逻辑化不仅是草业数据采集的基本要求，还是草业数据的基本特征。

（二）不确定性（Uncertainty）

某个事件或某种决策的可能结果不止一种，就会产生不确定性。由于草地及其生态环境受人类因素和自然因素的综合影响，因此反映草业科学相关事物、现象、过程的数据通常具有较大的变异性。因此，观测变量的误差通常存在一定的不确定性。例如，草地地上生物量受气候、土壤、草地类型、放牧强度等众多因素的影响，在不同时空尺度上具有很大的差异，外业观测的或基于遥感技术模拟的草地生物量数据通常在时空分布上具有一定的不确定性。在地理信息系统研究中，不确定性则是指空间位置、属性、时域的不确定性，以及逻辑上的不一致性及数据的不完整性。通常采用敏感性分析、概率统计等方法，研究数据的不确定性。

（三）多种时空尺度（Multiple Spatio-temporal Scale）

尺度是许多学科常用的一个概念，一般用来表示物体的尺寸与尺码，有时也用来表示处事或看待事物的标准。在定义尺度时，应该包括 3 个方面的含义：客体（被考察对象）、主体（考察者，通常指人）及时空。时间尺度是完成某一种物理过程所花费时间的平均度量。一般来讲，物理过程的演变越慢，其时间尺度越长；物理过程涉及的空间范围越大，其时间尺度也越长。在研究草业科学许多问题时，通常以草地植被生长季或日、月、季度、年等为时间单位衡量某一现象或事物在多种时间尺度下的变化过程，研究的地理区域可以是全球、大洲、国家或者流域等范围的多种空间尺度。

在遥感等信息技术研究领域，通常将卫星遥感图像重复观测同一地区的周期称为时间分辨率（如 Landsat-8 号卫星的时间分辨率为 16 天，MODIS 传感器的时间分辨率为 1/2 天），将图像上不可分割的最小单元称为像素，其大小称为空间分辨率（如 Landsat-8 号卫星多光谱图像的空间分辨率为 30m）。一般情况下，卫星遥感数据的时空分辨率与相关研究的时空尺度紧密相关。所用遥感图像的时空分辨率越高，可选的时空尺度就越小。

（四）多维性（Multiple Dimension）

维度又称维数，是数学中独立参数的数目。在物理学和哲学研究领域，指独立的时空坐标的数目。0 维是一点，没有长度。1 维是线，只有长度。2 维是一个平面，是由一定长度和宽度的直线或曲线形成的水平面。3 维是 2 维加上高度形成的“体积面”。虽然一般情况下维度多用整数表示，但在分形中维度不一定是整数，而可能会是一个非整的有理数或者无理数。草业科学具有 4 维特征，即类型维、化学维、系统维及信息维。因此，与之相关的草业数据也具有多维性。

第二节　草业数据采集

依据草业数据的内容及特点，草业数据的观测可分为地形地貌、气象、土壤、生物和人文等数据的采集。在各类数据采集中，除使用一些地面采集的专用设备和方法外，通常也可以使用 GPS、GIS、RS 和网络等技术进行数据采集。本节主要介绍草业数据常用的地面采集设备、指标和方法。

一、地形与地貌数据

地形与地貌数据（Topographic and Geomorphologic Data）是草业科学领域中最重要、最基础的信息之一。草地生长的载体离不开土地，地形和地貌的变化影响着区域内温度和降水等气候指标，从而影响草地的变化。地形与地貌数据是一种重要的地理数据。草地类型的空间分布格局与一定地理区域的地形及地貌之间具有密切的联系。

地形（Topography）是指地势高低起伏的变化，即地表的形态。一般可分为高原、平原、山地、丘陵、台地和盆地 6 种类型。地貌（Geomorphology）也称地形，不过这两个概念在使用上通常也有区别，地貌是在地形的基础上再深入一步，探究其前因后果。地形偏向于局部，地貌则指整体特征。根据形态及其成因，可将地貌划分出各种各样的形态类型、成因类型或形态-成因类型。例如，地形图是一种主要反映地表形态的普通地图，而地貌图则是一种主要反映地貌形态、成因或某一地貌要素的专题地图（伍光和，2000）。

（一）采集技术及外业观测设备

"3S"技术是地形与地貌数据采集的主要技术。利用 GPS 技术可以采集高程点、等高线等信息。利用 GIS 技术，可以对已有的地形图进行数字化，建立数字高程模型（Digital Elevation Model，DEM），分析坡度、坡向等信息，模拟三维地形地貌。此外，也可以根据需要，采用遥感数据提取研究区的地形与地貌数据。例如，使用 SPOT 卫星遥感立体像对数据，或通过互联网络从 NASA 下载 ASTER GDEM 30m 分辨率的高程数据，以及从国际农业研究空间信息联盟咨询小组（The Consultative Group on International Agricultural Research Consortium for Spatial Information，CGIAR-CSI）开发的航天飞机雷达地形测绘（Shuttle Radar Topography Mission，SRTM）网站（http://srtm.csi.cgiar.org/）下载 SRTM-DEM 数据，分析研究区的地形地貌特征，为草业信息的处理与分析提供基础资料。

目前，较大范围的地形与地貌数据主要来源于 DEM（如 SRTM 和 ASTER GDEM），小范围的准确测量主要采用水准仪、全站仪、经纬仪、激光仪、GPS 等仪器设备（图 2-1）。地形与地貌数据地面采集的主要设备有水准仪、经纬仪、全站仪、GPS 测量系统、航空摄影机、数字摄影测量工作站和数字成图系统等设备。前 5 类属于外业设备，后 2 类属于内业设备。

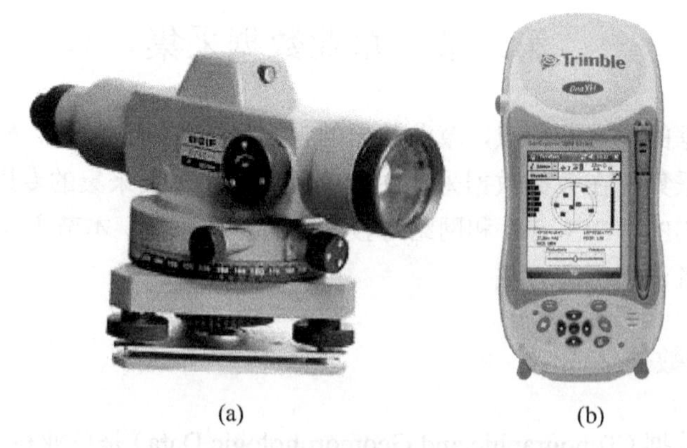

(a) (b)

图 2-1 经纬仪（a）和手持 GPS 设备（b）

（二）外业观测方法

在对地形与地貌进行实地测量时，一般需要考虑以下因素。

1. 外业观测任务

明确任务来源、研究区范围、地理位置、行政隶属、地图比例尺、采集内容、任务量等基本情况。

2. 研究区自然地理概况和已有资料情况

包括以下 2 个方面的内容。①自然地理概况：根据草业信息采集的需要，收集研究区自然地理概况，内容可包括研究区地理特征、居民地、人口、交通、气候情况等。②已有资料情况：收集已有资料的观测年代、采用的平面及高程基准、资料的数量、形式、质量情况和评价，利用的可能性和利用方案等。

3. 引用文件

说明专业技术设计书编写中所引用的标准、规范或其他技术文件。文件一经引用，便构成专业技术设计书设计内容的一部分。

4. 成果规格和主要技术指标

包括地图比例尺、平面和高程基准、投影方式、成图方法、成图基本等高距、数据精度、格式、基本内容及其他主要技术指标等。

5. 地形与地貌数据采集设计方案

主要内容如下。①规定测量仪器的类型、数量、精度指标及对仪器校准或检定的要求，规定信息采集所需的专业应用软件及其他配置。②图根控制测量：规定各类图根点的布设、标志的设置，观测使用的仪器、测量方法和测量限差的要求等。③规定信息采集方法和技术要求：a. 规定野外地形与地貌数据采集方法，包括采用全站型速测仪、平板仪、全球定位系统（GPS）测量等；b. 规定野外数据采集的内容、要素代码、精度要求；c. 规定属性调查的内容和要求；d. 规定高程数据采集的要求；e. 规定数据记录要求；f. 规定数据编辑、接边、处理、检查和成图工具等要求；g. 需要建立 DEM 和数字地形模型（Digital Topographic Model，DTM）时，还应规定内插 DEM 和分层设色等方面的要求。④其他特殊要求：拟定所需的主要物资及交通工具等，指出物资供应、通信联络、业务管理及其他特殊情况下的应对措施或对信息采集的建议等；采用新技术、新仪器时，需规定具体的信息采集方法、技术要求、限差规定和必要的精度估算及说明。⑤质量控制环节和质量检查的主要要求。⑥上交和归档成果及其资料的内容与要求。⑦有关附录。

二、气象数据

气候作为人类赖以生存的自然环境的重要组成部分，它的任何变化都会对自然生态系统和社会经济系统产生重要影响。依据气温和降水等自然地理条件，全球气候可大致分为热带雨林气候、热带草原气候、热带季风气候、热带沙漠气候、亚热带季风气候、地中海式气候、温带海洋性气候、温带季风气候、温带大陆性气候、极地气候、高山气候等 11 个类型。草地是地表面积最大的陆地生态系统，大气环流、O_2和 CO_2含量、光照、温度、水分、蒸发等因素及其相互作用是草地形成及其时空分布格局动态变化的重要因素，因此气候数据的采集对草业科学的研究及应用实践具有重要意义。

气象数据一般可分为气候数据和天气数据两类。气候数据通常指的是用常规气象仪器所观测的各种原始资料的集合，以及加工、整理、整编所形成的各种资料。但随着现代气候的发展，气候研究内容不断扩大和深化，气候资料的概念和内涵得以进一步延伸，泛指整个气候系统的有关原始资料的集合和加工产品。天气数据是为天气分析和预报服务的一种实时性很强的气象资料。天气资料和气候资料的主要区别是天气资料随着时间的推移可转化为气候资料；气候资料的内容比天气资料要广泛得多，气候资料是长时间序列的资料，而天气资料是短时间内的资料。

各种气象要素的多年观测记录按不同方式统计，其统计结果称为气候统计量。它们是分析和描述气候特征及其变化规律的基本资料。通常使用的有均值、总量、频率、极值、变率、各种天气现象的日数及其初终日期，以及某些要素的持续日数等。气候统计量通常要求有较长的记录，以便使所得的统计结果比较稳定，一般取连续 30 年以上的记录。

利用逐日观测资料，统计分析不同时期（如月、年、草地生长季节）的平均气温、极端最高温、极端最低温、降水量、大于零摄氏度的年积温、空气湿度、平均降水量、日照时数等，在草地分类、草地物候学、草地植被与气候变化的关系等方面的研究中，具有不可替代的作用。

（一）主要观测指标及设备

地面气象观测指标（Surface Meteorological Observing Indicator）主要有温度、湿度、风速与风向、辐射、降水量和能见度。地面气象观测所使用的各种仪器，包括感应元件、转换系统（机械传递或电子转换线路）和显示记录仪表。

1. 温度

温度是表示物体冷热程度的物理量，微观上来讲是物体分子热运动的剧烈程度。气象部门所说的地面气温，是指高于地面约 1.5m 处百叶箱中的温度。常用测量仪器有玻璃温度表、双金属片温度计、金属电阻温度表、热敏电阻温度表、温差电偶温度表、石英晶体温度表、空盒气压表、微压计。

2. 湿度

湿度是表示大气干燥程度的物理量。在一定的温度下在一定体积的空气里含有的水汽越少，则空气越干燥；水汽越多，则空气越潮湿。空气的干湿程度称为“湿度”，空气湿度在农学、草学、大气学等专业方面有重要的应用价值。常用的测量仪器有干湿球湿度表、毛发湿度表、露点仪、电阻式湿度片、薄膜测湿电容。

3. 风速与风向

风速与风向是指风吹来的速度和方向。常用仪器有风杯风速计、螺旋桨式风速计、热线风速计、达因风向风速计等。在风向测量仪器中，风向标是各种测风仪器中用以指示风向的最主要部件，分为头部、水平杆和尾翼 3 部分。在风力的作用下，风向标绕铅直轴旋转，使风尾摆向下风方向，头部指向风的来向。风向标感应的风向必须传递到地面的指示仪表上，以电触点式最为简单，但一般只能做到每一个方位（22.5°）有一个触点。精确的测量仪器有自整角机和光电码盘。

4. 辐射

自然界中的一切物体只要温度在绝对温度零度以上，都以电磁波和粒子的形式时刻不停地向外传送热量，这种传送能量的方式称为辐射。辐射主要有太阳直接辐射、大气散射、地面反射辐射、地面和大气的红外热辐射等类型。一般包括辐射能和日照时数的测量。常用的测量仪器有绝对日射表（计）、直接日射表、天空辐射表等。测定日照时数仪器有：①暗筒式日照计，仪器上有一小孔，阳光透过小孔射入筒内，在涂有感光药剂的日照纸上留下感光痕迹，利用痕迹线可计算出日照时数；②聚焦式日照计，它是利用太阳光经玻璃球聚焦后烧灼日照纸留下的焦痕来记录日照时数的仪器。暗筒式日照计制造较简单，记录误差小，是台站常用的仪器。

5. 降水量

从天空降落到地面上的雨水，未经蒸发、渗透、流失而在水面上积聚的水层深度，称为降水量（以 mm 为单位），它可以直观地表示降雨的多少。雨量器是用来收集降水的专用器具，并通过与之配套的雨量筒，用来测定以 mm 为单位的降水量。雨量器为传统产品，承水口使用铸铜件，筒身使用不锈钢板锡焊成型，筒质必须坚硬。为防止雨水溅入，筒口呈内直外斜的刀刃形。雨量器有带漏斗和不带漏斗的两种。筒内置有储水瓶，降雪季节取出储水瓶，换上不带漏斗的筒口，雪花可直接储入雨量筒底。

6. 能见度

能见度是反映大气透明度的一个指标，指物体能被正常视力看到的最大距离，也指物体在一定距离时被正常视力看到的清晰程度。20 世纪 60 年代前，气象台站测量大气能见度常用目测的方法，即由人眼观测目标物能从背景中分辨出来的最远距离，测定大气能见度。70 年代以来，采用大气透射仪、激光能见度自动测量仪等仪器测量，主要仪器有透射型和散射型两种类型。

（二）气象数据采集系统

除了上面介绍的单一指标观测仪器外，目前常用的气象数据的采集也可通过气象数据采集系统完成（图 2-2），如手持农业环境监测仪、积温仪等系统。积温仪可应用于农业生产和农业科研，全天候记录气温的变化，可正点定时或自由设定间隔时间采集温度信息，显示平均气温、活动积温、有效积温等参数。手持农业环境监测仪由光合有效辐射计、雨量记录仪、风向风速记录仪等设备组成，采集的数据可导入计算机软件进行统计、分析、显示、查询等数据处理。总体而言，气象数据采集系统一般可实时采集多种环境参数（如气温、湿度、光照明度、风速风向、降雨量等），广泛应用于气象、设施农业、林业、园艺、畜牧业、草业等领域，实现对设施农业综合生态信息自动控制监控、对环境进行自动控制和智能化管理。

图 2-2　温度、降水、风速等多参数自动气象观测系统

该类设备的主要功能及特点有：①采集系统与计算机连接后，可实现区域性气象数据的整点自动采集、处理和储存，具有数据屏幕显示，同时可将小气候数据导出到 Excel 进行编辑和分析，按需要生成图表；②自动采集各类参数数据，通过接口可以将数据通过软件下载到计算机中，在主机大屏幕中文显示，可实时显示采样日期和时间（年、月、日、时、分、秒）、组数、温度、湿度、光照强度、风速风向、降雨量等参数，仪器小巧美观，应用方便；③可增加和更改测量参数组合，如光合有效辐射、风向风速、雨量、土壤水势、土壤 pH、GPS 定位信息等。

（三）历史气象数据的获取

为了观测气象资料，世界各国都建立了各类气象观测站，如地面站、探空站、测风站、火箭站、辐射站、农气站和自动气象站等。我国自新中国成立以来，已建成了类型齐全、分布广泛的台站网，台站总数达到 2000 多个。

如果需要研究较大空间范围及长时间序列的气候变化动态，如气候与自然植被的时空分布格局及其互作机制、潜在植被的演替动态等，就需要收集整理已有的气象观测数据和气候预测数据。

1. 气象观测数据

区域及地区空间尺度的气象数据，可以通过相关的机构获取。例如，中国历史气象数据，可通过中国气象数据网（http://data.cma.cn/）下载 1981～2010 年全国 824 个基本及基准气象站点的逐日气象观测数据。全球气象数据，可通过联合国世界气象组织（World Meteorological Organization，https://www.wmo.int/pages/index_zh.html）下属的世界气象数据中心（the WDC for Meteorology，http://www.ncdc.noaa.gov/wdc/），免费获取全球1948年5月至今各月的温度、降水等数据（https://www.ncdc.noaa.gov/）。该数据共享系统由美国商务部（the U.S. Department of Commerce）和国家海洋与大气管理局（National Oceanic and Atmospheric Administration，NOAA）维护，由美国国家环境信息中心管理运作。也可通过全球气候数据网站（http://www.worldclim.org）下载全球空间分辨率为30s（约1km）的近50年（1950～2000年）的各月降水量及温度等数据。该数据库主要由美国加利福尼亚大学伯克利分校（University of California at Berkeley）建立和维护，主要由Hijmans等（2005）根据1950～2000年全球气象台站观测的数据，采用薄板平滑样条插值方法建立空间数据库，通过多种插值技术的比较检验，证明这些数据库具有良好的拟合精度，已广泛用于全球气候变化的研究中。

2. 气候预测数据

通过气候变化与农业及食品安全网站（Climate Change Agriculture and Food Security Website）（http://www.ccafs-climate.org/data/），可以下载全球气候预测数据库。该数据集包括加拿大气候模拟与分析中心（Canadian Centre for Climate Modelling and Analysis，CCCMA）、澳大利亚联邦科学与工业研究组织（Commonwealth Scientific and Industrial Research Organisation，CSIRO）等多个机构的全球气候模型（Global Climate Model，GCM）和多种排放情景（Emission Scenarios，如A2a和B2a等）。联合国政府间气候变化专门委员会（Intergovernmental Panel on Climate Change，IPCC）发布的未来气候预测报告中使用了该数据库（IPCC，2007）。

三、土壤数据

土壤（Soil）是人类赖以生存和发展的物质基础，是陆地生态系统的核心组成部分。为了在全球尺度、国家尺度和区域尺度上解决资源、环境和生态等问题，采集土壤信息是草业科学研究必要的内容之一。土壤是草地生态系统的基础条件，土壤变化与草地变化关系十分密切，两者都受到自然因素与人类生产活动的影响，人们所熟知的草原上3个典型的土壤类型的形成、分布与生物气候带是相适应的，黑钙土是在温带半湿润草甸化草原下形成的，干旱的典型草原以栗钙土为主，而棕钙土则是荒漠草原环境的产物（李绍良等，2002）。因此，草地与土壤是相互作用相互影响的，二者之间一方的改变，都会引起另一方的变化，土壤数据的采集对开展草地生态环境评价、草地退化评价、草地生态风险预警等方面的研究有着非常重要的作用。

我国土壤资源丰富、类型繁多。土壤分类不仅是土壤地理学的重要理论基础，还是土壤科学发展水平的标志。土壤分类可以为土壤调查制图和草地资源评价及合理利用、改良土壤提供科学依据。目前我国土壤系统分类按照土纲、亚纲、土类、亚类、土科和土系6级分类单元分类。其中最高一级共分为14个土纲，39个亚纲，138个土类和588个亚类（龚子同和张甘霖，2006）。全国主要土壤类型有砖红壤、赤红壤、红壤和黄壤、黄棕壤、棕壤、暗棕壤、褐土、黑钙土、栗钙土、棕钙土、黑垆土、荒漠土、高山草甸土和高山漠土。

（一）土壤数据采集指标

主要包括土壤养分、土壤水分和土壤温度等指标。

1. 土壤养分

土壤养分是指由土壤提供的植物生长所必需的营养元素，能被植物直接或转化后吸收。土壤养分可大致分为大量元素、中量元素和微量元素，包括氮（N）、磷（P）、钾（K）、钙（Ca）、镁（Mg）、硫（S）、铁（Fe）、硼（B）、钼（Mo）、锌（Zn）、锰（Mn）、铜（Cu）和氯（Cl）等元素。在自然土壤中，土壤养分主要来源于土壤矿物质和土壤有机质，其次是大气降水、坡渗水和地下水。在耕作土壤中，还来源于施肥和灌溉。

根据在土壤中存在的化学形态，土壤养分的形态可以分为：①水溶态养分，土壤溶液中溶解的离子和少量的低分子有机化合物；②代换态养分，是水溶态养分的来源之一；③矿物态养分，大多数是难溶性养分，有少量是弱酸溶性的（对植物有效）；④有机态养分，矿质化过程的难易程度不同。根据植物对营养元素吸收利用的难易程度，土壤养分又分为速效性养分和迟效性养分。土壤养分的总贮量中，有很小一部分能为植物根系迅速吸收同化的养分称为速效性养分。一般来说，速效性养分仅占很少部分，不足全量的 1%。除速效性养分外，土壤中其余绝大部分养分必须经过生物的或化学的转化作用才能为植物所吸收，这部分养分称为迟效性养分。

2. 土壤水分

土壤水分是植物吸收水分的主要来源（水培植物除外），另外植物也可以直接吸收少量落在叶片上的水分。土壤水分主要来源于大气降水和灌溉水，此外，地下水上升和大气中水汽的凝结也是土壤水分的来源。水分由于在土壤中受到重力、毛管引力、水分子引力、土粒表面分子引力等各种力的作用，形成不同类型的水分并反映出不同的性质。其中，固态水为土壤水冻结时形成的冰晶，气态水主要存在于土壤和空气中，束缚水包括吸湿水和膜状水，自由水包括毛管水、重力水和地下水。

3. 土壤温度

土壤温度指地面以下与植物生长发育直接有关的浅层土壤的温度。土壤温度影响植物的生长、发育和土壤的形成。土壤中各种生物化学过程，如微生物活动所引起的生物化学过程和非生命的化学过程，都受土壤温度的影响。草地植被生长、发育同样受到土壤温度的影响。土壤温度在一定的范围内，直接影响农牧业生产，土壤温度越高，作物的生长发育越快。与气温相比，对种子发芽和出苗的影响，土壤温度要直接得多。但是，土壤温度随地形、土壤水分、耕作条件、天气影响而变化。适宜的土壤温度能促进作物的营养生长和生殖生长。土壤温度间接影响环境条件中的其他因子，从而影响作物的生长发育。土壤温度对微生物活性的影响极其明显。大多数土壤微生物的活动要求有 15～45℃的温度条件。超出这个范围（过低或过高），微生物的活动就会受到抑制。土壤温度对土壤的腐殖化过程、矿质化过程及植物的养分供应等都有重要意义。

4. 土壤容重

土壤容重是指土壤在未受到破坏的自然结构状况下，单位体积中的重量，通常以 g/cm^3 表示。土壤容重的大小与土壤质地、结构、有机质含量、土壤紧实度、耕作措施等有关。

（二）土壤样品采集方法

土壤样品的采集和处理是土壤分析工作的一个重要环节（陈自胜等，1992）。采集有代表性的样品，是测定结果如实反映其所代表的区域或地块客观情况的先决条件。一般依据研究目标的不同，采用分层取样分析方法，获取土壤相关数据。部分指标可以在外业直接观测记录，但大部分指标需要室内使用专用化学分析设备进行检测。为了在室内对土壤进行详细研究、观察或作为展览陈列和教学示范，通常将部分采集的土壤样品作为标本使用（郑慧莹和李建东，1999）。土壤标本主要分为散装土壤标本、分类纸盒标本、整段标本和土壤容重 4 类（柳维杨等，2007）。

1. 散装土壤标本采集法

研究人员在不同成土条件下选择具较强代表性的土壤样品，采集一定量后用于展览陈列。根据剖面层次，分层取样，依次由下而上逐层采取土壤样品，装入布袋或塑料袋，每个土层选典型部位取其中 10cm 厚的土样，一般为 0.5～1kg，要记载采样的实际深度，用铅笔填写标签，一式二份，一份放入袋中，一份挂在袋外，标签内容一般包括土壤剖面编号、土壤类型名称、采样地点、日期、采集人。

2. 分类纸盒标本采集法

根据土壤剖面层次，由下而上逐层采集原状土，挑出结构面，按上下装入纸盒，结构面朝上，每层装一格，每格要装满，标明每层深度，在纸盒盖上写明采集地点、地形部位、植物、母质、地下水位、土壤名称、采集日期及采集人。

3. 整段标本采集法

选择具有较强代表性的土壤剖面，按土壤的发生层次，采集客观真实、连续完整的土壤样品，进行加工制作而成的土壤制品（柳维杨等，2007）。在已挖好的土壤剖面上挖一个长方体土柱，其规格为 100cm×17cm×8cm，然后将采土器套在土柱上，顶部空出 3～5cm，采土器上端用螺丝杆固定；用削土刀在采土器下端切开，并削去多余的土体；在纤维板涂上胶水和采土器粘在一起，翻转放在地面上，松开螺帽，将采土器取下反折，放在三根螺丝杆上，然后将土体和纤维板一同放入采土器的三根螺杆上，削平并用毛刷洒上白乳胶，整段标本即采制成功。记录采集地点、地形部位、植物、母质、地下水位、土壤名称、采集日期及采集人。

4. 土壤容重取样方法

采用环刀法，在测量生物量样方处，挖出一个长宽高 0.5m×1m×1m 的剖面。清理干净样方土壤表面的残留物和杂质，用环刀按照 0cm、10cm、20cm、40cm、60cm、80cm、100cm 的深度取容重土样，每层 2 个重复。具体步骤如下：①将环刀托套在环刀无刃的一端，刀刃朝下，用力均衡地压环刀托把，将环刀竖直压入土中。如土壤较硬，环刀不易插入土中时，可轻轻敲打环刀托把，待整个环刀全部压入土中，且土面即将触及环刀托的顶部时，停止下压。②用小铁铲把环刀周围土壤挖去，在环刀下方切断，并使其下方留有一些多余的土壤。取出环刀，将其翻转过来，刃口朝上，用削土刀迅速刮去黏附在环刀外壁上的土壤，然后从边缘向中部用削土刀削平土面，使之与刃口齐平。③盖上环刀顶盖，再次翻转环刀，使已盖上顶盖的刃口一端朝下，取下环刀托。同样削平无刃口端的土面并盖好底盖，将环刀盖好铝盖。④依不同层次取好土样，放于自封袋中并做好样方标记，带回室内在 105℃烘箱中烘干至恒重，称重并记录。⑤挖掘结束并拍完剖面照后，按土壤层次重新回填土壤，尽量恢复原状。

（三）土壤数据采集设备

在土壤样品采集时，一般需要准备的采样器具包括以下几类。

1）工具类：包括铁锹、铁铲、圆状取土钻、螺旋取土钻及适合特殊采样要求的工具等。

2）器材类：包括手持 GPS、罗盘、照相机、胶卷、卷尺、铝盒、样品袋、样品箱等。

3）文具类：包括样品标签、采样记录表、铅笔、资料夹等。

4）安全防护用品：包括工作服、工作鞋、安全帽、药品箱等。

除上述这些传统器具外，还可以使用许多自动化程度较高的速测仪器。

1. 土壤养分速测仪

能检测土壤、植株、化学肥料、生物肥料等样品中的速效氮、有效磷、速效钾、有机质含量，以及植株中的全氮、全磷、全钾，土壤酸碱度、土壤含盐量、水分、紧实度（硬度）、温度。该类设备具有体积小、重量轻、便于携带、液晶显示、可以使用交流电、直接检测、查看检测数据等优点（图 2-3a）。

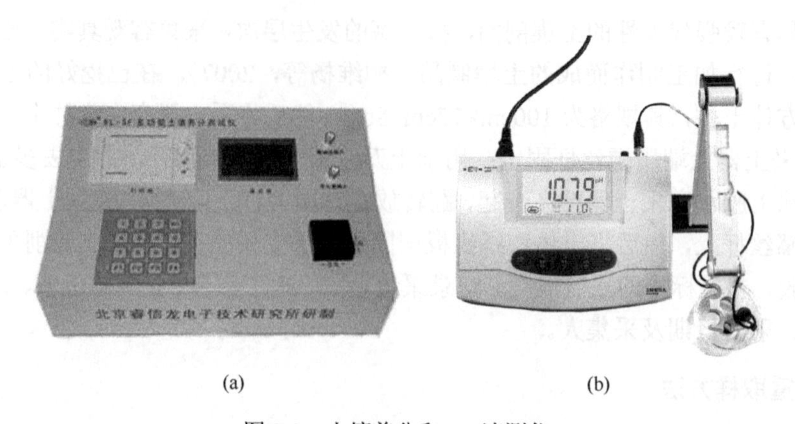

(a) (b)

图 2-3　土壤养分和 pH 速测仪

2. 多通道土壤温度记录仪

可以随时将测量时每次采样的数据存储到主机上，RS232 接口可与计算机连接将数据导出，具有存储、打印功能，内置 GPS 定位系统，可实时显示测量点的位置信息（经纬度），并可利用此定位数据在计算机中绘制土壤温度分布图。

3. 其他设备

包括土壤 pH 测定仪（图 2-3b）、土壤盐分速测仪和 GPS 土壤紧实度速测仪等，其中土壤紧实度速测仪可直接测量土壤紧实度，单位为 kg 或 kPa。

（四）历史土壤数据的获取方法

土壤类型的分类方法较多，不同国家通常采用不同的分类系统。无论在全球还是区域尺度上，目前许多机构均积累有大量的土壤数据。

中国科学院南京土壤研究所（http://www.issas.ac.cn/）建立了一个较为系统的基于 WebGIS 的中国土壤信息系统（Soil Information System of China，SIS China）。通过该系统，可以查询全国不同尺度的土壤空间数据、土壤剖面属性数据、土壤空间与属性融合后的土壤专题区域空间化数据、土壤类型参比数据及应用国际土壤主流分类方法建立的中国土壤分布特征数据。

通过世界土壤信息中心（http://www.isric.org/）、中国地球系统科学数据共享网（http://www.geodata.cn/）可以下载世界土壤数据库（HWSD v1.1）。该数据库是由联合国粮食及农业组织（FAO）、国际应用系统分析研究所（IIASA）、世界土壤信息中心（ISRIC）、中国科学院南京土壤研究所（ISSCAS）、欧洲委员会联合研究中心（JRC）于 2009 年 3 月共同发布的 1km 格网的世界土壤数据库（HWSD）。该数据库提供了各个格网点的土壤类型（FAO-74、85、90）、土壤相位、土壤（0～100cm）理化性状（16 个指标）等信息。

四、生物数据

牧区生物种类繁多，包括多种植物和动物，其中草地及家畜在牧区社会经济发展中具有极其重要的作用。草畜系统的数据采集是进行草地畜牧业资源评价、生产发展规划和生态环境保护的重要基础。特别是草地生产力不但体现草地生态系统的稳定性及生物种群的多样性，而且是制订畜牧业生产规划的基础（李建龙和蒋平，1998）。能否及时准确地掌握大范围的草地产量资料，对科学计算草地载畜量和合理安排草畜生产，提高草地畜牧业生产力，维护草地生态系统的持续稳定，都具有十分重要的意义。

（一）生物数据采集指标

依据研究地区及研究目标的不同，生物数据（Biological Data）的采集指标也有较大差异。就草地植被而言，一般需要采集其生物物理指标（如物种组成、物候期、生产力、盖度、高度等）和生物化学指标（如植物叶片的养分含量等）。就草地放牧家畜而言，需要采集家畜种类、畜群数量、畜群结构（幼畜、成年畜、母畜的数量和比例）、种群密度（载畜力）等信息。从草地生物灾害防治角度出发，一般需要采集鼠害、虫害、病害及毒害草等方面的数据。此外，从微观尺度上，还需要采集生物信息，如微生物、植物与动物组织的显微结构、基因测序等方面的数据。限于篇幅，下面重点对草地生产力相关的数据采集方法及主要仪器设备等内容进行介绍。

（二）草地生产力数据的采集技术

草地生物数据的采集，特别是草地植被生产力数据的采集往往需要结合网络和“3S”等技术。通过网络技术，可以获取大量的数据共享资源。GPS 技术可以精确观测数据采集的地理位置、采集航迹、海拔等信息。利用 GIS 技术，可以采集已有的地图及相关属性数据。遥感技术则是动态监测草地生产力数据的关键技术。

遥感植被指数（Vegetation Index，VI）是表征地表植被特征的重要指标。在草地资源动态监测中，常用的遥感资料有陆地资源卫星数据（如 Landsat、SPOT 等）、气象卫星数据 NOAA/AVHRR 及 NASA/MODIS 等遥感数据。SPOT 卫星和 Landsat 等资源卫星数据具有多波段和较高的空间分辨率等特点，便于对水体和绿色植被等地物的识别。但是，陆地资源卫星数据由于其覆盖周期较长，不利于对研究区域实施快速的动态监测。气象卫星 NOAA/AVHRR 相对于陆地资源卫星资料，其空间分辨率较低，但时间分辨率高，时间序列较长，NOAA/AVHRR 系列卫星已有 20 多年的全球 NDVI 数据积累，便于进行草地生物量和 NPP 的长期动态监测。

新一代对地观测卫星 Terra 和 Aqua 遥感数据 MODIS 与 AVHRR 相比较，在波段和时空分辨率方面都有较大改进。MODIS 光谱分辨率较高，波幅窄，避免了几个大气吸收带，在计算植被指数时有更严格的去云算法和比较彻底的大气校正。MODIS-NDVI 是已有 20 年积累的 NOAA-NDVI 系列的延续，MODIS 植被指数可以更好地反映植被的时空变化特征，已成为当前植被及其变化动态宏观研究的主要遥感资料。MODIS-NDVI 与 AVHRR-NDVI 反映植被的趋势大致相同，但 MODIS-NDVI 比 AVHRR-NDVI 对植被的响应更敏感，NDVI 值的范围也更宽。另外，MODIS-EVI 比 MODIS-NDVI 有较大的改进，在植被监测方面，利用 MODIS 辐射仪的优点及 EVI，修正地表反射率，可以提高对高生物量区的敏感性，并通过叶冠背景信号耦合和减少大气影响可提高植被监测精度。此外，近年来针对植被监测还研发出基于 MODIS 数据的叶面积、NPP 等遥感产品。

草地生产力监测方法可以归纳为基于生物气候指标（如温度、降水等）或遥感植被指数（如 NDVI、EVI 等）的统计模型法和基于植物光合作用、有机物分解及营养元素的循环等生理过程的过程模型法两种类型。其中，统计模型法的缺点是缺乏严密的植物生理生态学机制，同时由于受到取样密度的影响，由点到面甚至向区域外推时产生的尺度转换问题会影响 NPP 的估测精度，但这类模型的输入参数简单易得，结合遥感技术可以对不同陆地生态系统 NPP 进行大范围的估算和预测，是目前应用较为广泛的一种方法。

草地生产力监测的重点之一是研究遥感植被指数与地上生物量的关系，其特点表现为所用遥感数据多样化、植被指数多样化、模型多样化，存在的主要问题表现在天地数据的时空匹配及精度等方面。依据遥感资料及地面观测数据，建立植被指数与实地样点测产值之间的数学模型，以遥感植被指数值计算单位面积的生物量；逐个像元生物量累加，计算区域的总生物量及理论载畜量；辅以其他草地畜牧业资料（如草地面积、实际放牧家畜数量、补饲量等），可以分析草畜平衡状况，为草地生产力与生长状况评价、草畜平衡决策、生物灾害防治等研究提供基础资料。

在建立基于遥感植被指数的草地生物量统计模型时，外业观测的样地和样方的设置及其空间分布、取样密度等因素对反演模型的精度均有较大的影响。一般情况下，草地的现场取样技术应注意以下规范。

1. 样地

样地是用来描述与记载草地群落的生态环境、基本特征的典型地段，是进行草地定性与定量分析常用的方法。记载样地主要是用来对草地进行群落特征分析和确定草地类型。现场取样，首先是根据草地群落的植物种类组成、结构特征和分布的均匀性确定样地面积，面积的大小以能反映与代表所调查类型各项特征的最小面积为宜。一般的原则是，以生长草本植物为主的草地，样地面积要比木本植物为主的群落小些；群落草层低矮、结构简单、分布均匀，样地可小些，反之要大些。以往调查工作中，用于群落特征分析与记载的样地，以草本植物为主的群落，一般面积为 10m×10m；在植被稀疏的荒漠和灌丛草地，样地面积可扩大到 10m×100m 或 10m×150m。

2. 取样方法

在草地资源调查中，一般采用抽样调查的方法进行现场取样。常用的取样方法有两种，一种是典型取样法，另一种是用概率统计的方法取样。概率取样法包括随机取样、系统取样和分层取样。典型取样法是最常用的方法。在确定要调查的草地类型上，选择能够代表该类型自然与经济特征的典型地段设置样地，一般要求草群生长发育正常，未受或受家畜或其他活动干扰较小。具体做法是：①确定出样地的一个边界点，并将测绳或皮尺的一头用插钎固定，依据样地大小，圈出样地的范围。在样地圈定之后，仔细观察样地的代表性与典型性，如有缺陷，可再度移动调整。样地的数量在一个点上一般只取一个样地。如需要重复样地，在出现相同类型的其他地段再选取。②样地形状一般采用正方形。根据草地植物种类组成和分布的均匀程度，确定样地面积。最常用的是 10m×10m，也可以用 10m×20m、10m×100m 等。样地的记载内容分为一般情况和生境特征的描述与记载，以及草地群落特征的调查与记载。③草地生物量野外调查取样需要考虑样方的定位、样方的大小、样方的数量等问题。一个样地内一般取 3 个样方，采用随机取样法、五点式、对角线式、棋盘式、平行线式等方法设置样方。就均匀分布的情况而言，只要采取简单的随机取样方法即可，因为种群中每个个体都有相等的被选择机会；而对于其他的分布情况如系统分布、分层分布、梯度分布等，采取简单的随机取样方法未必能获得有代表性的样本。为了避免简单随机取样方法的不足，可以采用分层随机取样法，即将区域分为若干亚区域，然后在亚区域上进行随机取样。样方大小应视调查对象的大小和分布情况而定。一般而言，对于分布不规则的种群，多个小样方取样比少数大样方取样效果更好。样方的数量越多，整体取样花费的时间就越多、精力就越大。为了提高取样的效率，人们总结了一些系统取样的经验，如五点取样法和等距取样法等。

（三）草地植被数据采集设备

目前有许多类型的观测设备，下面主要介绍一些外业观测的常用仪器设备。

1. 叶绿素测定仪

植物叶片中的叶绿素含量可指示植物本身的生长状况，长势良好的植物的叶子会含有更多的叶绿素，叶绿素的含量与叶片中氮的含量也有很密切的关系。叶绿素测定仪可以即时测量植物的叶绿素相对含量或“绿色程度”（图 2-4a）。一般通过测量叶片在两种波长范围内的透光系数来确定叶片当前叶绿素的相对数量，也就是在叶绿素选择吸收特定波长光的两个波长区域，根据叶片透射光的量来计算测量值。

(a) (b) (c) (d)

图 2-4 叶绿素测定仪（a）、地物光谱仪（b）、无人机（c）和农业多光谱相机（d）

2. 活体叶面积测定仪

叶面积测定仪是一种使用方便、可以在野外工作的便携式仪器。可测量被测叶片的叶面积，并将其面积值在仪器上显示和保存。如需细致的科研分析，还可将保存的数据导入电脑中用软件进行统计分析，能直观显示叶片的大小和形状，能分析单叶片的面积、虫斑数和虫斑面积，以及多张叶片的面积和虫斑面积等参数。此设备广泛应用于农业、草业、气象、林业等部门。

3. 植物光合作用测定系统

植物光合作用测定系统分为便携式光合作用测定系统和全自动便携式光合作用测定系统。测量参数包括 CO_2 浓度、净光合速率、蒸腾速率、胞间 CO_2 浓度、气孔导度、大气湿度、空气温度、叶片温度、蒸汽压亏缺、大气压、光照强度等，并通过系统自带的自动测量程序测定植物的 CO_2-光合响应曲线、温度-光合响应曲线、湿度-光合响应曲线等各种响应曲线，还可以测量植物的叶绿素荧光效能。

4. 地物光谱仪

光谱测量范围一般为 350～2500nm，可采集研究区土壤、草地、水体等地表物体的光谱数据，与多光谱和高光谱传感器配合使用，为草地遥感算法构建、遥感模型验证、传感器通道设置与调整等提供基础（图 2-4b）。

此外，无人机（图 2-4c）、普通数码相机和农业多光谱相机（图 2-4d）在草地植被盖度、生长状况等方面的数据采集中，也发挥着越来越重要的作用，具有广阔的应用前景。

（四）历史生物数据的获取方法

在草地植被分类、草地生产力遥感动态监测、草地灾害等方面，世界各地许多机构已积累了大量数据。大多数数据通过相应网站均可以进行查询、检索、订购、下载。下面对一些重要网址及内容作一简介。

1）中国草业开发与生态建设网（http://www.ecograss.com.cn/），包括我国天然草地类型、栽培牧草品种、草地鼠害、虫害、病害及毒害草等方面的数据，以及青藏高原地区雪灾遥感监测与预警、甘南地区草畜平衡决策支持、基于综合顺序分类系统的世界草地分类等方面的数据。

2）寒区旱区科学数据中心（http://westdc.westgis.ac.cn/），可以订购全国及部分地区的遥感植被指数和植被类型等方面的数据。

3）通过中国科学院遥感卫星地面站（http://www.rsgs.ac.cn/）、美国 NASA MODIS 数据中心（http://modis.gsfc.nasa.gov/）、美国国家冰雪数据中心（http://nsidc.org/data/modis/）、美国马里兰大学 MODIS 地表反射率研究中心（http://modis-sr.ltdri.org/）和美国地质调查局（USGS）（http://glovis.usgs.gov/）等网站，可以下载遥感数据和部分地图空间数据。

4）中国科学院数据云（http://www.csdb.cn/），可查询下载中国生物资源、生态系统与生态功能区划等数据。

五、人文数据

人文数据（Social Economic Data）主要指社会经济与人类活动等方面的数据，主要包括行政区划、人口、经济、交通、通信等数据。其中，人口及社会经济发展状况数据的采集大多采用抽样调查统计方法；历史时期的数据一般可以通过收集区域统计年鉴、社会经济发展报告等资料进行采集，部分数据也可以通过国家统计局和国家商务部等机构，以及中国科学院地理科学与资源研究所开发的人地系统主题数据库（http://www.data.ac.cn/index.asp）、美国密歇根州立大学中国信息研究中心（http://umchina.umich.edu/）等相关网站进行订购。

六、其他数据

草业生产过程和草地生态环境变化动态都与人类生存和发展的水资源、土地资源、生物资源及气候资源的数量与质量状况息息相关。草业科学研究面临的草地退化、灾害防治等复杂系统问题的解决，不仅需要采集地形地貌、土壤、气象、生物和人文数据，还需要采集一些与自然及人文因素均密切相关的数据，如栽培牧草区划、草业生态经济分区、土地利用与土地覆盖等数据，这类数据也可以通过网络和“3S”等技术进行采集。

思 考 题

1. 简述草业数据类型及其基本特征？
2. 简述草地生产力数据的采集方法及地面观测设备？
3. 举例说明 GPS 技术在草业数据采集方面的作用？
4. 论述草业数据采集的基本技术？
5. 论述“3S”技术在草地植被动态监测数据采集方面的应用？

参 考 文 献

曹卫星. 2005. 农业信息学[M]. 北京: 中国农业出版社.

陈自胜, 赵明清, 刘文志, 等. 1992. 羊草草地松土施肥效果的研究[J]. 中国草地, (2): 28-32.

龚子同, 张甘霖. 2006. 中国土壤系统分类: 我国土壤分类从定性向定量的跨越[J]. 中国科学基金, (5): 293-296.

李建龙, 蒋平. 1998. 遥感技术在大面积天然草地估产和预报中的应用探讨[J]. 武汉测绘科技大学学报, 23(2): 153-158.

李绍良, 陈有君, 关世英, 等. 2002. 土壤退化与草地退化关系的研究[J]. 干旱区资源与环境, 16(1): 92-95.

柳维杨, 吕双庆, 姜益娟, 等. 2007. 土壤标本及整段标本采集制作方法分析[J]. 安徽农业科学, 35(32): 10394, 10399.

伍光和. 2000. 自然地理学[M]. 3 版. 北京: 高等教育出版社.

郑慧莹, 李建东. 1999. 松嫩平原盐生植物与盐碱化草地的恢复[M]. 北京: 科学出版社.

Hijmans R J, Cameron S E, Parra J L, et al. 2005. Very high resolution interpolated climate surfaces for global land areas[J]. International Journal of Climatology, 25(15): 1965-1978.

IPCC. 2007. Climate change 2007: Synthesis Report. Contribution of Working Groups I, II and III to the Fourth Assessment Report of the Intergovernmental Panel on Climate Change[R]. Geneva, Switzerland.

第三章　草业信息统计分析与处理方法

在草业科学领域中通过科学试验、实地调查和遥感等可以获得大量数据，如何从海量数据中获取有价值的信息，数据的采集、处理、分析及专业的评估和预测报告等工作变得越来越重要。

本章主要介绍草业信息处理常用的统计分析方法、常用统计分析软件简介［包括Excel、SAS 系统（Statistics Analysis System）、SPSS（Statistical Product and Service Solutions）、MATLAB（MATrix LABoratory 矩阵实验室）］、草业信息处理的地统计学方法、多目标规划方法，以及相关方法的应用。

第一节　草业信息处理常用统计分析方法及软件简介

随着计算机技术的迅猛发展，相继涌现出各种版本的统计分析软件，使科研工作者用成熟的统计分析软件来处理数据成为可能。这不仅可以充分挖掘和利用数据中的信息，而且还可以提高统计分析的效率。

一、常用统计分析方法概述

（一）相关分析

相关分析就是要研究变量之间相互关系的密切程度，并能通过已经获得的样本数据推断总体是否相关。其显著特点是变量不分主次，被置于同等地位。

1. 直线相关分析

直线相关（或线性相关）是指在相关关系中设有自变量 x 和因变量 y，当自变量 x 发生变化时，因变量 y 值随之发生大致均等的变化，在图像中近似地可以用一条直线来表示，这种相关通称为直线相关。相关系数是反映两个变量 x、y 之间线性关系密切程度的指标，记作 r，其值介于–1～+1。如果 x 和 y 呈正相关，r 为正值，当 r=1 时称为完全正相关；如果 x 和 y 呈负相关，r 为负值，当 r=–1 时称为完全负相关。无论是完全正相关还是完全负相关，观测点几乎都落在直线回归线上。而当观测点在直线回归线周围的分布越离散时，r 的绝对值越小。当 r 与+1 或–1 越接近，则相关性越紧密。与 0 越接近，相关性越不紧密，特别当 r=0 时，反映出自变量 x 和因变量 y 之间无直线相关关系。

Pearson 简单相关系数用来反映两个等距型变量之间的线性相关密切程度，如在测度草原产草量与降水量的线性相关关系时，可以使用 Pearson 简单相关系数，它是形成其他相关系数的基础。

Pearson 简单相关系数的计算公式为

$$r=\frac{\sum_{i=1}^{n}(x_i-\overline{x})(y_i-\overline{y})}{\sqrt{\sum_{i=1}^{n}(x_i-\overline{x})^2(y_i-\overline{y})^2}}$$

其中，n 为样本数，x_i 和 y_i 分别为两个变量的变量值。

Pearson 简单相关系数的检验统计量为 T 统计量，其定义为

$$T=\frac{r\sqrt{n-2}}{\sqrt{1-r^2}}$$

其中，T 统计量服从自由度为 n–2 的 T 分布。

2. 多元线性相关分析

将一元线性相关分析扩展到多元的情况，就是多元相关分析或复相关分析。多个变量之间的相关关系是相当复杂的，由于受其他变量的影响，相关系数不能准确地反映出两个变量之间的线性相关程度。

在具有多元相关关系的变量中，复相关系数可以用来衡量因变量 y 与一组自变量 $x_1,x_2,\cdots,x_m$ 之间的相关程度。和简单相关系数相同，其值仍然介于–1～+1。复相关系数的计算公式为

$$r_{y,123\cdots m}=\sqrt{1-\frac{S_E}{S_T}}=\sqrt{1-\frac{\sum(y_i-\hat{y}_i)^2}{\sum(y_i-\overline{y}_i)^2}}$$

式中，S_E 为剩余离差平方和，即 $\sum(y_i-\hat{y}_i)^2$，S_T 为总离差平方和，即 $\sum(y_i-\overline{y}_i)^2$。

偏相关分析是指当其他变量固定不变时，分析两个变量之间的线性相关，用偏相关系数来度量关联的强度。

例如，设有三个变量 x_1, x_2, x_3，如果在 3 个变量中，剔除其中一个的影响，可计算其他两个对该变量的偏相关系数，其计算公式为

$$r_{12,3}=r_{x_1x_2,x_3}=\frac{r_{x_1x_2}-r_{x_1x_3}\cdot r_{x_2x_3}}{\sqrt{1-(r_{x_1x_3})^2}\sqrt{1-(r_{x_2x_3})^2}}$$

$$r_{13,2}=r_{x_1x_3,x_2}=\frac{r_{x_1x_3}-r_{x_1x_2}\cdot r_{x_3x_2}}{\sqrt{1-(r_{x_1x_2})^2}\sqrt{1-(r_{x_3x_2})^2}}$$

$$r_{23,1}=r_{x_2x_3,x_1}=\frac{r_{x_2x_3}-r_{x_2x_1}\cdot r_{x_3x_1}}{\sqrt{1-(r_{x_2x_1})^2}\sqrt{1-(r_{x_3x_1})^2}}$$

偏相关系数的检验统计量为 T 统计量，其定义为

$$T=\frac{r\sqrt{n-q-2}}{\sqrt{1-r^2}}$$

式中，r 为偏相关系数，n 为样本数，q 为阶数。T 统计量服从自由度为 n–q–2 的 T 分布。

实例分析：2000～2010 年石羊河流域 NPP 时空变化及驱动因子（李传华和赵军，2013）。

基于 MODIS 卫星遥感数据，以 NPP 变化与气候变化和人为影响之间的关系为研究内容，利用 ArcGIS 软件中的 IDW 插值方法，得到 2000～2010 年降水与气温分布图，像元大小为 1km×1km。使用 SPSS 软件分别对 NPP 与降水和气温逐像元进行相关分析，计算每个像元的 NPP 分别与降水和气温的相关系数，根据 NPP 像元 ID 进行属性连接，完成相关系数的空间化（图 3-1），分析了 2000～2010 年石羊河流域植被 NPP 变化的人为影响的作用（图 3-2）。

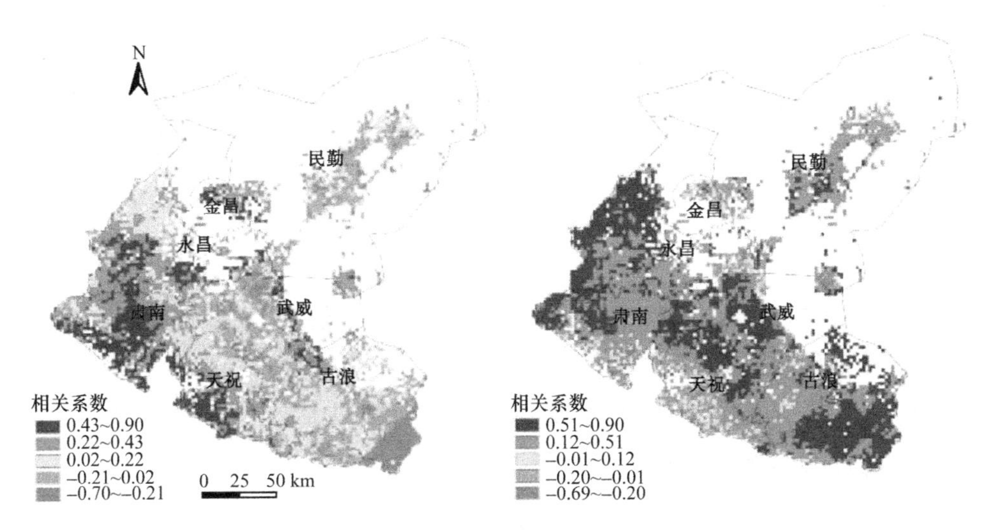

图 3-1　NPP 与年均温（左）和年降水（右）相关系数示意图

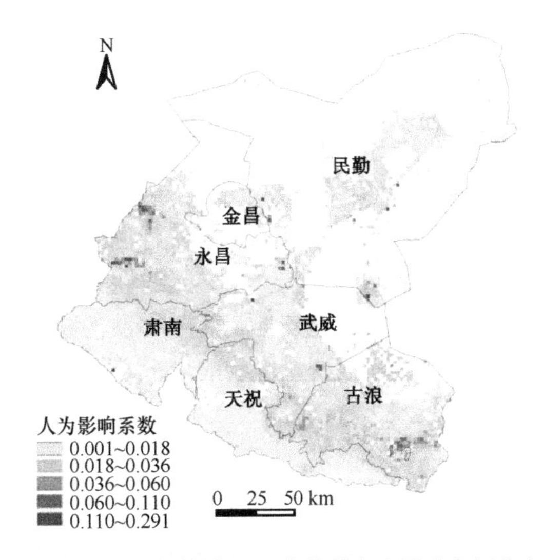

图 3-2　2000～2010 年植被 NPP 变化的人为影响空间分布示意图

（二）回归分析

由于相关关系不能反映出变量间的因果关系，因此要明确因果关系必须借助于回归分析。回归分析是研究一个因变量或多个因变量与一个自变量之间是否存在某种线性或非线性因果关系的统计方法。其主要任务是在已有的相关分析基础上，对具有相关关系的两个或多个变量之间进行一般关系的数量变化测定，建立一个数据模型，从而能够通过一个已知量推断另一个未知量。也就是说，根据数据估计参数，建立模型，对参数和模型进行检验和判断，并进行预测等。与相关分析的主要区别是，研究目的和模型假设不同（贾俊平，2008）。

1. 一元线性回归

即直线回归分析，就是从相关关系的具体形态出发，选择恰当的直线回归模型，来表示两个数量变量之间的依存关系。在直线回归分析中因变量是依赖自变量而变化的，通常分别用 y 和 x 来表示。其中，x 可以是非随机变量（即变化规律或人为确定的数值），也可以是随机变量。

一元线性回归模型为

$$y=\beta_0+\beta_1 x+\varepsilon$$

式中，β_0、β_1 为参数，$\beta_0+\beta_1 x$ 为由变量 x 变化引起的 y 值变化的线性部分，ε 为其他随机因素所引起的误差项。

总体回归参数 β_0 和 β_1 是未知的，必须利用样本数据去估计，可用样本统计量 $\hat{\beta}_0$ 和 $\hat{\beta}_1$ 代替。从而，估计的回归方程为

$$y=\hat{\beta}_0+\hat{\beta}_1 x$$

可以看出，一元线性回归是忽略其他因素或设定这些因素为已知时，分析变量 x 是如何线性影响 y 的，是一种相对理想化的分析。

2. 多元线性回归

在处理实际问题的过程中，一元回归分析只是一种特殊情形，很多时候还是要讨论一个随机变量与若干个变量之间的相关关系，这就需要借助多元回归分析的方法来解决。由于多元回归分析的复杂性，仅简要介绍多元线性回归分析。

多元线性回归分析（或复线性回归分析）是一元线性回归分析的进一步推广，主要研究一个因变量如何受一组自变量的直接影响。其中的自变量 x 是指能独立自由变化的变量，而因变量 y 是非独立的、受其他变量影响的变量。因其仅涉及一个因变量，所以也被称为单变量线性回归分析。

多元线性回归模型为

$$y=\beta_0+\beta_1 x_1+\cdots+\beta_p x_p+\varepsilon$$

式中，$\beta_0+\beta_1 x_1+\cdots+\beta_p x_p$ 为由 p 个变量 x 变化引起的 y 值变化的线性部分，ε 为其他随机因素所引起的误差项，$\beta_0,\beta_1,\cdots,\beta_p$ 均为模型中的偏回归系数。

多元线性回归模型的回归方程为

$$\hat{y}=\hat{\beta}_0+\hat{\beta}_1 x_1+\cdots+\hat{\beta}_p x_p$$

从统计意义上讲，多元线性回归分析可在忽略其他自变量的影响后，分析每一个自

变量的变化是否能引起因变量的变化，并且在固定其他自变量不变的情况下，估算出每个自变量对因变量影响大小的数值。

实例分析：2001～2010 年青藏高原草地生长状况遥感动态监测（冯琦胜等，2011）。

基于 1970 个地面实测数据，结合 MODIS-EVI 和 NDVI 数据，利用留一法交叉验证方法（LOOCV）确定了适合青藏高原地区草地生长状况的遥感反演模型，估算了 2001～2010 年草地生物量的干重空间分布格局，分析了近 10 年草地生物量变化动态。

利用 2005 年和 2006 年青藏高原 1970 个草地样方数据，结合同时相的 MODIS-EVI 和 NDVI 数据，构建了青藏高原草地风干重和盖度与两种植被指数之间的线性、指数、对数和乘幂函数模型，并用 LOOCV 比较分析了不同模型的精度（表 3-1）。

表 3-1　草地风干重和盖度模型精度评价

指数	模型	风干重/（kg/hm²）			盖度/%		
		R^2	RMSEP	r	R^2	RMSEP	r
EVI	线性	0.36	683.29	0.6	0.42	18.63	0.65
	指数	0.46	687.92	0.59	0.38	19.51	0.61
	对数	0.32	734.83	0.57	0.46	19.82	0.68
	乘幂	0.47	815.63	0.6	0.46	23.47	0.67
NDVI	线性	0.37	678.94	0.61	0.47	17.7	0.69
	指数	0.49	671.80	0.62	0.44	19.06	0.67
	对数	0.31	717.33	0.56	0.48	17.82	0.69
	乘幂	0.47	693.68	0.6	0.49	17.54	0.7

结果表明：EVI 与风干重的指数模型表现最好。在 EVI 与盖度的 4 种模型中，指数模型的 R^2 最低。对数模型和乘幂模型的 R^2 相等，但对数模型的 RMSEP 较低，所以 EVI 与盖度的对数模型精度最好。NDVI 与风干重的指数模型总体精度最好，R^2、RMSEP 和 r 依次是 0.49、671.80 和 0.62；而 NDVI 与盖度回归模型中，乘幂模型表现最好。

总体而言，在青藏高原地区 NDVI 植被指数较 EVI 有更好的表现，指数模型模拟的风干重精度最高，而盖度适合使用乘幂模型反演。

（三）时间序列分析

时间序列指将同一现象在不同时间上取得的观测值按时间顺序排列而成的序列。按照连续性可分为离散型和连续型。在实际问题中，为了研究和叙述的方便，我们一般考察的时间序列都是离散型随机过程和时间序列，即观测值是从相同时间间隔点上得到的。而所谓时间序列分析，是一种根据动态数据揭示系统动态结构和规律的统计方法。其基本思想：根据系统的有限长度的运行记录（观察数据），建立能够比较精确地反映序列中所包含的动态依存关系的数学模型，并借以对系统的未来进行预报（王振龙，2000）。时间序列分析有两种目的：一是揭示其发展规律，预测未来发展趋势。采用的方法有平滑预测法（滑动平均、移动平均、指数平滑）、趋势线预测法（直线、指数型曲线、抛物线）、季节型预测法自回归模型。二是研究趋势变化，消除异常值和噪声污染。采用的方法有阈值法（The Best Index Slope Extraction，BISE）、滤波法（Savitzky-Golay；Mean-value Iteration Filter）、函数拟合法（Fourier Transform；Harmonic Analysis of Time Series；Asymmetric Gaussian Model Function；Double Logistic Function）。

实例分析：MODIS 植被指数时间序列 Savitzky-Golay 滤波算法重构（边金虎等，2010）。

利用 Savitzky-Golay（S-G）滤波方法对若尔盖高原湿地区 2000～2009 年 MODIS 16d 最大值合成的 NDVI 时间序列数据进行了重构，并与中值迭代滤波法、傅里叶变换法进行了比较。结果表明，基于 S-G 滤波的时间序列重构方法重构后的 NDVI 时间序列在直观及像元的时间序列曲线上均取得了较好的效果，对提高该数据产品质量有很大帮助，通过该方法重构后的高质量的 NDVI 时间序列为利用该数据源对若尔盖湿地生态系统监测提供了良好的基础。

对全部数据进行预处理，首先采用 MODIS 网站上提供的 MRT（MODIS Reprojection Tool）工具对研究区影像进行重投影，影像的原始投影方式为 Sinusoidal 投影，重投影为 Albert 标准投影。其次对影像中填充值进行修补，最后乘以尺度因子以获取每个像元的 NDVI 值。以研究区土地利用为基础，结合预处理后的 NDVI 时间序列随机选取 10 个点作为 NDVI 曲线验证点，部分验证点 NDVI 曲线如图 3-3 所示。由图可以看出，验证点的时间曲线并不是十分圆滑，且部分时间段 NDVI 值发生突降。部分突降点对应其像元可信度中的冰雪像元。这些突降点在植被生长的周期中是不合理的，应该作为噪声点给予修正。

（四）系统聚类分析

聚类分析是一种多元统计分类方法，根据样本自身属性，按照某种相似性或差异性指标，定量地确定样本之间的相似性，以此对样本进行聚类。在聚类分析过程中，首先，要寻找到度量事物相似性的统计量，聚类分析中用来衡量样本个体之间属性相似程度的统计量和用来衡量指标变量之间属性相似程度的统计量是不同的，前者用的统计量是距离系数，后者用的统计量是相似系数。距离系数的定义有很多，如欧氏距离、极端距离、绝对距离等。相似系数的定义也很多，如相关系数、列联系数等。其次，要寻找到恰当的分类方法。聚类分析的方法很多，常见聚类方法有系统聚类、动态聚类等。系统聚类法适用于事先并不清楚应分成多少类型的问题，形成的类只是分析的结果，即小样本的样本聚类或指标聚类。动态聚类法适用于解决事前已初步确定大致可以分成多少类的问题，在研究中需对何种样本分类，即大样本的样本聚类（汪海波等，2013），在这里我们主要介绍系统聚类分析法。

系统聚类法的一般步骤如下。

1）数据标准化对所获得的原始数据，根据样本各变量的观察值予以分类，包括总和标准化、标准差标准化、极大值标准化、极差标准化等。

2）距离计算，在做聚类分类前必须计算出类与类之间的距离。常用的计算方法有绝对距离、欧氏距离、明科夫斯基距离、切比雪夫距离等。

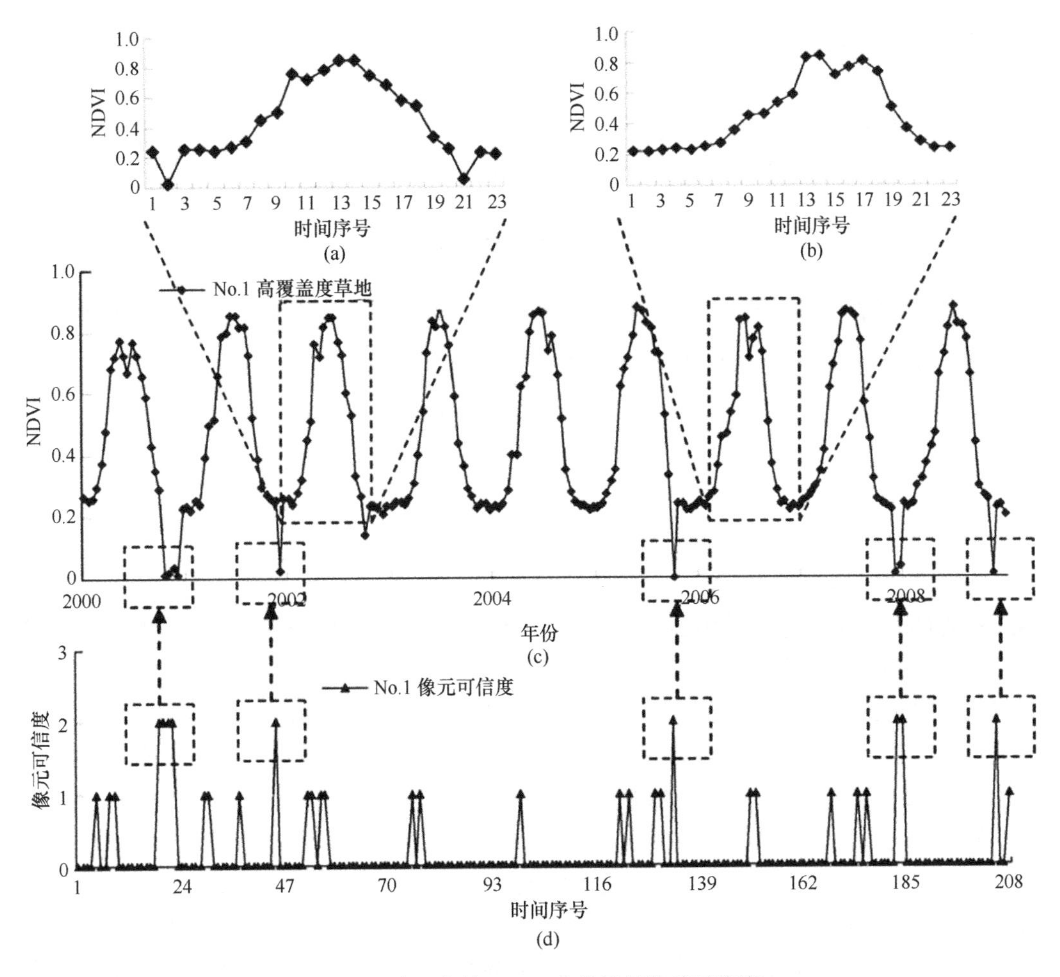

图 3-3　验证点的 NDVI 曲线及其像元可信度

(a) 验证点 2002 年 NDVI 的时间序列曲线；(b) 验证点 2006 年的 NDVI 时间序列曲线；(c) 验证点 2000～2009 年的整体时间序列曲线；(d) 该验证点时间序列曲线对应的像元可信度。其中，第 1 期 NDVI 时间序号为 1，最后一期 NDVI 时间序号为 208

3）分类，先将 n 个样本各自看成一类，并规定样本与样本之间的距离和类与类之间的距离。开始时，因每个样本自成一类，类与类之间的距离与样本之间的距离是相同的。然后在所有的类中，选择距离最小的两个类合并成一个新类，并计算出所得新类和其他各类的距离；重复前面的步骤，共进行 $n-1$ 次，每次减少一类，直至将所有的样本都合并成一类为止。这样一种连续并类的过程可用一种类似于树状结构的图形即聚类谱系图（俗称树状图）来表示，由聚类谱系图可清楚地看出全部样本的聚集过程，从而可做出对全部样本的分类（陈正昌等，2005）。

（五）主成分分析

在实际问题中，变量之间存在一定的相关性，如何找到较少的几个彼此独立的综合指标来反映原有众多变量的信息。主成分分析正是这种综合性的分析方法，它将一组彼此相关的指标变量转化为一组新的彼此独立的指标变量，并用其中较少的几个新指标变量就能综合反映原多个指标变量中所包含的主要信息，核心是进行降维处理（Jolliffe，1986）。

假设有 k 个指标 $x_1, x_2, \cdots, x_k$，每一个指标有 n 个观测值，它们的标准化指标变量是 $X_1, X_2, \cdots, X_k$，对原始指标数据进行标准化变换

$$X_{ij} = \frac{x_{ij} - \overline{x}_j}{s_j}, j = 1, 2, \cdots, k$$

式中，$\overline{x}_j$ 是第 j 个指标的均值，s_j 是第 j 个指标的标准差。它们的综合指标（新变量指标）为 $z_1, z_2, \cdots, z_m$（$m \leqslant k$），则进行线性变换

$$\begin{cases} z_1 = l_{11}X_1 + l_{12}X_2 + \cdots + l_{1k}X_k \\ z_2 = l_{21}X_1 + l_{22}X_2 + \cdots + l_{2k}X_k \\ \qquad \vdots \\ z_k = l_{k1}X_1 + l_{k2}X_2 + \cdots + l_{kk}X_k \end{cases}$$

将标准化指标变量 $X_1, X_2, \cdots, X_k$ 转换成新的变量 $z_1, z_2, \cdots, z_k$，则 $z_1, z_2, \cdots, z_k$ 是 $X_1, X_2, \cdots, X_k$ 的 k 个主成分，其中 z_1 是第一主成分，z_2 是第二主成分，……，z_k 是第 k 主成分。称 l_{ij} 为第 i 个主成分在第 j 个标准变量上的得分系数。将每一个样本的标准化观察值代入计算公式中，计算得到每一个样本的 k 个主成分值（汪海波等，2013）。

实例分析：基于近 20 年遥感数据的藏北草地分类及其动态变化（毛飞等，2007）。

用 1982～2000 年 NOAA / AVHRR 的旬合成归一化植被指数（NDVI）资料，采用主成分分析和非监督分类方法对藏北那曲地区植被进行分类，分析不同草地类型代表像元的 NDVI 年内和年际变化特征；定义那曲地区牧草主要生长期平均 NDVI≥0.1 的地区为植被区，NDVI＜0.1 的地区为植被稀少区，进一步分析植被区每个像元 NDVI 的时空变化特征。结果表明，该地区草地类型可分为高寒草甸、高寒草甸草原、高寒草原和高寒荒漠，分类结果与实际情况相符。

用于草地分类的 NDVI 数据集有 18 维，将这 18 个旬（18 维）的多年平均 NDVI 值看作 18 个变量（x_1：5 月上旬，x_2：5 月中旬，x_3：5 月下旬，…，x_{16}：10 月上旬，x_{17}：10 月中旬，x_{18}：10 月下旬），样本量是那曲地区的像元数，为 6513（古德投影，网格尺寸 8km×8km），以此建立一个样本数据阵（6513×18）。由该样本数据阵，用主成分分析方法得到样本相关阵的特征向量（表略）、特征根、贡献率和累积贡献率（表 3-2 给出前 10 个主成分）。由表 3-2 可以看出，当取前 3 个主成分时，其累积贡献率达 99.76%，其中第 1 主成分的贡献率为 94.9959%，即通过主成分分析后得到的第 1 主成分（1 个新变量）就包含了原来 18 个变量的 95.00%的信息。因此，下面只讨论第 1 主成分的表达式。

如果样本数据阵的主成分用 $y_1, y_2, \ldots, y_{18}$ 表示，则第 1 个主成分的表达式为

$$\begin{aligned} y_1 = {} & 0.1203\, x_1 + 0.0131\, x_2 + 0.1477\, x_3 + 0.1701\, x_4 + 0.1987 x_5 \\ & + 0.2318\, x_6 + 0.2665\, x_7 + 0.2904\, x_8 + 0.3051 x_9 + 0.3140\, x_{10} \\ & + 0.3117\, x_{11} + 0.3015\, x_{12} + 0.2850\, x_{13} + 0.2621\, x_{14} + 0.2298\, x_{15} \\ & + 0.1964\, x_{16} + 0.1659\, x_{17} + 0.1431\, x_{18} \end{aligned}$$

表 3-2　样本相关阵的特征根、贡献率和累积贡献率

序号	特征根	贡献率/%	累积贡献率/%
1	3266.5990	94.9959	94.9959
2	154.4950	4.4929	99.4888
3	9.3737	0.2726	99.7614
4	4.2585	0.1238	99.8852
5	1.3957	0.0406	99.9258
6	0.6014	0.0175	99.9433
7	0.3173	0.0092	99.9525
8	0.2343	0.0068	99.9593
9	0.2023	0.0059	99.9652
10	0.1780	0.0052	99.9704

从第 1 主成分 y_1 来看，它是变量 $x_1, x_2, \cdots, x_{18}$ 的线性函数，且 7 月上旬至 9 月上旬（x_8～x_{13}）的系数比较大，说明对第 1 主成分的贡献率比较大，其中系数最大的 x_{10} 在 8 月上旬。这期间正是那曲地区牧草生长旺季，是一年中 NDVI 值最大的时段。分析发现，那曲地区 NDVI 年变化曲线呈单峰型，最高值一般出现在 8 月。在贡献率最大的第 1 主成分中，变量 x_8～x_{13} 的系数最大，其 NDVI 值也最大，由此可以认为，那曲地区 7 月中旬至 9 月上旬，尤其是 8 月上旬是研究植被变化的关键期，这一时期 NDVI 的变化能很好地代表植被的年际变化。

二、常用统计软件分析模块简介与应用实例

下面介绍几种常用的统计软件分析模块，以便为以后应用统计方法解决草业科学中的实际问题奠定一定基础。

（一）统计分析软件 Excel 的数据分析方法

Microsoft Excel 是美国微软公司开发的 Windows 环境下的数据处理软件，具有强大的计算功能，其丰富的函数使其具有一定的统计计算功能。尽管 Excel 并不属于专用统计软件，利用 Excel 的统计计算功能对数据进行统计分析，既解决了手工计算时出现的工作量大、繁琐、费时、容易出错等问题，又避免了使用专业统计分析软件时出现的操作复杂、编程困难等弱点。Excel 可以完成求平均数、次数分布、标准差和变异系数、区间估计、方差分析、相关和回归分析、F 检验、回归分析、直方图、t 检验等常规统计分析，甚至做多元非线性回归（龚江等，2011）。

但是 Excel 在统计分析方面还是有一定的局限性。例如，Excel 2003 的最大行数为 65 536 行，最大列数为 256 列，Excel 2007 的最大行数为 1 048 576 行，最大列数为 16 384 列，这限制了数据的使用范围。再如 Excel 没有直接提供相关系数的 p 值、方差分析中的多重比较、非参数检验方法等一些常用的统计方法，而且部分计算结果不够稳定。因此，在实际应用时主要用于对数据的初步处理，以便及时发现试验研究过程中可能存在的数据采集、录入等问题，应该避免采用 Excel 进行复杂计算。

（二）统计分析软件 SAS（Statistics Analysis System）的数据分析方法

SAS 被誉为统计分析的标准软件，是目前在数据处理和统计分析领域中最为流行的一种大型统计分析系统。它由最初的用于统计分析经不断发展和完善而成为大型集成应用软件系统，具有完备的数据存取、管理、分析和显示功能。SAS 系统具有功能齐全、使用便捷、编程语言完善、数据处理和统计分析融为一体、适用性广泛等特点，以数据管理和数据分析融为一体为 SAS 系统的最大特点（罗纳德·科迪和杰弗里·史密斯，2011）。

SAS 是一个模块软件系统，它由多个功能的模块组合而成，其核心软件模块有以下几方面。

1. 基础部分——BASE SAS

SAS 系统的基础，主要功能是数据管理和数据加工处理，并有报表生成和描述统计的功能。BASE SAS 软件可以单独使用，也可以同其他软件产品一起组成一个用户化的 SAS 系统。

2. 统计分析计算部分——SAS/STAT

完整的统计分析模块，主要包括回归分析、方差分析、属性数据分析、多变量分析、判别分析、聚类分析、残存分析、心理测验分析和非参数分析等 8 类方法，共 40 多个过程。

3. 绘图部分——SAS/GRAPH

该模块能够完成多种绘图功能，如直线图、二维和三维图、直方图、饼图、星形图、地理图和各种映像图。除此之外，还具有对图进行全屏幕编辑和修改等功能。

4. 矩阵运算部分——SAS/IML

该模块用于矩阵的运算，功能完善的编程语言，使得用户可根据自己的需要编写各种矩阵运算的程序。

5. 运筹学和线性规划——SAS/OR

该模块用于运筹学和工程管理，可以帮助用户实现对人力、时间及其他资源的最佳利用。模块中包括通用的线性规划、正数规划、混合整数规划和非线性规划方法。

6. 经济预测和时间序列分析——SAS/ETS

主要用于计量经济与时间序列分析，利用该模块可建立各种统计模型，并进行相应的模拟和预测。此外，模块中还提供许多处理时间序列数据的实用程序，如时间频率转换和季节调整等。

我国很多研究机构如国家信息中心、国家统计局、中国科学院等都是 SAS 系统的大用户。SAS 可以同时处理多个数据集，尽管提供了菜单式操作界面，仍然需要通过学习掌握一定的程序编译方法才可以使用。因此，该统计软件主要适合于统计工作者和科研工作者使用。

（三）统计分析软件 SPSS（Statistical Product and Service Solutions）的数据分析方法

SPSS 是一种运行在 Windows 系统下的统计软件工具包，是世界上最早的统计分析软件。SPSS 采用类似 Excel 的数据编辑窗口作为操作界面，可以自己定义数据属性，最多可使用 4096 个变量。统计分析方法涵盖面广，其基本功能包括数据管理、统计分析、图表分析、输出管理等。SPSS 的统计分析过程包括描述性统计、均值比较、一般线性模型、相关分析、回归分析、对数线性模型、聚类分析、数据简化、生存分析、时间序列分析、多重响应等几大类，每类中又分几个统计过程，如回归分析中又分线性回归分析、曲线估计、Logistic 回归、Probit 回归、加权估计、两阶段最小二乘法、非线性回归等多个统计过程。它也包括多元统计技术，如多元回归分析、聚类分析、判别分析、主成分分析和因子分析等方法。并且，随着它的功能不断完善，统计分析方法不断充实，大大提高了统计分析工作的效率。但要注意的是，SPSS 在数据管理功能方面相对较弱，每一个 SPSS 过程只能同时打开一个数据文件，这使得在使用过程中缺乏可操作性（薛微，2013）。

由于 SPSS 功能齐全，操作简便，价格合理，因此很快地应用于通信、银行、医疗、科研教育等多个领域和行业，是目前应用最广泛的专业统计软件之一。SPSS 软件对于非统计学专业的使用者而言，只要关心某个具体问题需采用何种统计方法，并基本了解其计算结果的解释，就能在使用手册的帮助下定量分析数据。因此，对于非统计工作者是很好的选择。

实例分析：基于 TM 数据的雅鲁藏布江源区草地植被盖度估测（孙明等，2012）。

采用 Landsat-5 TM 数据，以其派生数据 NDVI、RVI、VI3、PVI、DVI、MSAVI、SAVI、TM4/TM5 为主要分析因子，结合野外植被样地调查数据，选取相关性最高的因子与植被盖度实测值，通过 SPSS 建立回归模型，然后利用该模型反演源区的植被盖度。

将草地盖度实测数据与对应样地的各种植被指数及 TM4/TM5 指数进行相关性分析，结果如表 3-3 所示。

表 3-3　草地盖度实测数据与植被指数的相关性

植被指数	相关系数	植被指数	相关系数
NDVI	0.480 208	SAVI	0.472 967
RVI	0.560 418	MSAVI	0.404 473
DVI	0.454 968	VI3	0.716 828
PVI	0.454 951	TM4/TM5	0.723 452

由表 3-3 可见，不同指数相关性排序为：TM4/TM5＞VI3＞RVI＞NDVI＞SAVI＞DVI＞PVI＞MSAVI。将实测值与 TM4/TM5 值的变化趋势绘制成曲线。通过对比发现，二者之间的变化趋势基本同步（图 3-4）。

用 TM4/TM5 作为自变量，植被盖度作为因变量，将样地数据分为 2 组，第一组样地数据（41 个）参与分析，第二组（10 个）进行精度检验；然后利用第一组样地数据通过 SPSS 构建回归模型，对草地植被盖度与 TM4/TM5 的关系进行回归分析，拟合结果如表 3-4 所示。

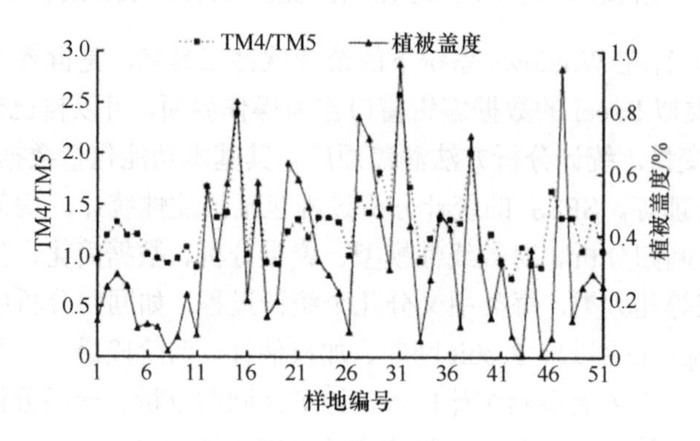

图 3-4 草地植被盖度与 TM4/TM5 曲线

表 3-4 草地植被盖度与 TM4/TM5 的线性及非线性拟合模型参数表

模型	模型概述					参数估计			
	相关系数 R^2	F 检验	第一自由度	第二自由度	显著性检验	常量	变量 1	变量 2	变量 3
线性模型	0.409	27.003	1	39	0	–0.315	0.509		
对数模型	0.396	25.586	1	39	0	0.185	0.701		
抛物线模型	0.409	13.164	2	38	0	–0.351	0.56	–0.017	
一元三次函数	0.411	8.593	3	37	0	0.051	–0.294	0.549	–0.116
幂函数	0.358	21.736	1	39	0	0.12	2.778		
指数模型	0.323	18.584	1	39	0	0.019	1.886		

从表 3-4 可以看出，草地植被盖度和 TM4/TM5 评价指标之间有 6 个回归模型，回归模型中，R^2 最高的是一元三次函数模型，其次为抛物线模型，但这 2 个模型的 F 检验值很低。就 TM4/TM5 与草地植被盖度的相关分析而言，最适合用于草地植被盖度拟合反演的是线性模型，不但 R^2 值较高（0.409），且 F 检验值也最大（27.003）。

根据以上分析可见，以 TM4/TM5 为自变量的线性函数拟合草地植被盖度变化的效果比较好，利用 SPSS 统计软件进行线性回归分析，得出线性回归模型

$$y = 0.509x – 0.315$$

式中，y 为草地植被盖度，x 为 TM4 /TM5，相关系数 $R^2 = 0.64$。

（四）统计分析软件 MATLAB（MATrix LABoratory 矩阵实验室）的数据分析方法

MATLAB 是由美国 Mathworks 公司发布的主要面对科学计算、可视化及交互式程序设计的高科技计算环境。它将数值分析、矩阵计算、科学数据可视化及非线性动态系统的建模和仿真等诸多强大功能集成在一个易于使用的视窗环境中，为科学研究、工程设计及必须进行有效数值计算的众多科学领域提供了一种全面的解决方案（谢中华等，2012）。

MATLAB 的基本数据单位是矩阵，它的指令表达式与数学、工程中常用的形式十分相似，故用 MATLAB 来解算问题要比用 C、Fortran 等语言完成相同的事情简捷得多。

在新的版本中也加入了对 C，Fortran，C++，Java 的支持。在草业科学研究的许多实际问题中不但需要对数据进行统计分析，而且希望能建立合适的模型进行模拟，MATLAB 在应用方面具有操作简单、接口方便、扩充能力强等优势，这是其他软件不可比拟的地方。因此，MATLAB 在统计应用上的地位显得越来越重要。

（五）统计分析软件 R 的数据分析方法

R 是一套完整的数据处理、计算和制图软件系统。其功能包括数据存储和处理系统，数组运算工具（其向量、矩阵运算方面功能尤其强大），完整连贯的统计分析工具，优秀的统计制图功能，简便而强大的编程语言，可操纵数据的输入和输出，可实现分支、循环，用户可自定义功能。R 不但提供若干统计程序，而且操作者只需指定数据库和若干参数便可进行一个统计分析。R 可以提供一些集成的统计工具，但更重要的是它能提供各种数学计算、统计计算的函数，从而使使用者能灵活机动地进行数据分析，甚至创造出符合需要的新的统计计算方法。因此，可将 R 软件的优点归结为免费、能应用最新的算法软件包、因编程而易于与同行交流。而其最大的弱点在于可信度没有收费软件 SAS、SPSS 等有保障，所以使用起来还是有一定的局限（薛毅和陈立萍，2007）。

第二节　草业信息分析处理的地统计学方法

地统计学（Geostatistics），又称为地质统计学，是一门以空间或者时空数据集为研究对象的统计学分支。设计之初是为了采矿业矿石等级的分布预测，目前已广泛应用于石油地质、水文地质、水文、气象、海洋、地球化学、地理、林业、环境控制、景观生态学、土壤学、农业及草业科学。

在草业地理信息中地统计学分析主要应用于空间插值的计算，利用空间上测量的离散数据计算曲面上（空间）的连续数据，以监测草地植被及其生长等相关参数在不同空间尺度上的分布和动态变化过程。因此，草业地理信息中的空间插值主要包括已知的离散点数据和用来计算未知曲面连续数据的插值方法。已知的离散点数据即已知点，又称采样点、控制点，为空间差值过程提供了必要的数据基础。控制点的数量、性质、分布特点、趋势等直接决定了插值所适用的方法、插值过程的复杂度和最终结果的精确度。分析控制点数据是插值前的方法预判的重要步骤。

空间插值的方法有很多种：①精确和近似插值，依据用于插值的控制点是否经过最终插值曲面，空间插值分为精确插值和近似插值（Chang，2010；Lam，1983）。精确插值结果中控制点位置上的插值估计值与采样值结果相同，而近似插值中插值结果的估计值替代了原来的采样值，对原始数值进行了误差平滑（图 3-5）。②确定性和随机性插值，可根据插值方法中除数学函数外是否引入了统计学方法，空间插值分为确定性插值法和可提供预测误差（统计学模型）的随机性插值法。③整体插值和局部插值，根据其利用控制点选取范围的不同而划分为整体空间插值和局部空间插值两类。下面就整体插值和局部插值分类法具体介绍草业工作中常用的几种插值方法（表 3-5）。

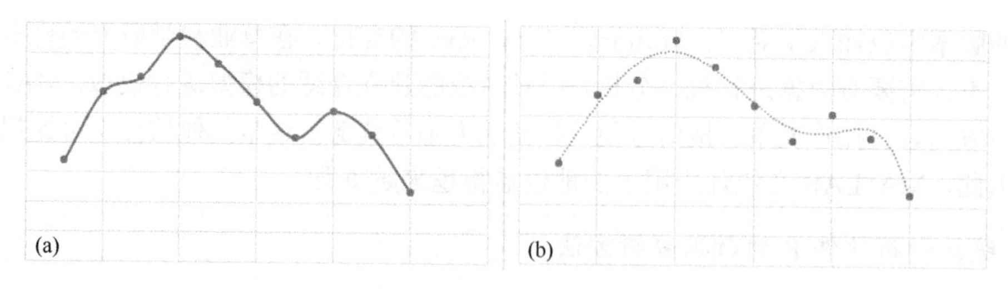

图 3-5 精确插值（a）和近似插值（b）

表 3-5 草业地信中常见几种空间插值方法分类表

	整体空间插值	局部空间差值
近似插值	全局多项式插值	—
精确插值	—	反距离加权插值法
	—	样条回归插值法
	—	泰森多项式插值法
	—	克里格插值法

一、整体空间插值分析方法

整体空间插值法是利用已知所有的样点值预测估算空间曲面上的未知数据，其中最主要的方法为全局多项式插值法。

全局多项式插值法：也称为趋势面分析法，是结合已有数据用数学多项式的方法拟合一个光滑的预测趋势面（近似插值），以获取未知点数据的非精确插值方法，也是利用数学曲面模拟地理系统要素在空间上的分布及变化趋势的一种数学方法，实质上是通过回归分析原理，运用最小二乘法拟合一个二元非线性函数，模拟地理要素在空间上的分布规律，展示地理要素在地域空间上的变化趋势。它是根据采样点的地理坐标 X，Y 值与样点的属性 Z 值建立多元回归模型，前提假设是 Z 值是独立变量且呈正态分布，其回归误差与位置无关。根据自行设置的参数可建立线性、二次……或 n 次多项式回归模型，从而得到不同的拟合平面，可以是平面，也可以是曲面。精度以最小二乘法进行验证。它的缺点在于：当研究区域范围较大、地形很复杂时，需要用高阶多项式拟合以提高精度，但高阶将增加其计算成本。

以给定 N 个采样点为例，多项式公式如下（Lam，1983）

$$f(x,y)=\sum_{i,j=0}^{N} a_{ij}x^i y^j$$

式中，系数 a_{ij} 由方程组决定

$$f(x_i,y_i)=z_i, i=1,\cdots,N$$

随着多项式阶数的增加，可以拟合逼近更加复杂的趋势面数据，阶数越高曲面越起伏多变，系数则决定了曲面的弯曲程度。但其所能代表的空间物理意义越来越不显著且计算量庞大，一般来说用来拟合地貌特征只需要 3～5 阶的回归模型即可。因此全局多

项式插值法适用于模拟变化趋势缓慢、物理特征明显的空间变化趋势面。整体空间插值方法适用于研究整个插值区域的趋势特征。

二、局部空间插值分析方法

局部插值法用相邻的一组样本来估算未知值，又称为局部多项式插值（Local Polynomial Interpolation），通常采用多个多项式对未知值拟合。每个多项式都只在特定重叠的邻近区域内有效，通过设定搜索半径和方向来定义邻近区域。显然，局部多项式插值是对全局多项式，即趋势面拟合的一大改进。这里涉及一个搜索邻域的概念。从空间自相关性的概念可知，空间上越靠近，属性就越相似，相关性也越高。那么，两个样点间在多远的距离内所具备的相关性可以不考虑，或者其相关将消失呢？可以根据经验或专业背景找出这么一个阈值，作为邻近区域的半径。同时，如果其自相关性在不同的方向上消失的距离值也不同的话，将还需要设置一个方向值及长短两个半径值，此时的邻近区域将呈椭圆。如当属性值受风向影响较大时，应当将风向角度设置为搜索方向，即长半径所在的方向。通过半径和方向可以定义出一个以待估点为中心的区域（圆或者椭圆）。此外，还可以通过限制参与预测某待估点值的样点数来定义邻近区域，即参与某点预测的最多样点数和最少样点数。在由半径和方向决定的区域内包含到的样点数为0时，则扩大搜索区域使其达到最小样点数值。局部空间插值法主要包括反距离加权插值法、样条回归插值法、克里格插值法等（Béla，2010），均可在ArcGIS等软件中实现。

（一）移动平均插值法（Moving Average）

通过设定邻近区域，取该区域内样点的平均值作为待估点值。适用于样点分布均匀、密集，而且变化缓慢的情况下，对缺失值进行填补。主要用于消除随机干扰，即局部降噪功能。优势在于计算简便快速，但适用范围较窄。

（二）线性三角网法（Triangulation with Linear Interpolation）

是最佳的德劳内三角形，连续样点数据间的连线形成三角形，覆盖整个研究区域，所有三角形的边都不相交（即与构建TIN文件的原理一致）。线性三角网法将在整个研究区域内均匀分配数据，地图上的稀疏区域会形成截然不同的三角面。

（三）最小曲率法（Minimum Curvature）

非精确插值法。其插值基准是生成一个具有最小曲率（即弯曲度最小），且到各样点的Z值距离最小的曲面。影响最小曲率插值法精度的参数有：最大残差，通常允许残差在1%～10%；最大循环次数，与栅格大小（Cell Size）有关，通常设置为生成的栅格数量的1～2倍。

（四）径向基函数插值法（Radial Basis Function）

所谓径向基函数，即基函数是由单个变量的函数构成的，是一系列精确插值法的统称。该插值法中的单个变量是指待估点到样点间的距离 H，其中每一插值法都是距离 H

的基函数。径向基函数是对最小曲率插值的改进，即属于精确的最小曲率插值法。径向基函数包括多种函数，主要有倒转复二次函数（Inverse Multi-quadric）、复对数（Multi-log）、复二次函数（Multi-quadric）、自然三次样条函数（Natural Cubic Spline）和薄板样条法函数（Thin Plate Spline）。径向基函数比同为精确插值法 IDW 的优点在于，它可以计算出高于或低于样点 Z 值的预测值。通常俗称的样条插值法即径向基函数插值法。在实际应用中，也发展出多种样条插值法，包括 GRASS 软件的 RST（Regularized Spline with Tension）和 ANUSPLINE 的薄盘光滑样条插值法，从而大大提升了样条插值的精度，如对气象要素进行插值时可以使用该方法，综合考虑多个协变量，减少结果的不确定性。径向基函数适用于样点数据集大、表面变化平缓的情况；当局部变异性大，且无法确定样点数据的准确性或样点数据具有很大不确定性时，不适用该技术。

（五）反距离加权插值法（Inverse-distance Weighted Method，IDW）

反距离加权插值法是一种普遍适用的插值方法（Lam，1983）。未知的插值点与样点距离越近，其相似性就越高，则赋予越高的权重，反之亦然。这种方法并不是依据控制点在局部区域内建立新的曲面而是在控制点取得极值，因此它也属于精确插值的一种。曲面上任一点和控制点之间都存在一定的联系，但距离越近的影响力越大。未知点的属性计算公式如下

$$P_i = \frac{\sum_{j=1}^{G} \frac{P_j}{D_{ij}^n}}{\sum_{j=1}^{G} \frac{1}{D_{ij}^n}}$$

式中，P_i 是所求的 i 点属性值，P_j 是样点 j 的属性值，D_{ij} 是 i 点到 j 点的距离，G 是控制点数目，n 是确定的幂。实际上 n 值控制着每个样点所影响的区域范围，n 值增加，影响范围则趋于无限减小，接近到控制点 i 点；n 值减小至无限接近 0，则等同于简单的样点值平均方法（Watson and Philip，1985），所以每个未知点都有一个取值范围，介于某个已知最大和最小值之间。

案例分析：Messina 等（2011）通过反距离加权插值法的应用，研究了疟疾在刚果共和国在空间尺度的暴发密度、传播途径等，选取了两大类因子，即个人因子和社会因子。个人因子包括年龄、性别、抗体、受教育程度、蚊帐拥有度等，社会因子包括水源距离、就医时间、距市区距离、人口密度、气候特征等。最终针对空间上和因子之间所呈现的传播特征，对疟疾在该国的传播提出了更加高效的预防措施（图 3-6）。

（六）样条回归插值法（Spline Regression Interpolation Method）

样条回归分析法是利用最小化表面总曲率的数学函数来估计值生成恰好经过控制点的平滑表面，也称最小曲率法。样条回归的线段由多个回归线片段在节点处连接而成，虽然没有突出的转折点，但线条仍可在节点处改变方向。样条回归法的发展避免了多项式回归中二阶、三阶或更高阶的多项式，使得其更加灵活且更容易产生多重共线性。

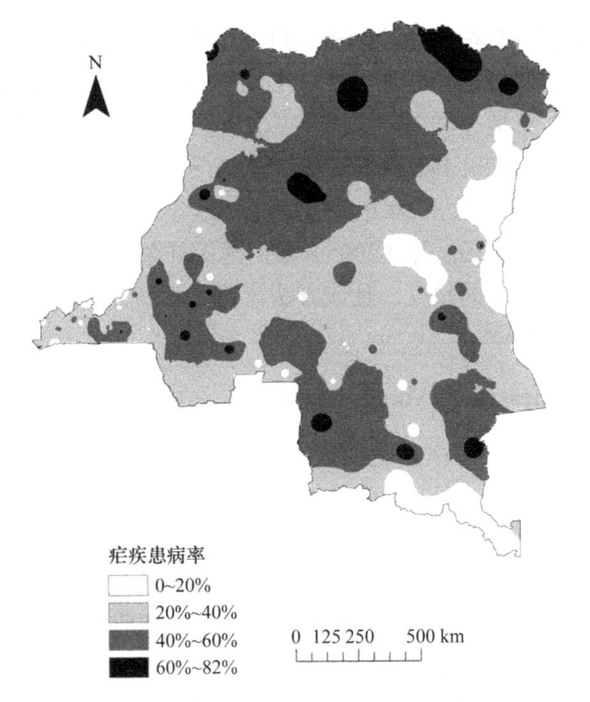

图 3-6　反距离加权插值法计算的疟疾在刚果共和国传播率空间分布图（Messina et al.，2011）

最常见的一种基本样条插值法称为薄板样条插值法（Thin-plate Splines），这个名字来源于该函数微分方程所表述的弯曲性是无限的，仅受限制于控制点的载荷力（Wabba，1981）。作为一种拟合模型，薄板样条插值在已知误差和排除小尺度特性的情况下具有很大的优势，公式为

$$Q(x,y)\sum A_i d_i^2 \log d_i + a + bx + cy$$

式中，Q 是未知点，x、y 是 Q 点的坐标值，$d_i^2 = (x - x_i)^2 + (y - y_i)^2$，$x_i$ 和 y_i 分别是控制点 i 的坐标，$a+bx+cy$ 为一阶线性趋势面，$d_i^2 \lg d_i$ 是生成最小化表面曲率的函数。系数 A_i、a、b、c 由以下线性方程组计算得出

$$\sum_{i=1}^{n} A_i d_i^2 \lg d_i + a + bx + cy = f_i$$

$$\sum_{i=1}^{n} A_i = 0$$

$$\sum_{i=1}^{n} A_i x_i = 0$$

$$\sum_{i=1}^{n} A_i y_i = 0$$

式中，n 为控制点数目，f_i 为控制点 i 的属性值，系数的计算要求解 n+3 个方程的方程组（Franke，1982；Chang，2010）。

样条插值法目前主要应用于估算（Hutchinson，1991）和表述（Wabba，1981）气象因素，优势在于即使只有很少的控制点也可以生成精度较好的曲面数据。

案例分析：梁天刚、林慧龙等在2012～2013年，结合GIS技术依据草原综合顺序分类法制作了全国潜在草地分类图，并结合模型估算了相应草地植被潜在的初级净生产力（Liang et al.，2012a，2012b；Feng et al.，2013；Lin et al.，2013a，2013b；Lin and Zhang，2013）。研究过程中所用到的过去50年（1950～2000年）月空间气象数据（降水、气温）都来自加利福尼亚大学Hijmans等（2005）采用薄板样条回归分析方法的插值结果，多种内插值的比较表现出良好的精度，且该方法计算效率高、易于操作，已经广泛应用于全球尺度的各类研究工作中。

（七）泰森多边形（Thiessen或Voronoi多边形）

泰森多边形也称狄利克雷棋盘花纹或沃罗诺伊图，又称最近邻点插值法（Nearest Neighbor），属于精确差值的一种，未知点的属性值等于最邻近控制点值的插值。这种方法常用于气象分析，当某些地区缺乏气象台站数据时则近似使用最近台站的数据信息。即定义为每个独立的多边形是距该多边形内控制点最近的点的集合。

构建泰森多边形，首先基于控制点的邻近点连接所建立的不规则三角网格，即德劳内三角网，使每个控制点都成为三角形的顶点。

德劳内三角网的基本规则：①任何一个三角形的外接圆内不能包含其他任何控制点；②最小角最大准则，两个相邻的三角形构成凸四边形，在交换该四边形的对角线之后，6个内角的最小值不再增加；③对这些三角网格的各个边作垂直平分线，用每个控制点周围的若干条垂直平分线连接围成一个多边形，最终形成泰森多边形（图3-7）。

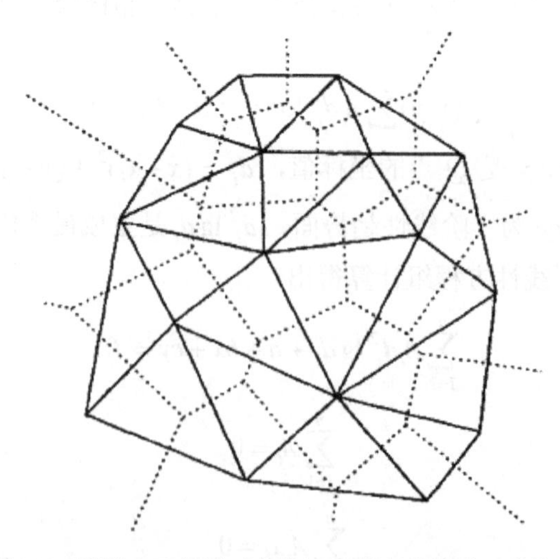

图3-7 德劳内三角网（实线）和泰森多边形（虚线）

（八）自然邻近插值法（Natural Neighbor）

自然邻近插值法是对泰森多边形插值法的改进。它对研究区域内各点都赋予一个权重系数，插值时使用邻点的权重平均值决定待估点的权重。每完成一次估值就将新值纳入原样点数据集，重新计算泰森多边形并重新赋权重，再对下一待估点进行估值运算。

对于由样点数据生成栅格数据而言，通过设置栅格大小（cell size）来决定自然邻近插值中的泰森多边形的运行次数 *n*，即设整个研究区域的面积 area，则有 *n*=area/cell size。也可设置各向异性参数（半径和方向）来辅助权重系数的计算。

三、克里格插值分析方法

克里格插值法（Kriging）是由南非矿产学家 D. R. Krige 用于预测空间过程的地统计学方法，后由法国统计学家 G. Matheron 系统化（Oliver and Webster，1990）。目前已广泛地应用于各个学科中，如地球物理、生态、大气、地质等。克里格法的数学基础是变异函数理论，能够在有限区域内对区域化变量取值进行无偏最优化估计。一般当变异函数和相关分析的结果表明区域化变量存在空间相关性，可使用克里格法对空间未知点或区域进行估值计算。其实质是利用区域化变量的原始数据和变异函数的结构特点，对未知点的区域化变量的属性值进行最优线性、无偏估计。这种方法的优势在于不仅考虑待插值点与邻近控制点数据的空间位置，还考虑了各邻近点之间的位置关系，利用了控制点空间分布的结构特点，使其估计结果更加精确、符合实际，并可以有效避免系统误差产生的“屏蔽效应”（徐建华，2002；刘承香等，2004）。

克里格插值法是一个最优的无偏估计法。获得预测图并不要求数据呈正态分布，但当数据呈正态分布时，克里格插值法将是无偏估计法中效果最好的一种方法之一。因此，在进行克里格插值前，可先对非正态分布的数据进行转换，包括 Log 对数转换、Box-Cox 转换，使之呈正态分布，然后再进行插值。

（一）克里格法的分类

一般来说，克里格插值法包括了一系列的局部插值方法，如简单克里格、普通克里格、协同克里格（Co-Kriging）、泛克里格和析取克里格。

简单克里格假设，数据集的平均值是已知的，但在实际中均值一般很难得到。协同克里格是对普通克里格在逻辑上的发展，两个或两个以上的变量在空间上相互依存，把某一控制点上某一变量的观测值与在统计分析上依赖于相邻控制点上的另一变量的观测值，建立这两种变量之间的相关性，用一种变量的信息去弥补所遗漏或提供另一变量的信息。泛克里格是指空间变量还同时受到漂移和随机的影响，将空间过程划分为趋势项和残差项两个部分。而析取克里格则是一种非线性的插值方法，它在进行预测的同时提供了超过或不超过某一阈值的概率，适用于辅助决策（Oliver and Webster，1990；Chang，2010）。

根据样点数据统计特征的不同，可将克里格分成多种不同的插值方法。当样点数据是二进制值时，用指示克里格插值法进行概率预测；对样点数据进行了未知函数变换后，可用该变换函数进行析取克里格插值；当样点数据的趋势值 μ(s)是一个未知常量时，用普通克里格插值；当样点数据的趋势可用一个多项式进行拟合，但回归系数未知时，用泛克里格插值法；当样点数据的趋势已知时，用简单克里格插值法；其中最常用的是普通克里格与泛克里格插值法；当加入了协变量进行插值时，则称为协同普通克里格插值法和协同泛克里格插值法。

本节以普通克里格为例介绍克里格的基本数学原理。

（二）普通克里格

1. 变异函数

又称变差函数、变异矩阵，是区域化变量增量的方差（徐建华，2002）。当空间一点 x 在单一轴上变化时，区域化变量 $Z(x)$在点 x 和 $x+h$ 处的值 $Z(x)$与 $Z(x+h)$差的一半为区域化变量 $Z(x)$在 x 轴方向上的变异函数，$r(h)$表达式

$$r(x,h)=\frac{1}{2}\mathrm{Var}\left[Z(x)-Z(x+h)\right]$$
$$=\frac{1}{2}E\left[Z(x)-Z(x+h)\right]^2-\frac{1}{2}\{E\left[Z(x)-Z(x+h)\right]\}^2$$

二阶平稳假设满足

$$E\left[Z(x+h)\right]=E\left[Z(x)\right]$$

以上式子可改写为

$$r(x,h)=\frac{1}{2}E\left[Z(x)-Z(x+h)\right]^2$$

当 r 与 x 位置无关时，$r(x, h)$可改写为 $r(h)$，则有

$$r(h)=\frac{1}{2}E\left[Z(x)-Z(x+h)\right]^2$$

此时，$r(h)$称为半变异函数，$2r(h)$为变异函数。

2. 普通克里格

普通克里格中，不存在漂移，用半变异函数直接插值。估算某未知点 Z_0值的方程为

$$Z_0=\sum_{i=1}^{n}\lambda_i Z_i$$

式中，Z_0为未知点值，Z_i为控制点 i 的已知值；λ_i为第 i 个位置处的测量值的权重；n 为控制点数目。权重可由一组方程组求得。例如，由已知的三个控制点（1，2，3）估算一个未知点（0），则有以下方程组

$$\lambda_{1r}(h_{11})+\lambda_{2r}(h_{12})+\lambda_{3r}(h_{13})+v=r(h_{10})$$
$$\lambda_{1r}(h_{21})+\lambda_{2r}(h_{22})+\lambda_{3r}(h_{23})+v=r(h_{20})$$
$$\lambda_{1r}(h_{31})+\lambda_{2r}(h_{32})+\lambda_{3r}(h_{33})+v=r(h_{30})$$
$$\lambda_1+\lambda_2+\lambda_3+0=1.0$$

式中，$r(h_{ij})$为控制点 i 和 j 间的半变异函数，$r(h_{i0})$是第 i 控制点和未知点之间的半变异函数，v 是确保估算误差最小的拉格朗日系数。解出方程组后可算出未知点值

$$Z_0=Z_1\lambda_1+Z_2\lambda_2+Z_3\lambda_3$$

由该方程可看出，克里格插值中求未知值时不仅用到了位置点与控制点之间的半变异函数，而且还用到了控制点之间的半变异函数，使其与反距离权重法区别开来。通过

对每个未知点进行了变异量算来说明其可靠性，是它与其他局部插值法相比的重要优势（Oliver and Webster，1990；Chang，2010）。

案例分析：高远等（2009）利用普通克里格插值法对天津南郊地区的土壤污染物，主要指砷（As）进行空间分布研究。文章中首先对研究区内网格布点法下的163个实测样点值进行统计分析，了解数据的集中分散性分布特征，而后进行空间结构性分析，主要目的是筛选异常值。对排除异常值后的数据计算实验半变异函数，再通过拟合实验半变异函数获得半变异函数。最终通过交叉验证后确定了模型参数，结果表明各向异性的球形模型效果最好，取得了精度较高的插值结果，达到了预期的研究目的。

第三节　草业信息分析处理的多目标规划方法

在过去的长期理论与实践研究中，系统优化积累了大量的成功经验和方法。优化模型大体可分为数学规划模型和非数学规划模型两大类，其中应用最广泛的是基于数学规划技术的优化模型，如线性规划、非线性规划、动态规划和整数规划模型等。非数学规划模型大多数是基于经验和观察所总结的经验性方法。

本节不可能对数学规划的每一种方法都给予十分详尽的阐述，作为方法论上的提示，只能摘其要者概述。

一、数学规划的概念

数学规划，即在一些等式或不等式的约束下，求一个目标函数的极大（或极小）的优化模型。依据有无约束条件，数学规划可分为**约束数学规划**和**无约束数学规划**。约束数学规划的一般形式（施光燕等，2007）为

$$\begin{aligned} & \max f(x)[\text{或}\min f(x)] \\ s.t. \quad & h_i(x)=0,\ i=1,2,\cdots,l \\ & g_j(x)\geqslant 0,\ j=1,2,\cdots,m \end{aligned} \tag{3-1}$$

式中，x 为向量，即 $x=(x_1, x_2, \cdots, x_n)^T$。

由于系统优化总处于非平衡状态下，应认识到限制与干扰在量上具不等同性，其作用和价值会因时、因地而异。

在数学规划的讨论中，把满足所有约束条件的点 x[即满足 $h_i(x)=0, i=1,2,\cdots,l$ 和 $g_j(x)\geqslant 0, j=1,2,\cdots,m$]称为**可行点**（或**可行解**），所有可行点组成的点集称为**可行域**。

若把**可行域**记为 S，即

$$S=\{\boldsymbol{x} \mid h_i(x)=0, i=1,2,\cdots,l, g_j(\boldsymbol{x})\geqslant 0, j=1,2,\cdots,m\}$$

数学规划便是求 $\boldsymbol{x}^* \in S$，使得 $f(\boldsymbol{x}^*)$在 S 上达到最大值（或最小值），称求得的 x^*为**最优点**（**最优解**），相应的 $f(\boldsymbol{x}^*)$为**最优值**。

在数学规划中，所研究的问题只含有一个目标函数称为**单目标规划**。但是，在草业现实的生产实际中，往往需要同时考虑多个目标在某种意义下的最优化问题，我们称这

种含有多个目标的最优化问题为**多目标规划**。

特别需要说明的是任何系统优化都会包含时间尺度，并且在时间序列基础上，动态地改变着优化条件与优化内容，甚至于优化的目标。

二、线性规划问题的数学形式

在数学规划中，若目标函数和约束条件中的函数均为线性函数，则称为**线性规划**，否则就称为**非线性规划**。线性规划是研究多变量函数在变量受约束条件下的最优化问题，是运筹学中重要的分支之一。

第二次世界大战期间，由于军事、生产组织、物质调运等方面的迫切需要，以线性规划的形式提出的问题越来越多，这大大促进了运筹学的应用和发展。但当时，对线性规划问题还没有完善的解法。直到 1947 年单纯形法的提出，才为线性规划的发展奠定了基础。J. Von Neumann 和 O. Morgenstern（1947）提出了对偶性概念，进一步发展了单纯形法，提高了线性规划解决问题的能力，开拓了更广阔的应用领域。现在，无论从理论观点还是从应用和计算观点来看，线性规划都是发展得最成熟的优化技术方法。

求一组变量 X_j（j=1, 2, …, n）满足条件

$$\begin{cases}\sum^{n} a_{ij} X_j \gtreqless b_i,\ b_i \geqslant 0, i=1,2,\cdots,m \\ X_j \geqslant 0,\ j=1,2,\cdots,n\end{cases} \tag{3-2}$$

$$使函数\ f=\sum^{n} C_j X_j = \min\ （或\ \max） \tag{3-3}$$

式中，X_j 为决策变量，农业系统中也叫活动方式，a_{ij} 为约束条件中的决策变量系数，b_i 为资源限制量，C_j 为目标函数中的决策变量系数，f 为决策目标。

同上，称式（3-1）为**约束条件或约束方程**，称式（3-3）为**目标函数**。把式（3-2）的任一组解称为线性规划问题的一个**可行解**，可行解的全体称为该问题的**可行解集合（可行域）**。使目标函数取得极值的可行解称为**最优解**。

求解线性规划模型的算法很多，除了单纯形算法外，还有两阶段法、大 M 法和 Karnarkar 法等，但单纯形法是应用最广的一种通用算法，经过多次迭代，求出线性方程组的最优解。

线性规划的具体求解过程及原理不是本节的重点，使用者可调用 LINDO System 公司开发的解线性规划的数学软件 LINDO，其使用方法请登录网站 http://www.lindo.com 进一步学习（任继周，2004）。

需要补充说明的是，我们所建的优化模型必须能比较真实精确地反映系统的实际状态，才能使所得到的解越来越接近最优解。草地农业信息系统的问题在一定程度上都是非线性的，完全靠线性的模型无法准确反映问题的实质，因此非线性规划模型正日益受到广泛的重视。

三、非线性规划问题的数学形式

非线性规划是研究在一组线性与（或）非线性约束条件下，寻求某个非线性或线性

目标函数的最大值或最小值问题。非线性规划问题通常可用数学模型表示为

目标函数 max（或 min）$f(x)$

约束条件

$$\begin{cases} h_i(x)=0,\ i=1,2,\cdots,m \\ g_j(x)\geqslant 0(\text{或}\leqslant 0),\ j=1,2,\cdots,n \end{cases}$$

$$x=(x_1,x_2,\cdots,x_n)^T\in E^n$$

在优化设计研究中，非线性规划模型应用较多，且有许多求解算法，如拟线性规划法、拉格朗日乘子法、梯度法（微分法）、广义简约梯度法、罚函数法及各种改进或组合算法等，在非线性优化模型的求解中都有不同程度的应用。有许多非线性规划模型的求解都是通过增加一些改进策略或措施，以求解线性规划模型为基础寻找有效的求解途径。

非线性规划优化方法是一类系统优化方法，已经被有力地应用于生态系统优化之中，这是近 30 年来在逐步发展起来的一类方法。由于它们在数学解析中的巨大障碍，因此仍处于探索之中。因为在生态系统中非线性问题的普遍存在，加上其他领域中对于非线性研究的巨大关注，因此这一类方法必将有更大的发展。在具体求解过程中也可调用 LINDO System 公司开发的解非线性规划的数学软件 LINDO，其使用方法请登录网站 http://www.lindo.com 进一步了解。

四、多目标规划（Multi-objective Programming，MOP）的数学形式

多目标优化问题最早由意大利经济学家 V. Pareto 提出，他把许多本质上不可比较的目标化成单目标寻优。此后，Kuhn 和 Tucker（1950）及 Zadeh（1963）等曾从不同角度讨论过多目标问题，并给出了一些基本概念和基本定理。到 20 世纪 70 年代，多目标规划的研究得到越来越多的重视。首先，由于许多实际问题本来就是多目标的，如果简化成单目标求解，可能无法得到令人满意的结果；其次，由于近年来计算机技术有了很大的发展，使得求解多目标规划问题成为可能（严祖梁，1988）。

多目标规划就是确定一组变量 $X=(x_1,x_2,x_3,\cdots,x_n)^T$，使 $p(p\geqslant 2)$ 个目标函数 $f_1(x),f_2(x),\cdots,f_n(x)$ 达到最优，即 $\max f(x)=[f_1(x),f_2(x),\cdots,f_n(x)],x\in X$。

由于存在绝对最优解不存在的情况，因此对于多目标规划还要引进一些解的概念。对于多目标规划：

$$\text{(VP)}\qquad \min_{x\in D}[f_1(\boldsymbol{x}),f_2(\boldsymbol{x}),\cdots,f_p(\boldsymbol{x})]^T$$

定义 1　对于可行点 $\boldsymbol{x}_0\in D$，若存在另一可行点 $\bar{\boldsymbol{x}}\in D$，使 $f_k(\bar{\boldsymbol{x}})<f_k(x_0)$，$k$=1，2，…，$p$，则称可行点 x_0 为（VP）的**劣解**。

定义 2　对于可行点 $\boldsymbol{x}_0\in D$，若不存在另一可行点 $\bar{\boldsymbol{x}}\in D$，使 $f_k(\bar{\boldsymbol{x}})\leqslant f_k(x_0)$，$k$=1，2，…，$p$，则称可行点 x_0 为（VP）的**有效解**。

定义 3　对于可行点 $\boldsymbol{x}_0\in D$，若不存在另一可行点 $\bar{\boldsymbol{x}}\in D$，使 $f_k(\bar{\boldsymbol{x}})<f_k(x_0)$，$k$=1，2，…，$p$，则称可行点 $\boldsymbol{x}_0$ 为（VP）的**弱有效解**。

当我们求解多目标规划时，最后得到的最优解应该是有效解，至少应该是一个弱有效解。

（一）多目标规划中不确定性问题的处理

处理多目标规划中的不确定性问题有多种方法，归纳起来主要分为以下几种（邹锐等，1999）。

1. 随机多目标规划（Stochastic Multi-objective Programming，SMOP）

较确定性规划而言，由于随机变量的介入，导致其复杂性大大增加。Stancu-Minasian编著的《随机多目标规划》一书中，对随机多目标规划的问题进行了详细的论述，为这一理论的发展奠定了基础。目前求解随机多目标规划常用思路有两种：一是利用问题中随机变量的某种（或几种）概率特性将随机多目标规划问题转化为确定性多目标规划问题；二是将随机多目标规划问题转化为单目标随机规划问题进行求解。但在实际问题中，有可能无法得出确定性规划的具体形式，或确定性规划的形式变得相当复杂，甚至以现有的数学手段难以求解。

2. 模糊多目标规划（Fuzzy Multi-objective Programming，FMOP）

L. A. Zadeh（1965）开创性地提出“模糊集合”，模糊数学逐步发展，并渗透到自然科学、社会科学、工程技术等众多领域。而 Sakawa 和 Yano（1989）提出的模糊多目标规划模型，较 SMOP 而言，不需要太多的数据以确定参数分布，因此在其应用上的限制要宽一些。但即便如此，在实际研究中要获得所有系统组分的隶属度信息也会遇到很大困难。

3. 不确定性多目标规划（Inexact Multi-objective Programming，IMOP）

为避免 SMOP 和 FMOP 方法缺陷，一条有效途径就是将不确定性等概念引入多目标规划的框架中，从而导出不确定性多目标规划（IMOP）的方法。IMOP 作为系统分析与系统优化的有力工具，能较好反映复杂系统的综合性、动态性、多目标性和不确定性特征，并科学高效地产生可操作的规划方案。该方法直接在普通 MOP 模型中引入代表不确定性信息的区间数，而无需考虑参数的概率分布信息或模糊隶属度信息，因此在数据获取、算法实现、计算要求及结果解译上比原有的其他方法都存在较为显著的优越性。IMOP 自提出以来，在国内外已被成功地应用于流域土地规划、固体废弃物管理规划、经济开发区规划和城市旅游圈规划等领域（邹锐等，1999；王丽婧等，2005）。

（二）利用 MATLAB 求解多目标规划问题举例

1. MATLAB 优化工具箱简介

MATLAB 有一套程序扩展系统和一组称为工具箱的特殊应用子程序。工具箱是 MATLAB 函数的综合程序库，它们是为某类学科专业和应用定制的 MATLAB 运行环境。用户应用 MATLAB 工具箱可以快速获得准确答案，因为每个工具箱都建立在可靠的数值算法基础之上。所有工具箱对运行 MATLAB 的各种计算机平台兼容，而且各个工具箱可以相互调用。用户还能够进入工具箱源代码修改、定制、扩展算法和工具箱的功能以适应个人需要（施光燕等，2007）。

MATLAB 现有 30 多个工具箱，优化工具箱（Optimization Toolbox）就是其中应用较为广泛、影响较大的一个。它的主要功能有求解线性规划和二次规划、求函数的最大值和最小值、多目标优化、约束条件下的优化和求解非线性方程等（表 3-6）。

表 3-6 MATLAB 优化工具箱常用函数

求解问题	函数	具体含义	语法
线性规划最优解	linprog	$\min c^TX$ $s.t.\ AX\leqslant b$	X = linprog（c，A，b）
无约束的一元函数最小值	fminbnd	$\min f(x)$ $s.t.\ x_1\leqslant x\leqslant x_2$	x = fminbnd（'f'，x_1，x_2）
无约束多元函数的最小值	fminunc fminsearch	$\min F(X)$	X=fminunc（'F'，X_0） X=fminsearch（'F'，X_0）
有约束的多元函数最小值	fmincon	$\min F(X)$ $s.t.\ G(X)\leqslant 0$	X= fmincon（'FG'，X_0）
二次规划	quadprog	$\min xTHx+cTx$ $s.t.\ AX\leqslant b$	X=quadprog（H，c，A，b）
多目标优化问题	fgoalattain	$\min \gamma$ $s.t.\ F(x)-W\gamma\leqslant goal$	X=fgoalattain（'F'，x，$goal$，W）
求解极小极大问题	fminimax	$\min\{\max F(X)\}$ $s.t.\ G(X)\leqslant 0$	X=fminimax（'FG'，X_0）
求解非线性方程	fsolve	$F(X)=0$	X = fsolve（'F'，X_0）

注：以上函数的具体使用方法可查阅 MATLAB 帮助文档或访问 MATLAB 官方网站（http://www.mathworks.cn/）

2. MATLAB 求解多目标规划

问题举例：甘南牧区的草畜平衡状态与草原生态保护、牧民增收问题息息相关，草原生态保护与牧民的收益相互制约相互影响。若一味强调草原生态保护，可能无法使牧民收益有显著增长；而若不断扩大牲畜数量，虽然可能在短期内能够提高牧民收益，但可能导致超载过牧、天然草地退化等严重生态环境问题，影响牧区的可持续发展。为了研究甘南牧区草畜平衡状态，合理规划草地生产力与经济收益、生态环境影响力之间的关系，梁天刚等（2011）在构建天然草地适宜载畜量监测模型和草畜平衡监测模型的基础上，通过构建多目标优化模型的方法，以实现草畜平衡。

目前，在优化研究中一般采用的优化技术如线性规划、非线性规划、动态规划、多目标决策技术等进行实际问题的优化求解时，存在不同程度的“维数灾难”，即随着问题规模的扩大和约束条件的增加，求解时间的急剧增加而容易产生“组合爆炸”，最后导致不可解。

遗传算法和人工神经网络是两种新型的优化算法，已成功用于众多领域。遗传算法的全局寻优能力和隐含并行特性，使遗传算法特别适合于处理传统算法无法解决的复杂的非线性问题。人工神经网络的并行分布式计算结构和非线性动力学演化机制，使神经网络计算从本质上跳出了系统优化计算和数值迭代搜索算法的基本思想，为优化计算的快速实现提供了新途径。遗传算法的全局寻优能力和人工神经网络的非线性动力学特征比传统的优化方法更适合于解决复杂的非线性问题。应用遗传算法和人工神经网络理论进行系统优化研究将是一个草地农业系统分析和设计、决策的新研究方向，尚处于探索和尝试阶段，许多问题有待于深入研究。把具有全局寻优能力的遗传算法和快速计算能力的人工神经网络有机结合起来，进行系统优化布置和优化设计研究，是改善和提高系统优化水平的一个新突破点。因此，综合应用遗传算法和人工神经网络进行系统优化研究，可以为系统优化理论和算法开辟一条新途径，同时也可以拓宽遗传算法和人工神经网络优化理论的应用领域。

思 考 题

1. 简述常用的统计分析功能有哪些？
2. 什么是局部空间插值分析方法？
3. 简述克里格插值分析方法？
4. 论述在草业科学中如何应用 MATLAB 求解多目标规划问题，可举例说明？

参 考 文 献

边金虎, 李爱农, 宋孟强, 等. 2010. MODIS 植被指数时间序列 Savitzky-Golay 滤波算法重构[J]. 遥感学报, 14(4): 725-741.
陈正昌, 程炳林, 陈新丰, 等. 2005. 多变量分析方法[M]. 北京: 中国税务出版社.
杜志渊. 2006. 常用统计分析方法——SPSS 应用[M]. 济南: 山东人民出版社.
冯琦胜, 高新华, 黄晓东, 等. 2011. 2001～2010 年青藏高原草地生长状况遥感动态监测[J]. 兰州大学学报(自然科学版), 47(4): 75-81.
龚江, 石培春, 李春燕. 2011. 巧用 Excel 解决多元非线性回归分析[J]. 农业网络信息, 01: 46-48.
贾俊平. 2008. 统计学(第三版)[M]. 北京: 中国人民大学出版社.
李传华, 赵军. 2013. 2000～2010 年石羊河流域 NPP 时空变化及驱动因子[J]. 生态学杂志, 32(3): 712-718.
梁天刚, 冯琦胜, 夏文韬, 等. 2011. 甘南牧区草畜平衡优化方案与管理决策[J]. 生态学报, 34(4): 1111-1123.
刘承香, 阮双琛, 伍小芹. 2004. 基于 Kriging 插值的数字地图生成算法研究[J]. 深圳大学学报(理工版), 21(4): 295-300.
罗纳德·科迪, 杰弗里·史密斯. 2011. SAS 应用统计分析(第 5 版)[M]. 辛涛译. 北京: 人民邮电出版社.
毛飞, 侯英雨, 唐世浩, 等. 2007. 基于近 20 年遥感数据的藏北草地分类及其动态变化[J]. 应用生态学报, 18(8): 1745-1750.
任继周. 2004. 草地农业生态系统通论[M]. 合肥: 安徽教育出版社.
施光燕, 钱伟懿, 庞丽萍. 2007. 最优化方法(第 2 版)[M]. 北京: 高等教育出版社.
孙明, 杨洋, 沈渭寿, 等. 2012. 基于 TM 数据的雅鲁藏布江源区草地植被盖度估测[J]. 国土资源遥感, 31(03): 71-77.
汪海波, 罗莉, 吴为, 等. 2013. SAS 统计分析与应用——从入门到精通(第 2 版)[M]. 北京: 人民邮电出版社.
王丽婧, 郭怀成, 王吉华, 等. 2005. 基于 IMOP 的流域环境——经济系统规划[J]. 地理学报, 60(2): 219-228.
王振龙. 2000. 时间序列分析[M]. 北京: 中国统计出版社.

谢中华, 李国栋, 刘焕进, 等. 2012. MATLAB 从零到进阶[M]. 北京: 北京航空航天大学出版社.
徐建华. 2002. 现代地理学中的数学方法: 第二版[M]. 北京: 高等教育出版社: 105-120.
薛微. 2013. SPSS 统计分析方法及应用(第 3 版)[M]. 北京: 电子工业出版社.
薛毅, 陈立萍. 2007. 统计建模与 R 软件[M]. 北京: 清华大学出版社.
严祖梁. 1988. 多目标规划方法综述[J]. 北京农业工程大学学报, 8(2): 112-120.
周鸿年, 周民. 2000. Excel 2000 中文版及其综合应用[M]. 北京: 电子工业出版社.
邹锐, 郭怀成, 刘磊. 1999. 不确定性条件下经济开发区环境规划方法与应用研究(Ⅰ)——不确定性多目标混合整数规划模型及算法研究[J]. 北京大学学报(自然科学版), 35(6): 794-801.
Béla M. 2010. Spatial Analysis 4. Digital elevation modeling[EB/OL]. http://www.tankonyvtar.hu/hu/tartalom/tamop425/0027_SAN4/cho1so2.html.
Chang KT. 2010. 地理信息系统导论(原著第五版)[M]. 陈建飞, 张筱林译. 北京: 科学出版社: 328-360.
Daly C, Nelson RP, Phillips DL. 1994. A statistical-topographic model for mapping climatological precipitation over mountainous terrain[J]. Journal of Applied Meteorology, 33(33), 140-158.
Feng QS, Liang TG, Huang XD, et al. 2013. Characteristics of global potential natural vegetation distribution from 1911 to 2000 based on comprehensive sequential classification system approach[J]. Grassland Science, 59(2): 87-99.
Franke R.1982. Scattered data interpolation: Tests of some methods[J]. Mathematics of Computation, 38(157): 181-200.
Hijmans RJ, Cameron SE, Parra JL, et al. 2005. Very high resolution interpolated climate surfaces for global land areas[J]. International Journal of Climatology, 25(15): 1965-1978.
Hutchinson MF. 1991. ANUDEM and ANUSPLIN User Guides[R]. Canberra, Australian National University, Centre for Resource and Environmental Studies Miscellaneous Report 91/1.
Jolliffe IT. 1986. Principal Component Analysis[M]. New York: Springer-Verlag.
Kuhn, Tucker. 1950. Nonlinear programming[A]. *In*: Neyman, J. The Second Berkeley Symposium on Mathematical Statistics and Probability (held in Berkley 1951)[C]. Berkley: University of California Press: 481-492.
Lam NS. 1983. Spatial interpolation methods-A review[J]. The American Cartographer, 10(2): 129-149.
Liang TG, Feng QS, Cao JJ, et al. 2012a. Changes in global potential vegetation distributions from 1911 to 2000 as simulated by the Comprehensive Sequential Classification System approach[J]. Science Bulletin, 57(11): 1298-1310.
Liang TG, Feng QS, Yu H, et al. 2012b. Dynamics of natural vegetation on the Tibetan Plateau from past to future using a comprehensive and sequential classification system and remote sensing data[J]. Grassland Science, 58(4): 208-220.
Lin HL, Feng QS, Liang TG, et al. 2013b. Modelling global-scale potential grassland changes in spatio-temporal patterns to global climate change[J]. International Journal of Sustainable Development & World Ecology, 20(1): 83-96.
Lin HL, Wang XL, Zhang YJ, et al. 2013a. Spatio-temporal dynamics on the distribution, extent, and net primary productivity of potential grassland in response to climate changes in China[J]. The Rangeland Journal, 35: 409-425.
Lin HL, Zhang YJ. 2013. Evaluation of six methods to predict grassland net primary productivity along an altitudinal gradient in the Alxa Rangeland, Western Inner Mongolia, China[J]. Grassland Science, 59(2): 100-110.
Messina JP, Taylor SM, Meshnick SR, et al. 2011. Population, behavioural and environmental drivers of malaria prevalence in the Democratic Republic of Congo[J]. Malaria Journal, 10: 161
Oliver MA, Webster R. 1990. Kriging: A method of interpolation for geographical information systems[J]. International Journal of Geographic Information Systems, 4(3): 313-332.
Sakawa M, Yano H. 1989. An interactive fuzzy satisficing method for multiobjective nonlinear programming problems with fuzzy para-meters[J]. Fuzzy Sets and Systems, 30(10): 221-238.
Von Neumann J, Morgenstern O. 1947. Theory of games and economic behavior[J]. Princeton University

Press, 21(1): 2-14.
Wabba G. 1981. Spline interpolation and smoothing on the sphere[J]. SIAM Journal on Scientific and Statistical Computing, 2: 5-16.
Watson DF, Philip GM. 1985. A refinement of inverse distance weighted interpolation[J]. Geo-Processing, 2(2): 315-327.
Zadeh L. 1963. Optimality and non-scalar-valued performance criteria[J]. IEEE Transactions on Automatic Control, 8(1): 59-60.
Zadeh LA. 1965. Fuzzy sets[J]. Information and Control, 8(3): 338-353.

第四章　草业信息模拟模型

草业信息模拟模型是信息化背景下草业科学研究的重要内容之一。本章从信息模拟模型分类及模拟模型构建的角度，重点介绍草业信息学中与3S系统（GIS、GPS、RS）和专家系统（ES）密切相关的模型选择及模型构建等内容。

第一节　草业信息模拟模型的概念、特征与功能

草业模拟模型是草业科学研究方法的重要组成部分，也是草业专家系统主要核心功能的实现途径，它的概念的外延与内涵、特征与功能决定了其与数学、统计学、软件工程等学科的紧密联系，同时还具有其自身特点。

一、草业信息模拟模型的概念和类型

（一）模拟、模拟模型和草业信息模拟模型概念

模拟（Simulation）：广义上说，就是将一个实际事物的某些特征提取出来，通过简化的方式模拟出类似的情景与状态，达到模拟真实的效果，同时要具备模拟的易操作性。从科研角度来说，模拟是为了实验的简化或研究实际系统问题的抽象简化，基于相似准则，通过实验模拟实际环境的某些特征，从而简化大型实验和系统特征的需要，同时达到定量分析的效果。经常采用的模拟手段有计算机模拟、实验模拟、数学建模模拟等。

模拟是用物质的或观念的形式对实际物体、系统、过程或情境的仿真。模拟有物理模型、情境模拟、类比模拟和数学模型等形式。物理模型往往与所要再现的物体有某种相似性。情境模拟可以是对环境中的物理特征的模拟，也可以是对态度、气氛等观念性东西的模拟。类比模拟是用更容易观念化、更容易使用或操作的特征代表所要模拟的特征，它往往具有抽象化的特点。数学模型是由数量化的描述所要研究特征的公式组成。在工程心理学中，模拟可用于对人机系统的研究、测试、评价及人员训练。采用模拟技术，可以降低研究与训练的成本，提高其效率；可以开展在现实中无法进行的研究、测试、评价和训练；可以确保危险技能训练的安全性等。采用模拟技术应考虑模拟的逼真度。逼真的模拟是获得有价值的研究结果和产生训练迁移的必要条件。模拟逼真度包括物理模拟逼真度和心理模拟逼真度。前者指模拟物与实际东西的物理特征的相似程度，后者指人在模拟条件下的感受、行为与在实际情境中的相似程度。在工程心理学的研究中，心理模拟逼真度更为重要。提高物理模拟的逼真度一般能提高心理模拟的逼真度，但两者之间并不完全相关。有时有限的物理模拟逼真度也能产生较高的心理模拟逼真度。为了达到所要求的心理模拟逼真度，设计模拟物时要特别注意仿制那些对人的作业测量和训练迁移起作用的特征。

当前电子计算机的采用使模拟技术有了重大的发展。例如，飞行模拟器主要由座舱、运动系统、视景系统和电子计算机 4 个部分组成。飞行员在这样的模拟器中训练，具有逼真的视、听、运动等各种感觉，犹如在空中飞行一样。又如，在人工智能研究领域，用计算机模拟人的思维，对研究人的高级心理活动、揭示人的思维规律能起重大作用。

模拟模型（Simulation Model）：就是根据系统或过程的特性，按一定规律用实验设计或数学方程建模、计算机语言程序编辑等手段建立数学模型、物理模型、系统模型等对系统及运动规律进行贴近模拟和展示的方法。

草业信息模拟模型（Simulation Model for Pratacultural Information）：利用实验设计、系统分析、数学计算和计算机编程等技术，对草业系统中的生物与非生物过程及其与环境和技术的动态关系进行信息收集、定量分析、有效描述和预测。因此，草业信息模拟模型以草业系统中的内在规律和相互关系为基础，综合系统内在特征、环境效应、技术调控之间的因果关系，是一种面向草地生物和非生物环境过程的实验综合设计、系统动力学模型、过程模型及统计学模型的统称。

（二）模拟模型的类型

按不同的划分标准，模拟模型有不同的类型，具体如图 4-1 所示。

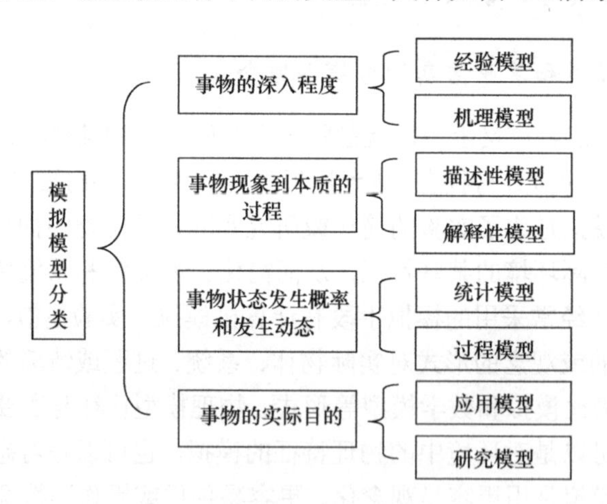

图 4-1　模拟模型类型的划分图

1）按对研究事物的深入程度可分为经验模型（Experiential Model）和机理模型（Mechanism Model）。不分析实际过程的机制，而是根据从实际得到的与过程有关的数据进行数理统计分析，按误差最小原则，归纳出该过程各参数和变量之间的数学关系式，用这种方法所得到的数学表达式称为经验模型。所以，经验模型又被称为黑箱模型。机理模型是在一定的假设条件下，根据主要因素相关性及相互作用的机制，建立模拟条件下现实事物状态的模型，一般具有较好的模拟效果。

常用的 AHP 模型，即层次分析法（Analytic Hierarchy Process，AHP），就是典型的经验模型。这是美国运筹学家、匹兹堡大学 Saaty 教授在 20 世纪 70 年代初期提出的一种经验模型构建方法，主要特点就是通过对各种因素的分析，将复杂的问题变得条理化和层次化，然后利用数理统计的方法赋予每个因素以权重，进而为决策提供参考信息。

例如，李文龙等（2010）利用 AHP 分析方法对甘南藏族自治州（以下简称甘南州）玛曲高寒草地放牧系统的生态风险进行了综合评价。

经验模型的主要特点是不分析实际过程的机制，从这个角度上讲除了耳熟能详的经典模型外，在科研中这种经验模型方法也有广泛应用。例如，冯琦胜等（2011）基于地面实测数据和 MODIS-EVI 及 NDVI 数据，利用统计学方法，确定了青藏高原地区草地地上生物量和植被盖度的最佳遥感反演模型。从模型的构建方法可以看出，这些反演模型也应属于经验模型。

对于机理模型来说，其核心内容是分析主要因素相关性及其相互作用的机制，如常用的 CASA 模型。该模型是 1993 年由 Potter 等提出，它是通过植被吸收光合有效辐射（APAR）和光能转化率（ε）两个变量来估算区域植被净初级生产力（NPP）。例如，张峰等（2008）在利用内蒙古典型草原连续 13 年的地上生物量资料对 CASA 模型验证的基础上，分析了内蒙古典型草原植被的初级生产力。

2）从研究事物现象到本质的过程上可分为描述性模型（Descriptive Model）和解释性模型（Explanatory Model）。描述性模型反映了从特殊到一般的认识过程，它是从分析客观事物的具体特征入手，经过逐步抽象而得到的。把客观事物中的关系概括于一个数学结构之中，是描述性数学模型的主要特征。解释性模型又称为解释结构模型，主要应用图的矩阵表示方法和简单的逻辑运算，对复杂系统的各个组成元素或子系统间的结构关系加以描述的一种模型。通过对表示有向图的相邻矩阵的逻辑运算，得到可达性矩阵，然后分解可达性矩阵，最终使复杂系统分解成层次清晰的多级递阶形式。解释结构模型在制订企业计划、城市规划等领域已广泛使用，尤其对于建立多目标和多种元素之间关系错综复杂的社会系统及其分析，效果更为显著。

例如，Accad 和 Neil（2006）基于地理信息系统和植被群落针对澳大利亚东北部建立起群落变迁的模型是典型的描述性模型。国内张钟军和孙国清（2005）针对植被层内的体散射及植被和地表之间的多次散射、地表辐射分别采用了双矩阵法和积分方程建立起估算地表亮度温度的模型也属此类模型。刘兴元等（2003）分析了影响雪灾的因素，并通过栅格获取法和模糊 Borda 数分析法确定了各因素的权重，进而建立了雪灾对草地畜牧业影响的定量评价和雪灾损失计算模型，这种模型属于解释性模型。

3）按研究事物状态发生的概率及发生的动态可以分为统计模型（Statistical Model）和过程模型（Process Model）。统计模型是 20 世纪 50 年代中期发展起来的一个新的数理研究方向，其主要目的是运用基于统计学原理的数学模型模拟概率事件的发生及分布特点，以及评价建模的适当性和识别数据中可能存在的异常值。在数学模型适当性的评价方面，线性模型中目前主要采用残差分析来判断模型拟合的效果。过程模型在很多情况下用于模拟事物生命周期状态，它将一个事物的运动作为一个连续过程，并进行有效的数学拟合，此类模型不但能表达整个事物在一定时间区间的动态，而且可以解释阶段性的离散状态。

统计模型具有变量少、便于计算等特点。例如，梁天刚等（2009）利用 2001～2008 年甘南牧区草地调查资料和 Terra/MODIS 每日地表反射率产品 MOD09GA，借助数学统计的方法，筛选出相关性最高的草地地上生物量遥感反演模型。这类模型只有一个自变量——基于 MOD09GA 数据的植被指数。

通常，过程模型具有涉及的变量较多、模型复杂等特点。例如，刘文等（1992）以每天的太阳辐射、气温、降水等因素为驱动变量，建立了棉花生长发育及产量形成的动态模拟模型。白文明和包雪梅（2002）基于紫花苜蓿生理生态学特性建立了水分限制条件下干旱沙区紫花苜蓿的生长发育模拟模型。

4）如果按照研究事物的实际目的则可以分为应用模型（Application Model）和研究模型（Research Model）。前者偏向于建立的模型进行决策、预测、辅助管理等实际应用功能；后者更倾向于设立很多理论假设条件，进行事物状态、过程和极限条件（现实不存在的）的理论探索。

顾名思义，应用模型偏向于在实践中的应用。例如，梁天刚等（2002）设计研发了甘肃省草业开发专家系统的总体结构，在栽培牧草模拟模块中采用的基于温度、降水等多因子的牧草地域适宜性空间模拟模型就属于应用模型。该系统以“环境-植被-家畜”为主线，系统便捷地提供了科学可靠的草业信息和建议。而研究模型主要偏向于科研，对其机理性要求高。例如，黄敬峰等（2001）利用天然草地牧草光谱观测资料、牧草产量资料、气象资料和 NOAA/AVHRR 资料等建立了天然草地牧草产量遥感预测模型及气象预测模型，这就是一个研究模型的典型实例。

二、草业信息模拟模型的特征、意义及功能

（一）草业模型的特征

与任何模拟模型相似，草业信息模拟模型有其自身的特征，具体可以概括如下。

1. 系统性

对研究的生物及非生物过程需要进行系统和全面的定性、定量分析与描述。

2. 动态性

具体指受环境因子和内在特性驱动的各个状态变量具有随时间过程变化的特点，以及不同生育过程的状态变量之间具有相应的一些动态变化关系。

3. 机理性

在经验性或描述性的基础上，通过进行深入的研究，模拟较为全面的系统等级水平，并将其进行有机结合，从而提供对主要生理过程的理解或解释。

4. 预测性

通过正确建立模型的主要驱动变量及其与状态变量的动态关系，对系统行为提供可靠的定量预测。

5. 通用性

原则上适用于任何地点、时间和品种等条件。

6. 便用性

可为非专家操作应用，可利用一般的气候、土壤及品种资料。

7. 灵活性

可容易地进行修改和扩充及与其他系统相耦合。

8. 研究性

除了应用性以外，还可用于不同领域的模拟研究工作，从而弥补实际研究中干扰因素多、周期长、费用高等方面的不足。

（二）草业模拟模型的意义与功能

1. 模拟模型的意义

草业信息模拟模型最重要的意义是对整个草地农业生产系统的知识可以进行一定条件下有效地收集、综合，并量化机理性过程及其相互关系，即综合知识和量化关系。在理解生物与非生物过程及其变量间关系的基础上，进行量化分析和数理模拟，构建模型并开展模拟研究，从而促进对生物与非生物规律由定性描述向定量分析的转化过程，可深化对草地农业系统过程的定量化认识和数字化表达。

2. 模拟模型的功能

合理的草业模拟模型之所以受到肯定和重视，是因为模拟模型具有其他研究手段不可替代的功能，如分析、理解、预测、调控等。模拟模型能够基于定量计算、参数选择等手段对研究目标进行有效的理论分析，可以帮助人们理解和认识草地生物与非生物过程的基本规律及量化关系，并对系统的动态行为和最后表现进行预测，从而辅助进行对草地农业系统的生物生长和生产系统的适时合理调控，实现优质、高产、合理效费比、生态健康、环境安全的可持续发展。

第二节　草业系统模拟的原理与技术

草学、作物学、动植物生理生态知识是建立植物或动物生长系统的概念模型直至量化模型的关键。对于一个面向过程的草地生长模型而言，最重要的技术基础是作物或动物生理生态学原理、系统分析方法和软件工程技术。系统分析方法是草地农业信息模拟研究的基础，软件工程技术是实现模拟模型的工具。

一、系统分析方法

系统是一组具有一定功能的相关成分的集合，可以分解成不同的结构成分，也可合成为一个整体系统。系统研究可分为两个主要方面，即系统分析和系统合成。

系统分析：将一个系统分解成主要成分，研究系统的成分及关系，提供系统的定量描述，即系统模型来表达系统行为的过程。

系统合成：主要指研究如何运用从系统分析中获得的知识或系统模型来改良已有的系统或进行新的系统设计。

系统组成的基本属性包括系统界面、系统成分、系统环境。系统界面是系统内在成分与系统环境之间的分界线，系统成分是构成系统的内在实体元素，系统环境是影响系统行为的外部因素。

二、模拟研究的尺度

尺度在一切自然科学问题研究中都是很重要的关键因素，一般是空间大小和时间长短的合称。草地农业模拟的尺度具有以下的特性：时间性、空间性、复杂性。其中，复杂性经常趋向于随时间和空间而增加。

模拟的时空尺度决定了适宜模型的选择及模拟方法的采用。大的时空尺度模型一般注重宏观的经验性和描述性，反之，小尺度模型则注重微观的机理性解释。

对于草地植物生长模拟研究来说，时间步长的确定取决于作物生长状态变化的速率，在生长相对快的时期，步长宜短一些；在生长相对慢的时期，步长可选大一些。

三、支持研究

专门服务于草地农业模拟模型的大量研究工作，称为模拟的支持研究。需要从事的农业模拟支持研究主要有已知的因果关系和基本模式两个方面。但是，通常缺乏特定的数量表达或算法程序，如作物器官建成与阶段发育的关系。相对不了解而有待探索的某些过程，称为黑箱，如根系生长与土壤环境及叶片生长的关系。

四、析因法与系数化

草地农业生产过程往往由多个环境因子所控制，包括温度、光照、水分和养分等。在定量化这些因子的相互作用时，是通过单个因子的系数互作进行确定，而非复合因子的多元回归。

析因法的主要特征是以系数的形式来分别建立不同单因子的响应模型或效应因子模型，然后以一定的数学方法来定量这些系数间的互作关系。

系数化将效应因子的特征值一般设定在 0～1。系数互作的计算方法主要有最小法和乘积法。最小法依据最小因子法则，认为系统的表现主要受最小系数的限制。乘积法则依据不同因子的相互作用原则，认为系统的表现同时受多因子的影响，而并非与最小因子的水平呈线性关系。

遗传参数通常是指描述非逆境下种或品种基本遗传性状的一组特征值。一个品种的遗传参数一般以 10～15 个为最适，最多不超过 20 个。

遗传参数既要符合作物或动物生理学的认识和规律，又要为作物或动物育种学家所理解和接受。遗传参数一般依据试验数据通过试错法、最小二乘法决定。有条件，也可直接通过控制环境下的试验研究获得。

五、草业信息模型模拟的表示方法

对于草业模拟模型构建及分析后，最重要的就是模拟结果的显示和表达，其具体内容一般分为以下四个部分。

（一）系统的界定

系统可用系统的成分、系统的界面和系统的环境来简化描述。

系统输入是影响系统行为而不受系统影响的环境因子，如气象变量等，又称驱动变量。开放系统有一个以上的输入，封闭系统没有输入。

系统输出代表系统的特征和行为，为模拟者所感兴趣。

系统参数是模型成分的特征，通常在模拟中恒定不变，而输入则为变数。

状态变量主要描述系统成分的状况或水平，具动态特征，如生物量。如果状态变量随时间而变，为动态模型。如状态变量受到不同过程的影响而变化，生物量受光合和呼吸作用而变化，称为过程模型或连续模型。

（二）输入输出资料

模型的输入资料以最少为原则，既可容易获得，又可简化模拟运算。例如，作物生长模型的输入资料，总体上可分为气象、土壤、品种、管理四大类。模型的输出要求动态、完整、易于理解，具有先进的可视化及多媒体特点。可利用表格、图形、图像、声音等多种形式来综合实现，结果可同时输出到屏幕、文件、打印机等。输出的步长一般以天为单位。同时，模型输出步长和方式都可由用户根据各自需求而动态设定。

（三）模拟模型的结构成分

任何一个模拟模型均可以根据其自身的特性分解成相互关联的结构成分。例如，整个作物生育及其环境系统一般可分解成6个相互关联的亚系统。

第一亚系统为作物的阶段发育与物候期，主要是有关以温光反应为基础的茎顶端发育阶段及以外部形态特征变化为标志的生育时期，如小麦的小穗分化期、小花分化期等，以及分蘖期、拔节期、抽穗期等。

第二亚系统为作物植株的形态发生与器官建成过程，包括根系、叶片、茎秆、小穗、小花、籽粒等器官发生与形成的规律、数量及质量等。

第三亚系统为植株的光能利用与同化物生产，包括叶片和冠层的光合作用、呼吸作用、碳水化合物积累及生物量的计算等。

第四亚系统为不同器官间的物质分配与利用，包括同化物分配系数或分配指数和分配量的实时变化、器官的生长和大小、产量及品质的决定等。

第五亚系统为土壤-植物-大气水分关系，包括土壤水分的移动、吸收、蒸发蒸腾、植物组织的水分平衡等。

第六亚系统为土壤养分（如氮素等）动态与植株利用，包括主要养分元素在土壤中的转化、根系吸收、体内分配和利用等。

以上各结构成分通过物质和信息的交流联成一个植物生长的动态平衡系统。

（四）概念模型与图示模型表示法

一般的概念模型都具有特定的图示，如图 4-2 所示，小室代表系统中的状态变量，开关代表过程的速率变量，云朵代表系统的输入源，圆圈和箭头代表中间变量，实线箭头表示物质流，虚线箭头表示信息流。

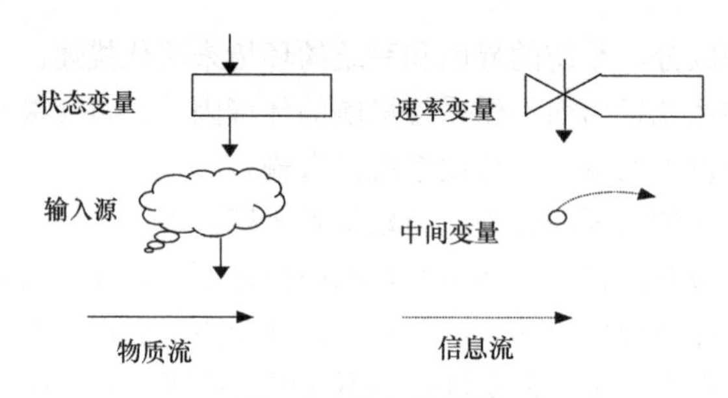

图 4-2 概念模型图

六、模型开发环境与工具

现代模拟模型的建立一般需要以计算机和网络为基础的硬件支持，除此之外还需要以下的开发环境及工具支持（详细内容见第三章）。

1）语言环境：指用于建模模拟编程的计算机语言，经常使用的有 C、Visual Basic、C++、Fortran、Delphi、Java、C#、Python、IDL 等。

2）软件环境：基于计算机等硬件安装的建模所需的专业软件，如 Excel、SPSS、SAS、MATLAB、R、ArcGIS、ENVI、ERDAS 等。

3）系统环境：不同计算机安装有不同的软件操作系统，这在一定程度上决定着专业软件的选择和计算分析的效率。目前，普遍使用的计算机系统有 Windows、Unix、Linux 等。

七、结构化程序设计

在基于计算机技术的模拟模型构建中，结构化程序设计（Structured Programming）是必不可少的部分，它是进行以模块功能和处理过程设计为主的详细设计的基础。该概念最早由 Dijikstra 于 1965 年提出，是软件发展的一个重要的里程碑。其主要观点是采用自顶向下、逐步求精及模块化的程序设计方法；使用三种基本控制结构构造程序，任何程序都有顺序、选择、循环三种基本控制结构构造。结构化程序设计主要强调的是程序的易读性，详细描述处理过程常用三种工具：图形、表格和语言。

（一）主要特点

1）主张使用顺序、选择、循环三种基本结构来嵌套连接成具有复杂层次的“结构化程序”，严格控制 GOTO 语句的使用。用这样的方法编出的程序在结构上具有以下效果：①以控制结构为单位，只有一个入口，一个出口，所以能独立地理解这一部分；②能够以控制结构为单位，从上到下顺序地阅读程序文本；③由于程序的静态描述与执行时的控制流程容易对应，所以能够方便正确地理解程序的动作。

2）“自顶向下，逐步求精”的设计思想，其出发点是从问题的总体目标开始，抽象低层的细节，先专心构造高层的结构，然后再一层一层地分解和细化。这使设计者能把握主题，高屋建瓴，避免一开始就陷入复杂的细节中，使复杂的设计过程变得简单明了，过程的结果也容易做到正确可靠。

3）“独立功能，单入口单出口”的模块结构，减少模块的相互联系使模块可作为插件或积木使用，降低程序的复杂性，提高可靠性。程序编写时，所有模块的功能通过相应的子程序（函数或过程）的代码来实现。程序的主体是子程序层次库，它与功能模块的抽象层次相对应，编码原则使得程序流程简洁、清晰，增强可读性。

4）主程序员组的组织形式，指程序开发的人员组织方式应采用由一个主程序员（负责全部技术活动）、一个后备程序员（协调、支持主程序员）和一个程序管理员（负责事务性工作，如收集、记录数据和文档资料管理等）为核心，再加上一些专家（如通信专家、数据库专家）和其他技术人员组成小组。这种组织形式突出了主程序员的领导，设计责任集中在少数人身上，有利于提高软件质量，并且能有效地提高软件生产率。

该方法的优点在于：由于模块相互独立，因此在设计其中一个模块时，不会受到其他模块的牵连，因而可将原来较为复杂的问题简化为一系列简单模块的设计。模块的独立性还为扩充已有的系统、建立新系统带来了不少方便，因为我们可以充分利用现有的模块作积木式的扩展。

按照结构化程序设计的观点，任何算法功能都可以通过由程序模块组成的三种基本控制结构的组合（顺序结构、选择结构和循环结构）来实现。

结构化程序设计的基本思想是采用“自顶向下，逐步求精”的程序设计方法和“单入口单出口”的控制结构。自顶向下、逐步求精的程序设计方法从问题本身开始，经过逐步细化，将解决问题的步骤分解为由基本程序结构模块组成的结构化程序框图；“单入口单出口”的思想认为一个复杂的程序，如果它仅是由顺序、选择和循环三种基本程序结构通过组合、嵌套构成，那么这个新构造的程序一定是一个单入口单出口的程序。据此就很容易编写出结构良好、易于调试的程序。

总体而言，结构化程序设计具有以下优点：①整体思路清楚，目标明确；②设计工作中阶段性非常强，有利于系统开发的总体管理和控制；③在系统分析时可以诊断出原系统中存在的问题和结构上的缺陷。

对比它所具有的优点，结构化程序设计的方法也存在不足，主要是：①用户要求难以在系统分析阶段准确定义，致使系统在交付使用时产生许多问题；②用系统开发每个阶段的成果来进行控制，不能适应事物变化的要求；③系统的开发周期长。

（二）基本结构

结构化程序设计包括顺序结构、选择结构和循环结构三种基本结构。

顺序结构：表示程序中的各操作是按照它们出现的先后顺序执行的。

选择结构：表示程序的处理步骤出现分支时，需要根据某一特定的条件选择其中的一个分支执行。选择结构有单选择、双选择和多选择三种形式。

循环结构：表示程序反复执行某个或某些操作，直到某条件为假（或为真）时才可终止循环。在循环结构中最主要的是：什么情况下执行循环，哪些操作需要循环执行。循环结构的基本形式有两种："当型"循环和"直到型"循环。

"当型"循环：表示先判断条件，当满足给定的条件时执行循环体，并且在循环终端处流程自动返回到循环入口；如果条件不满足，则退出循环体直接到达流程出口处。因为是"当条件满足时执行循环"，即先判断后执行，所以称为"当型"循环。

"直到型"循环：表示从结构入口处直接执行循环体，在循环终端处判断条件，如果条件不满足，返回入口处继续执行循环体，直到条件为真时再退出循环到达流程出口处，即先执行后判断。因为是"直到条件为真时为止"，所以称为"直到型"循环。

（三）设计方法

一个复杂问题，肯定是由若干简单的问题构成。模块化是把程序要解决的总目标分解为子目标，再进一步分解为具体的小目标，把每一个小目标称为一个模块。

例如，限制使用 GOTO 语句结构中，结构化程序设计方法的起源来自对 GOTO 语句的认识和争论。肯定的结论是，在块和进程的非正常出口处往往需要用 GOTO 语句，使用 GOTO 语句会使程序执行效率较高；在合成程序目标时，GOTO 语句往往是有用的，如返回语句用 GOTO。否定的结论是，GOTO 语句是有害的，是造成程序混乱的祸根，程序的质量与 GOTO 语句的数量呈反比，应该在所有高级程序设计语言中取消 GOTO 语句。取消 GOTO 语句后，程序易于理解、易于排错、容易维护，容易进行正确性证明。作为争论的结论，1974 年 Knuth 发表了令人信服的总结，并证实了以下观点。

1）GOTO 语句确实有害，应当尽量避免。

2）完全避免使用 GOTO 语句也并非是个明智的方法，有些地方使用 GOTO 语句，会使程序流程更清楚、效率更高。

3）争论的焦点不应该放在是否取消 GOTO 语句上，而应该放在用什么样的程序结构上。其中最关键的是，应在以提高程序清晰性为目标的结构化方法中限制使用 GOTO 语句。

第三节　草业信息模拟模型构建方法

一般情况下，草业模拟模型的建模模拟工作分为以下四步：模型选择与系统定义、资料获取与算法构建（模拟工作的重点和难点）、模块设计与模型实现、模型检验与改进。

一、模型选择与系统定义

首先要弄清模拟研究的目的、水平及对象，以明确模拟研究的范围和成分。通过这项工作，可以先建立一个描述系统结构与关系的概念模式或概念模型。

如果建模主要是为了研究和机理解释，那么模拟的系统水平和层次就应该低一些，模拟的对象可能包括器官及亚器官。对于一个应用性较强或注重宏观预测的模型而言，研究的系统水平可以高一些，系统的成分简单一些。

二、资料获取与算法构建

资料获取大概有 3 个方面的来源：已有积累、合作、实验支持。已有积累包括自己已有的工作积累或文献资料，其中文献资料主要包括国内外在相关领域所取得的科研成果、出版的专著与教材、科技期刊及学术会议上发表的论文等，以及各地的土壤志、品种志、气象资料等，通过补充实验或支持研究，围绕某个方面获得全新的资料。文献资料主要用于模型的构建。合作途径所获得的资料主要用于模型参数的确定及系统的测试。实验支持研究资料一部分用于模型的构建，另一部分用于模型参数的确定及系统的测试。

三、模块设计与模型实现

首先要选择恰当的编程语言来组织系统，包括模拟算法编程语言和界面编程语言。目前应用比较广泛的模拟算法编程语言主要有 Visual C++、Visual Fortran、R 等宏语言。

四、模型检验与改进

模型的检验包括对模型的敏感性分析、校正、核实、测验等 4 个主要过程。

敏感性分析（Sensitivity Analysis），是对模型灵敏度和动态性的测验，分析模型对主要参数和变量反应的灵敏度，测验模型的结构与过程及系统的成分。结果通常以正负值来表示模型的反应程度。

校正（Calibration），是调整模型的参数和关系，使得模型符合模拟者特定的环境和资料参数，主要检验模型系统的综合表现及对综合变量的反应。

核实（Validation），是指决定模型是否适用于模型研制以外的完全独立的资料。如果是多年、多点、多试验观测值与模拟值的比较，可采用如下方法：①将模拟结果与实际结果进行回归分析；②将实际结果与模拟结果按同一时间坐标绘 1∶1 图进行比较；③检验模拟值与实际值的平均误差。

测验（Test），是比较各种环境下的模拟值与预测值，可看作一个持续的模型核实过程。如果在测验过程中发现明显的偏差，可能还得重复上述模型校正和核实的过程，并对模型算法进行必要的修订和改进。

第四节 草业信息模拟模型的应用

前面我们重点介绍了草业模拟模型的构建方法和流程，下面我们对草业模拟模型在实际中的主要应用进行分类介绍，并归纳研究中与之相结合的其他主要技术。

一、草业信息模拟模型的应用领域

当前，草业模拟模型的应用呈现多样化趋势，下面我们具体举例说明。

（一）牧草生长发育的模拟

作物或牧草生长发育模拟的基础是植物种的生理生长模型。例如，紫花苜蓿的生长发育可用如下模型进行模拟（白文明和包雪梅，2002）。

$$\mathrm{RDS}=\begin{cases}(\mathrm{DTT}-Tu)/\mathrm{PRET}, & \mathrm{RDS}\leqslant 1\\(\mathrm{DTT}-\mathrm{PRET}-Tu)/\mathrm{POSTT}+1, & 1<\mathrm{RDS}\leqslant 2\\(\mathrm{DTT}-\mathrm{PRET}-\mathrm{POSTT}-Tu)/\mathrm{Phou}, & \mathrm{RDS}>2\end{cases}$$

$$\mathrm{DTT}=\begin{cases}0 & T_{\mathrm{mean}}<T_{\mathrm{base}}或T_{\mathrm{mean}}>T_{\mathrm{max}}\\\sum(T_{\mathrm{mean}}-T_{\mathrm{base}})T_{\mathrm{base}}\leqslant T_{\mathrm{mean}}\leqslant T_{\mathrm{max}}\end{cases}$$

式中，RDS 为作物的发育指数，DTT 为播种开始即统计的有效积温（℃），Tu 为播种到出苗所需的有效积温（℃），PRET 为出苗到开花所需的有效积温（℃），POSTT 为开花到种子成熟的有效积温（℃），Phou 为种子成熟到作物停止生长所需的有效积温（℃），T_{base}和 T_{max} 分别为作物生长所需的最低温度和最高温度（℃）。

（二）草地净初级生产力的模拟

草地净初级生产力（NPP）是草地农业系统的基础，也是草地研究中最重要的组分之一。净初级生产力估算模型总体框架如图 4-3 所示，而模型中估算的 NPP 是植物吸收的光合有效辐射（APAR）与实际光能利用率（ε）共同作用来决定（朱文泉等，2007）。

$$\mathrm{NPP}(x,t)=\mathrm{APAR}(x,t)\times\varepsilon(x,t)$$

式中，$\mathrm{APAR}(x, t)$表示像元 x 在 t 月吸收的光合有效辐射[gC/(m^2·month)]，$\varepsilon(x, t)$表示像元 x 在 t 月的实际光能利用率（gC/MJ）。

与 NPP 相关的模型有很多，有确定净初级生产力因素的模型，还有阐明与净初级生产力关系的模型，如下面介绍的三个模型（Lin et al.，2013）。

1. 分类指数模型

通过链式法则构建的分类指数模型起初是用作带有公用变量（放射性干燥指数）的生理生态特征及一个地区的土壤水分蒸发蒸腾损失总量模型。分类指数模型阐明了 NPP 值取决于生长度日值（GDD）与水分指数 $L(K)$的关系函数。

当 $L(K)=0.58802K^3+0.50698K^2-0.0257081K+0.0005163874$ 时，

$$\mathrm{NPP}=L^2(K)\cdot\frac{0.1\cdot\mathrm{GDD}\cdot[K^6+L(K)K^3+L^2(K)]}{[K^6+L^2(K)][K^5+L(K)K^2]}\times\mathrm{e}^{-\sqrt{13.55+3.17K^{-1}-0.16K^{-2}+0.0032K^{-3}}}$$

上式表示的是根据综合顺序分类法（CSCS）的综合分类指数估计净初级生产力的方法。

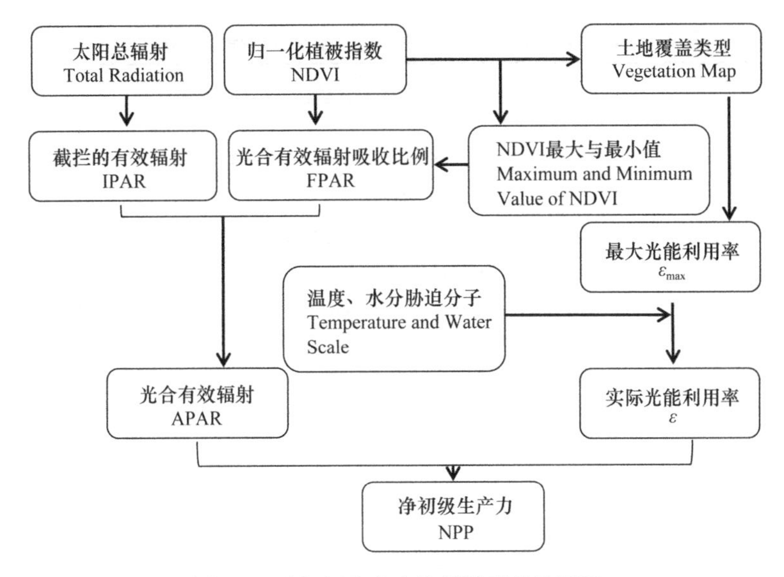

图 4-3　净初级生产力估算模型总体框架

2.MIAMI 模型

MIAMI 模型是第一个也是最广为人知的将 NPP 与降水量及温度联系在一起的模型。MIAMI 模型提供了比较的基线。作为一个以实验为基础的模型，MIAMI 模型将 NPP 与年平均温度（℃）和年降水总量 P（mm）联系在一起，其表达形式如下式

$$\mathrm{NPP}=\min(\mathrm{NPP}_T,\mathrm{NPP}_P)$$

式中，$\mathrm{NPP}_T=\dfrac{3000}{1+\mathrm{e}^{1.315-0.119T}}$，$\mathrm{NPP}_P=3000(1-\mathrm{e}^{-0.000\,64P})$。

3. Shuur 模型

Shuur 利用关于年平均温度（MAT）和年降水总量（MAP）的指数函数估算 NPP，在这个模型中 NPP 是由两个方程中预测的最小值来定义的。与 MIAMI 模型最主要的区别在于 NPP 值在降水量方程中 MAP 为 2200mm 达到顶峰，之后当 MAP 增加到 8000mm 时，开始逐渐降低。其表达形式如下

$$\mathrm{NPP}=\min(\mathrm{NPP}_{\mathrm{MAP}},\mathrm{NPP}_{\mathrm{MAT}})$$

式中，$\mathrm{NPP}_{\mathrm{MAT}}=\dfrac{17.6243}{1+\mathrm{e}^{(1.3496-0.0715\mathrm{MAT})}}$，$\mathrm{NPP}_{\mathrm{MAP}}=\dfrac{0.005\,212\mathrm{MAP}^{1.123\,63}}{\mathrm{e}^{0.000\,459\,532\mathrm{MAP}}}$。

（三）草地生物量与可食牧草产量的模拟

草地生物量包括地上与地下两部分，基于遥感技术的统计模型一般可以用回归方法模拟地上部分，地下部分的生物量因其物种多样性导致根部形态变化差异大而不易模拟，但可以通过根冠比的方法大致近似模拟或类比（梁天刚等，2009）。

近年来，Liang 等（2016）通过多因子回归分析建立了青南牧区地上生物量估测模型（表 4-1）。

表 4-1 青南牧区草地地上生物量多因子估测模型的精度比较

主要因子	模型公式	RMSE	*r*
地理位置与草地盖度	$Y=e^{-42.759}x^{15.317}y^{-7.684}c^{1.535}$	736.27**	0.7851
	$Y=233.221x-565.118y+16.042c-3411.94$	726.91**	0.7667
地理位置与草层高度	$Y=e^{-14.864}x^{12.499}y-10.293h^{0.431}$	733.99**	0.7871
	$Y=178.876x-689.295y+59.223h+6881.767$	694.83**	0.8113
草地生物物理指标	$Y=e^{-4.204}h^{0.658}c^{2.221}$	682.83**	0.8187
	$Y=77.596h+35.917c-2486.03$	700.70**	0.8077
地理位置与草地生物物理指标	$Y=e^{-18.358}x^{6.784}y^{-3.949}h^{0.493}c^{1.615}$	665.01**	0.8292
	$Y=110.615x-406.994y+62.911h+19.6c+2072.057$	661.04**	0.8310

注：Y 是草地地上生物量（kg DW/hm^2），x、y、h 和 c 分别是精度（°）、纬度（°）、草高（cm）、盖度（%）
** 表示 $P<0.001$

（四）草地生态服务价值的模拟

进行草地生态服务价值评估，需要综合考虑草地生态系统现状、草地资源的空间异质性及其在区域社会经济发展中的重要性等因素，将 3S 应用到草地生态服务功能的动态监测中，针对草地生态系统特点，构建草地生态服务功能与价值评价体系和综合评估方法（刘兴元等，2011）。草地生态系统服务价值评估流程见图 4-4。

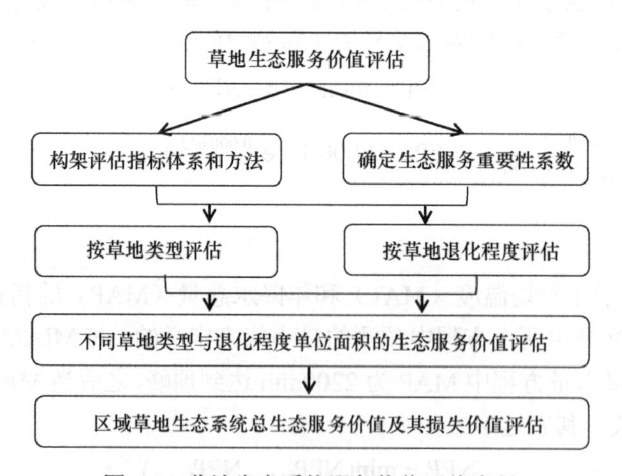

图 4-4 草地生态系统服务价值评估流程

将水分涵养、养分循环、侵蚀控制（土壤保持量）、废物处理、生物多样性保护、释放 O_2、固定 CO_2、消减 SO_2、滞留沙尘、休闲旅游、文化传承、畜牧生产等指标的单位面积生态服务价值累加后，乘以生态服务重要性系数，得出某一草地类型单位面积的生态服务价值，然后把各类型草地生态服务价值合计，得出某一区域的总生态服务价值。

$$P_{ij}=\sum_{x=1}^{12}Vx_{ij}\times E_i$$

$$GV_{ij}=\sum_{j=1}^{n}P_{ij}\times A_{ij}$$

式中，GV_{ij} 为某一区域 j 类草地的总生态服务价值（元），P_{ij} 为某一区域 j 类草地单位面积的生态服务指标的价值（元/hm^2），V_{xij} 为草地生态系统服务功能评价指标单价（元），E_i 为某一区域的草地生态服务功能重要性系数，A_{ij} 为某一区域 j 类草地的面积（hm^2），i 代表区域，j 代表草地类型，x 代表草地生态系统功能评价指标。

（五）草地养分效应的模拟

草地中 N、P 等元素可以反映草地的营养程度。土壤中有机碳的含量和组成不仅表明土壤有机质（土壤有机碳）的水平，而且还能够说明营养元素 N、P 等的有效状态，因为土壤有机碳含量与土壤全氮、全磷和速效氮的含量呈明显的正相关。因此，对草地中有机碳的含量进行模拟，是研究草地养分效应的有效手段。

利用数学模型模拟草地土壤中有机碳储量，可以对离散数据在时间和空间上进行综合分析。根据大量的实测数据及气候变化模拟数据，综合考虑进入土壤的有机碳的数量和决定土壤有机碳分解速率的各种因子，通过数学模型估算草地生态系统的土壤有机碳储量，既可以预测不同情境下土壤有机碳储量的变化趋势，讨论土壤中有机碳的储积及其固定潜力，又可以研究由于气候变化造成的土壤有机碳的综合影响。出于研究目的及研究内容的不同，目前已构建了多种类型的模型，其中有机理过程模型、统计估计模型、相互关系模型，以及基于遥感数据源的遥感模型（任继周和林慧龙，2013）。例如，李东（2011）应用 CENTURY 模型（一种统计估计模型）模拟了高寒草甸土壤有机碳的动态。

在 CENTURY 模型中，每个状态遵循遵从以下模型

$$\frac{\mathrm{d}C_i}{\mathrm{d}t} = K_i \cdot M_d \cdot T_d \cdot C_i$$

式中，C_i 为不同状态下的碳含量，i=1, 2, 3, 4, 5, 6, 7 分别为地表结构库和代谢碳库、土壤结构库和代谢碳库、活性土壤有机碳库、缓性土壤有机碳库和惰性土壤有机碳库，K_i 为第 i 状态下的最大分解速率，M_d 为月降水量，T_d 为月平均土壤温度对分解的影响。

（六）草地水分效应的模拟

研究草地的水分利用和平衡是保障草地畜牧业稳定发展的重要课题，模拟并预测水分波动对草地群落的影响对于维持草地生态系统的稳定具有重要意义。例如，可利用作物生产力模型(EPIC0509)对作物轮作产量和土壤水分效应进行模拟(王学春等,2011a,2011b)。

依据干燥化指数，将黄绵土的干燥化划分为 6 个等级

$$SDI = \frac{SM - WM}{SSM - WM}$$

式中，SDI 为土壤干燥化指数，WM 为土壤凋萎湿度（%），SSM 为土壤稳定湿度（%）。

土壤有效含水量的计算公式如下

$$ASW = \sum_{j=1}^{10} ASW_j$$

$$ASW_i = (SW_i - WP_i) \times P_i \times H_i \times 10$$

式中，ASW 为 0～10cm 土层的有效含水量（mm），ASW_i 为第 i 土层的有效含水量（mm），SW_i 为第 i 土层的土壤湿度（%），WP_i 为第 i 土层的土壤萎蔫湿度（%），P_i 为第 i 土层的土壤容重（g/cm^3），H_i 为第 i 土层的土层厚度（cm）。

（七）草畜平衡动态的模拟

草畜平衡是指在一定区域与时间内通过草原和其他途径提供的饲草饲料量与饲养牲畜所需的饲草饲料量达到动态平衡。通常认为植被对放牧压力的反应是线性的、可逆的，因此草地植被动态对放牧强度的反应是可预测的。根据不同放牧压力下草地植被的反应，可构建相关模型，模拟其动态演化（梁天刚等，2011）。

$$Za^{*}=\frac{1}{t}\times\sum_{k=1}^{t}Za$$

$$Za=\frac{\sum_{i=1}^{n}(A_i\times y_i\times k_{i,1}\times k_{i,2}\times k_{i,3})}{1\times D}$$

$$Za''=\frac{1}{t}\times\sum_{k=1}^{t}Za'$$

$$Za'=\frac{\sum_{j=1}^{m}\sum_{i=1}^{n}(A_i\times y_{ij}\times k_{i,1}\times k_{i,2}\times k_{i,3})}{I\times D}$$

式中，Za^{*}代表各类型草地总的适宜载畜量上限（标准羊单位），Za 为某一年各类型草地总的最大理论载畜量（标准羊单位），k 代表监测年份；Za''为各类型草地总的适宜载畜量下限（标准羊单位），i 代表不同的草地类型，j 代表牧草生长季的月份（5～10 月），Za'为某一年各类型草地在牧草生长季各月最大理论载畜量的平均值，A_i 为第 i 类草地面积（hm^2），y_i 为第 i 类草地在某一年的年最大牧草单产（kg/hm^2），y_{ij} 为第 i 类草地在某一年的牧草生长季各月最大牧草单产的平均值（kg/hm^2），$k_{i,1}$、$k_{i,2}$、$k_{i,3}$ 分别为第 i 类草地的可利用面积系数、可食牧草系数和可食牧草放牧利用率，I 为一只标准成年绵羊日采食量（kg/d），D 为草地放牧利用的天数。

二、模拟模型与其他技术的耦合

通过上面对草业模拟模型主要应用的归纳可以看出，当前草业模拟模型与以下技术的结合形成了草业模拟模型的主要特征，具体如下。

（一）模拟模型与地理信息系统技术的结合

多尺度模拟模型的数据越来越依赖于地理信息系统（GIS）技术的支持，分析方法也与 GIS 更多的相互结合和集成。将 GIS 用于一个环境模型框架中，模型可在一个单独的集成环境下使用数据库、数据可视化和 GIS 的强大分析工具。下面是一个 GIS 与综合顺序分类模型集成的案例（http://cscs.ecograss.com.cn/）（图 4-5）。

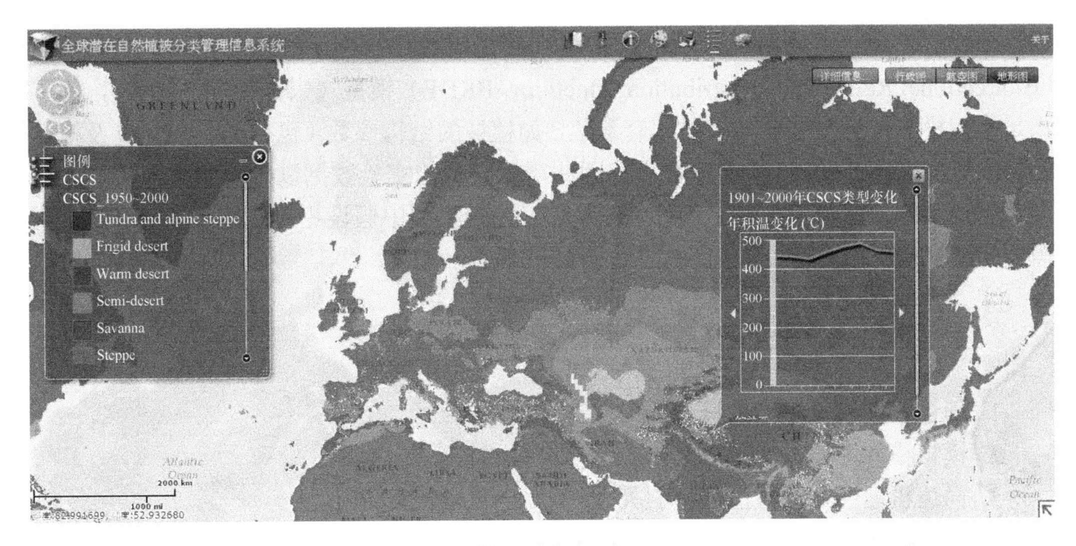

图 4-5 全球潜在自然植被分类管理系统界面（Liang et al.，2012a，2012b）

（二）模拟模型与遥感技术的结合

遥感作为连续时间尺度及不同空间尺度的有效数据源已成为现代草业模型模拟研究的基础之一。将遥感同化到作物生长模型模拟过程中已成为作物生长模型区域化应用的一种有效途径。

例如，利用耦合模型 WOPRO-SAIL 模拟得到的植被冠层反射率计算光谱指数 SAVI′，通过同化由 CCD 影像获取的光谱指数 SAVI，以及最小化 SAVI 和 SAVI′之间的差值（温兆飞等，2012）。在此过程中，引入粒子群优化算法（Particle Swarm Optimization，PSO），运行 WOFOST 软件不断调整待优化参数值（IDTR 和 TSUMST），从而调整 WOPRO-SAIL 模拟得到的 SAVI′，使得其与 SAVI 值不断收敛，直至其差值最小，然后将调整后的待优化参数值作为作物生长模型的初始值，运行 WOFOST，模拟得到较为准确的水稻生长动态过程，从而建立田间尺度遥感-作物模拟同化框架模型 RS-WOPRO-SAIL。

SAVI 计算公式和代价函数表达式分别为

$$\mathrm{SAVI}=\frac{\rho_{\mathrm{nir}}-\rho_{\mathrm{red}}}{\rho_{\mathrm{nir}}-\rho_{\mathrm{red}}+0.5}(1+0.5)$$

$$Q=\frac{1}{P}\sqrt{\sum_{i=1}^{i=P}(x_i-y_i)^2}$$

式中，ρ_{nir} 和 ρ_{red} 分别代表近红外波段（4 波段）和 CCD 影像的红光（3 波段），Q 为代价函数值，P 为外部同化数据个数，x_i 为利用 WOPRO-SAIL 模型模拟的某一时间点植被冠层反射率计算得到的SAVI′，y_i 为利用某一时间点的 CCD 影像计算得到的 SAVI。

（三）模拟模型与实验验证技术的结合

任何理论模型的模拟都需要与实验验证有效结合，从而得出更符合客观世界规律的理论模式。例如，基于测量植被的结构特征和光谱特征的植被的双向反射率分布函数（Bidirectional Reflectance Distribution Function，BRDF）模型（宋金玲等，2009），为了满足模型模拟需提供必要的植被配套参数，如植被的结构参数（包括LAI、LAD及植被的空间分布）、组分光学特性参数等，因此需要大量的实验数据以确定参数。模拟之后同时需要实测数据与模拟结果进行比较矫正，完善模型中假设相对理想化的部分，达到需要的模拟现实精度。

思 考 题

1. 简述草业模拟模型的概念？
2. 模拟模型主要有哪些分类，各有什么样的特征？
3. 简述机理性与经验性模型的关系？
4. 论述草业模拟模型在草业科学中的应用？
5. 草业模拟模型能与哪些技术有效结合？

参 考 文 献

白文明, 包雪梅. 2002. 乌兰布和沙区紫花苜蓿生长发育模拟研究[J]. 应用生态学报, 13(12): 1605-1609.

冯琦胜, 高新华, 黄晓东, 等. 2011. 2001-2010年青藏高原草地生长状况遥感动态监测[J]. 兰州大学学报(自然科学版), 47(4): 75-81.

黄敬峰, 王秀珍, 王人潮, 等. 2001. 天然草地牧草产量遥感综合监测预测模型研究[J]. 遥感学报, 5(1): 69-74.

李东. 2011. 基于CENTURY模型的高寒草甸土壤有机碳动态模拟研究[D]. 南京: 南京农业大学博士学位论文.

李文龙, 苏敏, 李自珍. 2010. 甘南高寒草地放牧系统生态风险的AHP决策分析及管理对策[J]. 草业学报, 19(3): 22-28.

梁天刚, 陈全功, 任继周. 2002. 甘肃省草业开发专家系统的结构与功能[J]. 草业学报, 11(1): 70-75.

梁天刚, 崔霞, 冯琦胜, 等. 2009. 2001-2008年甘南牧区草地地上生物量与载畜量遥感动态监测[J]. 草业学报, 18(6): 12-22.

梁天刚, 冯琦胜, 夏文韬, 等. 2011. 甘南牧区草畜平衡优化方案与管理决策[J]. 生态学报, 31(4): 1111-1123.

刘文, 王恩利, 韩湘玲. 1992. 棉花生长发育的计算机模拟模型研究初探[J]. 中国农业气象, 13(6): 10-16.

刘兴元, 梁天刚, 郭正刚, 等. 2003. 阿勒泰地区草地畜牧业雪灾的遥感监测与评价[J]. 草业学报, 12(6): 115-120.

刘兴元, 龙瑞军, 尚占环. 2011. 草地生态系统服务功能及其价值评估方法研究[J]. 草业学报, 20(1): 167-174.

任继周, 林慧龙. 2013. 草地土壤有机碳储量模拟技术研究[J]. 草业学报, 22(6): 280-294.

宋金玲, 王锦地, 帅艳民, 等. 2009. 像元尺度林地冠层二向反射特性的模拟研究[J]. 光谱学与光谱分析, 29(8): 2141-2147.

王学春, 李军, 方新宇, 等. 2011a. 半干旱区草粮轮作田土壤水分恢复效应[J]. 农业工程学报, 27(1): 81-88.

王学春, 李军, 方新宇, 等. 2011b. 黄土高原半干旱偏旱区草粮轮作田土壤水分恢复效应模拟[J]. 应用生态学报, (01): 105-113.

温兆飞，张树清，白静，等. 2012. 农田景观空间异质性分析及遥感监测最优尺度选择——以三江平原为例[J]. 地理学报, 67(3): 346-356.

张峰, Zhou GS, 王玉辉. 2008. 基于CASA模型的内蒙古典型草原植被净初级生产力动态模拟[J]. 植物生态学报, 32(4): 786-797.

张钟军，孙国清. 2005. 用双矩阵法和积分方程模型估算地表的亮度温度[J]. 遥感学报, 9(5): 531-536.

朱文泉，潘耀忠，张锦水，等. 2007. 中国陆地植被净初级生产力遥感估算[J]. 植物生态学报, 31(3): 413-424.

Accad A, Neil DT. 2006. Modelling pre-clearing vegetation distribution using GIS-integrated statistical, ecological and data models: A case study from the wet tropics of northeastern Australia[J]. Ecological Modelling, 198(1-2): 85-100.

Liang TG, Feng QS, Cao JJ, et al. 2012a. Changes in global potential vegetation distributions from 1911 to 2000 as simulated by the comprehensive sequential classification system approach[J]. Science Bulletin, 57(11): 1298-1310.

Liang TG, Feng QS, Yu H, et al. 2012b. Dynamics of natural vegetation on the Tibetan Plateau from past to future using a comprehensive and sequential classification system and remote sensing data[J]. Grassland Science, 58(4): 208-220.

Liang T, Yang S, Feng Q, et al. 2016. Multi-factor modeling of above-ground biomass in alpine grassland: A case study in the Three-River Headwaters Region, China[J]. Remote Sensing of Environment, 186: 164-172.

Lin HL, Feng QS, Liang TG, et al. 2013. Modelling global-scale potential grassland changes in spatio-temporal patterns to global climate change[J]. International Journal of Sustainable Development & World Ecology, 20(1): 83-96.

第五章　草业基础数据库构建

数据库技术是计算机科学的重要分支之一，也是草业信息学的重要组成部分。学习数据库技术，就是学习如何利用数据库技术研究草业科学、草业信息学所涉及的关系型数据的录入、查询、处理、分析及管理等方面的问题。

自 1968 年世界上第一个信息管理系统诞生以来，数据库技术得到了迅猛的发展。伴随着计算机软硬件的不断革新，网络技术的快速发展，使得数据库技术在各行各业都得到了广泛深入的应用。近年来，随着云计算、大数据等概念的提出、发展和应用，使得数据库技术面临新的挑战和发展机遇。本章主要介绍数据库技术的常用术语和基本概念、关系数据库及其范式、结构化查询语言及其使用方法、草业数据库和大数据及其在草业科学研究和实践中的应用。

第一节　草业基础数据库的概念与特征

草业数据库是数据库技术在草业科学领域中的应用。从数据内容看，草业数据库主要包括草地资源信息数据库、草业生产资源信息数据库、草业科学知识和技术信息数据库、草业政策法规数据库等。本节从传统数据库概念入手，主要介绍数据库的基本概念和结构、关系型数据库及结构化查询语言基本概念和应用实例等。

一、数据库的概念与结构

（一）信息和数据

在草业科学领域，我们经常需要定量或定性地描述草业生态系统中某一组分的存在方式或状态，以及相互联系，如土壤、草地、家畜、牧草等。对于土壤，可以用土壤类型、面积、质地、养分含量等信息进行描述；对于草地，可以用草地的类型、面积、优势种、载畜量、分布范围等信息进行描述；对于家畜，可以用家畜种类、品种、数量、生产能力等信息进行描述；对于牧草，可以用种、品种、形态、分布、饲用价值等信息进行描述。在上述例子中，我们可以认为土壤、草地、家畜和牧草是我们关注的对象，而对它们特征的具体描述需要属性数据。同时，当我们需要说明某一事物（实体）时，通常说明的是它的“特征”，而且同一类型的事物往往可以通过一些相同的特征来描述，这样就形成了对该事物的记录。

数据库中的数据就是按照一定的特征（字段）来描述或记录实体的。一条记录（一行）代表一个实体，而一张表记录一种类型的实体。一般情况下，数据库由多张数据表组成。

（二）数据库和数据库管理系统

数据库（Database）是由一张张记录不同实体的表组成的，简单地说，数据库就是表的集合。严格来说，数据库是指按一定的组织结构长期储存在计算机中可共享的大量数据的有机集合。

数据库管理系统（Database Management System，DBMS）是专门用于数据库管理的计算机软件。其核心目标是方便用户对数据的操作，如实现数据库的创建、数据录入、查询和维护等。著名的数据库管理系统有 Oracle、Sybase、MySQL、Microsoft SQL Server 等，Microsoft Office 也提供了小型的数据库管理系统 Access。数据库管理系统一般具有如下功能：①数据定义功能；②数据操作功能；③数据库的运行和管理功能；④数据库的建立和维护功能。

（三）数据库系统

有了数据库，我们就要使用它，而使用数据库的软件程序就是数据库系统（Database System，DBS），是一个实际可运行的软件系统，通常由软件、数据库和数据库管理员组成（曹卫星，2005）。

由此可见，数据库系统是一个按一定结构来存储和管理数据的计算机软件系统，是逻辑上相关的数据的集合。数据库系统由数据库、数据库管理系统、数据库应用程序、用户组成。

1）数据库：依据某种结构组织并存储于计算机中的数据集合。

2）数据库管理系统：位于用户和数据库之间的数据管理软件。用户对数据的任何操作，如数据定义、查询、维护、运行控制等都是通过数据库管理系统进行的，应用程序对数据库的访问也必须通过数据库管理系统。

3）数据库应用程序：为了完成某些特定任务而专门开发的运行在操作系统之上的计算机程序。数据库应用程序是数据库管理系统实现对外提供数据和信息服务的唯一途径。通过数据库应用程序，可以使用户对数据库的字段和记录进行插入、修改、删除等操作。

4）用户：大体可分为开发人员、管理人员和应用人员，是数据库系统的使用者。

二、关系数据库

（一）关系数据库概述

1970 年美国 IBM 公司 San Jose 研究室的研究员 E. F. Codd 在 Communications of ACM 上发表了题为 *A Relational Model of Data for Large Shared Data Banks* 的论文，首次明确而清晰地提出了一个新的数据库系统模型，即关系模型。

关系数据库（Relational Database，RDB）是指基于关系模型的数据库。由于关系模型既简单又有较坚实的数学基础，因此自 1970 年被提出以来，逐步取代了基于层次模型和网状模型的数据库，是目前使用最广泛的数据模型。

关系模型是一种用二维表表示实体集，用主键标示实体、外键标示实体间联系的数据模型。所以，关系数据库的存储结构是多个二维表格。每个二维表称为一个关系（Relation），每一行称为一个元组（Tuple）或记录（Record），用来描述一个对象（实体）；每一列称为一个属性（Attribute），用来描述一个对象的属性，每个属性都有一个取值范围，称为属性的值域（Domain），表格中每个单元格的内容称为属性值（Value）。在一个关系（表格）中，属性名不能重复。有时，也称关系为表（Table），元组为行（Row），属性为列（Column）。在关系模型中，无论是实体还是实体之间的联系，均采用单一的数据结构即关系（二维表）来表示（陈晓云和徐玉生，2009）。

关系模型的优点是数据结构简单、格式唯一、理论基础严格、数据表之间相互独立。

例如，表 5-1 为高寒草地采样信息，其中每条记录（元组）代表一个样地的相关信息。在这个关系中，有样地编号、采样日期、草地类型、草地利用现状、草地盖度和采样地点等属性，反映各样地不同方面的信息。而且这些信息都有特定的值域，如草地类型的值必须是基于某一草地分类系统的类名称；草地利用现状是围栏封育或者自由放牧，草地盖度的取值为介于 0～100 的实数等。

表 5-1　高寒草地采样信息

样地编号	采样日期	草地类型	草地利用现状	草地盖度	采样地点
2014001	20150801	高寒草甸	围栏封育	90	夏河县
2014002	20150801	高寒草甸	自由放牧	85	夏河县
2014003	20150803	高寒灌丛草甸	围栏封育	95	玛曲县

一般可以采用如下格式表示一个关系：R（D_1，D_2，…，D_n），其中 R 表示关系的名称，D_1，D_2，…，D_n 表示属性。例如，上例可以表示成：高寒草地采样信息（样地编号、采样日期、草地类型、草地利用现状、草地盖度、采样地点）。

由上述例子可以看出，表 5-1 表示的关系与传统的二维表格数据文件有类似之处，但是它们又有区别，严格地说，关系是一种规范化的二维表格，它具有如下性质。

1）属性值不可再分解，即每一列不能再被分解成几列。

2）关系中不存在重复的元组（记录）。

3）理论上各元组间没有先后次序，但使用时可以有行序。

在关系数据库中，对每个指定的关系，经常需要根据某些属性的值来唯一地操作一个元组，也就是说要通过某一个或几个属性唯一地标识一个元组，把这样的属性或属性组称为指定关系的键（Key）。在一个关系中，如果通过一个属性集合的取值就能唯一确定每一个元组，则称该属性集合为该关系的超键（Super Key），有时也称超码。例如，表 5-1 的高寒草地采样信息关系中，属性集合（样地编号）和属性集合（样地编号，采样日期）都能够唯一地确定该关系中的元组，因此属性集合（样地编号）和属性集合（样地编号，采样日期）都是该关系的超键。

如果某一属性集合是超键，但去掉其中任意属性后就不再是超键，则称该属性集合为候选键。或者说某一属性集能够唯一标识关系的元组而又不包含多余的属性，那么这个属性集称为候选键。

通常数据库设计时会选择一个候选键来区分不同的元组，选中的候选键称为主键（Primary Key），或称为主关键字，或主码。一个关系中只有一个主键。如表 5-1 的高寒草地采样信息关系中，“样地编号”就是该关系的主键。一般习惯表示成：高寒草地采样信息（样地编号、采样日期、草地类型、草地利用现状、草地盖度、采样地点）。

如果关系 *A* 中的某一属性 *K*，是另一关系 *B* 的主键，则称 *K* 是关系 *A* 参照 *B* 的外键（Foreign Key），或外关键字。例如，表 5-2 所示的采样地点相关信息关系，其中“采样地点”属性是其主键，那么在表 5-1 所示的高寒草地采样信息关系中，“采样地点”属性就是高寒草地采样信息参照采样地点相关信息的外键，通过“采样地点”这个外键可以将高寒草地采样信息和采样地点相关信息这两个关系联系起来。

表 5-2　采样地点相关信息

采样地点	行政分区编号	面积/km^2
夏河县	623027	8 037
玛曲县	623025	10 190

为了维护数据的一致性，关系数据库的数据与更新操作必须遵循以下三类完整性规则：实体完整性、参照完整性和用户自定义完整性（陈晓云和徐玉生，2009）。

a. 实体完整性规则：要求关系中元组的主键的属性不能为空值。即每一个元组（记录）*r* 是被唯一标识的。每一个元组都对应一个现实的实体，而现实实体是确定的，并且是可以被区分的，具有唯一性。这就要求记录实体的元组也具有唯一性和可区分的特征。要确保元组的唯一，那就要求元组的主键的属性唯一且不为空。实体完整性就是对现实实体的可区分性和唯一性进行约束的规则。

b. 参照完整性规则：如果属性集 *K* 是关系 *A* 的主键，*K* 也是另一个关系 *B* 的外键，那么，在关系 *B* 中，*K* 的取值只能是空值或是关系 *A* 中的主键 *K* 的已有取值。例如，在上例中，高寒草地采样信息关系中“采样地点”属性的取值只能是采样地点相关信息关系中“采样地点”主键的某一个值（夏河县或玛曲县）或是空值，不能出现其他数值。关系的参照完整性反映了主键属性和外键属性之间的引用规则。一般，主键属性和外键属性可以使用不同的名字，但属性的定义域必须相同。上例中采样地点相关信息关系中“采样地点”属性也可以称“县名称”。

c. 用户定义完整性规则：当实体完整性规则和参照完整性规则不能满足需求时，用户可根据需要定义一些约束条件，如规定草地盖度的取值必须是整数。

（二）关系模型规范化

设计任何一种数据库，不管是层次模型、网状模型还是关系模型，都会遇到数据规范化的问题，由于关系模型有严格的数学基础，且可以向其他模型转换，因此通常借助关系模型来研究数据规范化的问题。

如果数据库设计过程中不考虑规范化问题，可能会导致信息重复，或某些信息无法录入系统等问题。可以通过如下示例理解这一问题。

假设有一个关系：草地面积信息（编号，省名称，地区名称，市县名称，草地类名称）。如果我们要给这个关系添加一个元组（记录），如甘肃省甘南州玛曲县高寒灌丛草甸类，我们需要将甘肃省、甘南州、玛曲县、高寒灌丛草甸类分别加入关系，但玛曲县不只有高寒灌丛草甸一个草地类，它还有高寒草甸类和沼泽类草地，如需要添加这 2 种草地类，那么就需要再次录入甘肃省、甘南州、玛曲县等信息，即需要将省名、地区名、市县名的内容再重复 2 遍。考察这个关系可以看出，一个县可能有多个草地类。因此，在这个关系中，省名称、地区名称、市县名称属性将被大量重复。

该关系的另一问题是，除非已录入了某一个县的一种草地类，否则在该关系中将不包含该县的信息。因为当我们想要录入某一个县时，必须填写这个县的某一种草地类名称。

再举一个例子，如有这样一个关系：草地鼠害信息（编号，草地类名称，草地面积，害鼠名称，防治方法）希望存储某一地区草地类鼠害信息数据。那么，分析这个关系，可以发现在使用的过程中可能会面临如下问题。

1）存储冗余：在这个关系中，如果一种草地类有多种害鼠，那么草地类名称和面积信息将会重复存储。如果某种鼠害在多类草地上都有分布，那么害鼠名称、鼠害防治方法等属性将大量重复。

2）插入异常：只有当一类草地上有鼠害时，草地类名称的相关信息才能录入到这个关系中；否则，假设某类草地上没有发现鼠害，这样害鼠名称和防治方法都为空，就无法插入。

3）更新异常：这个关系中存在大量的数据冗余，给数据更新带来很大的代价。例如，希望修改由高原鼢鼠导致的鼠害防治方法，那么就需要同时修改所有害鼠名称为高原鼢鼠的记录，否则会导致数据的不一致，即同一种鼠害可能出现多种防治方法。同理，如果我们希望修改某类草地的面积，那么该类草地所对应的所有记录都要修改。

4）删除异常：假设由于防治取得较好的效果，我们希望删除某类草地上高原鼢鼠的鼠害记录，但会发现如果该草地只有这一条记录（即该草地类只有这一种鼠害），那么，这个草地类的名称、面积等信息也会同时被删除。

由此可见，草地鼠害信息这个关系设计是不合理的。我们可以尝试对这个关系做如下分解：

草地信息（草地类名称，草地面积）

害鼠信息（害鼠名称，防治方法）

草地鼠害信息（编码，草地类名称，害鼠名称）

比较分解前后的关系可以看出：

1）存储冗余分析：通过分解，降低了 3 个关系的数据冗余，仅在草地鼠害信息关系中存在一定的冗余，但这些冗余是合理的，也是不可避免的。

2）插入异常分析：由于将鼠害信息和草地信息分解成不同的关系，因此有效地避免了插入异常。如需要添加草地类信息，只需要操作草地信息关系；而要添加害鼠信息，则只需要操作害鼠信息关系。如果需要添加某种草地类上的鼠害信息，则只需要在确保害鼠信息关系中有该害鼠记录的前提下，在草地鼠害信息关系中添加相应记录即可。

3）更新异常分析：经过分解，草地信息和鼠害信息相对独立，更新不会出现异常。

4）删除异常分析：分解后 3 个关系相对独立，对草地鼠害信息可以单独进行删除记录的操作，而不会影响草地信息关系和鼠害信息关系的记录。

上述分析可以看出，通过关系的分解，有效地避免了数据冗余和操作异常。那为什么未分解的关系会存在这些问题呢？比较来看，在原来的草地鼠害信息关系中，草地类名称和草地面积是相关的，害鼠名称和防治方法是相关的，但草地类名称、草地面积和防治方法是不相关的，同样，草地面积和害鼠名称也是不相关的。将互相不相关的一些属性组合在一起就会导致上述问题。因此，一个关系数据库中的每个关系的属性间要满足一定的内在联系，而这种联系又可按照对关系的不同要求分为不同的等级，这就是关系的规范化（Normalization）。

（三）关系模型的范式

介绍范式以前，需要先说明几个概念。

1. 函数依赖

函数依赖（Functional Dependency）是指在关系中的一个或一组属性值可以决定其他属性的值。这种关系类似于函数的因变量和自变量的关系，如有一个函数 $y=f(x)$，当 x 给定时，根据函数表达式，y 的数值也就是确定的。同理，如果属性集合 X 中的每一个属性值的集合能够唯一地决定属性集合 Y 中每一个属性值的集合，则称属性集合 Y 函数依赖于属性集合 X，或者 X 函数决定 Y，记为 $X \rightarrow Y$。例如，每个人的身份证号可以决定这个人的姓名，也就是说姓名函数依赖于身份证号或者说身份证号函数决定姓名，即身份证号→姓名。简单地说就是身份证号可以唯一确定姓名，当身份证号一定时，相应的姓名也是一定的。但反过来，由于存在同名的情况，如果有两个叫王五的人，他们每人都有一个身份证号，那么“王五”这个名字就有可能对应 2 个或多个身份证号。所以姓名并不能唯一确定身份证号，身份证号函数并不依赖于姓名。由此可见，这种情况下对于身份证号→姓名而言，它是一种一对多的关系，即一个姓名可以对应多个身份证号。如果我们规定，不允许同名的情况发生，那么当知道姓名时，身份证号就被唯一确定了，即姓名→身份证号。也就是说在不允许同名的情况下，身份证号→姓名和姓名→身份证号同时成立。不难发现，这时身份证号和姓名是一对一的关系。

再举一个例子，如对于这样一个关系：学生成绩（学号，姓名，课程编号，课程名称，课程成绩，任课老师姓名）。如果规定每个学生的学号唯一，每个课程编号只对应一门课程，那么就存在这些函数依赖关系：学号→姓名，课程编号→课程名称，（学号，课程编号）→课程成绩，课程编号→任课老师姓名。

2. 完全函数依赖

如果 $X \rightarrow Y$ 成立，对于 X 的任意一个真子集 x 而言，Y 都不函数依赖于 x，即 $x \rightarrow Y$ 不成立，那么称 Y 完全函数依赖于 X。例如，在上述学生成绩这一关系中，学号和课程编号一定的话，课程成绩也是一定的，即存在（学号，课程编号）→课程成绩。但是，学号并不能确定课程成绩，因为学号只能确定学生，但每个学生可能会上几门课，而每门课都有成绩。同样，课程编号也不能唯一确定课程成绩，因为会有多个学生上同一门课，而每个学生都有这一门课程的成绩。由此可见，对于集合（学号，课程编号）而言，它决定课程成绩，但它的每一个真子集都不能函数决定课程成绩，因此课程成绩完全函数依赖于（学号，课程编号）集合。

3. 部分函数依赖

如果 $X \to Y$ 成立，X 存在一个真子集 x，使得 $x \to Y$ 成立，这时称 Y 部分函数依赖于 X。

例如，考察学生成绩关系可以发现存在（学号，姓名，课程编号）→课程成绩，也就是说（学号，姓名，课程编号）可以函数确定课程成绩，但（学号，姓名，课程编号）的真子集（学号，课程编号）也可以函数确定课程成绩，因此，对于（学号，姓名，课程编号）集合而言，课程成绩部分依赖于它。

4. 传递函数依赖

当同时满足 $X \to Y$，$Y \to Z$，且 Y 函数不依赖于 X 时，称 Z 对 X 传递函数依赖。

例如，有这样一个关系：班级信息（学号，姓名，班级，班主任）。对于一个学生而言，他必然属于某一个班级，因此有学号→班级，每个班级都有一个班主任，因此有班级→班主任，但每个班级会有很多学生，因此班级不能函数确定学生，同理，一个班主任有可能带几个班级，所以班主任也不能函数确定班级。因此，学号和班主任满足传递函数依赖关系，即班主任传递函数依赖于学号。

前面已谈及候选键、主键，现从函数依赖的角度做进一步阐述。

对于关系 $R(A_1, A_2, \cdots, A_n)$，X 是 $\{A_1, A_2, \cdots, A_n\}$ 的一个子集，如果 $X \to A_1A_2\cdots A_n$，且不存在任何 X 的真子集 x 使得 $x \to A_1A_2\cdots A_n$ 成立，则 X 是 R 的候选键。$X \to A_1A_2\cdots A_n$ 表示 X 能够唯一决定关系 R 中的每个属性，即唯一决定一个元组。如果 R 中有多个候选键，则选定其中一个作为主键。包含在任何候选键中的属性称为主属性（Prime Attribute），否则称为非主属性（Nonprime Attribute）。

构造数据库必须遵循一定的规则。在关系数据库中，这种规则就是范式（Normal Form，NF）。关系数据库中的关系必须满足一定的要求，即满足不同的范式。目前关系数据库有 6 种范式：第一范式（1NF）、第二范式（2NF）、第三范式（3NF）、Boyce-Codd 范式（BCNF）、第四范式（4NF）和第五范式（5NF）。一般而言，前 3 个范式已能满足大多草业信息数据库建设的需要。

（1）第一范式

对任何关系数据库而言，第一范式是最基本的要求，不满足第一范式的数据库就不能称为关系数据库。

第一范式要求数据库表的每一列都是不可分割的基本数据项，同一列中不能包含多种含义。即实体的每一个属性都不能有多个值或者不能有重复的属性。关系中每一行代表一个实体。简单来说，就是在数据表中不能有包含多个含义的列，不能有重复的属性。例如，对于一个草地类型数据库，不能将草地类、亚类、组、型放在同一个字段（属性）

描述，更不能在一个表中出现两个列都存储草地类名称的属性。第一范式是关系数据库的最基本要求。

（2）第二范式

第二范式是基于第一范式提出的，即要满足第二范式，首先需要满足第一范式。

第二范式要求数据库表中记录的每一个实体（每个记录）必须可以被唯一区分，即数据库表中不能有重复的记录。每条记录都表示不同的实体。一般，为了使数据表满足第二范式，往往在表上加一列作为标识属性。同时，标识属性往往被作为表的主键（关键字、主码）。

第二范式要求实体的属性完全函数依赖于主键。数据库表中不存在非主属性字段对任一候选关键字段的部分函数依赖，即所有非关键字段都完全依赖于任意一组候选关键字。简而言之，在第一范式基础上消除非主属性对主属性的部分依赖后就满足了第二范式。为便于理解，举例如下。

例如，有这样一个关系：草地分布（县编码，县名称，草地类名称，草地类特征）用来记录某个省各个县的草地类型及类的特征。在这个关系中，我们可以看出，由于某一个县可能会拥有多种草地类型，因此（县编码，草地类名称）是主键。考察依赖关系可以看出，存在（县编码，草地类名称）→草地类特征和草地类名称→草地类特征，因此存在非主属性草地类特征对主键的部分函数依赖。所以，该关系不满足第二范式。该关系中会出现数据冗余、更新异常和删除异常，如某个草地类在 10 个县都有分布，那么草地类特征属性将会被重复 10 次；如需要修改某一类草地特征的描述信息时，需要同时对包含该草地类的所有记录都进行修改；如果某一类草地只出现在某一个县，当删除该县的记录时，这类草地的相关信息（草地类名称、草地类特征）也被删除。

如果将这个关系进行分解，如分解成 R_1（县编码，县名称，草地类名称）和 R_2（草地类名称，草地类特征），这样就不会存在（县编码，草地类编码）→草地类特征的函数依赖关系，这两个关系都满足第二范式。

再比如，有一个学生成绩表的关系：R（学号，课程编号，成绩，任课老师姓名，任课老师职务）。分析可以看出，由于每个学生的每门课程都会有成绩、任课老师等信息，因此在该关系中（学号，课程编号）是主键，并存在（学号，课程编号）→（任课老师姓名，任课老师职务）和课程编号→（任课老师姓名，任课老师职务）等函数依赖关系，因此（学号，课程编号）→（任课老师姓名，任课老师职务）属于部分函数依赖。如果一个班有 50 人，都选择了某一门课程，那么需要 50 条记录（元组）记录他们的成绩，这门课程的任课老师姓名或任课老师职务将被重复 50 次。如果将这个关系分解成如下两个关系，就不会存在这一问题。

R_1（学号，课程编号，成绩）

R_2（课程编号，任课老师姓名，任课老师职务）

由此可见，第二范式就是要尽可能地减少数据表中的数据冗余。

（3）第三范式

第三范式要求一个数据表中任意两个非主关键字段（非主属性）的数据之间不存在函数依赖关系，即满足第二范式的基础上，消除非主属性对主属性之间的传递依赖关系。

简单地说，第三范式要求不要在一个数据表中存储可基于已有属性（字段）通过简单计算得到的数据。

例如，对于这样一个关系：R（学号，姓名，年龄，班级，班主任），因为一个学生必然对应一个班级，所以在关系 R 中存在学号→（姓名，年龄，班级，班主任），学号是它的主键。但是，每个班级的班主任是一定的，即存在学号→班级→班主任的传递函数依赖关系，所以关系 R 不满足第三范式。同样，不满足第三范式的数据表也存在数据冗余、更新异常和删除异常。要想让该关系满足第三范式，那么需要进行如下分解：

R_1（学号，姓名，年龄，班级）

R_2（班级，班主任）

上述分解可以看出，第三范式要求一张表只表达一个关系或一个实体。

通过上述介绍也可以看出，数据规范化的目的是合理设计数据库表的结构，消除存储异常，使数据冗余最小，便于更新、删除、添加等操作。实现数据规范化的原则可以理解成尽可能地建“小表”，尽量避免建“大表”，即尽量将一个数据表分解成几个表存储，确保每个表只表达一项或一方面的内容。

然而，同时应该看到，数据表的规范化程度越高，数据冗余越小，操作错误的可能性越小，但随着规范程度的提高，在数据库查询检索时需要做的关联操作就越多，数据库操作过程中需要访问和操作的数据表及其联系就越多。例如，R（学号，姓名，年龄，班级，班主任）关系虽然不满足第三范式，但如果要查询某个学生的班主任姓名，只要访问这一个表就可以。如果将其分解成 R_1（学号，姓名，年龄，班级）和 R_2（班级，班主任）两个关系，那么对同样的需求，需要先将 R_1 和 R_2 通过班级属性连接起来再查询，这就会占用更多的系统资源。因此，在数据库设计的过程中应该根据具体的需求和实际情况，选择一个合理的规范标准，而不是一味地追求较高的规范程度，而导致实际应用困难。

三、结构化查询语言

（一）SQL 概述

结构化查询语言（Structured Query Language）一般简称为 SQL。SQL 是关系型数据库管理系统的标准语言。SQL 语句可以用来执行各种操作，如数据库中数据的更新、查询、删除等。目前绝大多数流行的数据库管理系统，如 Oracle、Microsoft SQL Server、MySQL 等都采用了 SQL 标准。

结构化查询语言产生于 20 世纪 70 年代，最初被称为 SQUARE，是 IBM 公司 San Jose 实验室为其研制的关系型数据库系统 System R 配置的查询语言。由于 SQL 结构化查询功能强大，而且简单易学，得到数据库产业的广泛接受，之后被不断地修改和完善，最终成为关系型数据库的标准语言。

结构化查询语言包括以下几个方面的内容。

1）数据定义语言（Data Definition Language，DDL）：用于定义数据库对象，包括定义表、视图、索引等。

2）数据库操作语言（Data Manipulation Language，DML）：用于对数据库中的数据进行查询及插入、删除、修改等操作。

3）嵌入式和动态 SQL：嵌入式 SQL 使程序员可以在高级程序设计语言中直接加入 SQL 语句，动态 SQL 使程序员可以在程序运行过程中构建查询。

4）事务管理：用来定义事务的开始、提交、回滚等。

5）安全性管理：用来对用户进行权限管理。

6）触发器和完整性约束：用来保障数据库中数据的正确性。

7）客户服务器执行和远程数据库存取：控制一个用户的应用程序连接到一个关系型数据库服务器，或者通过网络来访问数据库中的数据。

（二）常见数据类型

不同的关系型数据库管理系统对数据类型的定义不同，但大体上都包括如下几种数据类型：数值型、字符型、二进制类型和其他类型。下面以 Microsoft SQL Server 数据库软件为例，简要介绍不同数据类型的特点。

1. 整数

在 Microsoft SQL Server 中，整数类型包括 tinyint、smallint、int、bigint 等类型（表 5-3）。至于为何需要设置这么多的整数数据类型，这主要是为了便于用户根据具体需要，选取合理的数据类型，并不是说只要是整数就用 int 类型，要同时兼顾实用性和数据存储的合理性。如果确定某一属性的值域不会超过 255，如月份或年龄，那么就没必要选择 int 或 smallint 数据类型，tinyint 就足够了。如果有一个用户数据表，在设计的时候将年龄字段设置成了 int 型，那么意味着每个元组（用户）将多占用 3 个字节的存储空间，如果有 1 万个用户，将多花费 3 万字节空间。如果有 10 万个用户呢？

表 5-3　Microsoft SQL Server 中的整数类型

数据类型	数值范围	存储空间
bigint	-2^{63}～（$2^{63}-1$）	8 字节
int	-2^{31}～（$2^{31}-1$）	4 字节
smallint	-2^{15}～（$2^{15}-1$）	2 字节
tinyint	0~255	1 字节

2. 小数

在数据库中，小数的存储可大体分成两类，一类是精确存储的数据类型（有时也称带固定精度和小数位数的数字类型或定点数据），一类是近似存储的数据类型（也称浮点数据）。例如，在 Microsoft SQL Server 中精确存储的数据类型有 decimal 和 numeric 两种，而近似存储的数据类型有 float 和 real 两种。定义精确存储的小数时需要设置精度和小数位数。例如，decimal（18，4），其中 18 代表精度，表示最多可以存储 18 位的十进制数字，包括小数点左边和右边的位数。一般该精度是 1 至 38 之间的值。4 表示小数位数，即小数点右边可以存储的十进制数字的最大位数，小数位数必须小于精度。

numeric 在功能上和 decimal 类似。例如，需要存储 22.47，可以将其存储在 decimal（4，2）或 numeric（4，2）中，如果将类型设置成 decimal（4，1），则会存储为 22.5。在近似存储的数据类型中，float 型可以指定存储数值尾数的位数（即以科学计数法表示的小数的位数），一般介于 1～53。real 类型相当于 float（24）。因此，在数据库建设过程中应根据存储数据的特征和精度要求选择不同的数据类型。

3. 字符串

字符串数据类型可用于存储字符或字符串，根据字符的编码方式可分为 Unicode 和非 Unicode 两类。Microsoft SQL Server 中提供了 3 种存储非 Unicode 字符串的数据类型：char、varchar 和 text。char 类型是固定长度的字符串类型，定义时需设置字符串的长度，如 char（10）表示存储 10 个字节长度的字符串，char 类型最多允许存储 8000 个字节的字符串。相对于 char 而言，varchar 是可变长度的字符串类型，可根据存储的字符串的大小自动调整存储空间。当需要存储的字符串有可能超过 8000 个字符时，可使用 varchar（max），它最大可存储 2^{31}–1 个非 Unicode 字符。text 可存储长度可变的非 Unicode 数据，最大长度为 2^{31}–1 个字符。同 varchar（max）类似。

对于 Unicode 编码的字符串，Microsoft SQL Server 中提供了 3 种数据类型，nchar、nvarchar 和 ntext。同 char、varchar 和 text 之间的差异类似，只是由于 Unicode 编码每个字符占 2 个字节，因此较 char、varchar 和 text 相比，可存储的字符串长度少一半。例如，nchar 类型存储固定长度的 Unicode 字符串，最多允许存储 4000 个字节的 Unicode 字符串；nvarchar 可存储 1～4000 个 Unicode 字符串，而 nvarchar（max），它最大可存储 2^{30}－1 个 Unicode 字符；text 可存储长度可变的 Unicode 数据，最大长度为 2^{30}－1 个字符。

由上述介绍可以看出，在选择字符串数据类型时，首先需要考量需要存储的字符串是基于哪种编码的，然后再考虑字符串的最大可能长度，最后确定哪种类型最适合应用需求。例如，希望以字符串类型存储身份证号码，那么 char（18）是最好的选择。如果要存储姓名，应考虑到虽然一般姓名多为 2 个汉字到 4 个汉字之间，但我国少数民族的名字一般会较长，因此在类型选择时不能简单地选择 nchar（4），而应该考虑应用范围，确定用户的名字都能准确保存，所以这时就可以考虑选择 nvarchar。

4. 二进制数据类型

二进制数据类型用于存储二进制文件，如图片等。Microsoft SQL Server 提供了 3 种二进制数据类型：image、binary 和 varbinary。其中，image 可存储长度在 0～（2^{31}－1）个字节的二进制数据；binary 可存储长度固定不变的二进制数据，允许设置的长度范围为 1～8000 个字节；varbinary 为存储长度可变的二进制数据，允许设置的长度范围为 1～8000 个字节，varbinary（max）最多可存储 2^{31}－1 个字节的数据。

5. 时间和日期

由于时间和日期相对特殊，而且使用频繁，因此，绝大多数数据库管理系统都设置了针对时间和日期的专用数据类型。Microsoft SQL Server 提供了 6 种存储时间和日期的数据类型。

datetime：占 8 字节，该数据类型将日期和时间作为一个单列值存储。可存储从 1753 年 1 月 1 日到 9999 年 12 月 31 日之间的日期和时间，时间精度为 3.33ms。

samlldatetime：占 4 字节，可存储从 1900 年 1 月 1 日至 2079 年 6 月 6 日之间的日期和时间，时间只精确到分钟。

date：占 3 字节，该数据类型只存储日期，而不存储时间。支持的日期范围从 1 年 1 月 1 日至 9999 年 12 月 31 日。

time：占用 3～5 个字节，专用于存储时间的数据类型，不包含日期。用于存储 1 天 24 小时，支持 100 纳秒的精度。

datetime2：占用 6～8 字节，可存储 1 年 1 月 1 日至 9999 年 1 月 1 日。时间部分的精度可以由存储精度来决定。可设置 0～7 的精度，表示秒的小数位数。如 datatime2（0）精确到秒，最多支持 7 位小数表示的秒。

datetimeoffset：数据存储范围同 datetime2 一样，带有时区分量。

6. 其他数据类型

除了上述介绍的常用数据类型之外，不同的数据库管理系统还提供了差异很大的其他一些特殊用途的数据类型，如 money 类型等。

（三）常用 SQL 语句示例

通过 SQL 语句，可以实现数据表的创建、查询、更新、删除等常规操作，以下就常用的 SQL 语句为例，简要介绍一下 SQL 语句的用法（黄河和王贤志，2011）。

1. 数据表的创建

数据表的创建是数据库构建的第一步，在创建数据表时，需要定义数据表的名称、列（属性）的数据类型、约束等。创建数据表可使用 SQL 的 CREATE TABLE 语句。CREATE TABLE 语句的基本语法格式如下

```
CREATE TABLE table_name
(
column_name data_type [column_constraint]
[, … n]
)
```

其中，table_name 用于指定数据表的名称，column_name 是数据表中列的名称，data_type 是该列的数据类型，以上都是必填项。[column_constraint]用于规定该列的约束条件。[, …*n*]指 column_name data_type [column_constraint]部分可以重复 *n* 次，即一个表中可以包含 1～*n* 个列。

例 1：创建一张草地类型数据表。

```
CREATE TABLE grasslandtype
(
id INT PRIMARY KEY,
```

```
class NVARCHAR（20） NOT NULL，
subclass NVARCHAR（50） NOT NULL，
type NVARCHAR（50）
）
```

通过上述语句可以创建一个名为 grasslandtype 的数据表，它包含 id、class、subclass、type 等字段。其中，id 为主键(Primary Key)，class 和 subclass 字段不能为空值(Not Null)。

创建表需要注意的是：每个表必须至少包含一个列，每个列必须有一个名称，并必须规定数据类型。现在，数据表的创建及修改一般都集成在数据库管理系统中，用户可以通过数据库管理系统的界面，交互式地创建和修改数据表。

2. 数据表的删除

在 SQL 中，可以使用 DROP TABLE 语句来实现数据表的删除操作，DROP TABLE 的一般格式如下

```
DROP TABLE table_name
```

其中，table_name 为需要删除的表名称。

例 2：删除表 grasslandtype。

```
DROP TABLE grasslandtype
```

3. 数据表的查询

数据查询是数据库的核心操作，在 SQL 中使用 SELECT 语句实现数据表的查询。SELECT 语句的核心结构如下

```
SELECT select_list
FROM table_list
WHERE search_conditions
GROUP BY group_by_list
HAVING search_conditions
ORDER BY order_list [ASC|DESC]
```

其中，select_list 是需要查询的对象，table_list 是需要查询的表，search_conditions 是查询的条件，group_by_list 是分组或聚类表达式，order_list 是排序列，可以规定排序规则是升序(ASC)还是降序(DESC)。在 SELECT 语句中，WHERE、GROUP BY、HAVING、ORDER BY 都是可选项，即可以省略。

为了更好地理解 SELECT 语句的用法，现假设有如下两个示例数据(表 5-4、表 5-5)，通过查询示例介绍 SELECT 语句的功能和用法。

表 5-4 草地类信息

草地类代码	草地类名称	草地类面积/hm^2
1	温性草甸草原类	14 519 331
2	温性草原类	27 477 870
3	温性荒漠草原类	18 921 607
4	高寒草甸草原类	6 865 734

续表

草地类代码	草地类名称	草地类面积/hm^2
5	高寒草原类	4 162 317
6	高寒荒漠草原类	9 566 006
7	温性草原化荒漠类	10 673 418
8	温性荒漠类	45 060 811
9	高寒荒漠类	7 527 763
10	暖性草丛类	6 657 148
11	暖性灌草丛类	11 790 493
12	热性草丛类	14 237 195
13	热性灌草丛类	17 376 693
14	干热稀树灌草丛类	863 144
15	低地草甸类	25 219 621
16	山地草甸类	16 718 926
17	高寒草甸类	63 720 549
18	沼泽类	2 873 812

表 5-5　草地亚类信息

草地亚类代码	草地类代码	草地亚类名称	草地亚类面积/hm^2
1	1	平原丘陵草甸草原亚类	6 085 082
2	1	山地草甸草原亚类	8 239 902
3	1	沙地草甸草原亚类	194 347
4	2	平原丘陵草原亚类	22 321 634
5	2	山地草原亚类	10 678 429
6	2	沙地草原亚类	8 096 508
7	7	平原丘陵荒漠草原亚类	966 068
8	7	山地荒漠草原亚类	8 054 712
9	7	沙地荒漠草原亚类	2 206 207
10	8	土砾质荒漠亚类	37 005 456
11	8	沙质荒漠亚类	6 561 697
12	8	盐土质荒漠亚类	1 493 658
13	15	低湿地草甸亚类	6 520 454
14	15	盐化低地草甸亚类	12 266 339
15	15	滩涂盐化低地草甸亚类	377 287
16	15	沼泽化低地草甸亚类	6 055 541
17	16	中、低山山地草甸亚类草地	7 208 367
18	16	亚高山山地草甸亚类	9 510 559
19	17	典型高寒草甸亚类	54 408 729
20	17	盐化高寒草甸亚类	800 757
21	17	沼泽化高寒草甸亚类	8 511 063

例 3：获取表 5-4 草地类信息中的所有记录。

SELECT *
FROM 草地类信息

当不填写任何条件时，即查询全部记录。*为通配符，表示草地类信息表中的所有字段，当使用*作为查询对象时将返回草地类信息的全部记录。

例 4：获取草地类信息表中类编码等于 1 的记录。

SELECT *
FROM 草地类信息
WHERE 草地类代码 = 1

例 5：获取草地类信息中草地类面积大于 100 000hm^2的类名称。

SELECT 草地类名称
FROM 草地类信息
WHERE 草地类面积 > 100 000

例 6：获取草地类信息中草地类面积介于 100 000～200 000hm^2的类名称。

SELECT 草地类名称
FROM 草地类信息
WHERE 草地类面积 BETWEEN 100 000 AND 200 000

当需要按某一条件查询时，可使用 WHERE 后跟条件表达式的方式，表达式中可使用等于（=）、大于（>）、小于（<）、不等于（<>）、大于等于（>=）、小于等于（<=）等判断符号及且（AND）、或（OR）、非（NOT）等逻辑判断符。BETWEEN…AND…表示介于某一范围之内。如果要查询不在某一范围之内，只需要在前面添加 NOT 即可。

例 7：获取草地类信息中草地类面积不介于 100 000～200 000hm^2的类名称。

SELECT 草地类名称
FROM 草地类信息
WHERE 草地类面积 NOT BETWEEN 100 000 AND 200 000

例 8：查询草地类名称中带有“草甸”字样的草地类名称。

SELECT 草地类名称
FROM 草地类信息
WHERE 草地类名称 LIKE ‘%草甸%’

LIKE 表示模糊查询，其中%表示任意字符，‘%草甸%’表示字符串任意位置包含“草甸”字样的记录，如果写成‘草甸%’，则表示以“草甸”开头的字符串；如果写成‘%草甸’，则表示以“草甸”结尾的字符串。另外需要注意的是，在 SQL 语句中字符串类型（包括 Unicode 编码和非 Unicode 编码）都以单引号引起来。

例 9：查询草地类名称为空值的记录。

SELECT *
FROM 草地类信息
WHERE 草地类名称 IS NULL

NULL 表示空，即属性没有赋值

例 10：查询草地类名称为“高寒草甸类”和“温性草原类”的记录。

SELECT *

FROM 草地类信息

WHERE 草地类名称 IN （‘高寒草甸类’，‘温性草原类’）

IN 表示包含，当然也可以写成 WHERE ((草地类名称 ='高寒草甸类’） OR （草地类名称 ='温性草原类’))，它们是等效的。

例 11：在草地类信息表中查询草地类名称，并将查询结果按草地类面积从大到小排列，显示面积最大的 5 个草地类。

SELECT TOP 5 草地类名称

FROM 草地类信息

ORDER BY 草地类面积 DESC

TOP 用来限制输出结果的记录数，TOP 5 表示输出查询结果的前 5 项。如果想查询输出结果的前 10 条记录，可以用 TOP 10；如果想输出查询结果的前百分之十，可以用 TOP 10 PERCENT。类似的限制输出语句还有 DISTINCT，其作用是将查询结果中重复出现的记录排除在外，可以理解为去除重复记录。

例 12：在草地亚类信息表中查询每种草地类包含的草地亚类的个数。

SELECT 草地类代码，count（*）as 草地亚类个数

FROM 草地亚类信息

GROUP BY 草地类代码

使用 GROUP BY 可将查询结果按照某一列或几列的值进行聚类（分组），相同的值将被分为同一组，聚合函数将对每一组分别进行汇总和统计。如在本例中，首先得到草地亚类信息表的全部记录（没有 WHERE 条件约束），然后按照草地类代码字段分组，草地类代码字段中有 1、2、7、8、15、16、17 这 7 组值，因此共分成 7 组，最后使用聚合函数 COUNT（）统计每一组中记录的个数，即各个草地类中草地亚类的个数。as 语句实现对列的重命名，即将 COUNT（*）的结果列命名成草地亚类个数。查询结果如表 5-6 所示。

表 5-6 聚类查询结果

草地类代码	草地亚类个数
1	3
2	3
7	3
8	3
15	4
16	2
17	3

常见的聚合函数有计数函数 COUNT（），求和函数 SUM（），均值函数 AVG（），最大值函数 MAX（），最小值函数 MIN（）。除了 COUNT（）以外，其他函数均忽略空值，即空值不参与运算。

SQL 还支持对 GROUP BY 语句分组后的结果进行条件筛选。

例13：在草地亚类信息表中查询每种草地类的面积，并筛选出草地类面积大于100 000hm^{2}的记录。

```
SELECT 草地类代码，SUM（草地亚类面积）as 草地类面积
FROM 草地亚类信息
GROUP BY 草地类代码
HAVING SUM（草地亚类面积）> 100 000
```

通过 HAVING 语句可以对分类结果进行筛选，HAVING 子句指定查询结果中返回的组应满足的条件。在本例中，使用 HAVING 筛选草地类面积大于 100 000hm^2 的组。

当然，上例也可以写成如下的查询形式

```
SELECT *
FROM
(
SELECT 草地类代码，SUM（草地亚类面积） as 草地类面积
FROM 草地亚类信息
GROUP BY 草地类代码
） as T
WHERE 草地类面积 > 100 000
```

也就是说先按草地类代码分组，查询到每个类的草地类面积，然后以查询结果为被查询表（T)，使用 SELECT 语句再次查询草地类面积大于 100 000hm^2 的记录。由此可见，SELECT 语句可以进行嵌套。

前面举了单表查询的几个例子，如果希望同时查询多张表应该如何实现呢？比如希望通过草地类编码将草地类名称关联到草地亚类信息表中。

例 14：通过 SQL 语句将草地类信息表中的草地类名称关联到草地亚类信息表中。

```
SELECT 草地亚类信息.*，草地类信息.草地类名称
FROM 草地亚类信息，草地类信息
WHERE 草地亚类信息.草地类代码 = 草地类信息.草地类代码
```

在本例中，我们希望将草地类信息和草地亚类信息表关联，并返回草地亚类信息表的所有字段和草地类信息表中草地类名称字段，因此在查询对象列表中使用“表名称.字段”形式的表示方法，如草地亚类信息.*表示草地亚类信息表的所有字段，草地类信息.草地类名称表示草地类信息表中草地类名称字段。这样写的好处是查询对象指示清晰，查询的是哪个表的哪个字段是明确的。在 FROM 后面列出了草地亚类信息和草地类信息两个表，并以逗号隔开，表示同时对这两个表进行查询。WHERE 语句规定了两个表进行关联的条件，即将两个表中草地类代码相等的字段相关联。查询结果可参见表5-7，从中可以看出，通过 SELECT 语句的多表关联，得到了一张新的表格，该表格包含了原来的两个数据表的信息，表达出了原来两个表格中所蕴含的信息，这也是数据库查询的核心思想。

表 5-7　多表关联查询结果

草地亚类代码	草地类代码	草地亚类名称	草地亚类面积/hm^2	草地类名称
11	1	平原丘陵草甸草原亚类	6 085 082	温性草甸草原类
12	1	山地草甸草原亚类	8 239 902	温性草甸草原类
13	1	沙地草甸草原亚类	194 347	温性草甸草原类
21	2	平原丘陵草原亚类	22 321 634	温性草原类
22	2	山地草原亚类	10 678 429	温性草原类
23	2	沙地草原亚类	8 096 508	温性草原类
31	7	平原丘陵荒漠草原亚类	966 068	温性草原化荒漠类
32	7	山地荒漠草原亚类	8 054 712	温性草原化荒漠类
33	7	沙地荒漠草原亚类	2 206 207	温性草原化荒漠类
81	8	土砾质荒漠亚类	37 005 456	温性荒漠类
82	8	沙质荒漠亚类	6 561 697	温性荒漠类
83	8	盐土质荒漠亚类	1 493 658	温性荒漠类
151	15	低湿地草甸亚类	6 520 454	低地草甸类
152	15	盐化低地草甸亚类	12 266 339	低地草甸类
153	15	滩涂盐化低地草甸亚类	377 287	低地草甸类
154	15	沼泽化低地草甸亚类	6 055 541	低地草甸类
161	16	中、低山山地草甸亚类草地	7 208 367	山地草甸类
162	16	亚高山山地草甸亚类	9 510 559	山地草甸类
171	17	典型高寒草甸亚类	54 408 729	高寒草甸类
172	17	盐化高寒草甸亚类	800 757	高寒草甸类
173	17	沼泽化高寒草甸亚类	8 511 063	高寒草甸类

例 14 的关联查询语句也可以写成如下形式

SELECT 草地亚类信息.*，草地类信息.草地类名称

FROM 草地亚类信息 INNER JOIN 草地类信息 ON 草地亚类信息.草地类代码 = 草地类信息.草地类代码

这两种写法的效果是等价的。INNER JOIN 表示“内连接”，ON 后面的表达式指示连接的条件。所谓内连接即指查询两个表中都满足条件的记录，而两个表中不满足连接条件的记录将不包含在查询结果中。

同内连接相对应的是外连接，外连接常用于查询相连接的两个表中，至少需要获取一个表的全部记录。外连接又可分为左外连接、右外连接和全外连接 3 种。外连接的查询结果中不仅包含满足连接条件的记录，而且还包含相应表格中不满足连接条件的记录。即左外连接返回所有满足连接条件的记录和 JOIN 关键字左边的表格中所有不满足连接条件的记录；右外连接返回所有满足连接条件的记录和 JOIN 关键字右边的表格中所有不满足连接条件的记录；全外连接返回连接表中所有的记录。

例 15：依据草地亚类信息表中草地类代码字段查找草地类信息表中草地类代码字段对应的草地类名称。

SELECT 草地亚类信息.*，草地类信息.草地类名称

FROM 草地亚类信息 LEFT OUTER JOIN 草地类信息

ON 草地亚类信息.草地类代码 = 草地类信息.草地类代码

左外连接采用 LEFT OUTER JOIN 关键字，位于关键字左边的表格“草地亚类信息”的全部记录将被返回到查询结果中，如果在关键字右边的表格“草地类信息”中没有查询到相对应的记录，那么草地类名称字段将返回空值（NULL）。当然，在本例中由于草地亚类信息表中所有的草地类代码值在草地类信息表中都有对应的记录，因此左外连接的查询结果同内连接的查询结果是一致的。

例 16: 依据草地亚类信息表中草地类代码字段查找草地类信息表中草地类代码字段对应的草地类名称，并确保草地类名称全部出现。

SELECT 草地亚类信息.*，草地类信息.草地类名称

FROM 草地亚类信息 RIGHT OUTER JOIN 草地类信息

ON 草地亚类信息.草地类代码 = 草地类信息.草地类代码

右外连接采用 RIGHT OUTER JOIN 关键字，位于关键字右边的表格“草地类信息”的全部记录将被返回到查询结果中，如果在关键字左边的表格“草地亚类信息”中没有相对应的记录，那么相应的字段将返回空值（NULL）。右外连接的查询结果如表 5-8 所示，可以看出在草地亚类信息表中没有对应记录的草地类也出现在查询结果中，相应记录的草地亚类代码、草地类代码、草地亚类名称和草地亚类面积字段都为空值。

表 5-8 右外连接查询结果

草地亚类代码	草地类代码	草地亚类名称	草地亚类面积/hm^2	草地类名称
11	1	平原丘陵草甸草原亚类	6 085 082	温性草甸草原类
12	1	山地草甸草原亚类	8 239 902	温性草甸草原类
13	1	沙地草甸草原亚类	194 347	温性草甸草原类
21	2	平原丘陵草原亚类	22 321 634	温性草原类
22	2	山地草原亚类	10 678 429	温性草原类
23	2	沙地草原亚类	8 096 508	温性草原类
NULL	NULL	NULL	NULL	温性荒漠草原类
NULL	NULL	NULL	NULL	高寒草甸草原类
NULL	NULL	NULL	NULL	高寒草原类
NULL	NULL	NULL	NULL	高寒荒漠草原类
31	7	平原丘陵荒漠草原亚类	966 068	温性草原化荒漠类
32	7	山地荒漠草原亚类	8 054 712	温性草原化荒漠类
33	7	沙地荒漠草原亚类	2 206 207	温性草原化荒漠类
81	8	土砾质荒漠亚类	37 005 456	温性荒漠类
82	8	沙质荒漠亚类	6 561 697	温性荒漠类
83	8	盐土质荒漠亚类	1 493 658	温性荒漠类
NULL	NULL	NULL	NULL	高寒荒漠类
NULL	NULL	NULL	NULL	暖性草丛类
NULL	NULL	NULL	NULL	暖性灌草丛类
NULL	NULL	NULL	NULL	热性草丛类

续表

草地亚类代码	草地类代码	草地亚类名称	草地亚类面积/hm^2	草地类名称
NULL	NULL	NULL	NULL	热性灌草丛类
NULL	NULL	NULL	NULL	干热稀树灌草丛类
151	15	低湿地草甸亚类	6 520 454	低地草甸类
152	15	盐化低地草甸亚类	12 266 339	低地草甸类
153	15	滩涂盐化低地草甸亚类	377 287	低地草甸类
154	15	沼泽化低地草甸亚类	6 055 541	低地草甸类
161	16	中、低山山地草甸亚类草地	7 208 367	山地草甸类
162	16	亚高山山地草甸亚类	9 510 559	山地草甸类
171	17	典型高寒草甸亚类	54 408 729	高寒草甸类
172	17	盐化高寒草甸亚类	800 757	高寒草甸类
173	17	沼泽化高寒草甸亚类	8 511 063	高寒草甸类
NULL	NULL	NULL	NULL	沼泽类

例 17：依据草地亚类信息表中草地类代码字段查找草地类信息表中草地类代码字段对应的草地类名称，并确保草地类名称和草地亚类信息全部出现。

```
SELECT 草地亚类信息.*，草地类信息.草地类名称
FROM 草地亚类信息 FULL OUTER JOIN 草地类信息
ON 草地亚类信息.草地类代码 = 草地类信息.草地类代码
```

全外连接采用 FULL OUTER JOIN 关键字，位于关键字两边的表格的全部记录都将被返回到查询结果中，如果在关键字左边或右边的表格中的记录不满足连接条件时，相应的字段将返回空值（NULL）。在本例中，由于草地亚类信息表中所有的草地类代码在草地类信息中都有对应的记录，因此全外连接的查询结果同右外连接是一致的。

查询多个表的数据也不一定要使用表的连接，也可以使用子查询实现。所谓子查询就是先进行一次数据查询，将查询结果提供给另一个查询使用。

例 18：在草地类信息表中查询草地类代码出现在草地亚类信息表中的记录。

```
SELECT *
FROM 草地类信息
WHERE 草地类信息.草地类代码 IN
(
SELECT DISTINCT 草地亚类信息.草地类代码
FROM 草地亚类信息
)
```

本例首先从草地亚类信息表中查询获得草地类代码集合，然后以此为 IN 的条件集合，在草地类信息表中查询草地类代码属于该集合的记录集。

4. 数据表的更新

数据表的更新包括插入数据、修改数据和删除数据等操作。

SQL 中使用 INSERT 语句实现数据表中数据的插入操作，其语法如下

INSERT [INTO] <表名> [<列名称列表>] VALUES（值列表）

使用 INSERT 语句需注意以下几点。

a. <列名称列表>中的列名称必须是表名指定的表中已有的字段，但可以以任意顺序出现。

b.（值列表）中的数值必须和<列名称列表>中的列名称一一对应，待插入的数据必须同它所在列的数据类型一致，可以是空值（NULL），各个值之间以逗号隔开。

c. 如果没有指定<列名称列表>，则（值列表）中所列待插入数据的顺序必须与表中定义列的顺序一致，且每一列都有值（可以是空值）；如果<列名称列表>中只指定了表中的部分字段，那么未指定的字段将插入默认值或空值。

例 19：在草地类信息表中插入一条新记录。

INSERT INTO 草地类信息（草地类代码，草地类名称，草地类面积）VALUES（18，沼泽类，2 873 812）

INSERT INTO 草地类信息 VALUES（18，沼泽类，2 873 812）

以上两种方式是等价的，都实现了数据的插入。

当需要修改数据库中已有数据时，可以使用 UPDATE 语句。UPDATE 语句的语法如下

UPDATE <表名> SET <列名=表达式>[，…，*n*][WHERE <更新条件>]

UPDATE 语句在使用需注意以下几点。

a. 使用 WHERE 子句来指定需要修改的记录，如果没有 WHERE 子句，则 UPDATE 语句会修改所有的记录。

b. 在一条 UPDATE 语句中不能对同一字段作多次修改。

c. 新修改的数据必须和原来的数据类型相一致，否则更新将失败。

例 20：将草地类信息表中沼泽类的面积从原来的 2 873 812hm^2 改为 2 873 885hm^2。

UPDATE 草地类信息 SET 草地类面积=2 873 885 WHERE 草地类名称 ='沼泽类'

当希望删除某些记录时，可以使用 DELETE 语句实现数据表中记录的删除操作。DELETE 语句的语法如下所示

DELETE [FROM] <表名> [WHERE <删除条件>]

DELETE 语句可以一次从表中删除一行、几行或全部记录。当使用 WHERE 指定条件时，DELETE 语句将删除满足指定条件的记录，如果没有指定条件，则删除表中全部记录。

例 21：删除草地类信息表中草地类代码等于 18 的记录。

DELETE FROM 草地类信息表 WHERE 草地类代码 =18

第二节　草业基础数据库构建与应用

草业基础数据库构建需要依据数据库的基本理论和方法，结合草业科学的具体应用需求，设计并建立专业数据库。本节在介绍数据库设计的一般流程基础上，采用示例的

方式介绍草业基础数据库设计的一般过程，并简要介绍现有主要草业基础数据库及其未来发展趋势，以及大数据及其在草业科学研究与实践中的应用潜力。

一、草业基础数据库设计

（一）数据库设计概述

数据库设计的目的是建立一个性能良好的、能够满足不同用户需求的数据库系统。美国电气和电子工程师协会（Institute of Electrical and Electronics Engineers，IEEE）对数据库设计的定义是：开发一个满足用户需求的数据库的过程，包括概念数据库设计、逻辑数据库设计和物理数据库设计。由此可见，数据库设计一般包括以下 4 个阶段，即需求分析阶段、概念设计阶段、逻辑结构设计阶段和物理结构设计阶段（陈晓云和徐玉生，2009）。

1. 需求分析阶段

需求分析是数据库设计的第一步，也是最重要的一步。明确而具体的需求分析是数据库设计的前提，需求分析的准确度、精确度和充分程度决定了数据库设计的质量与进度。需求分析主要是信息收集、分析和整理的过程，它将用户的需求具体化、细节化。

2. 概念设计阶段

概念设计的目标是以需求分析为依据，构建一个反映整个系统需求的整体数据库概念模型。概念模型与实现细节（DBMS、编程语言、平台等）无关。概念模型的内容有实体、联系、属性与属性域、主键、约束规则等。具体来讲，就是确定整个系统中涉及哪些实体；每个实体之间存在哪些联系；这些实体都具有哪些属性；基于这些实体、属性和联系，每个实体的每个属性可能的取值范围是什么；应该设置哪些约束条件对某些实体或属性加以约束等。

3. 逻辑结构设计阶段

数据库的逻辑设计是将概念设计的结果转换成特定的数据库管理系统（DBMS）所支持的数据模型的过程。一般分为两个部分：一是将概念模型转换为基本的关系模式，如转换概念模型中的多对多关系，建立局部逻辑数据模型；二是结合具体的 DBMS 和范式理论，将关系规范化，如对实体进行分解，定义完整性、约束等。

4. 物理结构设计阶段

物理设计是将逻辑设计模型用特定的 DBMS 加以实现，包括基本关系的表达、文件的组织、索引的定义、视图的定义，以及完整性、安全性实现的措施等。具体来说，物理设计阶段就是在特定的 DBMS 中，依据逻辑设计结果，将数据库系统搭建起来的过程。

总体来看，需求分析是发现或提出问题的过程，概念设计是理解和分析问题的过程，逻辑设计是描述和定义问题的过程，而物理设计是解决问题的过程。

（二）草业数据库设计示例

为了便于理解数据库设计的各个步骤，现以草地调查数据录入数据库为例，简要介绍数据库的设计过程。

第一，需求分析。本系统的目的是便于整理、分析和分发草地调查数据。数据包括调查人员、调查样方数据、数据录入人员等，并能够按地区、时间等条件列出相应的调查样方数据。

第二，明确需求后，就可以进行概念设计。在本例中，涉及的实体集有调查人员、数据录入人员和调查样方。实体集中调查人员的属性包括编号、姓名、性别、专业、工作单位，其中编号是主键。实体集中调查样方的属性包括样方编号、调查日期、调查地点、盖度、高度、生物量、样方照片，其中样方编号是主键。实体集中数据录入人员的属性包括编号、姓名、性别、工作单位和职务。根据专业知识我们知道调查样方中各个属性的可能取值，如盖度、高度一般精确到一位小数，调查地点一般采用经纬度表示。实体集间的联系有 2 个：首先是“调查”联系，调查人员调查得到样方数据，并且“调查人员”和“调查样方数据”间是多对多的联系；其次是“录入”联系；数据录入人员录入数据，并且“数据录入人员”和“调查样方数据”间是一对多的联系。

第三，逻辑设计阶段。假设要在 Microsoft SQL Server 数据库管理软件下实现该数据库，那么需要先考察上述 3 个实体集合，将 2 个联系转换成关系模式。一般将每个实体集转换成一个关系模式，实体的属性作为关系模式的属性。这样就得到如下 3 个关系模式

调查人员（<u>调查人员编号</u>，姓名，性别，专业，工作单位）

调查样方（<u>样方编号</u>，调查日期，经度，纬度，盖度，高度，生物量，样方照片）

数据录入人员（<u>数据录入人员编号</u>，姓名，性别，工作单位，职务）

第四，考察 2 个联系。一般对于“一对多”的联系，可以将关系“一”中的主键放到关系“多”中，所以对于“录入”联系，可以将数据录入人员关系中的数据录入人员编号属性加入到调查样方关系中。这样调查样方关系就可改为如下形式

调查样方（<u>样方编号</u>，调查日期，经度，纬度，盖度，高度，生物量，样方照片，数据录入人员编号）

对于“多对多”的联系，一般采用建立新的关系模式的方式表达。因此，“调查”联系需要建立一个新的关系模式，新关系模式中应加入联系两端的主键作为属性，即建立如下的调查关系

调查（<u>样方编号</u>，<u>调查人员编号</u>）

当关系模式设计完成后，应检查设计的关系是否符合范式要求。本例中的 4 个关系模式均符合第三范式要求。

第五，物理设计阶段，即在 Microsoft Office Access 或其他数据库管理软件中完成数据库表、视图和约束的建立工作，主要考虑数据库管理软件本身的特性。

二、现有草业数据库简介

（一）中国草业开发与生态建设数据库

中国草业开发与生态建设网（http://www.ecograss.com.cn）是兰州大学草地农业科技学院草地农业信息实验室 1999～2007 年研发的一种基于“3S”技术的，能将空间数据库、图形、图像、文字集于一体，便于检索、推理、显示、打印的综合性专业数据库管理系统，包含县级行政区划、遥感影像、草地类型、栽培牧草分布、家畜分布、农牧业资源与环境等方面的 23 个空间数据库，以及全国栽培牧草和天然牧草特征、牧草区划、牧草病害、牧草虫害、草地害鼠、草地杂草、草业生态经济分区、草坪建植区划、土壤类型、草地类型和畜禽品种等草业知识数据库（李春娥等，2008）。近年来该系统仍然处于不断更新和完善之中，先后增加了基于草地综合顺序分类系统（Comprehensive Sequential Classification System，CSCS）的世界草地分类管理信息系统、甘南牧区草畜平衡管理决策支持系统、青藏高原牧区积雪监测与雪灾预警系统和中国北方温带地区草地资源管理信息系统，其中包含了过去 100 年（1901～2000 年）及未来 50 年（2001～2050 年）多期基于 CSCS 的世界自然植被分类空间数据库，以及甘南州的草地畜牧业资源、青藏高原的积雪空间分布和中国北方温带地区的草地、土壤及放牧家畜等方面的数据库。

（二）中国农业信息数据库

1996 年建成的我国农业部农业综合信息服务网站（http://www.agri.gov.cn）——中国农业信息网，沿用原中农网名称和域名，主要为农户、涉农企业和广大社会用户提供分行业（分品种）和分区域的与生产经营活动及生活密切相关的各类资讯信息及业务服务，是中国国家农业综合门户网站的重要组成部分，主要包括数据库。网站由中华人民共和国农业部信息中心承办（农业部信息中心，2015）。

（三）中国农业科学院数据库

中国农业科学院数据库（http://www.caas.cn/sjk/index.shtml）挂靠在中国农业科学院官方网站，包括中国农业科技文献与信息服务平台（http://www.nais.net.cn/publish/default/）、国家农业科学数据共享中心（http://www.agridata.cn/）、玉米病虫草害诊断系统、国家作物种质资源数据库（http://www.cgris.net/query/croplist.php）、中国外来入侵物种数据库（http://www.chinaias.cn/wjPart/index.aspx）、中国生态农业信息数据库（http://www.cgap.org.cn/）、中国农业生态环境政策法规数据库、中国农业生态环境规范标准数据库、中国牧草种质资源信息网（http://www.chinaforage.com/）、中国草地资源、牧草种质资源信息系统、中国转基因作物检测与监测网、中华农业文明网、中国烟草种质资源信息系统、中国水稻品种及其系谱数据库（http://www.ricedata.cn/variety/）、国家水稻数据中心（http://www.ricedata.cn/gene/）和中国家禽行业市场信息数据库（http://www.zgjq.cn/bjtb/index_price_list.asp）（中国农业科学院，2015）。

中国农业科技文献与信息服务平台是中国农业科学院农业信息研究所（原中国农科院科技文献信息中心）于 2004 年自主开发、拥有独立知识产权的“一站式”农业科技文献信息保障与服务平台。该平台充分整合了丰富的农业科技文献信息资源，面向全国 100 多万农业科研、教育和推广人员提供服务。

国家农业科学数据共享中心是由科技部“国家科技基础条件平台建设”支持建设的数据中心试点之一。中心建设由中国农业科学院农业信息研究所主持，中国农业科学院部分专业研究所、中国水产科学研究院、中国热带农业科学院等单位参加。该中心建设是以满足国家和社会对农业科学数据共享服务需求为目的，立足于农业部门，以数据源单位为主体，以数据中心为依托，通过集成、整合、引进、交换等方式汇集国内外农业科技数据资源，并进行规范化加工处理，分类存储，最终形成覆盖全国、联结世界、可提供快速共享服务的网络体系，并采取边建设、边完善、边服务的原则逐步扩大建设范围和共享服务范围。农业科学数据是指从事农业科技活动所产生的基本数据，以及按照不同需求而系统加工整理的数据产品和相关信息，农业科学数据是农业科技创新的重要基础资源，通过农业科学数据中心的建设可以为农业科技创新、农业科技管理决策提供农业科学数据信息资源的支撑和保障。

玉米病虫草害诊断系统数据库系统包括玉米无公害生产信息数据库、玉米专家人才数据库、玉米知识数据库、玉米病虫草害标准图像实例数据库等多个子数据库。玉米病虫草害标准图像实例数据库主要包括玉米病害（32 种）、虫害（44 种）、杂草（50 种）的典型形态特征文字描述知识库和彩色图像实例库，入库标准图谱 3800 余张，信息丰富、质量高。玉米无公害生产信息数据库，入库数据达到 23 万条；玉米专家人才数据库中包括有我国各地从事与玉米生产相关专业的 560 位专家。

国家作物种质资源数据库，由中国农业科学院作物科学研究所国家作物种质信息中心负责建设和维护，经过 20 多年的努力，目前已拥有 200 多种作物、39 万份种质的基本信息、形态特征和生物学特性、品质特性、抗逆性、抗病虫性和其他特征特性等 6 个方面的数据，数据量约 200GB。国家作物种质资源数据库通过中国作物种质信息网（http://www.cgris.net）在互联网上向社会开放共享。通过国家作物种质资源数据库，可以全面掌握和了解我国农作物种质资源的情况，促进种质资源的保护、共享和利用，为科学研究和农业生产提供优良种质信息，为社会公众提供科普信息，为国家提供资源保护和持续利用的决策信息。

中国外来入侵物种数据库在收集外来入侵物种历史文献，集合入侵物种近年来的野外考察资料，以及综合“生物入侵系列”专著部分内容的基础上，整理和收录了我国 200 多种外来入侵物种（IAS）的野外考察信息、700 多种 IAS 的基本信息、43 种 IAS 的检测和监测技术、22 种 IAS 的生物防治技术和 71 种 IAS 的风险评估信息。用户可通过物种名称、分类、栖息地类型、入侵时间、分布地区等字段进行查询。该数据库是我国最大的外来入侵物种信息共享和交流的平台，为从事外来入侵物种相关的科研人员、管理人员和公众，提供便捷的在线数据库，帮助其了解外来入侵物种的最新动态。

中国生态农业信息数据库以现代信息技术为基础，对我国近 20 年来生态农业信息资源进行了有效的收集、汇总和标准化。该系统设有生态农业基础知识、模式与技术、政策法规、研究成果、科技论文、生态农业进展、热点技术、专家论坛等功能模块，并进行了网络共享，实现了规范的网络化运行。根据农业建设的适时性，增加了生态农业建设进展、当前热点、生态与环境、转基因生物安全和专家论坛等模块，搭建了一个高效、实用的生态农业环境信息平台。这是我国生态农业向数字化、综合化、规范化发展的实际需要和必然选择，是国内外了解我国生态农业建设的现状、典型模式、技术及发展趋势的窗口，同时也是国家制定农业政策的重要参考依据，更是提高政府服务水平的必然选择。

中国农业生态环境政策法规数据库自 2000 年创建以来，广泛收集查阅相关文献资料，整理收录了中华人民共和国全国人民代表大会、国务院及国务院各行政主管部门颁布的法律、法规及政策性文件 410 个，各省级、自治区、直辖市人民代表大会、人民政府颁布的地方性法规及政策性文件 417 个。农业环境保护法律法规数据库主要结构划分为农业环境保护相关法律法规、农业环境保护行政法规及法规性文件、农业环境保护地方法规及规章、司法解释及国际环境保护法等。通过定期更新、补充和完善，在中国农业生态环境网上发布并供所有用户免费下载。农业生态环境政策法规数据库的用户群包括管理者、生产者、科技工作者、学生及普通老百姓，通过本数据库提供的政策法规知识，可使广大的人民群众，在生产、经营和消费的同时，利用法律武器及时解决农业环境污染方面的纠纷问题，使我国的农业环境保护领域基本上做到有法可依；同时，本数据库对于宣传农业生态环境保护思想，提高公民的环境保护意识必将起到举足轻重的作用，具有广阔的应用前景。

中国农业生态环境规范标准数据库包括农业环境标准数据库和农产品标准数据库，涉及国家标准、地方标准、行业标准及国外农产品标准。农业环境标准数据库广泛收集查阅相关文献资料，整理收录了近 20 年来我国颁布的约 1052 个有关农业生态环境的标准，包括国家标准 558 个、行业标准 226 个、地方标准 268 个。该数据库自 2000 年创建以来，通过定期更新、补充和完善，在中国农业生态环境网上发布并供所有用户免费下载，受到广大用户的普遍欢迎。农业生态环境标准数据库的用户群包括政府部门、生产企业、技术推广部门、科技工作者及广大农民群众。本数据库提供的标准知识，对于保护农业生态环境、保障农产品质量安全具有极其重要的意义，并具有广阔的应用前景。

中国水稻品种及其系谱数据库是国家水稻数据中心的一个数据子库。该数据库的主要特色是将品种与系谱合二为一，在查询品种信息的同时，能直接追溯该品种的亲缘关系。截至 2011 年 5 月 31 日，累计收录品种资料 10 800 份，收录范围包括历年省级以上审定品种、新品种权申请和授权品种、年推广面积 10 万亩[①]以上品种、外引品种和农家品种等，收录对象涉及常规稻、杂交稻、育种材料，如不育系、恢复系、保持系和稳定的中间品系等。

国家水稻数据中心是国家水稻数据中心的一个数据子库。该数据库以中国水稻研究所自主设计的 ontology 系统进行归类，主要收录国内外文献公布的已鉴定的水稻基因数据，包括基因名称、符号、染色体位置、基因过表达或抑制表达产生的表型特征和基因

① 1 亩≈666.7m^2

功能等。此外，对于克隆的基因，还包括它在各个主要数据库的登录号，根据该登录号，可以直接链接到相关网站查询更详细的信息。

中国家禽行业市场信息数据库包括自 2009 年以来家禽行业相关的市场行情数据，按种禽、活禽、禽产品、饲料与添加剂 5 个大类 78 个小类的保存时间、地点、价格、最高价格、最低价格等信息，地域上按省、市、县三级分类，时间上可按日、周、月、季、年统计，可自动生成统计数据并绘制价格曲线图或拆线图。

第三节　大数据及其在草业科学中的应用

随着互联网技术的飞速发展，特别是近年来随着社交网络、物联网、云计算及多种传感器的广泛应用，以数量庞大、种类众多、时效性强为特征的非结构化数据不断涌现，数据的重要性越发凸显，传统的数据存储、分析技术难以实时处理大量的非结构化信息，大数据的概念应运而生。如何获取、聚集、分析大数据成为广泛关注的热点问题。大数据是云计算、物联网之后又一大颠覆性的技术革命。本节主要介绍大数据的相关概念及其在草业科学领域可能的应用方向。

一、大数据的概念和特征

关于大数据的概念众说风云。2011 年全球知名咨询公司麦肯锡在《大数据：创新、竞争和生产力的下一个前沿领域》报告中称："数据已经渗透到当今每一个行业和业务职能领域，成为重要的生产因素。人们对于海量数据的挖掘和运用，预示着新一波生产率增长和消费者盈余浪潮的到来。"其中给大数据的定义是大小超出常规的数据库工具获取、存储、管理和分析能力的数据集。同时强调，并不是说一定要超过特定 TB 级的数据集才算是大数据。

研究机构 Gartner 认为大数据是需要新处理模式才能具有更强的决策力、洞察发现力和流程优化能力的海量、高增长率和多样化的信息资产。从数据的类别上看，大数据指的是无法使用传统流程或工具处理或分析的信息。它定义了那些超出正常处理范围和大小、迫使用户采用非传统处理方法的数据集。

维基百科（http://en.wikipedia.org/wiki/Bigdata）对大数据的定义则简单明了，认为大数据是指利用常用软件工具捕获、管理和处理数据所耗时间超过可容忍时间的数据集。也就是说大数据是一个体量特别大、数据类别特别大的数据集，并且这样的数据集无法用传统数据库工具对其内容进行抓取、管理和处理。

大数据技术的意义不在于掌握庞大的数据信息，而在于对这些含有意义的数据进行专业化处理。换言之，如果把大数据比作一种产业，那么这种产业实现盈利的关键在于提高对数据的"加工能力"，通过"加工"实现数据的"增值"。

从技术上看，大数据与云计算的关系就像一枚硬币的正反面一样密不可分。大数据必然无法用单台计算机进行处理，必须采用分布式架构。它的特色在于对海量数据进行分布式数据挖掘，但它必须依托云计算的分布式处理、分布式数据库和云存储、虚拟化技术。

从一般意义上来说，大数据是指无法在合理时间内用传统技术和软硬件工具对其进行收集、处理与分析的数据集合。一般而言，大家比较认可的关于大数据的定义从早期的 3V 和 4V 说法演变到现在的 5V（方巍等，2014；马建光和姜巍，2013）。大数据的 5 个“V”，业界将其归纳为 Volume、Velocity、Variety、Veracity 和 Value。实际上也就是大数据包含的 5 个特征，包含 5 个层面意义：第一，数据体量（Volume）巨大，指收集和分析的数据量非常大，从 TB 级别跃升到了 PB 级别。第二，处理速度（Velocity）快，需要对数据进行近实时的分析。以视频为例，连续不间断监控过程中，可能有用的数据仅仅有一两秒，这一点和传统的数据挖掘技术有着本质的不同。第三，数据类别（Variety）多，大数据来自多种数据源，数据种类和格式日渐丰富，包含结构化、半结构化和非结构化等多种数据形式，如网络日志、视频、图片、地理位置信息等。第四，数据真实性（Veracity），大数据中的内容是与真实世界中的现实事件发生息息相关的，研究大数据就是从庞大的网络数据中提取出能够解释和预测现实事件的过程。第五，价值密度低，商业价值（Value）高，通过分析数据可以得出如何抓住机遇及收获价值。

涂子沛（2014）在《数据之巅：大数据革命，历史、现实与未来》一书中认为，大数据具有价值和容量两个维度，大数据可以理解为传统的数据加现代的大记录，结构化数据加非结构化数据，大价值数据加大容量数据。

综合上述定义可以看出，大数据具有如下特征。

一是数据量大，一方面是指数据的存储容量可达到 TB、PB、EB 甚至 ZB 级，更多地是指人们对数据的认识方式发生了根本变化。首先，随着互联网的广泛应用，使得数据的搜集和获取变得相对容易，以前人们通过调查、取样的方法获取数据，这就决定了很难在短时间内获取大量的数据，而通过网络，用户可以获取海量的数据，同时用户也在通过分享、发布和操作生产新的数据。其次，随着各种传感器数据获取能力的提高，人们获取的数据越来越接近原始事物，描述事物的数据量激增。例如，草地调查最初采用样地采样法进行，耗时耗力，而且获得的数据量小，随着遥感技术的发展，如今可以通过卫星搭载的各类传感器，每隔一段时间即可获得一次全球草地的全覆盖卫星图像，这些图像不但能够更全面地反映草地的生长变化，而且随着传感器的不断发展，能够获得的数据将更加详细，数据量也将成倍增加。最后，也是最重要的，是人们处理数据的方法和理念发生了根本的变化。早期人们对事物的认识受限于数据获取和分析能力，一直采用的是采样的方法，以少量的数据来近似地反映和描述事物的全貌，样本数量的大小取决于数据获取和处理能力。研究的重点是如何通过正确的采样方法，以较小的样本数据分析事物整体的属性特征。大数据变革的另一个重要特征是人们不再局限于随机样本，而是使用全体数据，这种变革将改变人们的思维方式。

二是数据类型的多样化，数据不能够或不需要用传统的数据库表格进行管理，半结构化和非结构化的数据不断出现。以往的数据，不管数据量是否庞大，但都是基于特定的结构模式的，即将事物的各种属性向便于数据库系统进行存储、处理和查询的方向抽象，抽象的过程忽略了一些在特定应用中可以不必考虑的属性。这种结构化的数据可以通过关系表格进行存储、管理、查询。但是，随着数据来源的不断丰富，半结构、非结构化数据大量出现。这种数据几乎不能被抽象成结构化关系。例如，照片、图像、视频、各类文本等，这类数据不但占用空间大，而且同传统结构化数据相比，增加的速度更快。大数据的重要目标就是处理这些非结构化的快速增长的数据。

三是数据生成速度快，处理时效要求高。随着数据获取方式多样化、数据结构复杂化，必然带来数据的快速增长，新的数据时刻都在大量产生，这也要求数据处理的速度和时效性要能满足数据分析与应用的需求，这样才能使得海量的数据发挥作用，否则海量的数据带来的不再是优势，而是负担。

四是数据价值密度低。传统的结构化数据是依据特定的应用目标对事物进行的抽象，其每一条记录都包含了该应用需要考量的信息，如草地资源数据库。而大数据不再是对事物的抽样，而是事物的全体，是未进行采样、抽象、归纳的原始数据，这样既保留了数据的原貌，又引入了大量没有意义的、甚至是错误的信息。因此，相对于特定的应用而言，大数据关注的数据的价值密度偏低。但也应该看到，对于大数据，我们应该重新审视数据精确性的优劣。正如《大数据时代》(2013) 一书中指出的："执迷于精确性是信息缺乏时代和模拟时代的产物。只有 5%的数据是结构化且能适用于传统数据库的。如果不接受混乱，剩下 95%的非结构化数据都无法被利用，只有接受不精确性，我们才能打开一扇从未涉足的世界的窗户。"

二、大数据分析方法

与传统的统计分析相比，大数据具有数据来源复杂、数据类型多样、数据量巨大、价值密度低等特点。同时，大数据概念的内涵和外延也在不断发生着变化，各行各业对大数据的认识，以及对大数据分析方法的理解也不尽相同，这使得不同学者对大数据的分析应该包括哪些方法也有不同的认识。

美国国家研究委员会在 2013 年出版的《海量数据分析前沿》中提出了七种基本统计数据分析方法，包括：①基本统计（如一般统计及多维数分析等）；②N 体问题（N-body Problems）（如最邻近算法、Kernel 算法、PCA 算法等）；③图论算法（Graph-Theoretic Algorithm）；④线性代数计算（Linear Algebraic Computations）；⑤优化算法（Optimizations）；⑥功能整合（如贝叶斯推理模型、Markov Chain Monte Carlo 方法等）；⑦数据匹配（如隐马尔可夫模型等）。Chen 等（2012）认为，商业智能分析涵盖了五类核心的分析方法：①数据分析，涉及数据仓储、ETL（Extract，Transform，and Load）、联机分析及数据挖掘等分析技术，可应用在时间序列挖掘、网站挖掘、空间数据挖掘等方面；②文本分析，涉及信息检索、查询处理、相关反馈等分析技术，可应用在问答系统、观点挖掘、多语义分析、可视化分析等；③网站分析，涉及信息检索、网络爬虫、日志分析等分析技术，可应用在云计算、社会网络分析、网站可视化等；④网络分析，涉及信息计量、引用网络、数学网络模式等分析技术，可应用在链接分析、社区发现、社会影响力及扩散模式等；⑤移动分析，可应用在移动通信服务、个性化分析、游戏营销分析等。

美国计算社区协会出版的《大数据的机会与挑战》指出，大数据分析是一个多阶段任务循环执行过程，从整体看，其分析的过程包括了五个阶段，每一个阶段都包含该阶段需要使用的方法：①数据获取及记录，从各种感知工具中获取的数据通常与时空相关，需要及时分析技术处理数据并过滤无用数据；②信息抽取及清洗，从异构数据源抽取有用信息，并转换为结构化的格式；③数据整合及表示，将数据结构与语义关系转换为机器可读取、自动解析的格式；④数据建模及分析，从数据中挖掘出潜在规律及知识，涉及可扩展的挖掘算法或知识发现等方法；⑤诠释，为了让用户容易解读分析结果，可视化分析技术变得十分重要。严霄凤和张德馨（2013）依照搜集、分析可视化的流程，梳理了适用于大数据的关键技术，包括遗传算法、神经网络、数据挖掘、回归分析、分类、聚类、关联规则、数据融合、机器学习、自然语言处理、情感分析、网络分析、空间分析、时间序列分析等多种方法。王星等在《大数据分析：方法与应用》一书中从统计学习、数据挖掘和模式识别的角度讲解了大数据分析技术。王宏志等编著的《大数据算法》一书从算法设计与分析角度介绍了大数据分析中涉及的算法，包括亚线性算法（时间亚线性算法和空间亚线性算法）、外存算法、并行算法（MapReduce 算法）和众包算法等。

目前常见的大数据分析程序有以下几种。

1. Hadoop（http://hadoop.apache.org/）

Hadoop 是一个由 Apache 开发的基于 Java 的开源的分布式系统基础架构。Hadoop 是一个能够对大量数据进行分布式处理的软件框架。Hadoop 以一种可靠、高效、可伸缩的方式进行数据处理，是一个能够让用户轻松架构和使用的分布式计算平台。用户可以轻松地在 Hadoop 上开发和运行处理海量数据的应用程序。Hadoop 的核心是 Hadoop Common（Hadoop Distributed File System，HDFS）和 MapReduce。Hadoop 之所以如此受到欢迎，主要是因为它降低了分布式编程的难度，即使对分布式环境不了解的程序员也能编写出非常高效的并行化代码，程序员无需关心集群中各个节点的位置及数据的存放问题，MapReduce 计算模型和 HDFS 分布式存储系统已经很好地解决了这两大问题。MapReduce 与 HDFS 是 Hadoop 的两大核心技术，MapReduce 将计算过程分为两个函数过程（Map 函数和 Reduce 函数）保证了执行效率；HDFS 由于其高容错性，从而能够部署在低端的计算机集群上，不仅可提高文件存储量，而且还可使文件读写速度更快。Hadoop 还具有很强的健壮性和易扩展性，它能够自动保存多个文件块副本，当某个文件块损坏时能够及时利用其他副本进行恢复，其目的是保持系统内文件块的完整性与可靠性；Hadoop 集群可以通过简单的添加节点进行线性扩展，这对大数据的处理尤为有利。MapReduce 大大降低了分布式编程的难度。MapReduce 封装了许多底层细节问题，简化了数据分布、容错、负载均衡等问题的处理，程序员只需要关注业务逻辑如何实现即可（廖晶贵，2015）。

2. Apache Storm（http://storm.apache.org/）

Apache Storm 是一个开源的分布式的高容错的实时计算系统，主要由 CloJure 编程语言编写。Storm 使持续不断的流计算变得容易，弥补了 Hadoop 批处理所不能满足的实时要求。Storm 经常用于实时分析、在线机器学习、持续计算、分布式远程调用和 ETL

（Extraction-Transformation-Loading）等领域。Storm 的部署管理非常简单，在同类的流式计算工具中 Storm 的性能也是非常出众的，Storm 被广泛应用于实时分析、在线机器学习、持续计算、分布式远程调用等领域。很多知名的企业都在使用 Storm，包括雅虎、Twitter、Groupon、淘宝、百度等。

3. Apache Drill（https://drill.apache.org/）

Apache Drill 是一个用于 Hadoop、非关系型的数据库（NoSQL）和云存储的自由模式的 SQL 查询引擎。Drill 支持各种 NoSQL 数据库和文件系统，包括 Hbase，MongoDB，MapR-DB，HDFS，MapR-FS，Amazon S3，Azure Blob 存储，谷歌云存储（Google Cloud Storage），Swift，NAS 和本地文件。一个简单查询可以将来自多个数据存储的数据连接起来。例如，可以加入一个用户配置文件收集 MongoDB 在 Hadoop 事件日志的目录。

4. Apache Spark（http://spark.apache.org/）

Apache Spark 是一个快速、大规模数据处理引擎，是一个围绕速度、易用性和复杂分析构建的大数据处理框架。最初在 2009 年由加利福尼亚大学伯克利分校的 AMPLab 开发，并于 2010 年成为 Apache 的开源项目之一。相对于 Hadoop 的 MapReduce 而言，Spark 会在运行完工作后将中介数据存放到磁盘中，Spark 使用了存储器内运算技术，能在数据尚未写入硬盘时（即在存储器内）分析运算。Spark 在存储器内运行程序的运算速度能做到比 Hadoop MapReduce 的运算速度快 100 倍，即使是程序运行于硬盘时，Spark 的运行速度也能快 10 倍。Spark 允许用户将数据加载至簇存储器内存，并多次对其进行查询，非常适用于机器学习算法。使用 Spark 需要搭配簇管理员和分布式存储系统。Spark 支持独立模式（本地 Spark 簇），Hadoop YARN 或 Apache Mesos 的簇管理。在分布式存储方面，Spark 可以和 HDFS、 Cassandra、OpenStack Swift 和 Amazon S3 等界面搭载。Spark 也支持伪分布式（Pseudo-distributed）本地模式，不过通常只用于开发或测试时以本地文件系统取代分布式存储系统。在这样的情况下，Spark 仅在一台机器上使用每个 CPU 核心运行程序。

与 Hadoop 和 Storm 等其他大数据及 MapReduce 技术相比，Spark 有如下优势：Spark 提供了一个全面、统一的框架用于管理各种有着不同性质（文本数据、图表数据等）的数据集和数据源（批量数据或实时的流数据）的大数据处理的需求。Spark 让开发者可以快速地用 Java、Scala 或 Python 编写程序。它本身不仅自带了一个超过 80 个高阶操作符集合，而且还可以用它在 shell 中交互式地查询数据。除了 Map 和 Reduce 操作之外，它还支持 SQL 查询、流数据、机器学习和图表数据处理。

5. HPCC Systems（High Performance Computing Cluster）（https://hpccsystems.com/）

HPCC Systems 是 Lexis Nexis 公司发布的一款开源的大数据处理和分析计算平台，可实现大规模并行处理。HPCC 系统可以更有效和可靠地处理与分析大数据。该平台具有卓越的性能、灵活性和可扩展性。与 Hadoop 类似，HPCC 是一个可以使用集群服务器并进行大数据分析的系统，HPCC 在 Lexis Nexis 内部使用多年，是一个成熟可靠的系统，包含一系列的工具，有高级编程语言（Data-centric Programming Language，ECL）及数据仓库工具。

6. RapidMiner（https://rapidminer.com/，http://www.rapidminerchina.com/zh/）

RapidMiner 是一个基于数据挖掘的预测性分析平台，其产品包括 RapidMiner Studio（基础平台）、RapidMiner Server（企业分析）、RapidMiner Radoop（大数据）和 MUMI（图像分析）。RapidMiner Studio 有机器学习、数据挖掘、文本挖掘、预测性分析和商业分析的功能，具有拖拽功能的图形化工具，可以轻松地设计从混合到建模再到部署的预测性分析流程，也可以让企业机构通过使用预测性分析来优化业务，从而获取竞争优势。RapidMiner Server 是一个经过性能优化的应用，可以用它来调度和运行分析流程，并迅速返回结果。它不仅无缝集成了 RapidMiner Studio，同时还集成了其他企业级数据源，使流程能够持续地保持更新，让其能够反映任何外部数据源变化。通过共享资源库和版本管理，企业用户能够从本地或远程进行协作建立交互式应用、HTML5 图表和地图可视化结果。可以在 RapidMiner Studio 中建立和编辑分析流程，RapidMiner Studio 和 RapidMiner Server 采用标准的协议相互连接和彼此交互。每个 RapidMiner Server 都能连接一个或多个 RapidMiner Studio 客户端。RapidMiner Radoop 具有大数据预测分析功能，且可以作为连接 Hadoop 的媒介。无需代码的可视化环境可以让用户摆脱 Hadoop 的复杂操作，专注于分析流程的实现。RapidMiner MUMI 是一个与 RapidMiner Studio 和 RapidMiner Server 集成的扩展，主要用于高级图像处理、图像分析和图像数据挖掘，该扩展集成了最先进的图像处理算法和最新的人工智能算法。

7. Pentaho BI（http://www.pentaho.com/）

Pentaho BI（Business Intelligence）平台是一个以业务流程为中心，面向解决方案的商业智能开源框架。其目的在于将一系列企业级 BI 产品、开源软件、API 等组件集成起来，方便商务智能应用的开发。它的出现，使得一系列面向商务智能的独立产品如 Jfree、Quartz 等，能够集成在一起，构成一项项复杂的、完整的商务智能解决方案。

目前，大数据分析处理技术正处在快速发展变化之中，相关的分析方法、程序和软件也在不断涌现中，上面仅对常见的大数据分析程序做了简要介绍，除此之外还有很多。例如，Apache Accumulo，Apache Cassandra，Apache CouchDB 等针对大数据处理中的某一部分或过程专门设计和开发程序。

三、大数据在草业科学中的应用

大数据具有数据占用存储空间大，数据类型多样，数据生成速度快，数据价值密度低的特征。大数据对人们传统思维的冲击有以下几点（涂子沛，2014）：一是改变了传统抽样分析的思想，大数据需要的是所有的数据，即“样本=总体”。二是改变了对“精确”数据的追求，大量的非结构化数据使得精确成为不可能。要想使用“所有”数据，就必须首先接受数据的不精确。三是弱化了对因果关系的探索和追求，更多地关注数据间的相关性。大数据使得人们更多地关注数据间的相关关系，研究与目标事物或现象有相关关系的其他事物或现象，进而实现预测分析。这些变化会不断改变人们认识和探索世界的方式，必然影响草业科学领域的研究思路和方法。

随着数据搜集和处理方法的不断改善，草业科学领域的各种数据也在爆发式增长。例如，草地遥感技术的不断发展，使得研究人员可以方便地获取研究区大量的历史和现状遥感数据，不仅有各种卫星图像，还有基于卫星数据开发出的系列产品，如基于AVHRR传感器开发的GIMMS数据集、Pathfinder数据集，基于SPOT卫星的Vegetation数据集，以及基于MODIS传感器的植被指数产品、净初级生产力产品等。这些数据均达到GB、TB甚至PB级。随着草业科学相关学科的发展，科技工作者也可便捷地获取许多与草业相关的实时数据集，如来自气象台站、自动观测站的气象观测数据，来自各级政府和职能部门的社会经济数据等，这些数据每时每刻都在产生，并且随着观测和监测设备及技术的不断发展，必然导致数据量的不断增加。同时，各类科技期刊、学术专著等也发表了大量的草业科学相关研究结果数据，大数据和云计算的发展也在影响着草业科学领域工作者处理数据的习惯及方式。例如，谷歌公司推出的Google Earth Engine（https://earthengine.google.com/）为用户提供了一个云端的数据浏览、计算和分析平台，Google Earth Engine不仅组合了海量的卫星图像和地理空间数据集（包括Landsat、Sentinel、MODIS系列卫星图像数据及地形、土地覆盖、地表温度等专题数据），还支持对本地数据的在线处理分析，具有全球尺度的分析能力，为科学家和研究人员提供了发现地球表面的变化、动态和差异的工具及平台，使得用户在一定程度上摆脱了处理庞大数据的困扰。ESRI ArcGIS Online（http://www.esri.com/software/arcgis/arcgisonline），CartoDB（https://cartodb.com/），Turf（http://turfjs.org/）等产品也在做类似的工作。面对极大丰富的数据集，如何处理样本和总体的关系，到底什么数据应该采样获取，什么数据应该使用全集如传统草地调查采样多采用“样地+样方”法进行，存在的问题是传统采样数据并不能完全代表研究区的草地生长状况，但又很难做到采集“全部”样地数据。在采样中使用无人机、照相机拍摄的大量照片，以及随机采集的调研数据等资料如何使用；在研究某一现象时，应该考察哪些指标；是考查可能存在因果关系的指标，还是分析可能存在相关关系的指标。这是大数据带给我们的思考，也是大数据时代必然会面对的问题。

思考题

1. 简述关系型数据库的基本概念和优缺点？
2. 简述草业数据库设计的一般步骤？
3. 关系数据库的主要范式有哪几种？有何差别及特点？
4. 简述SQL在关系数据库处理方面的主要作用？
5. 什么是大数据？举例说明大数据在草业科学研究方面的潜在应用领域及其科学意义。

参考文献

曹卫星. 2005. 农业信息学[M]. 北京：中国农业出版社.

陈晓云, 徐玉生. 2009. 数据库原理与设计[M]. 兰州: 兰州大学出版社.
方巍, 郑玉, 徐江. 2014. 大数据: 概念、技术及应用研究综述[J]. 南京信息工程大学学报(自然科学版), 6(5): 405-419.
黄河, 王贤志. 2011. SQL 语言与关心数据库[M]. 北京: 电子工业出版社.
李春娥, 马轩龙, 严建武, 等. 2008. 网络版《中国草业开发与生态建设》数据库的更新[J]. 草业学报, 17(1): 100-106.
廖晶贵. 2015. 基于 Hadoop 的大数据关联规则挖掘算法的研究与实现[D]. 广州: 华南理工大学硕士学位论文.
马建光, 姜巍. 2013. 大数据的概念、特征及其应用[J]. 国防科技, 2013, 34(2): 10-17.
农业部信息中心. 2015. 中国农业信息网[EB/OL]. http://www.agri.cn/. 2015-05-10.
涂子沛. 2014. 数据之巅: 大数据革命, 历史、现实与未来[M]. 北京: 中信出版社 .
维克托·迈尔-舍恩伯格, 肯尼思·库克耶. 2013. 大数据时代[M]. 盛杨燕, 周涛译. 杭州: 浙江人民出版社.
严霄凤, 张德馨. 2013. 大数据研究[J]. 计算机技术与发展, 2013(4): 168-172.
中国农业科学院. 2015. 中国农业科学院数据库[EB/OL]. http://www.caas.cn/sjk/index.shtml. 2016-05-10.
Chen HC, Chiang RHL, Storey VC. 2012. Business intelligence and analytics: from big data to big impact[J]. MIS Quarterly, 36(4): 1165-1188.
Computing Community Consortium. 2012. Challenges and Opportunities with Big Data[R]. Washington, DC: Computing Research Association.
National Research Council. 2013. Frontiers in Massive Data Analysis[R]. Washington, DC: The National Academies Press.

第六章　草业资源管理信息系统

草地是人类生存和发展的基本资源，它不仅为人类提供了多种畜牧产品，还提供了多样化的生态服务，诸如防风固沙、保持水土、维持生物多样性及孕育不同特色的民族文化等，是保障人类生存不可或缺的基础资源（鲁春霞等，2009）。从人类把草地作为一种资源开发利用开始，草业资源管理也应运而生，不同时空条件下，形成了符合时代需要与特点的相关理论、方法和技术，产生了多种管理系统。计算机技术的应用和信息技术的发展，推动了相关领域的变革，也促使草业资源管理进入一个新阶段，这就是将草业资源管理与计算机相融合，通过信息手段对草业资源进行管理和调控。

草业资源管理信息系统的英文是 Management Information System of Practacultural Resource。本章主要从整体上讨论草业资源管理信息系统的相关问题，包括概念、特征、发展及开发过程等。

第一节　草业资源管理信息系统的概念与特征

本节从相关概念出发，对草业资源管理信息系统的定义、内涵和特征进行介绍。

一、草业资源管理信息系统的概念

草业资源管理信息系统就是运用管理信息系统的理念及方法对草业资源进行信息化的管理，因而草业资源管理信息系统的概念是草业资源和管理信息系统两个概念相互交融的产物。

（一）草业资源的概念

1. 定义

《中国草业可持续发展战略》（Du，2006）认为草业就是草地农业，它是以草地资源为基础，从事资源保护、植物生产和动物生产及其产品加工经营，获取生态、经济和社会效益的基础性产业。由此可以认为，草业资源就是草地农业系统所涉及的所有资源，它的主体是牧草和家畜，此外，还有草地上的其他动植物资源、微生物及其提供的生态服务，它具有一定的生物结构和地段类型并形成特有的生态环境。

草业资源可以分为物质资源和非物质资源，其中物质资源包括草地资源、家畜资源及野生生物资源；非物质资源包括草地景观资源、生态效能资源及社会效能资源。

2. 属性

草业资源作为在一定技术条件下被人类利用的自然资源，不仅具有组分构成属性、自然属性和经济属性，还有功能开发属性（许鹏，2000）。

（1）草业资源构成的多组分性和整体性

构成草业资源的组分包括气候资源、土地资源、生物资源和人类生产劳动要素，它是具有新的特殊功能的复合型资源。在草业资源中，气候资源决定着草地资源类型的地带性分布和净初级潜在生产力；土地资源则为草地植物和动物提供栖居地，同时还对光、热、水分和养分进行再分配；生物资源是草业资源中最积极、最活跃的组分，是开展草地生产的主要对象，植物性生产系统和动物生产系统的相互耦合是草业生产最主要的特征；而生产劳动要素是使草地和植食性动物从自然体成为具有经济意义的草地资源和家畜的决定性因素。

尽管构成组分是多样性的，但对于具体的草业资源而言，其发生、存在和发展的气候过程、地貌过程、土壤过程、生物过程和生产过程等，都是在统一的时间内各自发生而又相互作用的，这深刻地反映出草业资源功能和特性体现的整体性。

（2）草业资源的自然属性

一是草业资源存在的物质基础——草地的数量巨大。在广袤的内陆半干旱到半湿润气候区，降水不足以支持森林群落的发育，但能够维持耐旱的多年生草本植物生长，同时适应复杂的生境条件，形成种类繁多的草地类型。二是草业资源质量的差异性。日地关系及地球特性的复杂性，造成地球表面不同区域环境条件的差异性和位置的有序固定性，进而形成各种具有地域性动植物的草业资源。三是草业资源发展的阶段性。在一定的时间段内，草业资源处于一定的发展阶段。当其能量和物质的产生与消耗大体相同时，资源处于平衡的稳态阶段。当能量与物质的产生大于消耗时，处于正向发展的富化状态阶段，资源数量也会随之增加。当能量与物质的产生小于消耗时，草地就处于负向发展的贫化状态阶段，资源数量不断减少。

（3）草业资源的经济特性

一是草业资源的易退化性与可更新性。一方面，草业资源容易因外力的影响而发生系统的退化和逆行演替；另一方面，它可以不断接收系统外的能量、水分、元素及支持性能量，通过维持和强化系统的生存与运动，实现系统的可更新性，同时在自然更新的基础上，草业资源还可以通过农业技术措施，提高其生产潜力。二是草地面积的有限性与生产潜力的可发展性。不但单位面积上由光、水、热量所决定的草地植物的自然生产力是有限的，而且在一定的技术水平下，人们能够开发利用的草地资源的数量和产量也是有限的。但这种数量的有限性和利用的局限性都是相对的，随着科学技术的进步，可以通过采用各种草地畜牧措施，综合提高草业资源的生产率；通过开发利用草业资源的其他功能，充分发挥其非物质生产能力。三是草业资源的资产性与增值性。跟其他资产一样，草业资源可以成为个人、法人或国家的固定资产，从而通过租赁或出售体现其价值。有效能的投入、区位的向好、需求的增加、利用方式的集约化及生态保护意识的增强都会使草业资源产生资产的增值。四是草业资源利用的个体性和后果的社会性。草业资源的开发和经营，是由不同规模的生产单位分别实现的，因而具有资源利用的个体性。然而，这些个体性利用对一定区域所产生的综合性后果，尤其是不良后果，不仅会影响本区域的生态环境和经济效益，还会通过“蝴蝶效应”在国家尺度、洲际尺度，甚至全球尺度上产生巨大的社会性后果。

（二）管理信息系统的概念

1. 定义

管理信息系统的英文是Management Information Systems，简称MIS。其定义为：用系统的方式，通过信息媒介控制，达到服务于管理目的的系统（薛华成，2012）。

它包含三个概念：管理、信息和系统。管理就是收集信息，分析事物；信息是经过加工后，能够对决策者的行为产生影响的数据；系统是为了某种目的而相互联系的部件的总体。管理信息系统绝不只是信息，更不只是计算机，它是从管理出发通过信息手段来进行计划和控制的系统。

2. 特点

由上述管理信息系统的定义，可以看出管理信息系统具有如下的特点。

1）它是一个为管理决策服务的信息系统。管理信息系统必须能够根据管理的需要，及时提供信息，帮助决策者做出决策。

2）它是一个对组织乃至整个供需链进行全面管理的综合系统。管理信息系统综合的意义在于产生更高层次的管理信息，为管理决策服务。

3）它是一个人机结合的系统。管理信息系统的目的在于辅助决策，而决策只能由人来做，因而它必须是一个人机结合的系统。在管理信息系统中，各级管理人员既是系统的使用者，又是系统的组成部分，在管理信息系统开发过程中，就要根据这一特点，正确界定人和计算机在系统中的地位，充分发挥人和计算机各自的长处，使系统得到整体优化。

4）它是一个需要与先进的管理方法和手段相结合的信息系统。人们在管理信息系统的应用实践中发现，如果只简单地采用计算机技术提高处理速度，而不采用先进的管理方法，管理信息系统的应用仅只是减轻了管理人员的劳动，其作用发挥十分有限。要充分发挥管理信息系统在管理中的作用，就必须与先进的管理方法和手段结合起来，在开发管理信息系统时，融入现代化的管理思想和方法。

（三）草业资源管理信息系统的概念与内涵

1. 草业资源管理信息系统的概念

草业资源管理信息系统是草业资源管理与信息科学、计算机科学相融合的产物，也是草业资源管理者管理意识提高、管理需求增长的必然结果。

总的说来，草业资源管理信息系统是对草业资源信息进行管理的一系列元素相互联系相互作用的综合体，它是运用计划、组织、指挥、控制、协调等管理手段，对草业资源信息进行收集、存储、加工，并为生产提供服务，从而有效地利用人、财、物，实现草业资源的可持续利用的系统。

草业资源管理信息系统的核心是草业资源管理，强调对信息的组织、加工、分配、服务等过程，通过信息对草业资源及其管理进行分析、决策、控制、协调来规范人类的行为。

2. 草业资源管理信息系统的新内涵

（1）现代草业资源管理信息系统是以可持续发展的信息观为指导的管理信息系统

传统的信息观强调信息是一种战略资源，是一种财富，是一种生产力要素，而片面地认为促进经济发展就是它最大的作用，却没有把信息放在“自然-社会-经济”这一完整系统中加以全面考虑。正是在这种传统信息观的指导下，信息技术取得迅速发展的同时，却加剧了人类对物质、能源资源的开发和利用，导致了地球环境恶化和生态严重失衡，因此迫切需要突破传统信息观的局限，形成一种新的信息观——可持续发展的信息观，即信息是社会、经济和自然的反映，如图 6-1 所示。

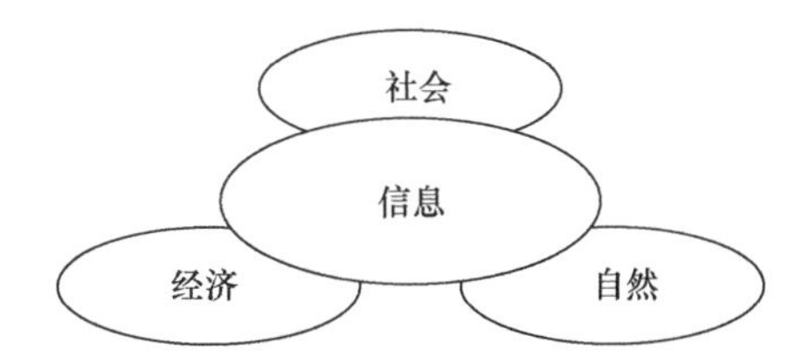

图 6-1　信息是对社会、经济和自然的反映

可持续发展是人类系统、资源系统、科技系统、经济系统、法律系统和伦理系统等系统良性综合作用的结果，而信息是对社会、经济、自然的反映，是这些系统相互关系的纽带和它们高效运行的前提。可持续发展的信息观在传统信息观的基础上，增加了以信息促进“自然-社会-经济”的全面进步并与之协调发展的内涵，是站在人类可持续发展的战略高度对信息内涵的揭示。

在现代草业资源管理信息系统中，信息资源是协调草业资源与社会、经济之间关系的纽带，而不是置环境和生态于不顾，片面强调草业资源的开发利用服务，信息资源的滥用会带来草地的过度放牧、草地生态系统严重失调，加重经济危机、资源危机和环境危机。应树立可持续发展的信息观来指导现代草业资源信息管理，信息资源的合理开发和利用可以直接创造财富，可以将封闭的、传统的草业资源管理引向开放、活化的管理模式，并优化生产结构和劳动组合，将有限的草业资源进行合理配置和利用，减少资源的不合理消耗。

（2）现代草业资源管理信息系统是为草业资源可持续发展服务的管理信息系统

以可持续发展为指导思想的现代草业资源管理信息系统综合考虑草地生态系统整体，扩展草业资源的内涵，拓宽管理内容和对象，不仅集中于草业资源本身，还考虑它的自然条件、环境及草地生态系统与其他系统的能量、物质、信息的交换。同时，现代草业资源管理信息系统还要适应当前我国市场经济的特点，考虑“可持续”的同时也要考虑“发展”，而如何最大限度合理地利用草业资源，既满足“可持续”的需求，又满足“发展”的需求，是困扰草业资源管理决策者的重大问题，所以现代草业资源信息管理就必须充当起辅助决策的角色。现代草业资源管理信息系统的一个重要任务就是通过对草业可持续发展中各基本要素的分析和预测，为可持续发展决策提供服务。反之，在现代草业资源管理信息系统支持下的可持续发展研究也必将产生新的信息需求，不断推动现代草业资源管理水平的发展和提高。

（3）现代草业资源管理信息系统的核心是知识管理

现代管理为适应生产和管理活动的需要，正从以“物”为中心向以“知识”为中心转变，知识作为一种生产要素在经济发展中的作用日益增长。草业资源管理信息系统正面临着由“物”向“知识”的转变，通过处理信息、管理知识，使草业资源管理从劳动密集型向知识密集型方向发展。

长期以来，草业资源管理是通过反映草地和牲畜数量的多少来实施对“物”的管理，缺乏足够的决策知识，“适度放牧”与“超载过牧”在决策者的一念之间，这是导致草地资源退化的原因之一。现代草业资源管理信息系统要求根据计算机的智能推理知识，在广泛听取专家和牧民意见的基础上，实现对草业资源的全面管理。

知识经济的到来，敦促现代草业资源管理信息系统具有知识管理的能力并提供知识创新的机制。在草业资源管理信息系统的初级阶段，草业资源管理者缺乏辅助决策的知识，仅根据专业人员提供的底层数据，用管理者的主观经验所进行的判断和决策替代了原本比较复杂的决策过程。在草业资源管理信息系统的发展阶段，草业专家和草地畜牧业从业者利用所掌握的丰富的专业知识及实践经验，帮助决策者利用计算机的智能推理方法从基础数据中获取知识，进行决策。而现代草业资源管理信息系统，是真正具有创新能力的“决策者”，它可以利用专家提供的知识进行创新，包括产品创新、思想创新和技术创新，是“知其所以然者”。草业资源管理信息系统的变化过程是从知道“有什么”到“怎么做”的过程，是从处理数据和信息到管理知识的过程。其基本途径是在以现代化手段进行草业资源经营和管理的基础上，逐步实现知识管理，将以“物”为中心的草业资源经营和管理，转变为以“信息和知识”为中心的管理；从草畜产品等有形资产的生产过程，转变为将信息和知识等无形资源转化为生产力的过程。

（4）系统集成是现代草业资源管理信息系统的新思路

可持续发展作为社会发展的一个新模式或战略，正在世界各国普遍实施，草业资源及其信息管理作为一个复杂系统也正在被关注，而信息技术的发展为信息管理提供了强有力的支持。面对较原来更高的目标和要求，对于复杂的系统组成要素及其相互关系，对于外部社会、经济、自然环境的变化，对于信息管理的组织、运行，都需要一个新的思想来指导信息管理。系统科学的发展与实践，正在解决这个问题，这就是系统集成思想。系统集成思想不仅把草业资源及其管理看成是一个系统，注意它的系统组成和组成要素的关系，而且还在控制系统运行即开展管理活动时，考虑到众多的管理者和被管理者、各层次的组织和机构、各种时空状态和它们的变化、各类信息和知识、相关的手段和技术，并将它们作为有机整体进行系统思考。未来的草业资源管理信息系统，将以可持续发展为指导思想，体现自然科学与社会科学的集成；视草业资源及其管理为一个开放的复杂巨系统，使用集成的方法来认识与研究；根据需要和可能集各种信息技术为一体，为取得整体效益，在各个环节发挥作用。综上所述，可以认为系统集成是现代草业资源管理信息系统发展的一种新思路，是现代思想、方法、技术等方面的一个集成体。

3. 草业资源管理信息系统分类

国内外一些管理领域的学者，分析了工业社会管理发展过程，提出了它的发展阶段：工业时代初期以所有制为核心的第一代管理，严格等级制的第二代管理，矩阵型组织的第三代管理，以计算机网络化为特征的第四代管理。现在，新的生产要素对传统生产观念提出了严峻的挑战，以人为中心的管理观念开始取代以"物"为中心的管理观念，产品观念、竞争观念都发生了巨大的变化，这就是 21 世纪的管理——第五代管理。它是基于知识的，是通过人所实施的知识管理，是"以人为本"、"以知识为中心"的管理，是管理的巨大革命。

从草业资源管理系统发展阶段分析，已经经历了描述草业资源状态与利用方式的数据管理，经过加工与组织，提供对管理者有用的数据——信息管理阶段，现在又进入了一个新的阶段——知识管理，它是基于信息之上的有关草业资源及其管理内容之间的因果性或相关性联系，并可以预测未来的信息管理。以知识的生产、获取、使用、传播为主要内容的未来的草业资源知识管理，主要通过知识的生成管理、知识的交流管理、知识的积累管理、知识的应用管理，互相制约形成一个有机的系统来完成相关管理。可以认为，知识的应用是管理的目的，知识的交流是生成知识的手段和途径，知识的更新是草业资源创新的动力，知识的积累是草业资源发展的基础。

既然知识管理将成为今后草业资源管理信息系统的主要目标，知识管理也就成为所有管理者的重要职能，是运用集体的智慧，提高应变和创新能力。它强调人的行为、强调合作、强调共享、强调开发、强调效益。因此，草业资源管理信息系统的内容已经不再是数据和信息处理的管理，而是通过管理思想、组织、制度的变革，在高新技术支持下，信息和知识广泛地组织和开发利用。

草业资源管理信息系统的内容很多，根据不同的方式分为不同的类型，按信息使用方式可分为：单项管理系统、综合管理系统、集成管理系统；按信息属性可分为：属性信息管理系统、空间信息管理系统；按信息管理对象可分为：前植物生产层管理系统、植物生产层管理系统、动物生产层管理系统和后生物生产层管理系统；按信息作用方式可分为档案管理、预警系统、动态监测、信息发布、规划与决策。图 6-2 列举了以不同方式对草业资源管理信息系统内容进行的分类。

在完成知识的生成管理、知识的交流管理、知识的积累管理、知识的应用管理活动中，无论采取什么方式，其手段与办法应该是符合时代发展的，也就是应该采取现代管理方法和技术，应用计算机、通信网络等为主要支持技术平台，以系统哲学为基础，利用还原论与整体论结合、定性描述与定量描述结合、局部描述与整体描述结合、确定性描述与不确定性描述结合、系统分析与综合分析结合等方法，人-机一体化，认识和处理复杂系统，为管理者提供调控草业资源信息管理活动和进行管理决策所需要的信息与知识。

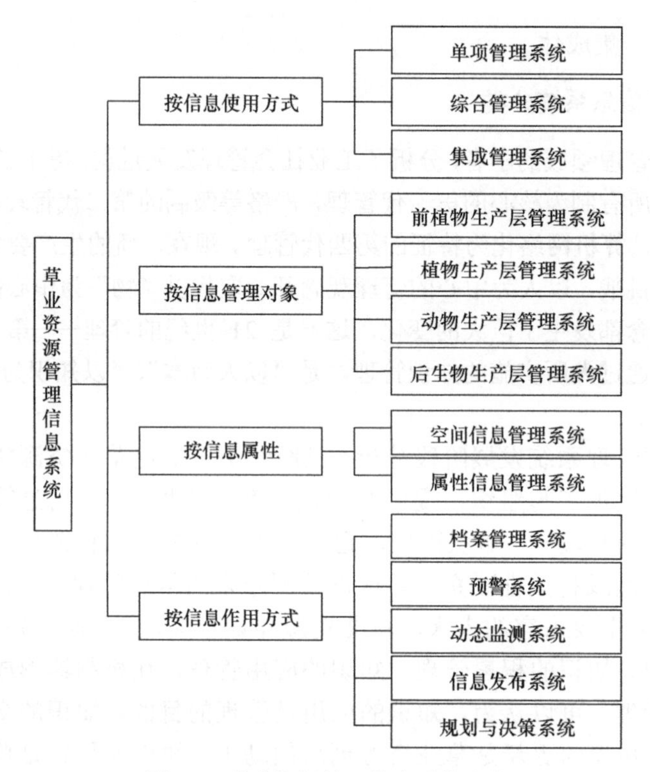

图 6-2　草业资源管理信息系统分类

二、草业资源管理信息系统的结构

草业资源管理信息系统，是在草业资源管理的总目标下，从管理实践出发，用信息语言对管理范围内的客观实体的作用和相互关系进行描述，对草业资源及其所处的社会、经济、自然等环境状态与运动方式中知识信息的采集、存储、传递、加工和提供使用等处理环节进行管理的复杂系统。因此，草业资源管理信息系统的结构需要从全局的管理职能和过程出发，通过对信息需求及信息流程的综合抽象和逻辑关系的分析，对其逻辑结构和功能结构分别进行描述。

（一）草业资源管理信息系统的逻辑结构

草业资源管理信息系统的逻辑结构描述的是草业资源管理信息系统的信息及信息流的逻辑关系，这一关系可由图 6-3 说明。

草业资源管理信息系统的逻辑结构由 8 个部分组成，分别是用户界面子系统、基本信息管理子系统、标准规范管理子系统、知识管理子系统、分析评价子系统、模拟专家子系统、辅助决策子系统和调控监测子系统。分述如下。

1. 用户界面子系统

用户界面子系统基于草业资源管理信息系统硬件而设计，便于用户有效地使用系统并与系统进行双向交互。它包括以多媒体形式对数据进行表达，对各子系统进行展示和

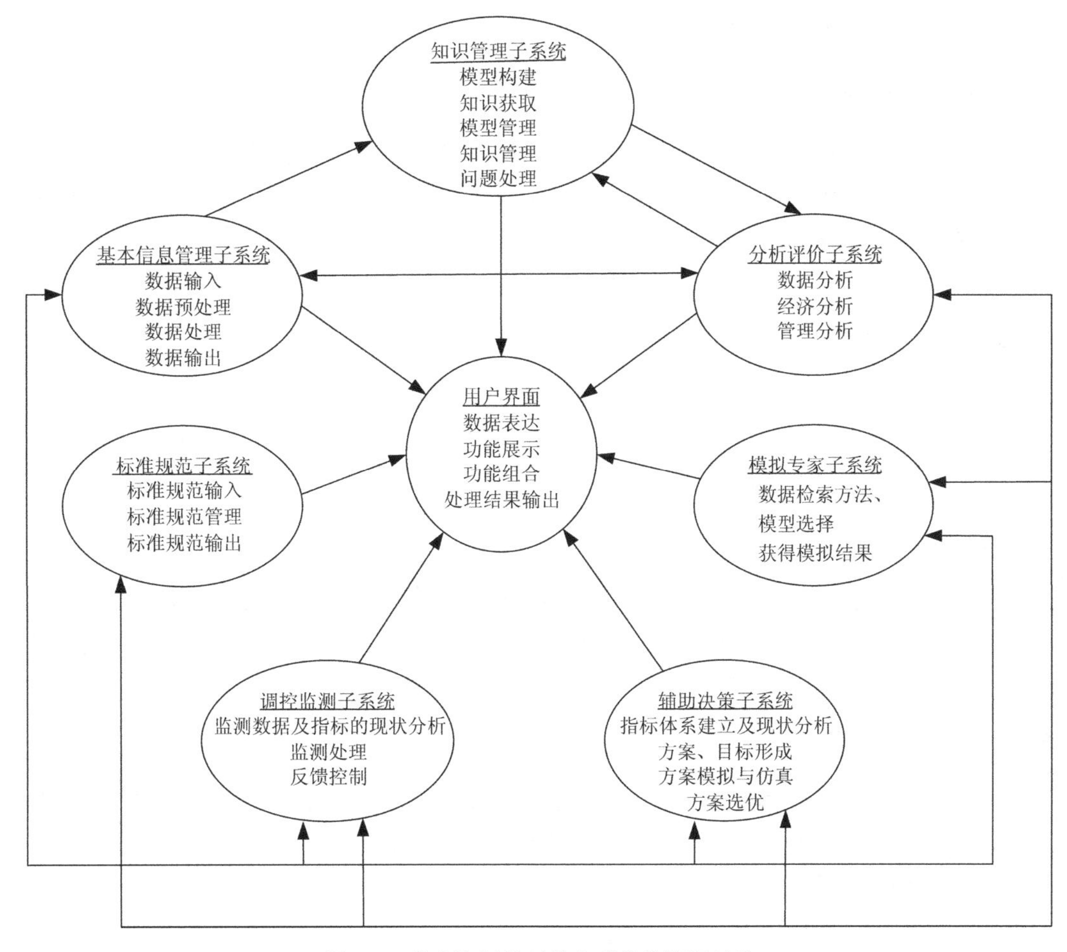

图 6-3　草业资源管理信息系统的逻辑结构

功能组合，以多媒体形式对处理结果进行输出及整个管理信息系统的网络传输。

2. 基本信息管理子系统

系统通过基本信息管理子系统实现对草业资源及其环境信息的存储、汇总与传递。主要功能包括原始数据的直接输入、检查、验证、标准化处理、编辑修改、查询检索等，外部数据格式的转换，以及结果数据的直接输出和网络传递。

3. 标准规范管理子系统

标准规范管理子系统是草业资源管理涉及的各种理论、政策、法规和信息系统建设规范的集成。主要功能有相关法规、标准、概念、理论等的收集，系统代码规则的存储，相关指标的增删改，以及上述标准规范的检索查询等。

4. 知识管理子系统

知识管理子系统对草业资源管理信息系统的所有知识进行收集、整理和存储。主要通过构建知识库，将内容纷杂、格式各异的知识分类管理，实现知识的集中有序存储、快速检索调用和及时维护更新。

5. 分析评价子系统

分析评价是根据草业资源管理的目标，对草业资源管理过程和结果进行分析与价值判断并为决策服务的活动。分析评价子系统在数据统计、汇总、提取的基础上，分析草业资源的数量、质量、消长变化和管理效果，并对其现状、经济性、管理水平和环境影响等进行评价。

6. 模拟专家子系统

模拟专家子系统是基于草业专门知识和经验，模拟草业专家思维过程的人工智能系统。主要工作流程包括草业资源模型库的建立和建模工具的选择，模型的增删改、检索和运算，以及模拟结果的输出等。

7. 辅助决策子系统

辅助决策是以计算机技术、仿真技术和信息技术为手段，利用数据和模型为草业资源管理的各种决策提供多层次支持。主要工作流程包括指标体系的建立和现状分析，目标、方案的形成，方案模拟与仿真，以及方案的优选等。

8. 调控监测子系统

调控监测是对草业资源的数量、质量、消长变化及管理效果进行监测和调控。主要工作流程包括对监测数据和指标的现状分析评价，对监测结果进行调整处理，根据处理结果对系统进行反馈控制等。

（二）草业资源管理信息系统功能结构

草地资源管理信息系统的逻辑结构表示的是草业资源管理的逻辑关系，草业资源信息管理系统的功能结构则是从用户使用的角度出发，表明其输入、处理和输出的基本功能。图 6-4 即为草业资源管理信息系统功能结构。

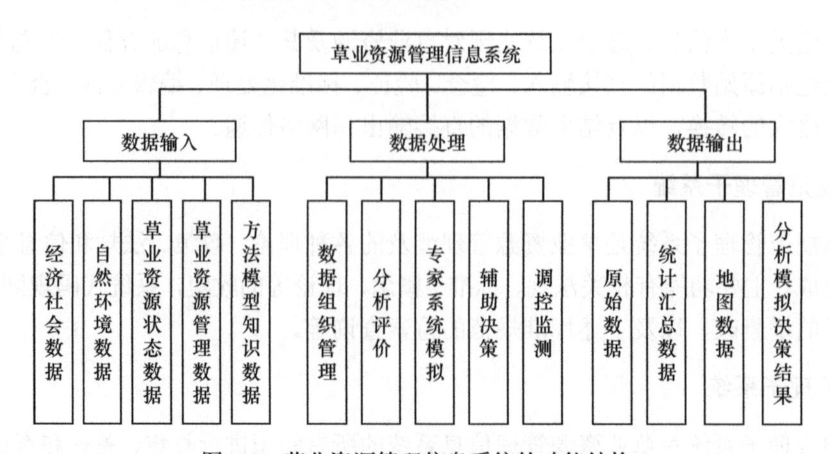

图 6-4 草业资源管理信息系统的功能结构

草业资源管理信息系统功能结构包括以下三大部分。

数据输入。其功能是将各种类型和格式的经济社会数据、自然环境数据、草业资源状态数据、草业资源管理数据和方法模型知识数据等输入系统中。

数据处理。其功能是对输入的数据进行组织管理，并用这些数据进行分析评价、模型模拟、辅助决策和系统的调控监测。

数据输出。其功能是将原始数据或处理的结果通过屏幕或纸质介质进行输出，输出的形式包括文字、图、表、地图等。

这里要指出的是，上述只是草业资源管理信息系统的一般结构，它不是固定的，可以由于时空的变化、目的和要求的变化，以及需求的变化而变化。对于一个具体的草业资源管理信息系统而言，需要在此基础上做进一步的细化，从数据管理、图形管理、图像管理、模型管理等多方面分别加以实现，并以超媒体技术实现功能和数据联系，采用科学化、信息化的手段使之成为经营管理草业资源的有力工具。

三、草业资源管理信息系统的特征

草业资源管理信息系统的特征，是指在系统的研制和应用过程中，与其他管理信息系统相比所具有的独特性质。

（一）草业资源管理信息系统是一个复杂的系统

草业资源管理信息系统是一个复杂系统，这是由系统的管理对象——草业资源的高阶性、非线性、随机性决定的，高阶性是指草业资源的组成要素多元复杂，非线性和随机性等则表明组成要素之间的联系方式方法和状态的复杂性。草业资源管理可分为宏观、中观和微观等类型，每一类型中又有上层决策、中层调控、下层实施等层次，每一类型、每一层次为完成一定的管理职能，又需要众多要素构成子系统，多个子系统相互关联就形成整个草业资源管理信息系统。首先，组成草业资源管理信息系统各个子系统的诸要素，来自社会、自然、经济各个领域，各要素之间，各类型、各层次的子系统之间，草业资源管理信息系统内部要素与外部环境要素之间，在特定的条件下，通过各种方式方法相互联系、相互影响、相互制约，这种种联系纵横交错组成一个复杂系统。其次，一方面草业资源状态与利用方式的众多关系，不是简单的线性关系，所以作为描述或者控制草业资源状态与运动方式的信息也不能采取简单的线性模型；另一方面，在很多时空条件下，信息之间的传递交换及管理者提取使用信息的方式都具有非线性性质，处理错综复杂的信息是草业资源管理信息系统的必然。最后，草业资源发生发展的社会、经济、自然环境的不确定性，以及管理者处理问题的主观性，决定着草业资源管理具有随机性，因而草业资源管理信息系统要对客观上和主观上的随机及它们的综合进行恰当的处理，这是系统复杂的又一个因素。

（二）草业资源管理信息系统是一个多元化的系统

草业资源存在时空差异，即时间和空间上的不一致性，因而构成草业资源管理信息系统的要素是多元化的，具体表现在系统信息源、信息需求、组成要素、载体、信息系统的结构和功能等各个方面。首先，由于所处的时空环境不同，对特定区域内的草业资源而言，不同物种各有其发生发展的自然、社会、经济条件，同一物种又处于不同的发展阶段，在总体上表现为时间和空间的二维差异。其次，相同自然条件下的草业资源单元可能有不同的经济条件，而同一经济条件下，又有千差万别的自然和社会状况，各种组合进一步体现了多维差异。因此，表示草业资源状态和利用方式的信息，在信息源上，有社会、经济、自然环境、草业资源及其经营利用活动等多种来源；在形式、内容和时态上，有各种图形、图像、文字、数值为载体的不同的空间和时间信息。最后，不同的管理者不但需要多元化的信息，而且在处理、使用、组织、加工信息和知识时，也必然采用多元化的方法。

（三）草业资源管理信息系统是一个耦合的系统

草业资源本身就是集时空耦合和种间形态耦合为一体的复杂系统，在一定的时间与空间条件下，各子系统之间可能发生双相或多相的联系，形成时间耦合、空间耦合或时间-空间耦合。同时，特定的草业资源作为一个生态系统，包含丰富的植物、动物物种和种群，通过优化组合，产生种间形态的耦合。因此，单一的时态模型模拟、空间图像图形分析或物种状态分析，只能从一个侧面认识草业资源，只有把它们结合起来，在空间分析时考虑到时间的因素，在了解时间发展过程时结合空间性分析，在资源利用分析时将牧草和家畜相结合，形成一个耦合系统，才能客观、全面地认识和管理草业资源，从而更科学地调控它的发展。

（四）草业资源管理信息系统是一个动态的系统

对于以可持续发展系统草业资源为管理对象的草业资源管理信息系统来说，它必然是一个不断发展变化的连续过程，即动态的进程和系统。一方面，草业资源本身具有时间属性，会随着时间推进不断变化；而且处于不同生命周期的草业资源所产生的生态环境效益、经济效益和社会效益也不相同。另一方面，草业资源的资源生长与资源消耗之间、资源与人口之间的关系，也随着时间的变化而变化。需要特别说明的是，这并不意味着草业资源管理信息系统中不存在静态数据，因为正是一系列时间节点上反映当时当地条件下草业资源状态的静态截面数据构成了动态的草业资源管理信息系统。草业资源管理工作者面对的是客观存在的不断变化的数据，不管是否被获取，草业资源都在变化，反映草业资源状态的数据也在不断变化。正确、有效的管理来源于正确的判断，正确的判断来源于正确的信息，因此草业资源管理信息系统不仅需要，而且还应该依据客观存在且不断变化的事实，不断更新数据，保持草业资源管理信息系统中信息的时效性，是草业资源管理信息系统的重要任务。

（五）草业资源管理信息系统是一个社会开放性的系统

秉承“社会参与办草业”和“跳出草业办草业”的思想，吸引社会公众积极参与到草业资源管理中来，为草业资源的可持续发展建言献策，提供资金支持，达到自然、经济、社会和谐发展的最终目标，是草业资源信息管理信息系统必须要兼顾的内容。以此出发，草业资源管理信息系统作为与外界存在能量、物质和信息交换的开放系统，必然源于社会，用于社会。社会化把经营和管理草业资源的人结合到一定的社会关系中，社会化程度越来越高，表明草业在生物的、经济的意义基础之上，表现出人文的和社会的意义越大，而这一切是通过草业资源管理层面与经济、社会、自然环境及其之间的能量、物质和信息的交换实现的，草业资源管理信息系统应该运用现代科学来解决草业资源管理中的问题，成为人类和自然之间整合为一的纽带。

四、草业资源管理信息系统的发展

（一）草业资源管理信息系统发展概述

早期的草业资源管理，以草业资源的定性和定量描述为主，并以此为基础进行简单的数据分析和决策控制，严格地说，这属于数据管理，而不是信息管理。直到 20 世纪 70 年代，随着计算机技术的发展，草业资源管理与信息技术的应用相结合，出现了可以提供草地资源特征属性状态报告的数据处理系统，它可以看作草业资源管理信息系统的雏形。

此后，随着计算机技术的发展，草业资源管理信息系统与地理信息系统（GIS）相结合，将属性数据资料叠加在空间资料上，生成信息更为全面的专题图件，如植被类型图、土壤类型图、水系图、土地利用类型图、草地类型图等。

从 20 世纪 90 年代开始，“3S”技术成为草地资源管理信息系统的核心技术，在放牧管理的监测和评估、草地生产力评价、草地土壤调查和制图、草原集水区研究、野生动物栖息地制图等方面广泛使用。例如，澳大利亚使用资源卫星影像与家畜分布模型相结合，评估干旱放牧区中牛的运动模式和放牧状况；美国用资源卫星的资料对北美草原的生长状况进行评估，利用机载仪器，如可见光、红外光谱仪（AVIRIS），高分辨率影像光谱仪（HIRIS）等探测草地植物组分。在此基础上，美国、澳大利亚、加拿大这些畜牧业发达的国家，开发研建了适用于不同草业生产层的草业资源管理信息系统，主要有以下几个系统。

放牧土地应用系统（Grazing Land Applications，GLA），由美国得克萨斯 A&M 大学草地生态和管理学系与美国农业部土壤保护中心联合开发，该系统的基本功能是通过分析草地饲草现存量、载畜量、畜群结构、饲草平衡状况，帮助土地管理技术顾问对各种类型的土地（包括山地、林地、人工草地、旱地和宜牧的作物土地）进行放牧日程安排、饲养管理、营养平衡分析、管理风险评估、长期土地改良投资分析等。扩展的功能有 GAAT 模块——动态专项投资分析子系统，GLAS 模块——图像化地貌分析子系统，以及 PHYGROW 模块——基于水文学的植物生长预测子系统。

Rangepack 系统，由澳大利亚联邦科学与工业研究组织（CSIRO）的国家牧区课题组和相关科研机构合作开发。该系统能够满足天然草地及羊群的财产管理和区域策略评价的要求，分为三个主要模块：Herd-Econ 子系统包含生物学、气候学和经济学的相关模型，用来评价天然草地长期投资的可行性；PAD-DOCK 和 CLIMATE 均为数据库，前者是 GIS 数据库，用来存储大型牧区的水系水文数据及牧区利用记录，后者是澳大利亚干旱地区气象台的一个总数据库，专门用于分析各类极端气候的概率问题，对干旱牧区进行长期投资分析具有重要的实用价值。

Stockpol 系统，由新西兰农牧渔业部 Whatawhata 研究中心专家和牛羊生产顾问合作开发。该系统可以根据牧草生长及饲养计划安排、施肥、保护和刈割状况，确定草地最佳载畜量，还能够确定每类家畜的饲喂需求，并生成牧草生长和逐月牲畜需求及其物流信息报告、饲喂供应-需求曲线、牧草产量报告和财务报表等。

Floekplan 系统，由英国肉类与家畜委员会的一些专家与 700 多个绵羊生产者协作开发的系统，在 SmartwareⅡ（Informix SoftWare，Inc.）平台上开发。能够将生产者收集的羊群信息经过系统分析，使用咨询模型和草地规划模型对饲喂方式及羊群的合理平衡问题进行咨询，并发布总收入、市场流通格局、草地利用和产羔情况等信息。

Beefman 系统，由澳大利亚昆士兰州开发的肉牛业管理信息系统，用以帮助生产者在兼顾肉牛生产的生物持续性和经济持续性的前提下做出更好的决策。系统包括 6 个功能模块：GrassMan 子系统用于辅助防治杂草和确定载畜量，StockMan 子系统用于比较不同的肉牛群饲养管理策略，BreadCow 子系统是一个静态畜群平衡电子表格模型，DynaMan 子系统则是动态畜群平衡电子表格模型，RainMan 子系统可为气候分析提供概率计算，ForageMan 子系统则是一个用于饲草作物管理决策支持模型。此外，还有 3 个软件包 StockUp、FeedUp 和 BeefUp，分别帮助用户从事载畜量确定、饲草贮备利用和肉牛牧群的组织等管理活动。

我国对草业资源管理信息系统的研究工作起步较晚，第一个全面系统的草地资源数据库是 1992 年由中国农业科学院草原研究所建立的；1993 年该所以草地资源数据库为基础开发建设了具有遥感估产、草畜平衡动态监测、牧草长势预测和草原灾害监测功能的“北方地区草畜平衡动态监测系统”。此后，草业工作者从不同的使用目的出发，开发建设了各种草业资源管理信息系统，比较成功的有：1994 年内蒙古环境监测站的赵晓霞、张自学等为合理开发利用荒漠草原开发的具有信息提取、专题图编制、统计分析等多种功能的“达茂旗草原生态环境信息系统”；1996 年新疆农业大学和新疆农业科学院的朱进忠、常松等开发的“新疆草地资源管理信息系统”，不仅实现了统计数据库与空间数据库的连接，还加入了分析评价、发展预测、决策规划等管理模型；1999 年由任继周院士主持，甘肃省草原生态研究所的陈全功、梁天刚等开发研制的“甘肃省生态建设与草业开发专家系统”，将多年来草业专家积累的知识、经验和技术，以及甘肃草业资源的各种属性，以文本、图形、图像和视频等多媒体信息集成的方式集中展示在用户面前。

“3S”技术和计算机网络技术的不断成熟，为草业资源信息的快速获取、图形表达、维护管理等提供了可靠的技术支撑，使开发建设拥有处理海量数据、进行定量化分析能力的可以跨区域共享的草业资源管理信息系统成为可能。2002 年，由中国农业科学院草原研究所袁清研究员设计开发了我国第一个全国草地资源监测和信息管理的数据共享 WebGIS 平台。该系统运用 Java 语言、网络技术、数据库技术和遥感技术，将 8 个栅格图件（DEM 图、土壤类型图、草地类型图等）进行叠加，使用户可以通过互联网实现对系统内属性到图斑的浏览查询、图斑到属性的查询、空间运算等功能。2007 年陈全功等也推出了基于 WebGIS 的“中国草业开发与生态建设系统”。兰州大学的冯琦胜等（2009）以 ASP.net 和 ArcGIS Server 技术为基础，在 Visual Studio 2008 开发环境下，设计开发出“甘南牧区草畜数字化管理系统”，实现了 B/S 环境下对甘南牧区草畜动态平衡状况的监测。

（二）草业资源管理信息系统的发展趋势

进入 21 世纪，国家信息化战略部署的深入，引起各地畜牧业管理部门对草业资源管理信息系统开发建设的重视，出现了面向多个层面的草业资源管理信息系统，服务于草业生产的各个领域。为更好地适应草业资源管理的复杂性特点，研究者将系统科学、管理科学和信息科学在草业资源管理领域的应用推向纵深，以系统集成为统领的草业资源管理信息集成系统成为草业资源管理信息系统研究的新趋势。

草业资源管理信息系统从科学管理需要出发，融合了相关理论、方法和技术，为管理者提供了强有力的技术支持。但是，对于草业资源管理这样一项复杂的系统工程来说，各要素的不确定性，如管理者的素质和价值观、组织机构的性质及其功能、不断变化的时空环境等，使传统的管理方式和建立在它们基础上的方法、技术，不能完全满足实践的需要。因此未来的发展趋势是利用系统科学、草业科学、管理科学、信息科学等科学技术发展的新思想、观点、方法与技术，在系统集成思想指导下建立草业资源管理信息集成系统，不仅仅是技术的改进，还包括人的思想、管理理念、组织结构、功能过程、方法技术等方面的全面变革。

草业资源管理信息集成系统是指导草业资源各生产层组织管理的方法和策略，它不仅需要技术，还含有艺术的成分，能够提供草业资源管理一体化的思路和解决方法。它是针对草业资源复杂性管理提出的全面解决方案，充分考虑草业资源管理活动中的人、组织、管理、信息、技术、计算机系统平台等多方面的因素，为建立一个基于统一的、标准的、开放的、综合运用各种先进信息技术的、有先进管理规范的技术系统而提出的新理念。

草业资源管理信息集成系统，不仅将系统置于自然-社会-经济大环境之中，而且还充分考虑“人”的主观能动性，从人的思想、素质、需求、人际关系等方面，进行人与人、人与计算机、人与资源、人与环境之间的集成，满足人对信息和知识的需求。“3S”技术、互联网、物联网、人工智能等各种高新技术为草业资源管理信息集成系统提供基础支撑，将草业资源管理涉及的计划、组织、执行、协调、控制等各种活动有机地综合为整体，进行组织集成，使其符合可持续发展的总体要求；通过各种管理手段促进知识的生产、传播和应用，使知识成为生产力。

草业资源管理信息集成系统，是在可持续发展、知识经济和数字地球等背景下，利用系统集成思想，从“自然-社会-经济”复合系统的整体出发，考虑草业资源管理问题，为知识创新和知识管理提供完善的功能与机制，使草业资源管理融入数字地球之中，最终使草业在知识经济社会中获得更大的发展；它是以人为本，变革思维方式，提高素质和技能，对管理体制进行革新，对草业资源管理业务进行重构；它是一个综合多种先进技术的支持系统，以信息集成为基础，搭建多级系统平台，是对草业资源管理的人、组织、过程、方法、数据、技术的集成，完成计划、组织、指挥、控制、协调等管理职能，达到草业资源管理整体效益的最大化。

第二节　草业资源管理信息系统的开发

草业资源管理信息系统的开发是一项复杂的系统工程，本节将在概述草业资源管理信息系统开发流程的基础上，重点对系统的分析、设计和实施进行详细介绍。

一、草业资源管理信息系统的开发流程

（一）草业资源管理信息系统的生命周期

草业资源管理信息系统的生命周期是指从管理信息系统立项、功能确定、设计、开发成功、投入使用，并在使用中不断修改、完善，直至被新的系统所替代，而停止该系统使用的全过程。它包括开发和使用两个阶段。

（二）草业资源管理信息系统开发的任务

草业资源管理信息系统开发的任务就是根据草业资源管理的目标、内容、规模、性质等具体情况，从系统论的观点出发，运用系统工程的方法，按照草业资源发生发展的规律，建立计算机化的管理信息系统。其中的核心工作，就是开发出满足用户需要的现代化草业资源管理应用软件系统。

（三）草业资源管理信息系统开发的原则

为了保证草业资源管理信息系统开发的顺利进行，在系统开发过程中应遵循以下原则。

1. 完整性原则

草业资源管理信息系统是一个由不同功能的子系统构成的有机整体，它的完整性主要体现为功能目标的一致性和系统结构的有机化。在进行系统开发时，要坚持统一规划，严格按阶段分步实施，先确定系统信息及信息流的逻辑关系（模型），再设计完成系统信息处理功能的物理结构（模型）。计算机化的信息系统必须从系统总体出发，各子系统的功能要尽可能规范，数据格式要统一，语言描述要一致，信息资源要共享，从而保证各子系统协调一致地工作，避免信息的大量重复（冗余），寻求系统的整体优化。

2. 适应性原则

随着人们对于草业资源需求的多样化，新的管理内容和方法也会不断出现，因而在进行系统开发时，必须秉持开放性、超前性的理念，使系统具有较强的动态适应性。当管理内容和模式或计算机软硬件等发生变化时，只有具备良好的可扩展性和易维护性的草业资源管理信息系统，才能够很容易地进行修改、扩充。因而在系统开发时，一定要为各种编码、记录、文件程序等的变动和新增留有充分的余地。

3. 相关性原则

组成草业资源管理信息系统的各子系统各自有其独立的功能，同时相互联系、相互作用。信息流将各子系统的功能联系起来，形成一个不可分割的整体。某一子系统发生变化，其他子系统也要相应地进行调整和改变。因此，在进行系统开发时，必须考虑系统的相关性，不能孤立地看待和处理各子系统的目标、界限、输入、输出和处理内容等问题。

4. 可靠性原则

系统的可靠性是检验系统成败的主要指标之一，只有安全可靠的系统才能顺畅地运行和使用。因而在进行草业资源管理信息系统开发时，要保证系统所应用的软件和硬件设备的稳定性与适用性，要保证数据采集的质量，要对输入的数据进行校验，要有一整套切实可行的安全措施，这样就能使系统的可靠性得到充分的保证。

5. 创新性原则

开发草业资源管理信息系统不是简单地用计算机模仿传统的管理方式和内容，而是发挥计算机的各种能力去改进传统的工作，进行管理模式的创新。例如，利用计算机的图形图像功能对草地类型、轮牧小区等进行地图化表达，利用计算机的栅格计算功能对产草量、载畜量进行估算等。

（四）草业资源管理信息系统的开发流程

草业资源管理信息系统的开发流程包括系统规划、系统分析、系统设计、系统实施、系统维护和评价五个阶段，各阶段的主要工作内容如下。

1. 系统规划阶段

系统规划阶段的任务是在对草业资源信息进行初步调查的基础上提出开发管理系统的要求，根据需要和可能，给出系统的总体方案，并对这些方案进行可行性分析，产生系统开发计划和可行性研究报告两份文档。

2. 系统分析阶段

系统分析阶段的任务是根据系统开发计划所确定的范围，对草业资源进行详细调查，确定资源系统运作的业务流程、基本目标和逻辑模型，这个阶段又称为逻辑设计阶段。系统分析阶段的工作成果体现在“系统分析说明书”中，这是系统建设的必备文件。它是提交给用户的文档，也是下一阶段的工作依据，“系统分析说明书”一旦评审通过，就是系统设计的依据，也是系统最终验收的依据。

3. 系统设计阶段

系统分析阶段回答了开发草业资源信息系统“做什么”的问题，而系统设计阶段的任务就是回答“怎么做”的问题，即根据系统分析说明书中规定的功能要求，考虑实际条件，具体设计实现逻辑模型的技术方案，即设计信息系统的物理模型，所以这个阶段又称为物理设计阶段。它又分为总体设计和详细设计两个阶段，产生的技术文档仍反映在“系统设计说明书”里。

4. 系统实施阶段

系统实施阶段的任务包括计算机等硬件设备的购置、安装和调试，应用程序的编制和调试，人员培训，数据文件转换，系统调试与转换等。系统实施是按实施计划分阶段完成的，每个阶段应写出“实施进度报告”，系统测试之后写出“系统测试报告”。

5. 系统维护和评价阶段

系统投入运行后，需要经常进行维护，记录系统运行情况，根据一定的程序对系统进行必要的修改，评价系统的工作质量和经济效益。

二、草业资源管理信息系统的分析

草业资源管理信息系统的系统分析阶段的任务是根据系统开发计划所确定的范围，确定系统的基本目标和逻辑模型，这阶段又称为逻辑设计阶段。

（一）系统需求分析

系统需求分析就是针对用户的实际需要展开分析和调查。只有了解用户的需求，才能确定系统的目标。需求分析的目的有三个：一是获取准确、清晰、完整的需求，包括功能需求和非功能需求；二是确定需求的分级，划分需求的优先级，指导后续工作；三是收集系统用户的业务资料，预测系统信息管理需求的发展趋势，为系统的开发方向提供依据。需求分析要求能够回答系统“做什么”这个关键问题，只有明确了这个问题，才有可能有针对性地去解决这个问题。把需要解决哪些问题、满足用户哪些具体需求分析清楚，从逻辑上，或者说从信息处理的功能需求上提出系统的方案，即建立逻辑模型，为下一阶段进行物理方案确定设计的方向。简单地说，系统需求分析阶段就是将系统的目标具体化为用户需求，再将用户需求转换为系统的逻辑模型，系统的逻辑模型是用户需求明确、详细的表示，它们之间的关系如图 6-5 所示。

图 6-5　草业资源管理信息系统目标、用户需求和系统逻辑模型的关系

（二）系统功能分析

系统功能分析是整个系统分析中最先进行的一个环节，也是最为基础的环节。草业资源管理信息系统的建设有一个总的目标，要达到这个目标，各子系统就必须在各自功能充分完成的基础上形成良好的信息流反馈机制。功能分析的目的就是确定各个子系统的功能结构，并以其为线索，明确各个子系统信息流向，以此掌握系统的功能体系。

功能分析可以用功能结构图来表示。功能结构图是一个以系统功能为主体的树形图，它把一个复杂的草业资源信息系统分解为多个功能较单一的模块。一方面，各个模块具有相对独立性，可以分别加以设计实现；另一方面，模块之间的相互关系通过一定的方式予以说明，各模块在这些关系的约束下共同构成一个统一的整体，完成系统的功能。图 6-6 为“甘南牧区草畜数字化管理系统”的功能结构图（冯琦胜等，2009）。

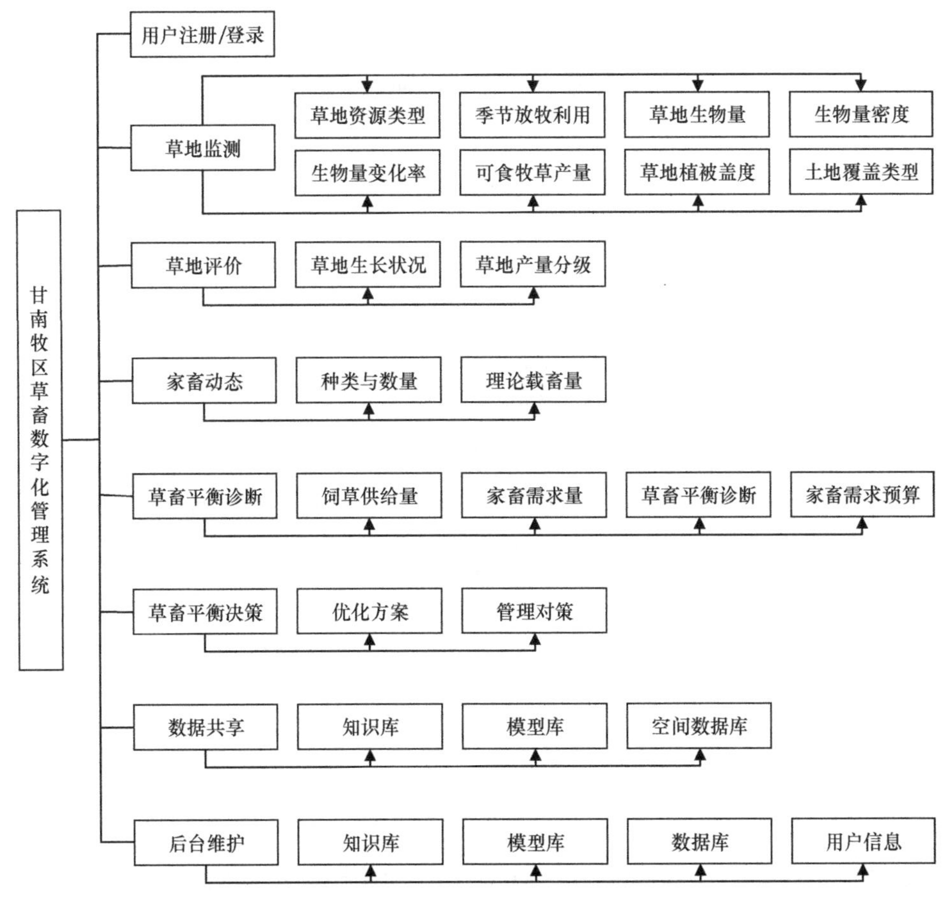

图 6-6　“甘南牧区草畜数字化管理系统”功能结构图

（三）系统流程分析

系统功能分析的重点在于描述系统的功能特征及各功能模块之间的调用关系，但并未表达各功能之间的信息传递关系。因此，为了进一步表达系统中信息的传递和处理过程，还必须进行系统流程分析，它是在系统功能分析的基础上，利用前期调研收集的资料，通过对输入输出信息的详细分析，然后将具体的信息处理过程在计算机中的主要运行步骤上标识出来，形成一个直观图，这样的图称为系统流程图。图 6-7 为“中国草业开发与生态建设”信息系统（http://www.ecograss.com.cn）中草原综合顺序分类电子地图的制作流程（梁天刚等，2001）。

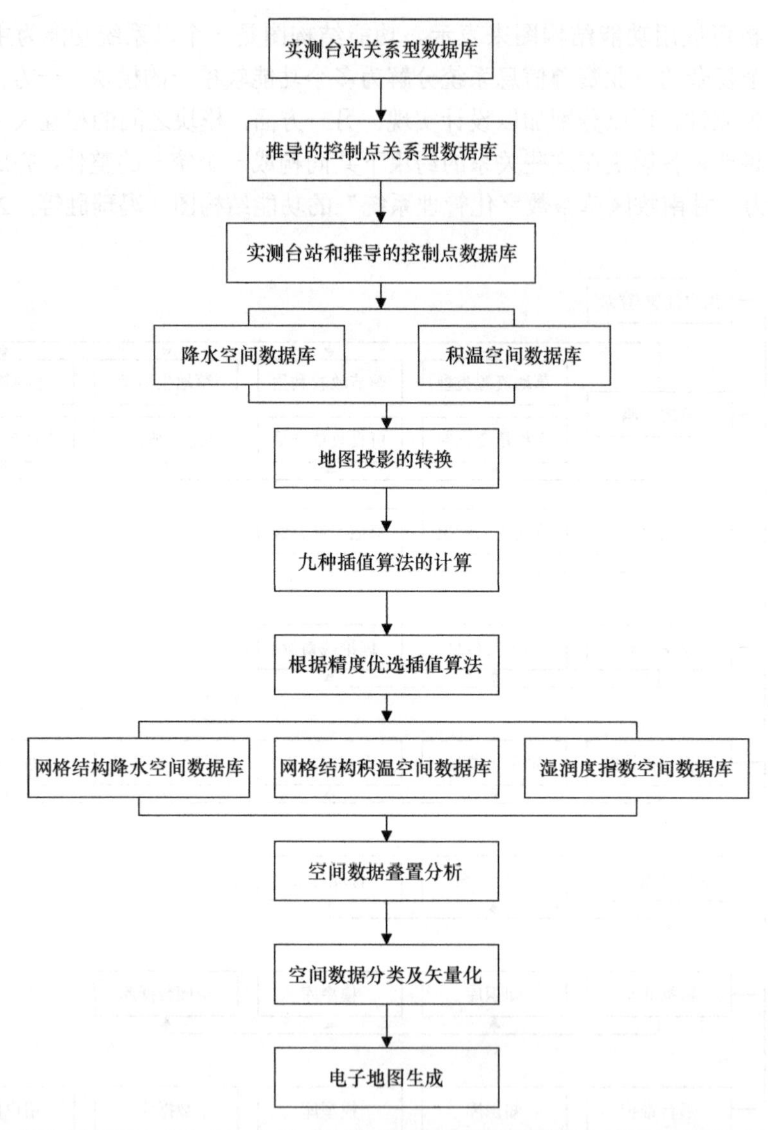

图 6-7 “中国草业开发与生态建设”信息系统中草原综合顺序分类电子地图的制作流程

（四）数据流程分析

数据流程分析是把数据在系统内部的流动情况抽象出来，舍去具体的信息载体、处理方法、技术手段等，单从数据流动过程来考查系统功能模块的数据处理模式。数据流程分析主要包括对信息的流动、传递、处理、存储等方面分析，其目的就是要发现和解决数据流通中的问题。

数据流程图是描述管理信息系统逻辑模型的主要工具，它主要有两个特点：一是概括性，数据流程图把系统内各种功能模块的处理过程联系起来，形成一个综合的数据流程整体，具有很强的概括性；二是抽象性，数据流程图不考虑具体的物理因素，如具体的存储介质、处理方法和技术手段等内容，只是抽象地反映数据的流向、自然的逻辑过程和必要的逻辑数据存储。数据流程图抽象地总结出草业资源管理信息系统的任务，以及各项任务之间的顺序和关系，从信息处理的角度将一个复杂的实际系统抽象成一个逻辑模型。图 6-8 为“中国草业开发与生态建设”信息系统（http://www.ecograss.com.cn）中“草业知识库查询”模块的数据流程图。

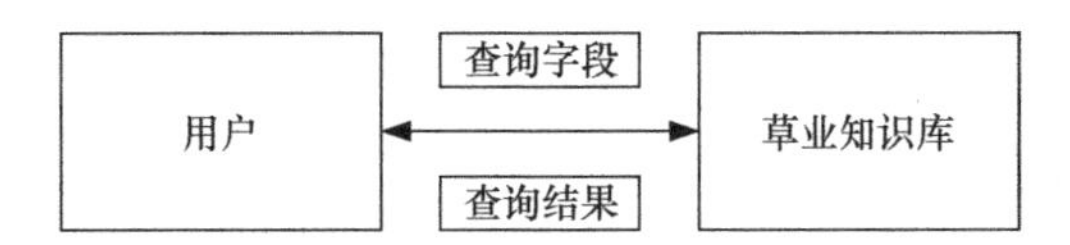

图 6-8　“中国草业开发与生态建设”信息系统中“草业知识库查询”数据流程图

（五）系统分析报告

系统分析阶段的最终成果是系统分析报告，又称为系统说明书。系统分析报告反映了这一阶段调查分析的全部情况，是下一步设计与实现系统的纲领性文件。

一份好的系统分析报告应该不仅充分展示前段调查的结果，而且还要反映系统分析结果——系统的逻辑方案，这是非常重要的。系统分析报告主要包括以下内容。

1. 引言（概述）

主要是对系统的基本情况做概括性的描述，它包括系统的结构和目标，子系统的工作流程和功能，系统开发的有关背景及文本所用的专门术语等。

2. 项目概述

项目概述部分包括以下几部分。

1）项目的主要工作内容：简要说明本项目在系统分析阶段所进行的各项工作的主要内容。这些是建立系统逻辑模型的必要条件，而逻辑模型是书写系统说明书的基础。

2）系统需求说明：说明用户对系统的各种要求，包括系统的目标、主要功能、工作流程及有关的功能结构图和业务流程图。

3）系统的逻辑模型：通过对用户对系统目标和功能的分析，确定系统的逻辑模型并用数据流程图加以说明。

3. 实施计划

1）工作任务的划分：说明开发中应完成的各项工作，并按系统功能（或子系统）划分，进行任务分工，指明各项任务的负责人。

2）工作进度：说明各项工作任务的预定开始时间和完成时间，规定各项任务完成的先后次序及任务完成的界面。

3）经费预算：逐项列出开发项目所需要的经费预算。

系统分析报告的编写反映系统分析工作的水平，应认真对待，切实做到情况清楚、观点明确、论证有力、简单明了。系统分析说明书形成后必须组织开发单位的高层领导、管理人员、专业技术人员、系统分析人员等各方面的人员一起对已经形成的逻辑方案进行论证，尽可能发现其中的问题、误解和疏漏。对于问题、疏漏要及时纠正，对于有争论的问题要重新核实当初的原始调查资料或做进一步的调查研究，对于重大的问题甚至可能需要调整或修改系统目标，重新进行系统分析。总之，系统分析说明书是系统分析阶段最重要的文档，用户可以通过系统分析报告来验证和认可系统的开发策略与开发方案，而系统设计师可以用它来指导系统设计的工作和以后的系统实施标准，必须非常认真地讨论和分析。

三、草业资源管理信息系统的设计

开发草业资源管理信息系统的系统分析阶段回答了系统“做什么”的问题，而系统设计阶段的任务就是回答“怎么做”的问题，是整个开发工作的核心。根据系统分析说明书中规定的功能要求，考虑实际条件，具体设计实现逻辑模型的技术方案，即设计新系统的物理模型。所以，这个阶段又称为物理设计阶段。它分为总体设计和详细设计两个阶段，产生的技术文档是“系统设计说明书”。

（一）草业资源管理信息系统的总体设计

系统总体设计也称为软件架构，它描述了系统的整体构成框架，这是系统设计阶段的第一步，需要根据系统的总目标和功能将整个系统合理划分若干个功能模块，正确处理模块之间的调度关系和数据关系，定义各模块内部结构等。也就是说草业资源管理信息系统的总体设计是从计算机实现的角度出发，对前一阶段划分的子系统进行校核，使其界面更加清楚和明确，并在此基础上，将子系统进一步逐层分解，直至划分到模块。

系统总体结构设计需要遵循以下两个指导思想。

1. 模块化设计思想

结构化设计方法的基本思想是使系统模块化，即把一个系统自上而下逐步分解为若干个彼此独立而又有一定联系的组成部分，这些组成部分称为模块。对于任何一个系统都可以按功能逐步由上向下，由抽象到具体，逐层分解为一个由多层次的、具有相对独立功能的模块所组成的系统。在这一基本思想的指导下，系统设计人员以逻辑模型为基础，并借助于一套标准的设计准则和图表等工具，逐层地将系统分解成多个大小适当、功能单一、具有一定独立性的模块，把一个复杂的系统转换成易于实现、易于维护的模块化结构系统。

2. 结构化设计思想

结构化设计思想是一个发展的概念，最开始时是受结构化程序设计的启发而提出来的，经过众多的管理信息系统学者不断实践和归纳，现在已经渐渐明确归纳为以下三个要点。

1）系统性：就是在功能结构设计时，全面考虑各方面情况。不仅考虑重要的部分，还要兼顾考虑次重要的部分；不仅考虑当前急待开发的部分，还要兼顾考虑今后扩展部分。

2）自顶向下进行分解：将系统分解为子系统，各子系统功能之和为上层系统的总功能，再将子系统分解为功能模块，下层功能模块实现上层的模块功能。这种从上往下进行功能分层的过程就是由抽象到具体、由复杂到简单的过程。这样的分解从上层看，容易把握整个系统的功能不会遗漏，也不会冗余，从下层看各功能容易具体实现。

3）层次性：即系统内部各因素的排列组合方式，将上层模块分解为下层模块，有三种不同的结构形式，即顺序结构、选择结构和循环结构。

（二）草业资源管理信息系统的详细设计

系统详细设计是在系统总体设计基础上进行的，主要包括代码设计、数据库设计、输出设计、输入设计等。

1. 代码设计

代码是用来表示事物名称、属性和状态等的符号。在信息系统中，代码是人和计算机的共同语言，是系统进行信息分类、校对、统计和检索的依据。代码设计就是要设计出一套能为系统各模块公用的、优化的代码系统，目的是方便计算机排序、检索、查找等处理，这是实现草业资源的信息化管理的一个前提条件。

代码设计是系统开发中一项重要的工作，合理的编码结构是使信息系统具有生命力的重要因素。设计代码需要遵循以下几个基本原则。

1）唯一确定性，或称为代码的单义性。每一个代码都仅代表唯一的实体或属性；每一种材料、物质、设备等只能有一个代码，不能重复。

2）标准化与通用性。代码要尽量按照有关的国际标准、国家标准、部门或行业标准进行设计，凡国家和主管部门对某些信息分类和代码有统一规定和要求的，必须采用标准形式的代码，以便于理解和交流。

3）可扩充性。代码设计要具有大局观和长远性，考虑到今后的发展，在设计的时候要留下足够的位置，为增加新代码留出修改的余地，从而使得系统可以适应不断变化的需要。

4）简洁性。要考虑结构简洁，尽量短小精悍，即选择最小值代码。代码的长度涉及存储空间的占用和信息的处理速度，代码越长，在输入时越容易出错。因此，在满足当前需要和扩充的前提下，代码要尽量结构简单，长度短小。

5）规律性。代码要具有规律性，便于编码和识别。代码应具有逻辑性强、直观性好的特点，便于用户识别和记忆。同时，简便易记的代码便于实现系统的修改和扩充。

2. 数据库设计

信息系统的主要任务是通过大量的数据获得管理所需要的信息，这就必须存储和管理大量的数据。因此，建立一个良好的数据组织结构和数据库，使整个系统都可以迅速、方便、准确地调用和管理所需的数据，这是衡量信息系统开发工作好坏的主要指标之一。

草业资源管理信息系统的数据不仅有描述资源实体的空间位置及其拓扑关系的空间数据，还有描述草业资源属性与经营利用状况的属性数据。草业资源管理信息系统的数据库设计就是根据系统的应用目的和用户要求，在一个给定的应用环境中，确定最优的数据模型、处理模式、存贮结构、存取方法，建立既能反映现实世界的地理实体间信息之间的联系，又能实现系统目标并有效地存取、管理数据的数据库，满足用户需求。

空间数据库设计的关键是空间数据结构设计，结果是得到一个空间数据模型，良好的空间数据模型能够最大限度地反映现实世界，并在此基础上生成能较好地满足用户对数据处理要求的应用系统。数据结构设计分为概念设计、逻辑设计、物理设计和数据层设计四个步骤，此外还有数据字典设计。

概念设计是通过对错综复杂的现实世界的认识与抽象，最终形成空间数据库系统及其应用系统所需的模型。在概念设计的基础上，按照不同的转换规则将概念模型转换为具体数据库管理系统（Database Management System，DBMS）支持的数据模型的过程，即导出具体 DBMS 可处理的地理数据库的逻辑结构（或外模式），包括确定数据项、记录及记录间的联系、安全性、完整性和一致性约束等。物理设计是指有效地将空间数据库的逻辑结构在物理存储器上实现，确定数据在介质上的物理存储结构，其结果是导出地理数据库的存储模式（内模式）。主要内容包括确定记录存储格式，选择文件存储结构，决定存取路径，分配存储空间。数据层设计是将系统的空间数据按逻辑类型分成不同的数据层在 GIS 中进行组织，如草地类型数据可分为地形、水系、道路、草地类型、居民地等诸层分别存贮。数据字典用于描述数据库的整体结构、数据内容和定义等，其内容包括：①数据库的总体组织结构、数据库总体设计的框架；②各数据层详细内容的定义及结构、数据命名的定义；③元数据（有关数据的数据，是对一个数据集的内容、质量条件及操作过程等的描述）。

3. 输出设计

系统输出设计的任务是使信息系统的输出能满足用户需求的信息。输出设计的目的是正确及时反映和组成用户需要的信息。信息能否满足用户的需要，直接关系到信息系统的使用效果和信息系统的成功与否。系统的输出设计主要包括以下三方面的内容。

1）输出的内容。用户是输出信息的主要使用者。因此，输出内容的设计首先要确定用户在使用输出信息方面的要求，如输出信息的使用情况、信息的使用者、使用目的、信息量、输出周期、有效期、保管方法和输出份数等。

2）输出信息的格式。一是信息的输出形式，如输出项目、数据结构的精度、数据类型、信息形式（图表、文字、数字）等；二是信息输出的类型，如表格、报告、图形等。输出格式要满足使用者的要求和习惯，格式清晰美观，易于阅读和理解。

3）信息输出的设备和介质。常用的信息输出设备有打印机、显示器、绘图仪、多媒体设备等。输出的介质主要是光盘、纸张（普通、专用）、多媒体介质等。这些设备和介质各有特点，应根据用户的实际需要和对信息的输出要求，结合现有设备和资金条件来选择。

4. 输入设计

在信息系统中，输入数据的准确性决定着整个系统质量的好坏。若输入数据缺少精度和准确度，输入的数据滞后，不能适时使用，那么信息系统的输出结果就会产生偏差。因此，信息系统的输入设计要遵循以下几个基本原则。

1）最小量原则。输入量应保持在能满足处理要求的最低限度。输入量越少，出错机会越少，花费时间越少，数据一致性就越好。

2）简单性原则。输入的准备及输入过程应尽量容易进行，越简单越好，以减少错误的发生。

3）早检验原则。对输入的数据应尽早进行检查，以便使错误及时得到更正。

4）少转换原则。输入数据应尽早地用其处理所需的形式被记录，以免数据转换的时候发生错误。

输入格式应该针对输入设备的特点进行设计。若选用键盘方式人机交互输入数据，则输入格式的编排应尽量做到计算机屏幕显示格式与单据格式一致。输入数据的形式一般可采用“填表式”，由用户逐项输入数据，输入完毕后系统应具有要求“确认”输入数据是否正确无误的功能。

（三）编写系统设计说明书

设计说明书是整个系统设计的完整描述，是系统设计的阶段性成果的具体体现，也是系统实施的最重要依据。主要有以下 6 部分内容。

1）系统模块结构设计说明。系统的模块化结构及其说明，各主要模块处理流程图及其说明等。

2）输入输出设计和人-机对话说明。输入输出设备的选择，输入输出的格式，以及输入数据的编辑校验方法等。

3）网络设计说明。画出网络的拓扑结构图，说明所选网络软硬件平台、线路种类及联网的目标和具体方案等。

4）代码设计说明。说明编码对象的名称、代码结构、校验位的设计方法和相应的编码表等。

5）数据文件和数据库的设计说明。说明各数据文件和数据库的命名、功能、结构等。

6）安全说明。说明系统安全设计措施及细节，说明数据完整性设计的具体内容，给出系统安全计划文本。

编写好系统设计说明书，交有关部门批准后，即可正式转入系统实施阶段。

四、草业资源管理信息系统的实施

所谓草业资源管理系统的实施指的是将系统设计阶段的结果在计算机上实现，将原来纸面上的管理系统方案转换成可执行的应用软件系统，系统实施阶段的主要任务：购置和安装设备、建立网络环境，计算机程序设计，系统调试与测试，人员培训，系统试运行。

（一）购置和安装设备、建立网络环境

系统实施的该项工作是依据系统设计中给出的管理信息系统的硬件结构和软件结构购置相应的硬件设备与系统软件，建立系统的软、硬件平台。一般情况下，中央计算机房还需要专业化的设计及施工。为了建立网络环境，要进行结构化布线，以及网络系

统的安装与调试。

（二）计算机程序设计

在购置和安装完各种设备、建立起网络环境之后，开始进行程序的设计。程序的设计就是通过应用计算机程序设计语言来实现系统设计中的内容，程序设计工作一般由程序设计员来完成。

随着计算机技术的发展，程序设计的思想和方法也在不断地发展。目前，程序设计的方法主要有结构化的程序设计方法、面向对象的程序设计方法和利用软件生成工具的方法。不论采用哪一种程序设计方法，成功的程序设计应具有如下几个特点。

1）可靠性。对于管理信息系统的应用而言，可靠性是非常重要的，包括程序运行的安全可靠性、数据存取的正确性、操作权限的控制等。对于这些问题，在系统的分析与设计阶段就应该有充分的考虑。

2）实用性。它是从用户的角度来看系统界面是否友好，操作使用是否方便，响应速度是否可以接受。程序设计的实用性是系统顺利交付使用的重要条件。

3）规范性。程序的规范性指的是程序的命名、书写的格式、变量的定义和解释语句的使用等应参照统一的标准，具有统一的规范。

4）可读性。程序的可读性要求程序设计结构清晰、可理解性好，程序中要避免复杂的个人程序设计技巧，使他人也能够很容易地读懂，以利于对程序的修改和维护。

程序的规范性和可读性对于未来程序的维护与修改是非常重要的。如果程序的规范性和可读性不强，除了具体的程序设计人员，别人很难读懂程序，也就很难进行程序的维护和修改，影响未来的系统使用。

（三）系统调试与测试

系统调试是从系统功能的角度对所实现的系统功能及功能间的协调运行进行检验调整，找出系统中可能存在的问题，并进行更正，以达到系统设计的全部要求。

系统调试的过程通常由单个模块调试、模块组装调试和系统联调三个步骤完成。

第一步：单个模块调试，对单个模块进行检查，保证其内部功能的正确性。

第二步：模块组装调试，针对各个子系统，对各子系统内部的模块进行组装，并检查其模块间的调用关系、数据的传递是否正确，各子系统的功能是否完整。

第三步：系统联调，在单个模块调试和模块组装调试确认各模块及各子系统正确完整之后，开始进行整个系统的联调。系统联调是系统调试的最后一个阶段。

系统测试是利用测试数据及测试问题对已开发完成的系统进行检验。系统测试的内容包括数据处理正确性测试、功能完整性测试和系统性能测试。

数据处理正确性测试。检查输入和输出数据的正确性，包括明确输入的数据是否正确地存入数据库系统；数据库系统中的数据能够正确地输出；数据间的计算关系正确；数据统计的方法和口径与需求一致；不出现任何汉字字符或其他字符乱码等。

功能完整性测试。检查开发完成的系统是否具备系统设计中所提出的全部功能，不仅要检测主要的业务功能，而且还要检查所有的辅助功能和所有的细节性功能。

系统性能测试。性能测试是比较容易被忽略的一项测试内容，包括系统运行的速度、操作的灵活性和用户界面的友好性、对错误的检测能力等方面的测试。对于业务操作型管理信息系统而言，要求速度快、操作灵活，尽可能减少汉字的直接输入，不允许有错误数据的提交。

（四）人员培训

人员培训可以分为两种类型：一种类型指的是在软件开发阶段对程序设计人员的培训；另一种类型是在系统切换和交付使用前对系统使用人员的培训。这里，人员培训指的是第二种情况。在管理信息系统投入使用之前，需要对一大批未来系统的使用人员进行培训，包括系统操作员、系统维护人员等。

（五）系统试运行

管理信息系统实施的最后一项任务是进行系统的试运行，它包括进行基本数据的准备、数据的编码、系统的参数设置、初始数据的录入等多项工作。在系统正式交付使用之前，必须进行一段时间的试运行，以进一步发现及更正系统存在的问题。在系统交付使用的过程中，每项工作都有很多人员参加，因此会涉及多个业务部门。因此，该阶段的组织管理工作非常重要，要做好系统交付计划，控制工作的进度，检查工作的质量，及时地做好各方面的协调，保证系统的成功交付使用。

第三节 草业资源管理信息系统应用实例

中国草业开发与生态建设管理信息系统（http://www.ecograss.com.cn）是一个基于“3S”技术的，能将空间数据库、图形、图像、文字集于一体，便于检索、推理、显示、打印的综合性专业网站。含县级行政区划、遥感影像、草地类型、土壤类型、栽培牧草分布、家畜分布、农牧业资源环境等 23 个数据库，由中国草业与生态、草业知识库、草地管理与生态建设、草业科技、草业信息、畜牧业实用技术等 6 个子系统 42 个模块组成。它是农、林、牧等相关专业的从业人员及具有中等文化程度的农户进行生产管理、教学、科研的重要参考性网站。本节以“中国草业开发与生态建设管理信息系统”为例，较为详细地介绍该系统的界面、主要模块和功能。

一、中国草业开发与生态建设管理信息系统网站界面

（一）网站首页

中国草业开发与生态建设管理信息系统的网站首页主要包括网页窗口、目录栏、目录区、用户登录区、相关网站链接区和版权区 6 个部分（图 6-9）。

1）网页窗口。首页的网页窗口显示的是草业消息，主要发布涉及草业资源开发与生态建设的相关信息报道、政策法规、行业动态等。

2）目录栏。位于网站首页顶部，由中国草业与生态、草业知识库、草地管理与生

图 6-9 中国草业开发与生态建设管理信息系统网站首页

态建设、草业科技、草业信息、畜牧业实用技术 6 个子系统组成，以目录树结构包含了网站所有可运行的 42 个模块。

3）目录区。位于网页窗口的右上方，内容和功能与目录栏相近，点击相应的子系统，即进入二级页面，是为方便用户多渠道浏览而设置的。

4）用户登录区。位于网页窗口的左侧，是供新用户注册和老用户登录的窗口，网站的图形数据库仅对登录的注册用户开放。

5）相关网站链接区。位于网页窗口的右下方，所链接的网站都属于草业资源管理信息系统，只是专业侧重点不同，主要有中国北方草地退化管理信息系统、高寒地区草地分类及动态监测支撑系统、高原鼠害诊断及防控管理信息系统、全球潜在自然植被分类管理信息系统、牧区草畜数字化管理决策支持系统和青藏高原牧区积雪监测与雪灾预警系统等。

6）版权区。在网站首页右下角，主要说明网站的研发设计单位和所有者、联系人和联系方式、ICP 备案许可证号等版权信息。

（二）网站二级页面

中国草业开发与生态建设管理信息系统的网站二级页面即点击中国草业与生态、草业知识库、草业管理与生态建设、草业科技、草业信息等子系统按钮后网站显示的页面。

1. 中国草业与生态

中国草业与生态以地图的形式分图层显示我国的行政区划、生态经济分区、草坪气候区划、土壤分区、畜牧业区划、栽培牧草区划和草原综合顺序分类。界面上设有工具条，可以进行地图的放大、缩小、移动、查询、距离测量等。

2. 草业知识库

草业知识库页面（图 6-10）包含栽培牧草、天然牧草、牧草区划、牧草病害、牧草虫害、草地鼠害、草地杂草、生态经济分区、草坪建植区划、土壤类型、草地类型、畜禽品种等 12 个知识库，可实现上述草业知识的浏览和查询。

图 6-10　草业知识库二级页面

3. 草地管理与生态建设

草地管理与生态建设页面（图 6-11）包含草地改良与利用、草地农业建设、退耕还草、草地生态系统服务、退化草地分级 5 个模块，从不同的角度对草地管理与生态建设相关技术进行阐述。

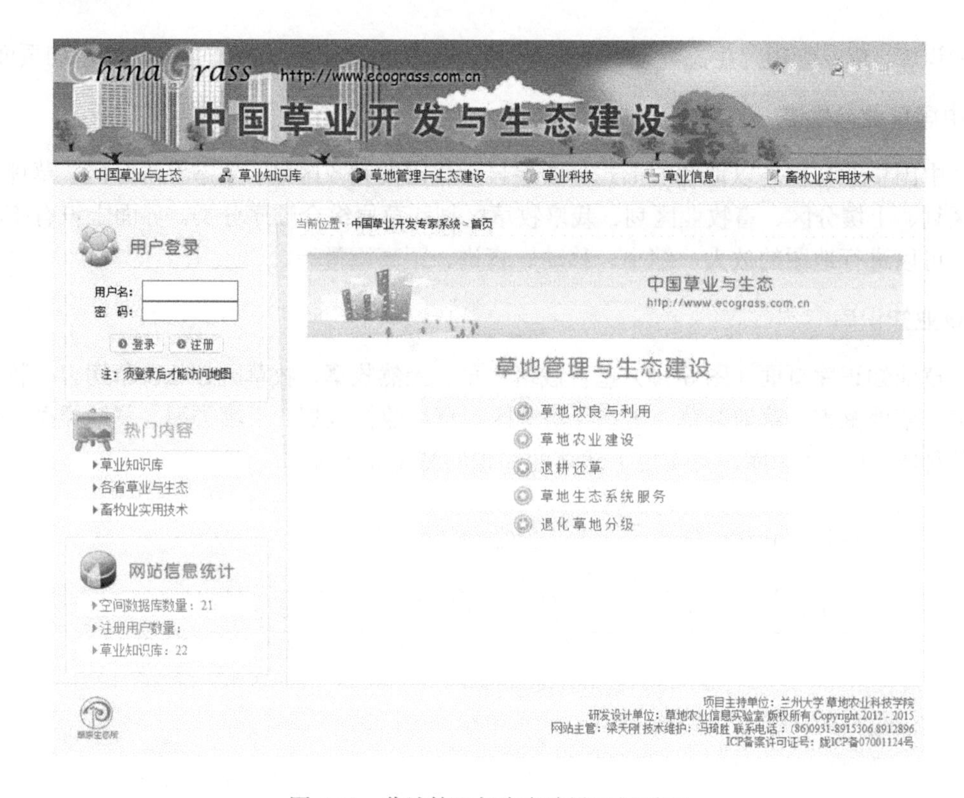

图 6-11 草地管理与生态建设二级页面

4. 草业科技

草业科技页面（图 6-12）选择了近年来草业科学，尤其是草业信息科学方面取得的部分优秀成果进行集中展示，包括英汉农业词典、英汉植物群落名称词典、综合顺序分类、牧草生长模型、牧草生长模拟、农牧交错带模拟、苜蓿病害诊断 7 个模块，其中牧草生长模拟和农牧交错带模拟基于 GIS 计算机模拟，苜蓿病害诊断则属于专家系统范畴。

5. 草业信息

草业信息页面（图 6-13）包含草业新闻、牧草品种信息、市场热线、草坪建植花卉栽培、政策法规、机构简介、草业刊物、版权申明 9 个模块。

二、中国草业开发与生态建设管理信息系统主要功能

中国草业开发与生态建设管理信息系统的功能主要包括信息查询检索、管理决策咨询、优良牧草区域适宜性分布模拟预测、草原综合顺序分类系统中类的检索及其典型性判别分析、苜蓿病害诊断和信息维护与输出。管理决策咨询又包括杂草与病虫害防治、牧草施肥推荐、牧草品种选择、牧草栽培方法、畜禽品种推荐等。

1. 信息查询检索

草业开发信息系统的信息查询检索功能包括对数据库、知识库和模型库各种信息的

图 6-12　草业科技二级页面

图 6-13　草业信息二级页面

查询，即对不同地点（省、区、市、县、乡）的地形、气候、土壤、土地利用现状、退耕土地的空间分布、天然草地类型、优良牧草种类等信息的查询检索。

依查询的范围大小，可分为点查询和面查询。点查询是指在选定政区名称后，程序将显示该政区的所有空间数据图层，用鼠标点击任意一点，对该点信息进行查询的一种方式。在点检索模式下，程序可显示查询的位置及其气象因子（多年平均年降水量和年积温）、土壤因子（类型、N、P、K 和有机质百分含量）、天然草地资源类型和该点适宜种植的优良牧草种类及系统推荐种植的牧草种类。采用超级链接方式，用户还可对每种牧草的来源与分布、生物学特征、栽培方法及常见病、虫、鼠害等详细信息进行查询检索。面查询可以按省、区、市、县、乡进行浏览，面检索首先要选择并调出一个完整的行政单元，系统将以枚举方式罗列出分类数据的具体类型或连续变量的数值变化范围。类似点查询方式，面查询采用互联网络中超文本标识语言的表达方式，进行逐层链接，对文本、图形、视频等信息进行查询，反映所查询的行政单元的生态环境及草业开发建设的基本信息。

2. 草地管理决策咨询

草地管理决策咨询主要包括播前预测，对品种、播期、密度、底肥与产量的预测；越冬前管理，主要指补肥、刈割等措施；生长期（返青、拔节、开花期）管理，补肥、补水、施肥、除杂、刈割等处理；成熟期管理，草籽收藏、草地留茬；病虫鼠害防治措施；畜禽品种推荐等。

3. 优良牧草区域适宜性分布模拟预测

用数据库、知识库和模型库中的资料，逐点模拟预测出 23 种优良牧草品种在甘肃省的适宜性指数阈值，并以电子地图的方式显示其空间分布特征，从而为不同区域的政府管理部门或投资公司提供决策依据。

4. 草地综合顺序分类系统中类的检索及其典型性判别分析

利用地理信息系统技术，模拟全国草地的综合顺序分类系统中类的空间分布电子地图。在中国草业开发与生态建设管理信息系统的统一管理下，查询检索任意点的草地资源类型，并对其典型性进行判别分析。

5. 苜蓿病害诊断

系统分析苜蓿常见的 15 种病害症状，根据用户的描述，按照发生部位、病斑的形状、大小和颜色，对苜蓿病害进行综合分析和诊断，当诊断出病害名称后，系统将给出具体的防治方法。

6. 信息维护与输出

信息维护主要是对数据库、知识库和模型库的编辑修改，输出结果是指磁盘文件的拷贝、屏幕显示和多媒体演示，以及报表、图形和图像的打印。

思 考 题

1. 什么是草业资源管理信息系统？它有怎样的新内涵？
2. 请简述草业资源管理信息系统的分类？
3. 草业资源管理信息系统的特征有哪些？
4. 草业资源管理信息系统未来的发展趋势如何？
5. 请简述草业资源管理信息系统的开发流程？
6. 草业资源管理信息系统的分析包括哪些内容？
7. 草业资源管理信息系统的设计包括哪两个阶段？

参 考 文 献

冯琦胜, 王玮, 梁天刚. 2009. 甘南牧区草畜数字化管理系统的设计与开发[J]. 中国农业科技导报, 11(6): 93-101.

梁天刚, 陈全功, 任继周. 2001. 甘肃省草地资源类型空间分布特征Ⅱ基于 GIS 的草原综合顺序分类系统电子地图[J]. 兰州大学学报(自然科学版), 37: 59-66.

鲁春霞, 谢高地, 成升魁, 等. 2009. 中国草地资源利用: 生产功能与生态功能的冲突与协调[J]. 自然资源学报, 24(10): 1685-1696.

任继周. 1995. 草地农业生态学[M]. 北京: 中国农业出版社.

许鹏. 2000. 草地资源调查规划学[M]. 北京: 中国农业出版社.

薛华成. 2012. 管理信息系统[M]. 北京: 清华大学出版社.

Du QL. 2006. Sustainable Development Strategy of China Grassland Industry [M]. Beijing: China Agriculture Press.

Dyke PT. 1991. Temple TX: Texas Agricultural Experiment Station [M]. College Station: Texas A&M University.

Mcdaniel KC, Haas RH. 1982. Assessing mesquite-grass vegetation condition from Landsat [J]. Photogrammetric Engineering and Remote Sensing, 48(3): 441-450.

Stafford Smith MS. 1992. Applying RANGEPACK to the management of sheep flocks in the Australian Rangelands [J]. Agricultural Systems and Information Technology, (4): 19-20, 43.

第七章　草业遥感技术

草业遥感技术的根本目的在于获取与草业相关目标地物的信息，为了获取这种信息，遥感采用了与传统技术不同的手段、角度、媒介，由此产生了与传统观察方法不同的效果和特点，因此草地遥感技术得到了广泛的应用。本章主要介绍草业遥感概况、草业遥感原理、草业遥感方法和应用。

第一节　草业遥感概述

本节主要从草业遥感的概念、观测手段与方法、主要应用和发展方向等层面对草业遥感相关的主要专业概念进行总体概述。

一、草业遥感的概念

（一）草业遥感

草业遥感是遥感技术与草业科学交叉融合的一门科学。草业（Grassland Industry）是经营草地畜牧业、饲草业、草坪业、草种业，从事牧草与非牧草经济植物产品的生产、加工、储运和营销的产业。

遥感（Remote Sensing）：泛指对地表事物的遥远感知。狭义的遥感特指通过遥感器这类对电磁波敏感的仪器，在远离目标和非接触目标物体条件下探测目标地物，获取其反射、辐射或散射的电磁波信息，进行处理、分析与应用的一门科学和技术。

草业遥感（Grassland Industry Remote Sensing，GIRS）：相关于草业活动的一切遥感技术、方法及应用的总称。通常是指通过某种遥感器从不同平台获取与草业相关的地表各类地物信息，并对这些信息进行提取、分析，以此来测量与判定地表目标地物的性质或特性。

（二）观测对象及其特征

遥感的观测对象主要是地球表层的各类地物，也包括大气、海洋和地下矿藏中不同成分。草业遥感主要是探测、感知与草地及草业相关的地物特征。地球表层各类地物都具有两种特征，一是空间几何特征，一是物理、化学、生物的属性特征。

（三）特点与优势

遥感技术是20世纪70年代起迅速发展起来的一门综合性探测技术。遥感技术发展速度之快与应用广度之宽是始料不及的。仅经过短短40多年的发展，遥感技术已广泛应用于资源和环境调查与监测、军事应用、城市规划等多个领域。究其原因，在于遥感具有大面积同步观测、客观性、时效性、宏观性与综合性、经济性的特点。

二、草业遥感的观测手段与方法

（一）空间信息获取系统

地球表面地物目标空间信息获取主要由遥感平台、遥感器等协同完成。

遥感平台（Platform for Remote Sensing）：是安放遥感仪器的载体，包括气球、飞机、人造卫星、航天飞机及遥感铁塔等（图 7-1）。

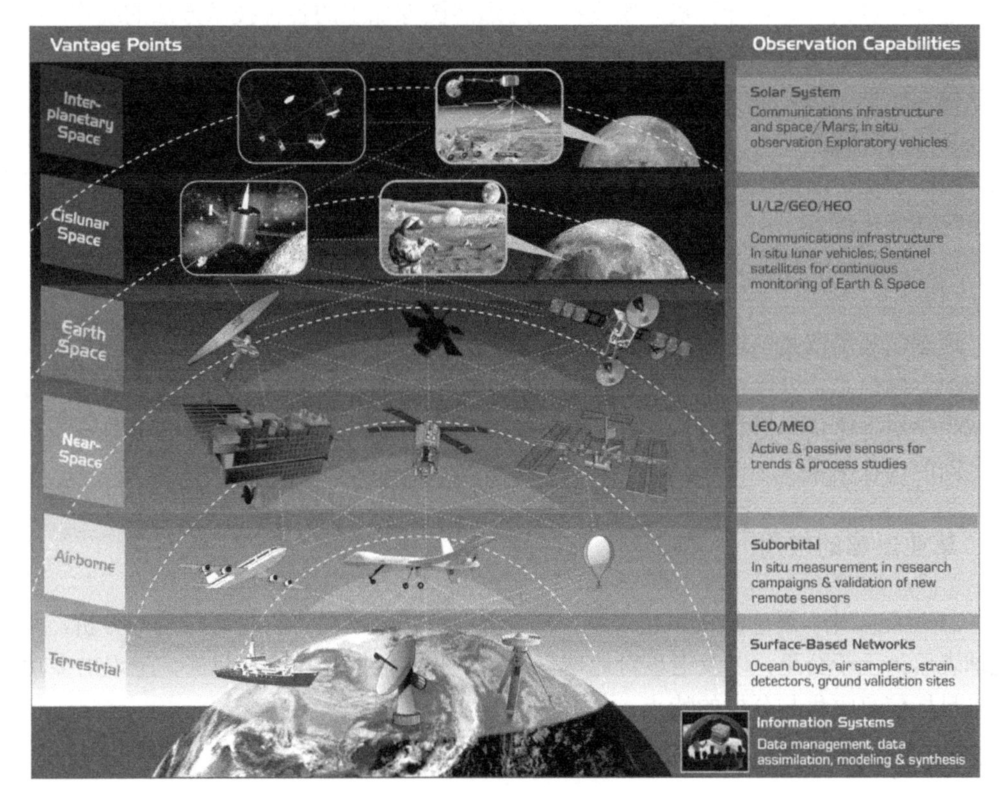

图 7-1　遥感器类型图（https: //www.nasa.gov/）

遥感器（Remote Sensor）：是接收与记录地表物体辐射、反射与散射信息的仪器。目前常用的遥感器包括遥感摄影机、光机扫描仪、推帚式扫描仪、成像光谱仪和成像雷达。按其特点，遥感器分为摄影、扫描、雷达等几种类型。

（二）遥感数据传输与接收

空间数据传输与接收是空间信息获取和空间数据应用中必不可少的中间环节。

遥感器接收到地物目标的电磁波信息，被记录在胶片或数字磁带上。从遥感卫星向地面接收站传输的空间数据中，除了卫星获取的图像数据以外，还包括卫星轨道参数、遥感器等辅助数据，这些数据通常用数字信号传送。遥感图像的模拟信号变换为数字信号时，经常采用二进制的脉冲编码调制方式（Pulse Code Modulation，PCM）。由于传送的数据量非常庞大，需要采用数据压缩技术。

卫星地面接收站的主要任务是接收、处理、存档和分发各类地球资源卫星数据。地面站接收的卫星数据通常被实时记录到高密度磁带（High Density Digital Tape，HDDT），然后根据需要拷贝到计算机兼容磁带（Computer Compatible Tape，CCT）、光盘、盒式磁带等其他载体上。CCT、光盘、盒式磁带等是记录、保存、分发卫星数据等最常用的载体。

（三）遥感图像处理

遥感图像处理是在计算机系统支持下对遥感图像加工的各种技术方法的统称。遥感图像处理依赖于一定的图像处理设备。对于数字图像处理系统来说，它包括计算机硬件和软件系统两部分。硬件部分包括计算机（完成图像数据处理任务）、显示设备（高分辨率真彩色图像显示）、大容量存贮设备、图像输入输出设备等。软件部分包括数据输入、图像校正、图像变换、滤波和增强、图像融合、图像分类、图像分析及计算、图像输出等功能模块。

（四）遥感信息提取与分析

遥感信息提取是从遥感图像（包括数字遥感图像）等遥感信息中有针对性地提取感兴趣的专题信息，以便在具体领域应用或辅助用户决策。遥感信息分析指通过一定的方法或模型对遥感信息进行研究，判定目标物的性质和特征或深入认识目标物的属性和环境之间的内在关系。

三、草业遥感的应用

21世纪以来，遥感的应用越来越广泛，小到台式仪器对生物生理结构的分析，大到地球表层外上千公里，以及卫星对地球表面的探测。根据其功能和目的，呈现出多功能和多目标信息收集与分析的特点。

（一）普通遥感的应用

一般来说普通遥感的应用包含以下五个方面。

1）空间遥感：利用探空火箭、人造卫星、人造行星和宇宙飞船等航天运载工具，对外层空间进行的遥感探测。在不久的将来外层空间遥感将会取得丰硕的成果。

2）大气遥感：探测仪器不和大气介质直接接触，在一定距离之外，感知大气的物理状态、化学成分及其随时空的变化，这样的探测技术与方法称为大气遥感。

3）海洋遥感：以海洋和海岸带作为研究与监测对象，其内容涉及海洋学多个领域，如利用遥感技术监测海洋的环流、表面温度、风系统、波浪、生物活动等。卫星海洋遥感已成为海洋科学的新兴分支。在未来几年，中国将发射一系列海洋卫星，实现对中国及周边海域甚至全球海洋的遥感动态监测。

4）陆地遥感：是遥感技术应用最早、应用范围最为广阔深入的一个方面。陆地遥感主要为资源与环境遥感。

5）军事遥感：遥感技术是现代战争“制高点”。侦察卫星从太空轨道上对目标实施侦察、监视或跟踪，以搜集地面、海洋或空中目标军事情报。

（二）草地遥感的应用

基于遥感在农业、林业、环境等相关领域的研究成果，结合草业发展主要研究的要素，目前草业遥感的主要应用有以下几方面。

1）草地类型、土地利用及草地盖度监测。例如，利用遥感影像可以监测草地类型及盖度的空间分布状况（图 7-2）。

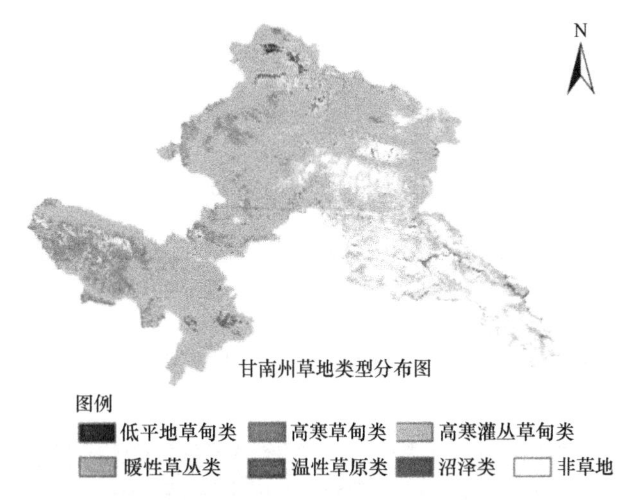

图 7-2　甘肃省甘南藏族自治州草地类型分布图（徐丹丹，2011）

2）草地生物量估测研究。例如，我国青藏高原多年草地生物量动态变化趋势研究（图 7-3）。

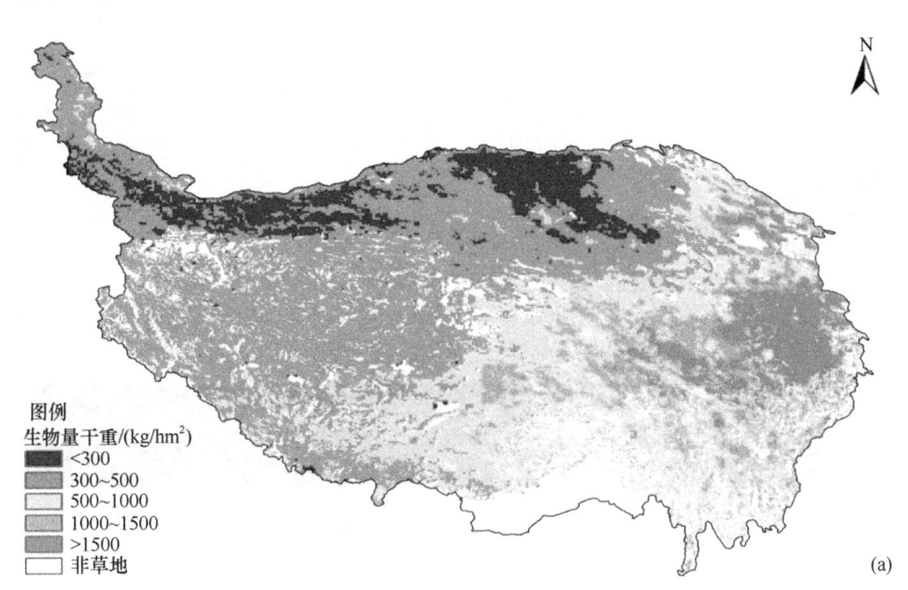

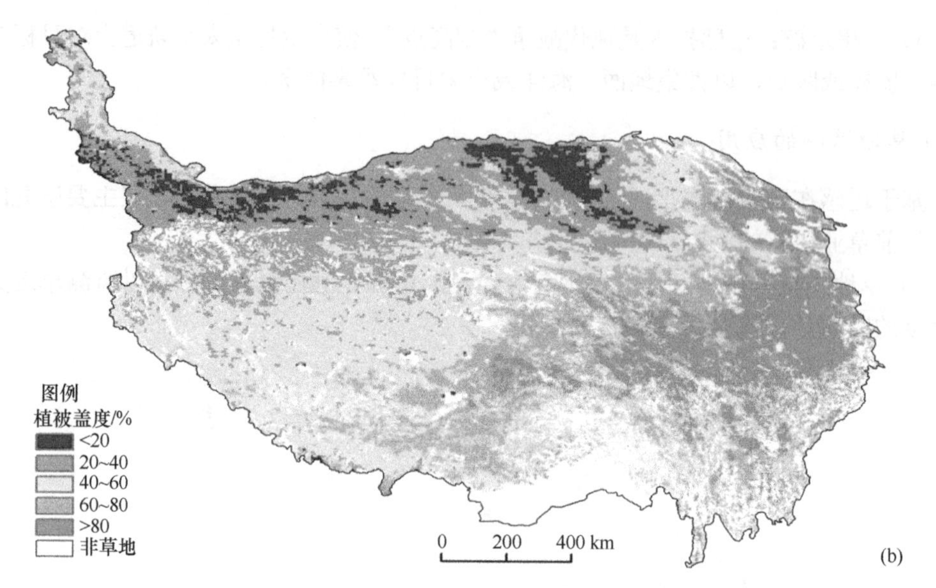

图 7-3 基于 GMMMS NDVI 的青藏高原 1981～2010 年草地生长季地上生物量干重（a）和植被盖度（b）平均值空间分布格局（于惠，2013）

3）草地质量动态监测。例如，加拿大中部草地在不同放牧强度下的草地生态健康状况研究（图 7-4）。

图 7-4 加拿大中部草地生态健康图（Guo and He，2008）

4）草业专家系统的研发与应用。例如，结合遥感资料及 GIS 技术开发的草业专家系统。

四、草业遥感的发展与展望

（一）遥感技术发展简史

1957年10月4日，苏联第一颗人造地球卫星的发射成功，标志着人类从空间观测地球和探索宇宙奥秘进入了新的纪元；1960年开始，美国发射了Tele-vision Infrared Observation Satellite（TIROS-1）和National Oceanic and Atmospheric Administration（NOAA-1）太阳同步气象卫星，开始利用航天器对地球进行长期观测；1960年美国人Evelyn Pruitt提出遥感一词；1972年ERTS-1发射（后改名为Landsat-1），装有MSS传感器，分辨率79m，标志着遥感进入新阶段；1982年Landsat-4发射，携带TM传感器，分辨率提高到30m；1986年法国发射SPOT-1，携带PAN和XS遥感器，分辨率提高到10m；1988年9月7日中国发射的第一颗“风云一号”气象卫星，其主要任务是获取全球的昼夜云图资料及进行空间海洋水色遥感试验；1999年美国发射IKNOS，空间分辨率提高到1m；1999年10月14日中国成功发射资源卫星一号。

（二）草业遥感技术发展趋势

从20世纪80年代开始，美、英、加拿大、澳大利亚及新西兰等发达国家，在本国农牧业及国际市场发展的需求下，逐步开始了草业遥感的相关研究。随着人类对草业发展技术及理论的完善，对遥感技术的逐渐认识，以及观测技术的进步和社会需求的增加，草业遥感正经历着技术不断完善、能力不断增强、应用领域不断扩大的发展过程。社会需求成为草业遥感技术发展的动力和目标。在21世纪前叶，人类进入一个多层次、多角度、全方位和全天候对地观测的新时代。

五、草业遥感工具软件及技术支持

草业遥感所用的专业软件和普通遥感专业所用软件是一致的，在过去近半个世纪的遥感技术发展和应用中，一些功能强大的经典遥感软件逐渐占据着主要用户市场。目前应用范围最广的主要遥感软件有美国的ERDAS Imagine、ENVI/IDL，加拿大的PCI、TAITAN等。这些软件总体说来具有以下主要功能：①系统功能；②输入输出功能；③文件管理或图像数据库管理；④图像显示与屏幕操作；⑤图像的几何变换；⑥图像恢复与图像重建；⑦图像增强；⑧图像统计和图像测量；⑨图像的代数运算、逻辑运算和数学形态学运算；⑩图像变换；⑪纹理分析和空间结构分析；⑫图像分类和图像分割；⑬图像编码与图像压缩；⑭雷达图像的处理与分析；⑮成像光谱图像处理与分析；⑯图像整饰与影像图制作；⑰帮助功能。近十年来应用软件系统发展很快，新一代的智能化遥感影像处理软件已发展起来，代表性的产品有人机交换解译制图系统（IIIMS）、空间决策支持系统（SDSS）、中国航天数码公司的RSI-ENVI遥感图像处理系统等。为了方便读者对遥感软件进一步的了解，本书列举了主要遥感软件的官方网站如下：ERDAS Imagine（http://www.hexagongeospatial.com/products/power-portfolio/erdas-imagine），ENVI/IDL

(http://www.rsinc.com/), ERDAS Imagine (http://www.gis.leica-geosystems.com/ Products/ Imagine/), PCI Geomatics (http://www.pci.on.ca/), ER Mapper (http://www.ermapper.com/), INTEGRAPH (http://imgs.intergraph.com/gimage/), Ecognition (http://www. definiens-imaging.com/ecognition/pro/40.htm)。

第二节 草业遥感原理

本节从电磁波和电磁波谱、太阳辐射与大气窗口、地物波谱特征、彩色合成原理和遥感时相选择等方面较细致地讲述草业遥感相关的遥感原理。

一、电磁波和电磁波谱

振动的传播称为波，它在真空中的传播速度约为每秒 30 万 km。电磁振动的传播是电磁波，电磁波（又称电磁辐射）是由同相振荡且互相垂直的电场与磁场在空间中以波的形式移动，其传播方向垂直于电场与磁场构成的平面，有效地传递能量和动量。电磁辐射可以按照频率分类，从低频率到高频率，波长由长到短，依次包括无线电波、微波、红外线、可见光、紫外线、X 射线和 γ 射线等（图 7-5）。电磁波的波长越短，其穿透性越强，人眼可接收到的电磁辐射，波长在 380～780nm，称为可见光。只要是本身温度大于绝对零度的物体，都可以发射电磁辐射，而世界上并不存在温度等于或低于绝

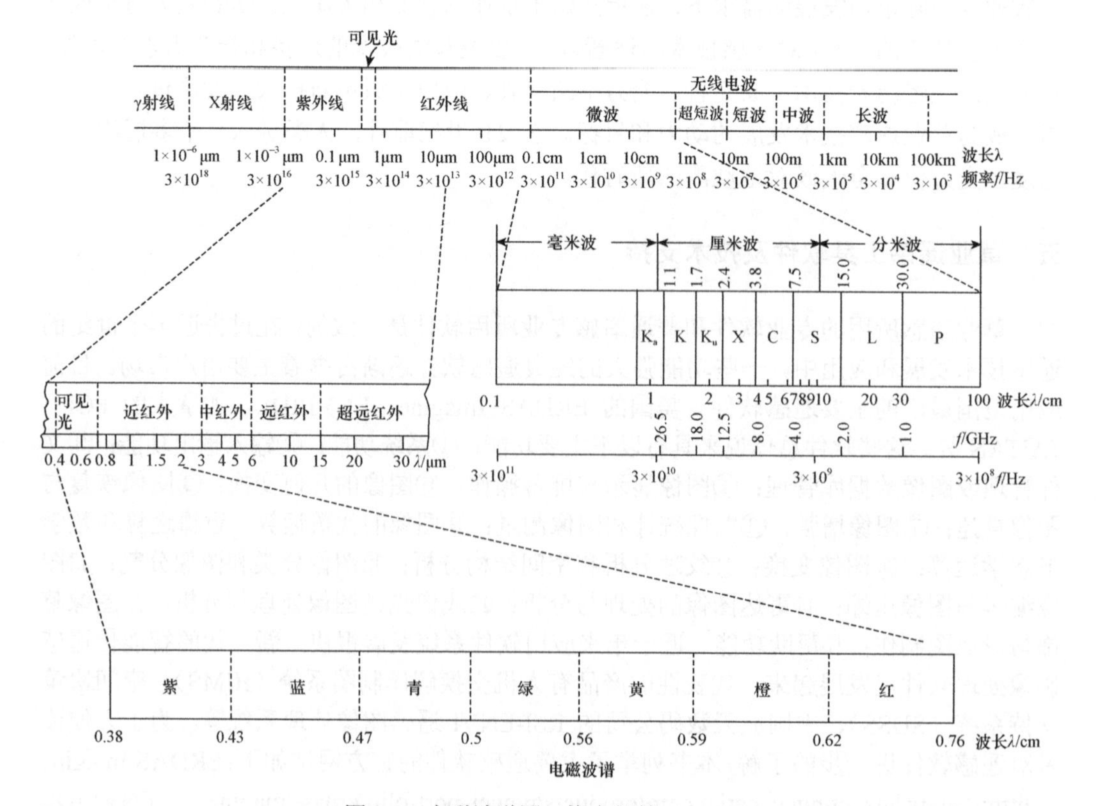

图 7-5 电磁波谱图（梅安新等，2001）

对零度的物体。目前，遥感探测所使用的电磁波波段大多是紫外线、可见光、红外线到微波的光谱段。

把电磁波按波长（或频率）顺序排列就构成了电磁波谱（Electromagnetic Spectrum）。电磁波谱包含电磁波所有可能的频率和波长的范围。特定波长（λ）的电磁波的能量（E）（在真空中）与频率（f）和光速（c）有关。这些物理量的关系如下

$$\lambda=c/f \text{（} c \text{ 是光速 } 3\times10^{8}\text{m/s）}$$

$$E=h\cdot f \text{（} h \text{ 是普朗克常数 } 6.626\times10^{-34}\text{J·s）}$$

在另一个单位中，$h=4.136\times10^{-15}$eV·s。可见光波长与频率成反比，波长越大，频率越小；反之，频率越大，波长越小，其乘积是一个常数，即光速 c。另外，电磁波的能量与频率成正比，系数为普朗克常数 h，即频率越高，波长越短，能量越大。

电磁波按波长大致可分为：宇宙射线、γ 射线、X 射线、紫外线、可见光、红外线和无线电波。其中，最长的波长是最短波长的 1022 倍以上。各种电磁波的范围是交错式衔接起来的。无线电波是振荡电路中自由电子的运动产生的；红外线、可见光和紫外线是原子的外层受到激发后产生的；X 射线是原子内层电子受到激发后产生的；γ 射线是原子核受到激发后产生的。不同的电磁波段可以使用不同的波长单位，如埃（Å）、纳米（nm）、微米（μm）、毫米（mm）、米（m）等。有时还使用另外两个与波长相关的计量单位：波数（单位为 cm^{-1}）和频率 f[单位为 Hz（赫兹）]。

依照波长的长短及波源的不同，电磁波谱可大致分为以下几部分。

1）无线电波——波长从几千米到 0.3m，一般的电视和无线电广播的波段就是用这种波。

2）微波——波长从 $0.3\sim10^{-3}$m，这些波多用在雷达或其他通信系统。

3）红外线——波长从 $10^{-3}\sim7.8\times10^{-7}$m。

4）可见光——这是人们所能感光的极狭窄的一个波段。波长介于 $0.78\times10^{-6}\sim3.8\times10^{-6}$cm。光是原子或分子内的电子运动状态改变时所发出的电磁波。它是我们能够直接感受而察觉的电磁波极少的那一部分。

5）紫外线——波长从 $3\times10^{-7}\sim6\times10^{-10}$m。这些波产生的原因和光波类似，常常在放电时发出。由于它的能量和一般化学反应所牵涉的能量大小相当，因此紫外光的化学效应最强。

6）伦琴射线（X 射线）——这部分电磁波谱波长介于 $2\times10^{-9}\sim6\times10^{-12}$m。伦琴射线是原子的内层电子由一个能态跳至另一个能态时或电子在原子核电场内减速时所发出的。

7）γ 射线——是波长介于 $10^{-10}\sim10^{-14}$m 的电磁波。这种不可见的电磁波是从原子核内发出来的，放射性物质或原子核反应中常有这种辐射伴随着发出。γ 射线的穿透力很强，对生物的破坏力很大。

二、太阳辐射与大气窗口

太阳作为电磁辐射源，它所发出的光也是一种电磁波。太阳光从宇宙空间到达地球

表面须穿过地球的大气层。太阳光在穿过大气层时，会受到大气层对太阳光的吸收和散射影响，因而使透过大气层的太阳光能量受到衰减。但是，大气层对太阳光的吸收和散射影响随太阳光的波长而变化。

通常把太阳光透过大气层时透过率较高的光谱段称为大气窗口。由于地球大气中的各种粒子对辐射的吸收和反射，只有某些波段范围内的天体辐射才能到达地面。大气窗口的光谱段主要有紫外、可见光和近红外波段。地面上的任何物体（即目标物），如大气、土地、水体、植被和人工构筑物等，在温度高于绝对零度（即 0K 或 T=–273.15℃）的条件下，它们都具有反射、吸收、透射及辐射电磁波的特性。当太阳光从宇宙空间经大气层照射到地球表面时，地面上的物体就会对由太阳光所构成的电磁波产生反射和吸收。由于每一种物体的物理和化学特性及入射光的波长不同，因此它们对入射光的反射率也不同。各种物体对入射光反射的规律称为物体的反射光谱。

太阳光谱相当于 6000K 的黑体辐射，太阳辐射的能量主要集中在可见光，其中 0.38～0.76μm 的可见光能量占太阳辐射总能量的 46%，最大辐射强度位于波长 0.47μm 左右；到达地面的太阳辐射主要集中在 0.3～3.0μm 波段，包括紫外、可见光、近红外和中红外；经过大气层的太阳辐射有很大的衰减；各波段的衰减是不均衡的。通常 O_2 吸收带对波长小于 0.2μm 的波段吸收比较强，0.155μm 波段处最强；O_3 吸收带在 0.2～0.36μm 和 0.6μm 等波长处吸收比较强；H_2O 吸收带在 0.5～0.9μm、0.95～2.85μm 和 6.25μm 等波长处吸收比较强；CO_2 吸收带在 1.35～2.85μm、2.7μm、4.3μm 和 14.5μm 等波长处吸收均比较强。

大气从下而上一般分为以下四层。

1）对流层：高度在 7～12km，温度随高度而降低，天气变化频繁，航空遥感主要在该层内。

2）平流层：高度在 12～50km，底部为同温层（航空遥感活动层），同温层以上，温度由于臭氧层对紫外线的强吸收而逐渐升高。

3）电离层：高度在 50～1000km，大气中的 O_2、N_2 受紫外线照射而电离，对遥感波段是透明的，是陆地卫星的活动空间。

4）大气外层：800～35 000km，空气极稀薄，对卫星基本上没有影响。

三、地物波谱特征

地物波谱特性（Spectral Characteristics of Objects）是指地面物体具有的辐射、吸收、反射和透射一定波长范围电磁波的特性。物质内部状态的变化产生电磁波辐射，其波长与不同的运动方式相对应，即不同的物质在光、热等作用下都将产生与其自身固有特性有关的固定波长的电磁波辐射。例如，低温物体发射波长较长的远红外线和微波，高温物体发射波长较短的可见光，动物（包括人）介于二者之间发射红外线。物体对电磁波的辐射和反射能力随波长而变化，构成了各种物体在不同情况下具有不同的波谱特性（图 7-6，图 7-7）。根据产生波谱信号的差异性，可揭示物体的特征，如鉴别土地的光谱比辐射率和地面温度，即利用物体的波谱特性来识别不同的地物类型。

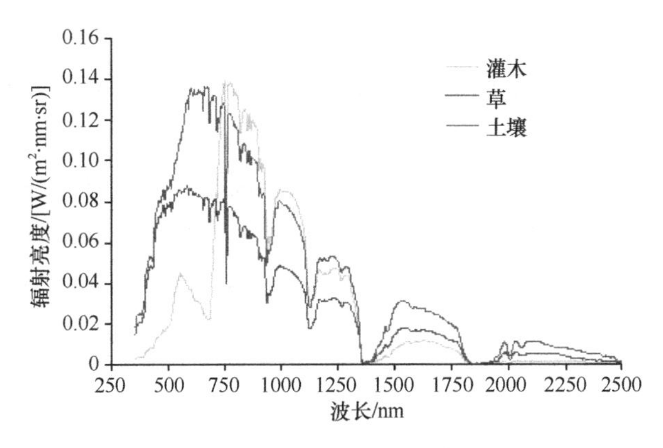

图 7-6 几种地物的辐射光谱曲线图

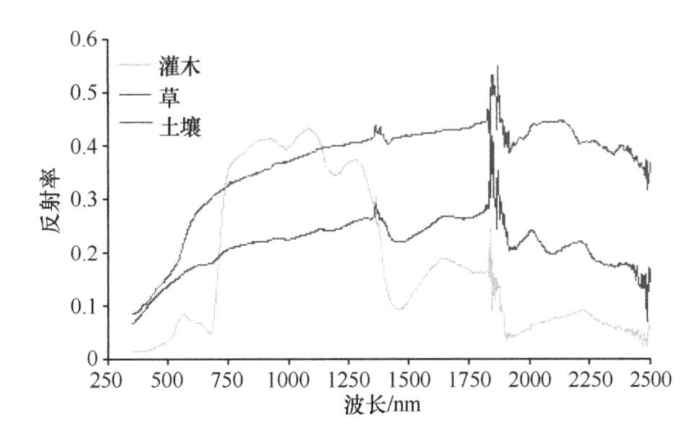

图 7-7 几种地物的反射光谱曲线图（http://www.utsa.edu/lrsg/hjhome.htm）

反射率（ρ）是地物的反射能量与入射总能量的比，即 ρ=（P_ρ/ P_0）×100%。地物在不同波段的反射率是不同的，反射率是可以测定的，反射率也与地物的表面颜色、粗糙度和湿度等有关。

地物的反射光谱曲线指反射率随波长变化的曲线。

到达地面的太阳辐射能量是反射能量、吸收能量和透射能量之和，地表反射的太阳辐射是遥感记录的主要辐射能量。绝大多数物体对可见光都不具备透射能力，而有些物体如水，对一定波长特别是 0.43～0.56μm 的蓝绿光波段具有透射能力。地表吸收太阳辐射后形成自身的热辐射，其峰值波长为 9.66μm，主要集中在长波，即 6μm 以上的远红外区段。地物的辐射能量与温度的四次方成正比，比热容、热惯性大的地物，发射率也大。如水体夜晚发射率大，白天就小。探测地物的热辐射特性的热红外遥感在夜间和白天观测的结果是不同的。热红外遥感探测的地物热辐射量用亮度温度表示，它不同于地面温度，是接收的热辐射能量的转换值，图像上表示为亮度。

在电磁波谱中，波长在 1mm～1m 范围的波称微波。微波具有以下遥感特性：能全天候、全天时工作；对某些地物具有特殊的波谱特征，如对冰、雪、森林、土壤等具有一定穿透能力；对海洋遥感具有特殊意义；空间分辨率较低，但特征明显。

四、彩色合成原理

电磁波谱中可见光能被人眼所感觉而产生视觉，不同波长的光显出不同的颜色。自然界中的物体，对于入射光有不同的选择性吸收和反射能力，而显示出不同的色彩。因此，不同波长和强度的光进入眼睛，使人觉得周围景象五光十色。人的视觉只能分辨出单一波长对应的单色光，如0.62～0.76μm 波长的光感觉为红色，但不能分出混合色，如 0.7μm 波长的红光与 0.54μm 波长的绿光按一定比例混合叠加后，人眼感觉为黄色。

彩色合成技术就是利用眼睛的视觉特性，以少数几种色光或染料合成出许多不同的颜色。彩色合成一般是用红、绿、蓝三种基本色调，按一定比例混合而成五光十色，但任何两种基色均不能混合成另一种基色。彩色合成方法有两种，一种是加色法，一种是减色法。

加色法是以红、绿、蓝三基色中的两种以上色光按一定比例混合，产生其他色彩的彩色合成法。两种基色按等量叠加得到一种补色。例如，红+绿=黄，红+蓝=品红，绿+蓝=青，其中黄与蓝、品红与绿、青与红为互补色。三基色按等量叠加得到的是消色（白、黑）。例如，红+绿+蓝=白。非互补色不等量叠加，得到两者的中间色。例如，红（多）+绿（少）=橙，红（少）+绿（多）=黄绿。

减色法是指从白光中减去其中一种或两种基色光而产生其他色彩的彩色合成法。减色法一般用于颜料配色，如彩色印刷、染印彩色相片等。减色法中黄色染料是由于吸收了白光中的蓝光，反射红光和绿光的结果。例如，黄=白–蓝。品红染料由于吸收了白光中的绿光，反射红光和蓝光的结果（品红=白–绿）；青染料是由于吸收了白光中的红光，反射蓝光和绿光的结果（青=白–红）。而品红与黄染料混合叠印时呈红色［品红+黄=白–（绿+蓝）=红］；品红与青染料混合叠印时呈蓝色［品红+青=白–（绿+红）=蓝］；黄与青染料混合叠印时呈绿色［黄+青=白–（蓝+红）=绿］；品红、黄、青染料叠印时呈黑色（黄+青+红=黑）。

以上所说是彩色合成和配制的基本原理，实际上色彩是由色度（颜色种类）、亮度（色彩明亮度）和饱和度（色彩深浅）三个指标来衡量的。要重现物体的天然色彩或进行假彩色合成，必须对彩色进行分解，以获得红、绿、蓝三基色分光图像，然后用加色法或减色法还原成本来的颜色。

根据彩色合成原理，可选择同一目标的单个多光谱数据合成一幅彩色图像，当合成图像的红绿蓝三色与三个多光谱段相吻合，这幅图像就再现了地物的彩色，称为真彩色合成。

假彩色合成是根据加色法或减色法，将多波段单色影像合成为假彩色影像的一种彩色增强技术。合成彩色影像常与天然色彩不同，且可任意变换，故称假彩色影像。合成方法很多，主要有光学法、电子光学法、染印法等。最常用的是利用加色法原理制成的彩色合成仪（加色观察器）来合成假彩色影像：将 3 张不同波段的黑白透明正片（如对应于绿、红和近红外波段）分别匹配以蓝、绿、红滤色镜，经投影合成于屏幕上，则显示出具有彩色红外影像效果的假彩色影像。若多光谱片、滤色镜光谱响应完全一致，投影光源光谱成分与遥感成像时的太阳（经大气传输）光谱成分一致，则合成影像是真彩色影像。但这种条件难以满足，且彩色合成的目的在于彩色增强而不是彩色复原。故可通过变换多波段单色影像数目，如 2～4 个或同滤色镜的不同组合来改变假彩色影像色彩，以达到不同应用目的。陆地卫星多光谱扫描影像彩色合成，常采用 MSS4+MSS5+MSS7 与蓝+绿+红的常规组合。其合成效果色彩鲜艳，层次分明，轮廓突出，适于综合性判读分析。染印、印刷法由黄、品红、青 3 种不同波段透明影像严格配准叠加而成的假彩色合成影像，则是根据减色法原理成像的，仅用于制作“硬拷贝”（屏幕显示称“软拷贝”）。

如植被在彩红外像片上表现为不同程度的品红到红色，水体在彩红外像片上表现为蓝到青色（清水呈蓝色，浊水呈青色），湿地呈青色，城市呈现内部有纵横纹理的青色，公园、绿化带呈品红到红色，干旱裸地和沙漠都呈黄色，雪和云都呈白色。

五、物候学与遥感最佳时相的选择

物候学（Phenology）是把气候或气象在各个时期的变化同自然界其他诸多种现象联系起来研究的科学，但实际上则是以生物现象为主要对象，所以也称为生物季节学或花历学。例如，根据植物在各地的发芽、开花、展叶、红叶、落叶等时期的调查，可以对各地的气候进行比较。对于动物，则调查“鸟的迁徙”、不同种类动物的休眠、孵化、变态等时期，这可以说是一种生物钟。对农业、预防医学等都有一定的作用，但是生物现象是在非常繁多的复杂环境条件下产生的，与某一气候因素不一定有因果关系，然而假如有平行的关系，就能显示高的相关系数，所以有注意的必要。中国最早的物候记载见于《诗经·豳风·七月》，如“四月秀，五月鸣蜩”等。在欧洲，古希腊时代的雅典人曾编制用于农业的物候历。美国的霍普金斯（A. D. Hopkins）于 1918 年提出了北美地区物候现象随空间分布的生物气候定律。20 世纪 70 年代美国进行了物候学与季节性生态系统的研究，把电子计算机制图、模拟与遥感等新技术应用到物候学的研究中。中国现代物候学研究的奠基者是竺可桢。1931 年发表《论新月令》，1934 年首次在中国建立物候观测网，1962 年又建立全国性物候观测网。物候学研究已成为生态系统分析和管理的一个方面，在现代遥感科学中，已采用人工实验模拟、数学模式等先进手段与遥感数据结合进行大量生物资源的遥感监测。环境对动植物生长和发育的影响是一个极其复杂的过程。但是，用仪器只能记录当时的环境条件的某些个别因素，而物候现象却是过去和现在各种环境因素的综合反映。因此，物候现象可以作为遥感研究中环境因素影响的指标，也可以用来评价环境因素对动植物影响的总体效果。

在生物遥感尤其是植被遥感中，结合物候学原理选择最佳的时相进行遥感数据收集是草业遥感的基础工作。具体时相的选择应遵循以下原则：①最近时间性；②云量合适性；③光谱信息表达最强性；④信息保存有效性；⑤人为影响最小性。

第三节　草业遥感方法

草业遥感的方法选用植被与环境遥感的普遍方法，但有着自己独特的特点。按其遥感数据的获取方式主要分为地面遥感和空间遥感；按其有效信息的提取方式分为目视解译、完全计算机自动分类的非监督分类和计算机辅助的监督分类。

一、草业遥感的主要方式

（一）地面遥感研究

遥感器位于地面的遥感，即以手持、支架、高塔、车、船为平台的遥感技术系统称为地面遥感。将地物波谱仪或其他传感器安装在这些平台上，可以进行各种地物波谱测量、探测和采集地物目标信息。

（二）空间遥感研究

分为航天遥感和航空遥感，前者是指遥感用的传感器集成在航天飞行器（如卫星、宇宙飞船、空间站）等平台上，在大气顶端或大气层外对地物进行探测感知并收集相关波谱信号数据进行分析；后者主要指传感器搭载在气球、飞艇、飞机等大气层内航空飞行器材上进行的遥感探测研究。

二、主要的草业遥感数据介绍

草地遥感主要对象的特征波段范围如表 7-1 所示，下面主要介绍几种相关的常用遥感数据资源。

表 7-1　草地遥感主要对象的特征波段范围

通道序号	波长范围/μm	主要用途
1	0.58～0.68	白天图像、植被、冰雪、气候……
2	0.725～1.00	白天图像、植被、水/路边界、农业估产、土地利用调查……
3a*	1.58～1.64	白天图像、土壤湿度、云雪判识、干旱监测、云相区分……
3b*	3.55～3.93	下垫面高温点、夜间云图、森林火灾、火山活动
4	10.30～11.30	昼夜图像、海表和地表温度、土壤湿度
5	11.50～12.50	昼夜图像、海表和地表温度、土壤湿度

注：3a*为白天工作；3b*为夜间工作

（一）低分辨率遥感数据

1. NOAA 数据

NOAA 的轨道是接近正圆的太阳同步轨道，轨道高度为 870km 和 833km，轨道倾角为98.9°和98.7°，周期为101.4min。NOAA的应用目的是日常的气象业务，平时有两颗卫星运行。由于一颗卫星每天至少可以对地面同一地区进行2次观测，所以2颗卫星就可以进行4次以上的观测。NOAA携带的探测仪器主要有高分辨率辐射计（AVHRR/2）和泰罗斯垂直分布探测仪（TOVS）。AVHRR/3包括5个波段，即可见光红色波段、近红外波段、中红外波段和两个热红外波段，如表7-1所示，其中波段3a白天工作，波段3b夜间工作。

2. MODIS数据

MODIS的全称为中分辨率成像光谱仪（Moderate-resolution Imaging Spectro Radiometer），是搭载在Terra和Aqua卫星上一个重要的传感器，是卫星上唯一将实时观测数据通过*x*波段向全世界直接广播，并可以免费接收数据并无偿使用的星载仪器，全球许多国家和地区都在接收和使用MODIS数据。EOS卫星轨道高度为距地球705km，目前第一颗上午轨道卫星（Terra）过境时间为地方时上午11:30左右，一天最多可以获得4条过境轨道资料。MODIS最大空间分辨率可达250m，扫描宽度2330km。MODIS是当前世界上新一代“图谱合一”的光学遥感仪器，有36个离散光谱波段，光谱范围宽，从0.4μm（可见光）到14.4μm（热红外）全光谱覆盖。

3. “风云”气象卫星数据

“风云”气象卫星系列，包括“风云一号”太阳同步轨道气象卫星（又称极轨气象卫星）和“风云二号”地球静止轨道气象卫星，“风云一号”卫星已发射了三颗，“风云二号”卫星发射了两颗。2008年5月27日，我国新一代极轨气象卫星风云三号A星被成功送入预定轨道。随着卫星一同被送入太空的还有星上装载的11个先进的遥感仪器及99个光谱探测通道，其中有5个通道的分辨率达到250m。风云三号卫星是极轨卫星，每天会对全球扫描2次，每次扫描宽度为2900km，具有全球性，携带有垂直探测仪，可以对地面上空30多千米的范围形成立体的彩色图像，从而大大增强了气象预报的精细化和准确度。

（二）中分辨率遥感数据

1. SPOT卫星

1978年起，以法国为主，联合比利时、瑞典等当时的欧共体国家，设计、研制了一颗名为“地球观测实验系统”（SPOT）的卫星，至今已发射SPOT卫星1-7号，该系列卫星属于中等高度（832km）圆形近极地太阳同步轨道卫星（参数见表7-2），SPOT影像就是SPOT系列卫星观测到的遥感数据。20世纪80年代末90年代初先后发射的SPOT1，2，3，均已停止工作；现在正常运行的有1998年3月发射的SPOT4，2002年5月发射的SPOT5，2012年9月发射的SPOT6，2014年6月发射的SPOT7。SPOT4-7搭载的成像系统主要有宽视域植被探测仪（VGT）、高分辨率几何成像装置（HRG）、高分辨率立体成像装置（HRS）和新型Astrosat平台光学模块化设备（NAOMI），影像幅宽通常为60km×60km，SPOT影像分全色和多光谱两类，波长范围覆盖0.43～1.78μm，目前全色和多光谱影像能达到的最大分辨率分别为 1.5m 和 6m。

表 7-2 SPOT 卫星参数

标称轨道高度	832km
轨道倾角	98.7°
运行一圈的周期	101.46min
日绕总圈数	14.19 圈
重复周期	26d
降交点地方太阳时	10:30（±15min）
地面扫描宽度	60km
舷向每行像元数	3000/6000 个

2. Landsat 数据

陆地卫星 Landsat 1972 年发射第一颗，共发射了 8 颗，产品主要有 MSS、TM、ETM+、OLI，属于中高度、长寿命的卫星。主要搭载的遥感传感器：①MSS：多光谱扫描仪，5 个波段；②TM：主题绘图仪，7 个波段；③ETM+：增强主题绘图仪，8 个波段；④OLI：陆地成像仪，9 个波段（表 7-3）。

表 7-3 Landsat 卫星参数

项目	卫星编号	
	1、2、3	4、5、7
轨道高度	918km	705km
轨道倾角	99.125°	98.2°
运行周期	103min/圈	98.9min/圈
扫描宽度	185km	185km
重复周期	18d	16d

3. CBERS 数据

中国与巴西合作制造的中巴资源卫星 CBERS，包括中巴地球资源卫星 01 星、02 星、02B 星（均已退役）、02C 星和 04 星 5 颗卫星。搭载有高分辨率 CCD 相机，具有与陆地卫星的 TM 类似的几个谱段（5 个谱段），其星下点分辨率为 19.5m，高于 TM；覆盖宽度为 113km。B1 通道为蓝色，波段范围 0.45～0.52μm；B2 通道为绿光，波段范围 0.52～0.59μm；B3 通道为红光，波段范围 0.63～0.69μm；B4 通道为近红外，波段范围 0.77～0.89μm；B5 通道为可见光全波段，波段范围 0.51～0.73μm。

4. 环境卫星数据

环境一号卫星（全称为环境与灾害监测预报小卫星星座，简称“环境一号”，代号 HJ-1）是中国第一个专门用于环境和灾害监测的对地观测系统，由 2 颗光学卫星（HJ-1A 卫星和 HJ-1B 卫星）和一颗雷达卫星（HJ-1C 卫星）组成，拥有光学、红外、超光谱多种探测手段，具有大范围、全天候、全天时、动态的环境和灾害监测能力。环境与灾害监测预报小卫星星座 A、B 星（HJ-1A/1B 星）于 2008 年 9 月 6 日上午 11 点 25 分成功发射，HJ-1A 星搭载了 CCD 相机和超光谱成像仪（HSI），HJ-1B 星搭载了 CCD 相机和红外相机（IRS）。在 HJ-1A 卫星和 HJ-1B 卫星上装载的两台 CCD 相机设计原理完全相同，以星下点对称放置，平分视场、并行观测，联合完成对地刈幅宽度为 700km、地面像元分辨率为 30m、4 个谱段的推扫成像。HJ-1C 于 2012 年 11 月 19 日发射，是中国首颗 S 波段（厘米级微波）合成孔径雷达（SAR）卫星，质量 890kg，轨道高度为 500km，S 波段 SAR 雷达具有条带和扫描两种工作模式，成像带宽度分别为 40km 和 100km。HJ-1C 的 SAR 雷达单视模式空间分辨率可到 5m，距离向四视分辨率为 20m，提供的 SAR 图像以多视模式为主。

（三）高分辨率遥感数据

1. IKONOS 数据

自从 1994 年 3 月 10 日之后，解禁了过去不准 10～1m 级分辨率遥感图像商业销售，使得高分辨率卫星遥感成像系统迅速发展起来。美国空间成像公司（Space-Imaging）的 IKONOS 卫星是最早获得许可的卫星之一。经过 5 年的努力，于 1999 年 9 月 24 日空间成像公司率先将 IKONOS-2 高分辨率（全色 1m，多光谱 4m）卫星，由加利福尼亚瓦登伯格空军基地发射升空。具有太阳同步轨道，倾角为 98.1°，设计高度 681km（赤道上），轨道周期为 98.3min，下降角在上午 10:30，重复周期 1～3d。全色光谱响应范围介于 0.15～0.90μm，而多光谱则相应于 Landsat-TM 的波段，即多光谱波段 MSI1 为蓝绿波段，波段范围介于 0.45～0.52μm；MSI2 波段范围 0.52～0.60μm 绿红波段；MSI3 波段范围 0.63～0.69μm 红波段；MSI4 波段范围 0.76～0.90μm 近红外波段。

2. QuickBird 数据

美国 Digital Globe 公司的高分辨率商业卫星，于 2001 年 10 月 18 日发射成功。卫星轨道高度 450km，倾角 98°，卫星重访周期 1～6d（与纬度有关）。QuickBird 图像是目前世界上分辨率最高的民用遥感数据，全色波段图像的空间分辨率为 0.61m，幅宽 16.5km，可应用于制图、城市规划、环境管理、农业评估等众多领域（表 7-4）。

表 7-4　QuickBird 卫星波段参数

数据类型	波段范围/μm	分辨率/m
多波段	蓝：0.45～0.52	2.44
	绿：0.52～0.60	2.44
	红：0.63～0.69	2.44
	近红外：0.76～0.90	2.44
全波段	0.45～0.90	0.61

3. WorldView 数据

WorldView 是 Digital Globe 公司的下一代商业成像卫星系统。它由 2 颗（WorldView-I

和 WorldView-II）卫星组成，其中 WorldView-I 已于 2007 年发射，WorldView-II 也在 2009 年 10 月份发射升空。

WorldView-I 卫星运行在高度 450km、倾角 98°、周期 93.4min 的太阳同步轨道上，平均重访周期为 1.7d，星载大容量全色成像系统每天能够拍摄多达 50 万 km^2 的 0.5m 分辨率图像。卫星还将具备现代化的地理定位精度能力和极佳的响应能力，能够快速瞄准要拍摄的目标和有效地进行同轨立体成像。

WorldView-II 卫星运行在 770km 高的太阳同步轨道上，能够提供 0.5m 全色图像和 1.8m 分辨率的多光谱图像。该卫星将使 Digital Globe 公司能够为世界各地的商业用户提供满足其需要的高性能图像产品。星载多光谱遥感器不仅将具有 4 个业内标准谱段（蓝色波段：450～510nm；绿色波段：510～580nm；红色波段：630～690nm；近红外线波段：770～895nm），还能提供以下新的彩色波段的分析。

1）海岸波段（400～450nm），这个波段支持植物鉴定和分析，也支持基于叶绿素和渗水的规格参数表的深海探测研究。由于该波段经常受到大气散射的影响，已经应用于大气层纠正技术。

2）黄色波段（585～625nm），过去经常被说成是 yellow-ness 特征指标，是重要的植物应用波段。该波段将被作为辅助纠正真色度的波段，以符合人类视觉的欣赏习惯。

3）红色边缘波段（705～745nm），辅助分析有关植物生长情况，可以直接反映出植物健康状况有关信息。

4）近红外 2 波段（860～1040nm），这个波段部分重叠在 NIR 1 波段上，但较少受到大气层的影响。该波段支持植物分析和单位面积内生物数量的研究。

多样性的谱段将为用户提供进行精确变化检测和制图的能力，由于 WorldView 卫星对指令的响应速度更快，因此图像的周转时间（从下达成像指令到接收到图像所需的时间）仅为几个小时。

4. 中国高分卫星

“高分一号”（GF-1）是我国高分辨率对地观测卫星系统重大专项（简称“高分专项”）的第一颗卫星。“高分专项”于 2010 年 5 月全面启动，计划到 2020 年建成我国自主的陆地、大气和海洋观测系统。GF-1 卫星搭载了两台 2m 分辨率全色/8m 分辨率多光谱相机，四台 16m 分辨率多光谱相机。此外，“高分一号”的宽幅多光谱相机幅宽达到了 800km，而法国发射的 SPOT6 卫星幅宽仅有 60km。“高分一号”在具有类似空间分辨率的同时，可以在更短的时间内对一个地区重复拍照，其重复周期只有 4d，而世界上同类卫星的重复周期大多为 10d。可以说，“高分一号”实现了高空间分辨率和高时间分辨率的完美结合。

“高分二号”卫星（GF-2）是我国自主研制的首颗空间分辨优于 1m 的民用光学遥感卫星，可在遥感集市平台中查询到，搭载有两台高分辨率 1m 全色、4m 多光谱相机，具有亚米级空间分辨率、高定位精度和快速姿态机动能力等特点，有效地提升了卫星综合观测效能，达到了国际先进水平。主要用户为国土资源部、住房和城乡建设部、交通运输部和国家林业局等部门，同时还将为其他用户部门和有关区域提供示范应用服务。

实际上，“高分专项”是一个非常庞大的遥感技术项目，包含至少 7 颗卫星和其他观测平台，分别编号为“高分一号”到“高分七号”，它们都将在 2020 年前发射并投入使用。“高分一号”为光学成像遥感卫星；“高分二号”也为光学遥感卫星，但全色和多光谱分辨率都提高一倍，分别达到了 1m 全色和 4m 多光谱；“高分三号”为 1m 分辨率；“高分四号”为地球同步轨道上的光学卫星，全色分辨率为 50m；“高分五号”不仅装有高光谱相机，而且还拥有多部大气环境和成分探测设备，如可以间接测定 PM2.5 的气溶胶探测仪；“高分六号”的载荷性能与“高分一号”相似；“高分七号”则属于高分辨率空间立体测绘卫星。“高分”系列卫星覆盖了从全色、多光谱到高光谱，从光学到雷达，从太阳同步轨道到地球同步轨道等多种类型，构成了一个具有高空间分辨率、高时间分辨率和高光谱分辨率能力的对地观测系统。

（四）微波遥感数据

微波遥感是传感器的工作波长在微波波谱区的遥感技术，是利用某种传感器接受各种地物发射或者反射的微波信号，借以识别、分析地物，提取地物的信息。微波遥感的突出优点是具全天候工作能力，不受云、雨、雾的影响，可在夜间工作，并能透过植被、冰雪和干沙土，以获得近地面以下的信息。广泛应用于海洋研究、陆地资源调查和地图制图。

微波遥感的工作方式分主动式（有源）微波遥感和被动式（无源）微波遥感。前者由传感器发射微波波束，再接收由地面物体反射或散射回来的回波，主要传感器是雷达；此外，还有微波高度计和微波散射计。后者通过传感器，接收来自目标地物发射的微波；被动接收目标地物微波辐射的传感器为微波辐射计，被动探测目标地物微波散射特性的传感器为微波散射计。

例如，JERS 传感器数据来源于日本地球资源卫星，具有近圆形、近极地、太阳同步、中等高度轨道，是一颗将光学传感器和合成孔径雷达系统置于同一平台上的卫星，主要用途是观测地球陆域、开展地学研究等。共有 3 台遥感器：可见光近红外辐射计（VNR）、短波红外辐射计（SWIR）和合成孔径雷达（SAR）。其中，SAR 是一套多波束合成孔径雷达，工作频率为 5.3GHz，属 C 频段，HH 极化。SAR 扫描左侧地面。它有 5 种工作模式，5 种模式的照射带分别为 500km、300km、200km、300km 与 500km 和 800km，地面分辨率分别为 28m×25m、28m×25m、9m×10m、30m×35m 与 55m×32m 和 28m×31m。

三、草业遥感信息分类方法

常用的草业遥感信息提取的方法有两大类：一是目视解译，二是计算机信息提取，下面我们分别进行介绍。

（一）目视解译

目视解译是指利用图像的影像特征（色调或色彩，即波谱特征）和空间特征（形状、大小、阴影、纹理、图形、位置和布局），与多种非遥感信息资料（如地形图、各种专题图）组合，运用其相关规律，进行由此及彼、由表及里、去伪存真的综合分析和逻辑推理的思维及判识过程。早期的目视解译多是纯人工在像片上解译，后来发展为人机交互方式，并应用一系列图像处理方法进行影像的增强，提高影像的视觉效果后在计算机屏幕上解译。

1. 遥感影像目视解译原则

遥感影像目视解译的原则是先“宏观”后“微观”、先“整体”后“局部”、先“已知”后“未知”、先“易”后“难”等。一般判读顺序包括：在中小比例尺像片上通常首先判读水系，确定水系的位置和流向；再根据水系确定分水岭的位置，区分流域范围；然后再判读大片农田的位置、居民点的分布和交通道路。在此基础上，再进行地质、地貌等专门要素的判读。

2. 遥感影像目视解译方法

（1）总体观察

观察图像特征，分析图像对判读目的任务的可判读性和各判读目标间的内在联系。观察各种直接判读标志在图像上的反映，从而可以把图像分成大类别及其他易于识别的地物特征。

（2）对比分析

对比分析包括多波段图像、多时域图像、多类型图像的对比分析和各判读标志的对比分析。多波段图像对比有利于识别在某一波段图像上灰度相近但在其他波段图像上灰度差别较大的物体；多时域图像对比分析主要用于物体的变化繁衍情况监测；而多类型图像对比分析则包括不同成像方式、不同光源成像、不同比例尺图像等之间的对比。

各种直接判读标志之间的对比分析，可以识别标识相同（如色调、形状），而另一些标识不同（纹理、结构）的物体。对比分析可以增加不同物体在图像上的差别，以达到识别目的。

（3）综合分析

综合分析主要应用于间接判读标志、已有的判读资料、统计资料，对图像上表现得很不明显，或毫无表现的物体、现象进行判读。间接判读标志之间相互制约、相互依存。根据这一特点，可做更加深入细致的判读。例如，对已知判读为农作物的影像范围，按农作物与气候、地貌、土质的依赖关系，可以进一步区别出作物的种类；河口泥沙沉积的速度、数量与河流汇水区域的土质、地貌、植被等因素有关，长江、黄河河口泥沙沉积情况不同，正是因为流域内的自然环境不同所致。地图资料和统计资料是前人劳动的可靠结果，在判读中起着重要的参考作用，但必须结合现有图像进行综合分析，才能取得满意的结果。实地调查资料，限于某些地区或某些类别的抽样，不一定完全代表整个判读范围的全部特征。只有在综合分析的基础上，才能恰当应用、正确判读。

（4）参数分析

参数分析是在空间遥感的同时，测定遥感区域内一些典型物体（样本）的辐射特性数据、大气透过率和遥感器响应率等数据，然后对这些数据进行分析，达到区分物体的目的。

大气透过率的测定可同时在空间和地面测定太阳辐射照度，按简单比值确定。仪器响应率由实验室或飞行定标获取。利用这些数据判定未知物体属性可从两个方面进行：一方面，用样本在图像上的灰度与其他影像比较，凡灰度与某样本灰度值相同者，则与该样本同属性。另一方面，由地面大量测定各种物体的反射特性或发射特性，把它们转化成灰度；然后根据遥感区域内各种物体的灰度，比较图像上的灰度，即可确定各类物体的分布范围。

（二）计算机信息提取

利用计算机进行遥感信息的提取又分为完全自动提取信息的非监督分类法和依靠人工选择不同信息训练样区然后按设定规则进行计算机信息提取的监督分类法。计算机提取遥感信息必须使用数字图像，由于地物在同一波段、同一地物在不同波段都具有不同的波谱特征，通过对某种地物在各波段的波谱曲线进行分析，根据其特点进行相应的增强处理后，可以在遥感影像上识别并提取同类目标物。早期的自动分类和图像分割主要是基于光谱特征，后来发展为结合光谱特征、纹理特征、形状特征、空间关系特征等综合因素的计算机信息提取。

常用的信息提取方法是遥感影像的计算机自动分类。首先，对遥感影像室内预判读；其次，进行野外调查，旨在建立各种类型的地物与影像特征之间的对应关系，并对室内预判结果进行验证；再次，工作转入室内后，选择训练样本并对其进行统计分析，用适当的分类器对遥感数据分类，对分类结果进行后处理；最后，进行精度评价。遥感影像的分类一般是基于地物光谱特征、形状特征、空间关系特征等方面特征，目前大多数研究还是基于地物光谱特征。

在计算机分类之前，往往要做些预处理，如校正、增强、滤波等，以突出目标物特征或消除同一类型目标的不同部位因光照条件不同、地形变化、扫描观测角的不同而造成的亮度差异等。利用遥感图像进行分类，就是对单个像元或比较匀质的像元组给出对应其特征的名称，其原理是利用图像识别技术实现对遥感图像的自动分类。计算机用以识别和分类的主要标志是物体的光谱特性，图像上的其他信息如大小、形状、纹理等标志尚未充分利用。

常见的计算机图像分类方法有两种，即监督分类和非监督分类。监督分类，首先要从欲分类的图像区域中选定一些训练样区，在这样训练区中地物的类别是已知的，用它建立分类标准，然后计算机将按同样的标准对整个图像进行识别和分类。它是一种由已知样本，外推未知区域类别的方法。非监督分类是一种无先验（已知）类别标准的分类方法。对于待研究的对象和区域，没有已知类别或训练样本作标准，而是利用图像数据本身能在特征测量空间中聚集成群的特点，先形成各个数据集，然后再核对这些数据集所代表的物体类别。

与监督分类相比，非监督分类具有下列优点：不需要对被研究的地区有事先的了解，对分类的结果与精度要求相同的条件下，在时间和成本上较为节省，但实际上，非监督分类不如监督分类的精度高，所以监督分类使用更为广泛。

1. 非监督分类方法介绍

非监督分类又称聚类分析或点群分析，包括动态聚类、模糊聚类、系统聚类和分裂法等方法。

1）动态聚类：聚类的方法主要有基于最邻近规则的试探法、K-means 均值算法、迭代自组织的数据分析法（ISODATA）等。

2）模糊聚类法：根据是否需要先验知识也可以分为监督分类和非监督分类。

3）系统聚类：这种方法是将影像中每个像元各自看作一类，计算各类间均值的相关系数矩阵，从中选择最相关的两类进行合并形成新类，并重新计算各新类间的相关系数矩阵，再将最相关的两类合并，这样继续下去，按照逐步结合的方法进行类与类之间的合并，直到各个新类间的相关系数小于某个给定的阈值为止。

4）分裂法：又称等混合距离分类法，它与系统聚类的方法相反，在开始时将所有像元看成一类，求出各变量的均值和均方差，按照一定公式计算分裂后两类的中心，再算出各像元到这两类中心的聚类，将像元归并到距离最近的那一类去，形成两个新类；然后再对各个新类进行分类，只要有一个波段的均方差大于规定的阈值，新类就要分裂。

图 7-8 为甘肃省甘南藏族自治州玛曲县景观类型的非监督分类结果，分类精度如表 7-5 所示。

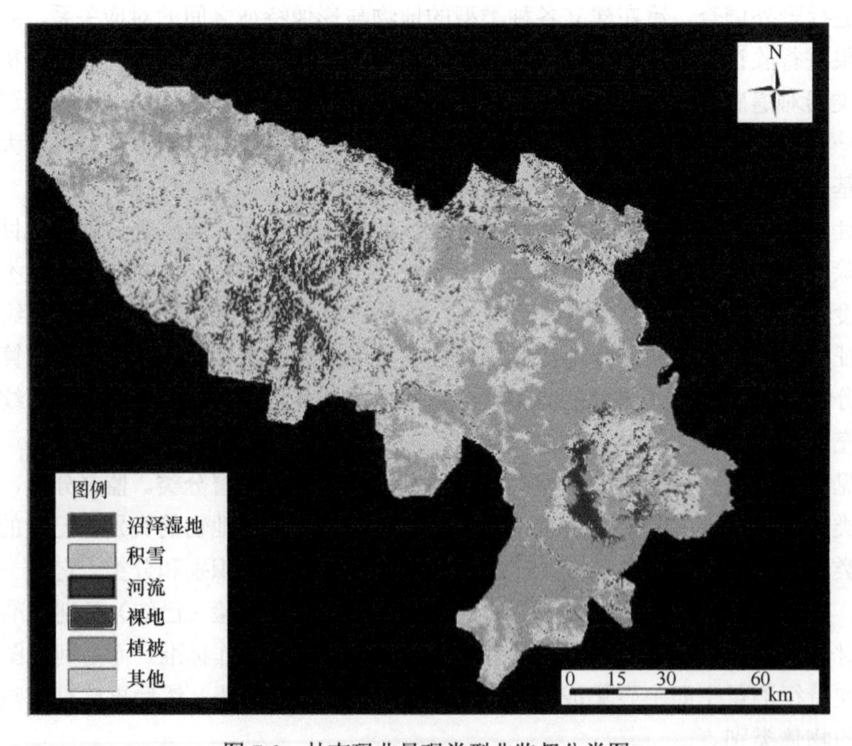

图 7-8　甘南玛曲景观类型非监督分类图

表 7-5　分类精度　（单位：%）

景观类型	沼泽湿地	积雪	河流	裸地	植被
产品精度	78.55	70.40	88.21	79.67	81.56
用户精度	82.35	71.20	84.65	88.73	87.23
总体精度			78.53		

2. 监督分类方法介绍

（1）专家分类器分类

细小地物在影像上有规律地重复出现，它反映了色调变化的频率，纹理形式很多，包括点、斑、格、垅、栅。在这些形式的基础上，根据粗细、疏密、宽窄、长短、直斜和隐显等条件还可再细分为更多的类型。每种类型的地物在影像上都有其自身的纹理图案，因此可以从影像的这一特征识别地物。纹理反映的是亮度（灰度）的空间变化情况，有三个主要标志：某种局部的序列性在比该序列更大的区域内不断重复；序列由基本部分非随机排列组成；各部分大致都是均匀的统一体，在纹理区域内的任何地方都有大致相同的结构尺寸。这个序列的基本部分通常称为纹理基元。因此，可以认为纹理是由基元按某种确定性的规律或统计性的规律排列组成的，前者称为确定性纹理（如人工纹理），后者呈随机性纹理（或自然纹理）。对纹理的描述可通过纹理的粗细度、平滑性、颗粒性、随机性、方向性、直线性、周期性、重复性等这些定性或定量的概念特征来表征。

相应的众多纹理特征提取算法也可归纳为两大类，即结构法和统计法。结构法把纹理视为由基本纹理元按特定的排列规则构成的周期性重复模式，因此常采用基于传统的 Fourier 频谱分析方法以确定纹理元及其排列规律。此外，结构元统计法和纹理分析也是常用的提取方法。结构法在提取自然景观中不规则纹理时就遇到困难，这些纹理很难通过纹理元的重复出现来表示，而且纹理元的抽取和排列规则的表达本身就是一个极其困难的问题。在遥感影像中纹理绝大部分具有随机性，服从统计分布，一般采用统计法纹理分析。目前用得比较多的方法有共生矩阵法、分形维方法、马尔可夫随机场方法等。其中，共生矩阵法是一种比较传统的纹理描述方法，它可从多个侧面描述影像纹理特征。

（2）图像分割

图像分割就是指把图像分成各具特性的区域并提取出感兴趣目标的技术和过程，此处特性可以是像素的灰度、颜色、纹理等预先定义的目标，可以对应单个区域，也可以对应多个区域。

图像分割是由图像处理到图像分析的关键步骤，在图像工程中占据重要的位置。一方面，它是目标表达的基础，对特征测量有重要的影响；另一方面，因为图像分割及其基于分割的目标表达、特征抽取和参数测量，将原始图像转化为更抽象更紧凑的形式，使得更高层次的图像分析和理解成为可能。

图像分割是图像理解的基础，而在理论上图像分割又依赖图像理解，彼此是紧密关联的。图像分割在一般意义下是十分困难的问题，目前的图像分割一般作为图像的前期处理阶段，是针对分割对象的技术，是与问题相关的，如最常用到的利用阈值法处理进行图像分割。

图像分割有三种不同的途径，其一是将各像素划归到相应物体或区域的像素聚类方法（即区域法）；其二是通过直接确定区域间的边界来实现分割的边界方法；其三是首先检测边缘像素，再将边缘像素连接起来构成边界形成分割。

图 7-9 为甘肃省甘南藏族自治州玛曲县景观类型的监督分类结果，分类精度如表 7-6 所示。

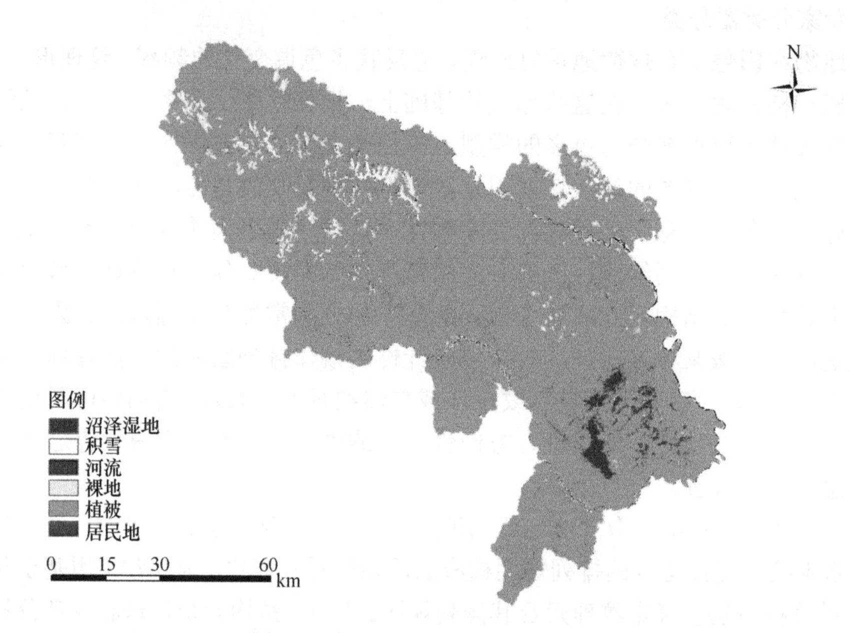

图 7-9　甘南玛曲景观类型监督分类图

表 7-6　分类精度　（单位：%）

景观类型	沼泽湿地	积雪	河流	裸地	植被	居民地
产品精度	88.68	77.50	94.21	86.67	89.39	85.69
用户精度	93.36	76.25	91.25	93.73	94.35	91.37
总体精度	88.53					

综上所述，两类分类方法各有优势。现代遥感探测技术已经结合了两者的优点，可以充分发挥计算机的智能化、高效化，同时结合人类的逻辑辨识与决断能力。因此，人工监督下的计算机分类提取方式是现在普遍运用和流行的遥感数据提取分析方式，在草业遥感分类研究中也是主流手段。

四、遥感植被指数

（一）植被指数的概念

在草业遥感中，经常接触到的一个最主要的植被遥感模型就是植被指数（Vegetation

Index）。

植被指数是由不同遥感波段探测数据组合而成的，能反映植物生长状况的指数。植物叶面在可见光红光波段（R）有很强的吸收特性，在近红外波段（NIR）有很强的反射特性，这是植被遥感监测的物理基础，通过这两个波段的不同组合可得到不同的植被指数。差值植被指数又称农业植被指数，为二通道反射率之差，它对土壤背景变化敏感，能较好地识别植被和水体。

植被指数主要反映植被在可见光、近红外波段反射与土壤背景之间差异的指标，各个植被指数在一定条件下能用来定量说明植被的生长状况。在学习和使用植被指数时必须具备一些基本的知识如下。

1）健康的绿色植被在 NIR 和 R 的反射差异比较大，原因在于 R 对于绿色植物来说是强吸收的，NIR 则具有高反射性。

2）建立植被指数的目的是有效地综合各有关的光谱信号，增强植被信息，减少非植被信息。

3）植被指数有明显的地域性和时效性，受植被本身、环境、大气等条件的影响。

（二）植被指数的种类

按照植被指数的计算方法，一般分为比值型、差值型、垂直型和混合型四大类，下面我们对 7 种常用的植被指数分别进行说明。

1. RVI——比值植被指数

比值植被指数（RVI）指两个波段反射率的比值，RVI=NIR/R。

绿色健康植被覆盖地区的 RVI 远大于 1，而无植被覆盖的地面（如裸土、人工建筑、水体、植被枯死或严重虫害）的 RVI 在 1 附近。植被的 RVI 通常大于 2；RVI 是绿色植物的灵敏指示参数，与 LAI、叶干生物量、叶绿素含量相关性高，可用于检测和估算植被生物量；植被盖度影响 RVI，当植被盖度较高时，RVI 对植被十分敏感；当植被盖度<50%时，这种敏感性显著降低；RVI 受大气条件影响，大气效应大大降低对植被检测的灵敏度，所以在计算前需要进行大气校正，或用反射率计算 RVI。

2. NDVI——归一化插值植被指数

归一化插值植被指数（NDVI）是 NIR 和 R 两个波段反射率的一种组合指数，NDVI=（NIR–R）/（NIR+R）。

NDVI 可用于检测植被生长状态、植被盖度和消除部分辐射误差等；–1≤NDVI≤1，负值表示地面覆盖为云、水、雪等，对可见光高反射；0 表示有岩石或裸土等，NIR 和 R 近似相等；正值表示有植被覆盖，且随盖度增大而增大；NDVI 的局限性表现在，用非线性拉伸的方式增强了 NIR 和 R 的反射率的对比度。对于同一幅图像，分别求 RVI 和 NDVI 时会发现，RVI 值增加的速度高于 NDVI 增加速度，即 NDVI 对高植被区具有较低的灵敏度；NDVI 能反映出植物冠层的背景影响，如土壤、潮湿地面、雪、枯叶、粗糙度等，且与植被覆盖有关。

植被指数是检测植被生长状态、植被盖度和消除部分辐射误差等工作的基础。目前，有很多种卫星遥感数据能反演植被指数，并有各自成熟的植被指数产品用于遥感监测的各个方面。下面以 NDVI 指数为例，介绍不同遥感数据源的同种指数波段计算构成方式。

对于不同的遥感传感器，如陆地资源卫星的 TM 或 ETM 传感器（空间分辨率 30～60m），Aqua 及 Terra 卫星的 MODIS 传感器（空间分辨率 250～1000m），NOAA 卫星的 AVHRR 传感器，同一种植被指数，波段的组合是不同的。

对于 TM/ETM，算法如下

NDVI=（Band4–Band3）/（Band4+Band3）

对于 MODIS 数据，其算法如下

NDVI=（Band2–Band1）/（Band2+Band1）

对于 AVHRR 数据，其算法如下

NDVI=（CH2–CH1）/（CH2+CH1）

3. DVI——差值植被指数

差值植被指数（DVI）指 NIR 和 R 两个波段反射率的差值（DVI=NIR–R），其特点是对土壤背景的变化极为敏感。

4. SAVI——土壤调整植被指数

土壤调整植被指数（SAVI）是 NIR 和 R 两个波段反射率组合的可以调整土壤亮度的一种植被指数。在此基础上，还先后提出 TSAVI 和 MSAVI 等指数。其中，SAVI 的计算公式为 SAVI=［（NIR–R）/（NIR+R+L）］（1+L）。

该指数构建的目的是解释背景的光学特征变化并修正 NDVI 对土壤背景的敏感性。与 NDVI 相比，增加了根据实际情况确定的土壤调节系数 L，取值范围 0～1。L=0 时，表示植被盖度为零；L=1 时，表示土壤背景的影响为零，即植被盖度非常高，土壤背景的影响为零，这种情况只有在被树冠浓密的高大树木覆盖的地方或盛草期盖度很高的草地才会出现。SAVI 仅在土壤线参数 a=1 和 b=0（即非常理想的状态下）时才适用。因此，有了 TSAVI、ATSAVI、MSAVI、SAVI2、SAVI3、SAVI4 等改进模型。

5. GVI——绿度植被指数

绿度植被指数（GVI）是经过 k-t 变换后表示绿度分量的一种植被指数。

k-t 变换也称为坎斯-托马斯变换（Kauth-Thomas Transformation），又称缨帽变换（Tasselled Cap Transformation）。根据多光谱遥感中土壤、植被等信息在多维光谱空间中信息分布结构对图像做的经验性线性正交变换，通过 k-t 变换可以使植被与土壤的光谱特性分离。植被生长过程的光谱图形呈所谓的“穗帽”状，而土壤光谱构成一条土壤亮度线，土壤的含水量、有机质含量、粒度大小、矿物成分、表面粗糙度等特征的光谱变化沿土壤亮度线方向产生。k-t 变换后得到的第一个分量表示土壤亮度，第二个分量表示绿度，第三个分量随传感器不同而表达不同的含义。例如，MSS 的第三个分量表示黄度，没有确定的意义；TM 的第三个分量表示湿度。第一、第二个分量集中了大于 95%的信息，这两个分量构成的二维图可以很好地反映出植被和土壤光谱特征的差异。GVI 是各波段辐射亮度值的加权和，而辐射亮度是大气辐射、太阳辐射、环境辐射的综合结果，所以 GVI 受外界条件影响大。

6. PVI——垂直植被指数

垂直植被指数（PVI）指在 R-NIR 的二维坐标系内植被像元到土壤亮度线的垂直距离。其计算公式如下

$$PVI=\left[(S_R-V_R)^2+(S_{NIR}-V_{NIR})^2\right]^{1/2}$$

式中，S 是土壤反射率，V 是植被反射率。

$$PVI=[(DN_{NIR}-b)\cos q-DN_R\cdot\sin q]/\cos^2 q$$

式中，DN 是遥感影像像元亮度值，b 是土壤基线与 NIR 截距，q 是土壤基线与 R 的夹角。

该指数能较好地消除土壤背景的影响，对大气的敏感度小于其他 VI；同时，PVI 是在 R-NIR 二维数据中对 GVI 的模拟，两者物理意义相同。

7. EVI——增强型植被指数

增强型植被指数（Enhanced Vegetation Index，EVI）通过加入蓝色波段以增强植被信号，矫正土壤背景和气溶胶散射的影响。EVI 常用于叶面积指数（LAI）值高，即植被茂密区。计算公式为

$$EVI=2.5\times\frac{\rho_{NIR}-\rho_{RED}}{\rho_{NIR}+6.0\rho_{RED}-7.5\rho_{Blue}+1}$$

式中，ρ_{NIR}、ρ_{RED} 和 ρ_{Blue} 分别代表近红外波段、红光波段和蓝光波段的反射率。

第四节　草业遥感的应用

以上介绍了草业遥感的主要概念、构成与功能、基本原理和方法等内容，下面具体介绍草业遥感的应用。草业遥感的应用领域很广阔，就目前主要的研究方向和应用来看，可以分为草业资源遥感调查、草地植被长势监测与估产、草业灾害监测与评估三个主要方面。

一、草业资源遥感调查

草业资源调查包括了与草地农业相关的所有生物和非生物资源的清查及数据收集，相对于传统的人工调查而言，遥感技术提供了多空间尺度、连续时间尺度的大面积数据收集和分析方法，为信息化条件下的草业发展和草业资源的可持续利用提供了有效的研究手段。

例 1：基于 MODIS 数据的草地盖度与草地碳储量的动态变化研究。

该研究以像元二分模型为基础分析草地盖度动态变化，利用改进的归一化植被指数的植被盖度定量模型（图 7-10），采用 MODIS 卫星 8 天合成的地表反射率数据产品

(MOD09A1)，结合“3S”技术（GIS，RS 和 GPS）空间分析功能，以甘南州高寒草地为研究对象，分 5 个等级计算了甘南州草地植被盖度，分析了 2000～2010 年植被盖度变化的过程和趋势（图 7-11，图 7-12）。结合地表温度和辐射率数据产品与生物量反演模型，估算了甘南州草地植被的碳储量，分析了植被盖度与碳储量的关系；甘南地区 2000～2010 年一级至五级植被盖度区域地表均温变化结果及碳储量变化结果综合显示，2000～2005 年，各植被等级区域地表均温呈下降趋势，由于地表温度与植被盖度成反比，因此各等级植被盖度均有所提升。2000～2005 年各植被等级碳储量呈上升态势，同时考虑到 2005 年之前各等级植被区域面积虽变化剧烈，但退化趋势并不明显，所以植被盖度的好转为碳储量的积累提供了有利条件。2005～2010 年，地表温度开始逐步升高，植被盖度逐步下降，高等级植被区域面积明显锐减，低等级植被区域面积不断扩大，各等级植被碳储量也随之开始下滑。

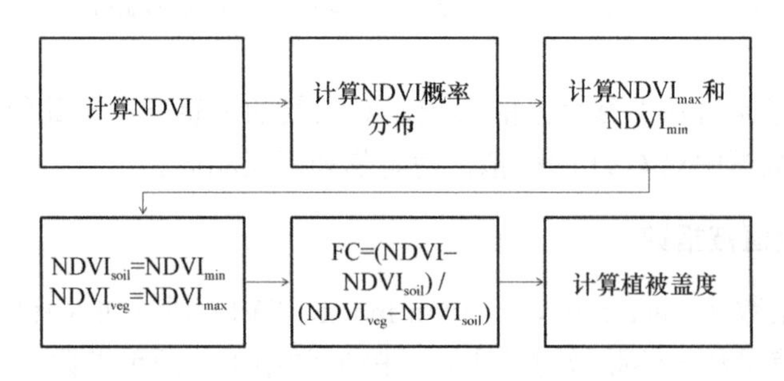

图 7-10　植被盖度计算流程（王浩，2012）

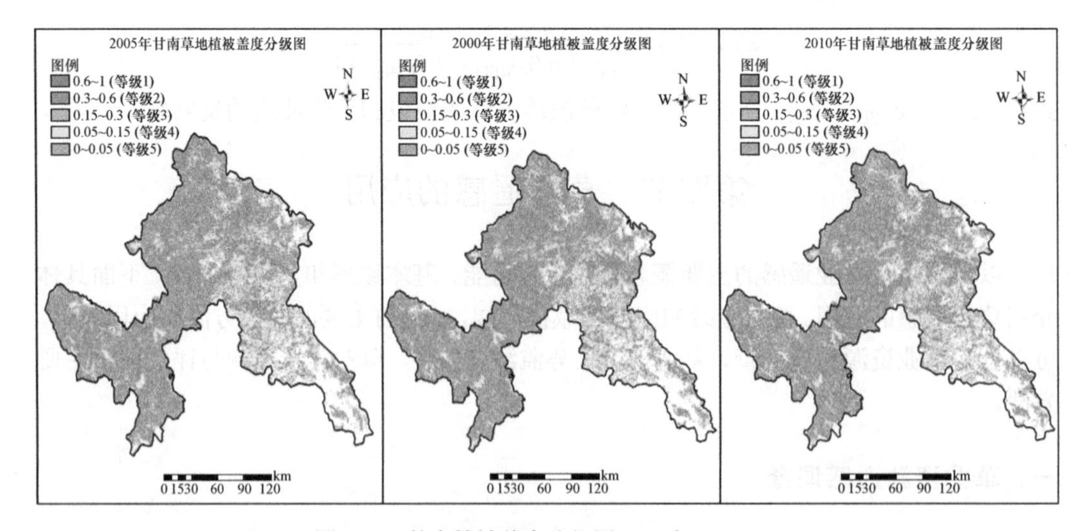

图 7-11　甘南植被盖度分级图（王浩，2012）

例 2：基于 MODIS 数据的草地植被指数与草地类型的动态变化研究。

植被指数作为草地分类的一个参数可以很好地反映植被类型信息。该研究将不同植被指数与 DEM 数据结合，利用非监督分类等方法制作草地类型图。在利用 EVI、NDVI 作为分类参数之前，先对 MODIS 16 天合成的植被指数影像进行主成分分析；再将 DEM 数据与主成分分析后的 EVI 和 NDVI 影像融合，融合后的影像进行非监督分类，并且对

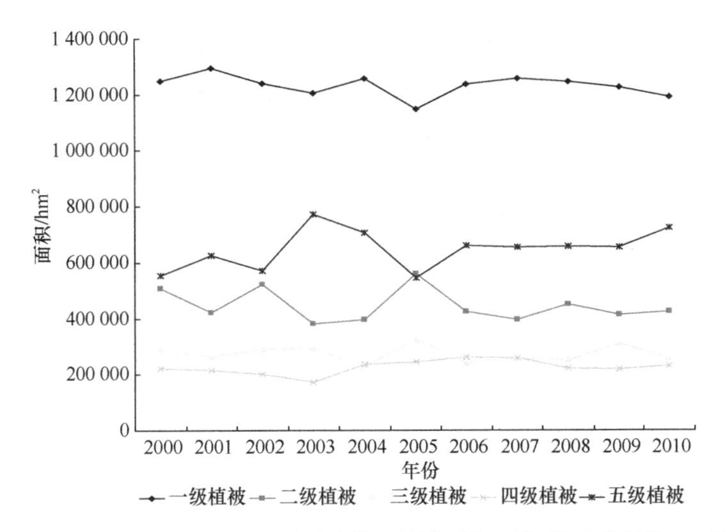

图 7-12　2000～2010 年 1 年等时间间隔甘南各等级植被覆盖区域面积变化趋势（王浩，2012）

分类后的影像进行了一定的分类后处理——聚类分析、过滤分析、去除分析、基于 Landsat 图像的校正，将小于单个像元的细小斑块归入周围面积最大的类型，进行分类重编码处理；最终得到划分为低平地草地类、高寒草甸类、高寒灌丛草甸类、暖性草丛类、温性草原类、沼泽类和非草地的甘南州草地分类影像（图 7-13）。

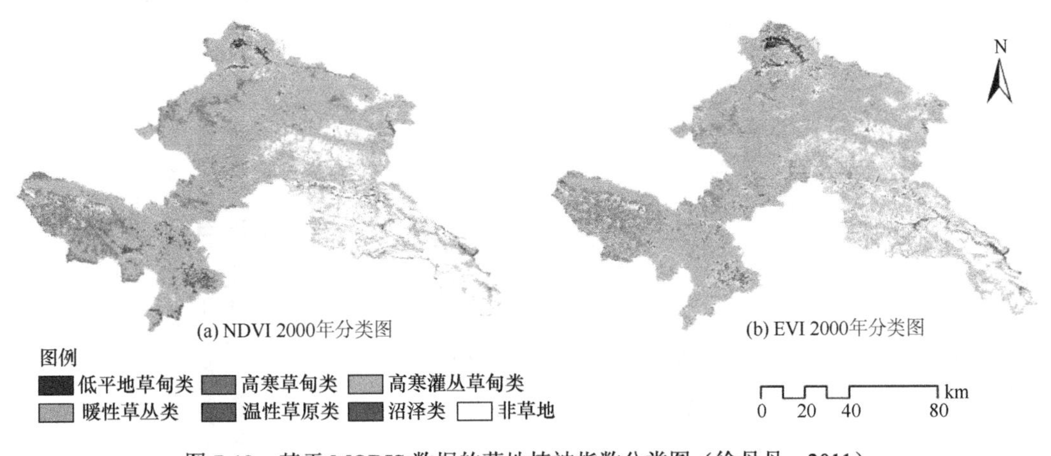

图 7-13　基于 MODIS 数据的草地植被指数分类图（徐丹丹，2011）

二、草地植被长势监测与估产

草业遥感不但能对大空间尺度的各种草地资源进行有效数据收集和提取，而且可以按照物候学特征对固定区域的草地植被生长状况进行动态监测，同时运用模拟建模的方法对草地地上生物量进行有效估算，从而为区域草畜平衡动态分析、草地退化状况评价等提供科学依据。

例 1：基于植被指数的草地地上生物量与长势研究（崔霞，2011）。

该研究应用 GIS、遥感和 GPS 等技术，结合植被指数和地面实测数据，建立线性与非线性统计模型，经过精度评价，确立了甘南地区草地生物量和盖度遥感监测模型：

$$y=3738.073x^{1.553}\ (R^2=0.626,\ P<0.001)$$

式中，y 为草地地上生物量干重（kg/hm²），x 为基于 MODIS 数据的 EVI 值。

$$y=101.664+42.386\ln(x)\ (R^2=0.449,\ P<0.001)$$

式中，y 为草地盖度（%），x 为基于 MODIS 数据的 EVI 值。

利用已建立的甘南草地生物量干重反演模型和地表反射率数据合成的植被指数，研究了甘南州月际和年际间草地地上生物量干重的动态变化特征（图 7-14）。

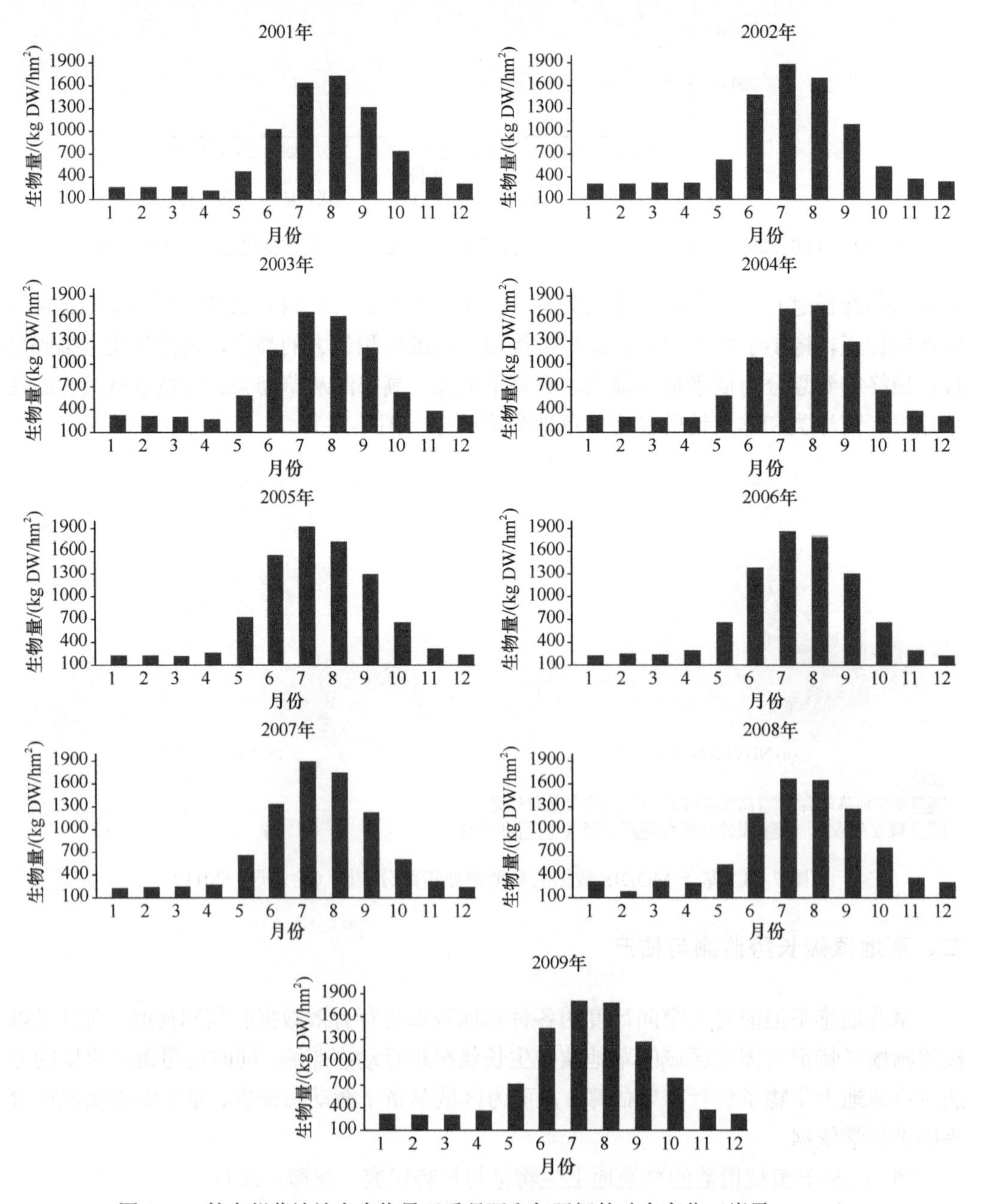

图 7-14 甘南州草地地上生物量干重月际和年际间的动态变化（崔霞，2011）

例 2：气候变化背景下植被指数与高寒草地植被长势研究。

该研究采用 2001～2006 年 5～10 月的 MODIS-NDVI 与同时相的 GIMMS-NDVI 数据，逐月建立了两者的线性回归模型，利用各月份的回归模型将 2007～2010 年 5～10 月的 MODIS-NDVI 转换为 GIMMS-NDVI，研究了长时间序列的青藏高原草地植被生长状况的动态变化。

NDVI 年际变异系数可以反映 NDVI 的年际波动规律。根据 1981～2010 年生长季最大 NDVI 年变异系数，分析青藏高原草地植被生长状况的年际波动情况（图 7-15）。总体来说，高原大部分地区草地植被状况年际间波动较小。年际波动小的区域主要分布在青藏高原东南部植被生长状况较好的地区，而草地年际波动比较大的区域主要分布在西北和北部植被生长状况本来就比较差的植被稀疏区。

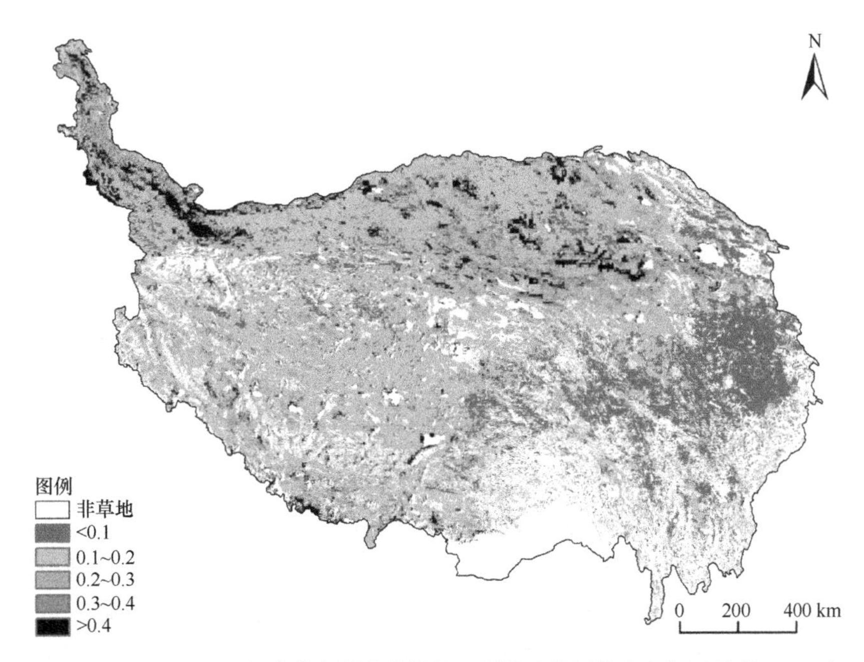

图 7-15　1981～2010 年青藏高原草地植被年际波动状况分布空间（于惠，2013）

三、草业灾害监测与评估

草地是陆地生态系统的主要组成部分，与其他陆地生态系统相似，在进行草地科学研究的时候，不可避免地会涉及草地生态安全、牧业灾害防治等方面的内容，从长远看这也属于草地可持续研究的范畴，而近年来随着遥感技术的快速发展，这方面的研究有了长足的进展，已成为草地科学研究的学术热点问题。

例 1：基于 TM，MODIS 遥感数据的草业地区生态风险研究。

本研究以 GIS（地理信息系统）和 RS（遥感）为技术支持，利用遥感影像及人口、经济、温度和降水等基础数据，选取温度、降水、放牧超载率、水土流失、鼠害、城市化作为主要风险源，采用 GIS 空间分析等方法，对归一化后的各风险源数值进行统计计算，从而对生态风险进行评价。结合等级模型，根据生态结构的完整与否，系统恢复能力的强弱，以及生态问题的显著程度将生态风险分级为极低、低、中等、高、极高5个等级。评价结果显示，甘南州2005年、2006年、2007年、2009年、2010年生态风险状态覆盖5个等级，即极低生态风险状态、低生态风险状态、中等生态风险状态、高生态风险状态、极高生态风险状，而2008年则覆盖4个等级，分别为极低生态风险状态、低生态风险状态、中等生态风险状态、高生态风险状态（图7-16）。

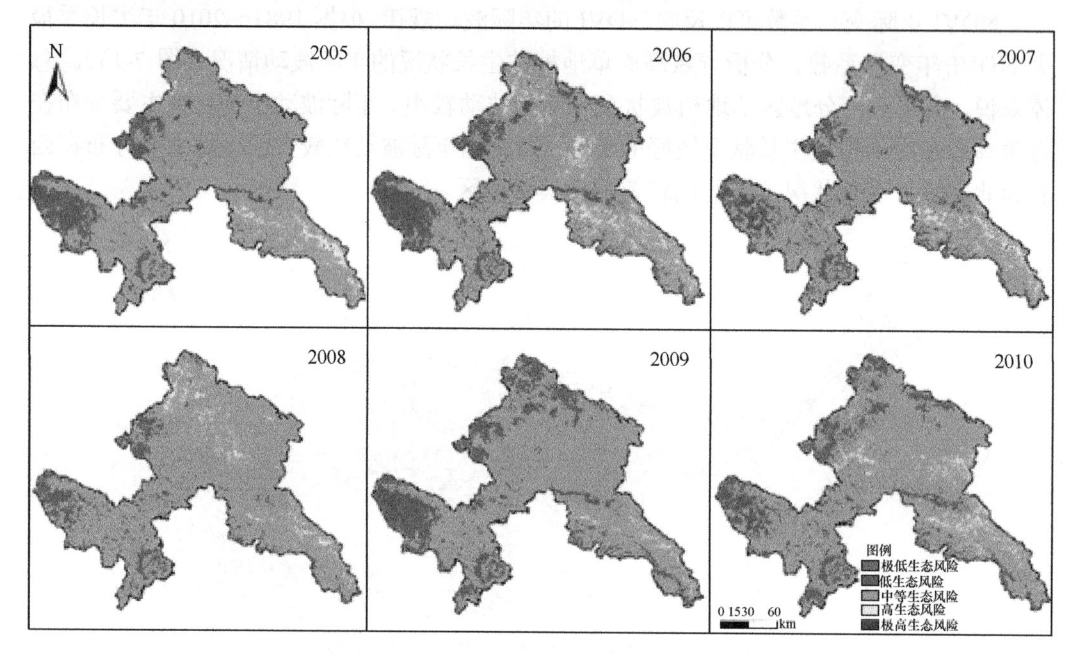

图7-16　甘南州各县（市）生态风险评价等级图（朱晓丽，2012）

例2：基于MODIS和被动微波遥感数据的牧区雪灾研究（梁天刚等，2011）。

该研究依据青藏高原地区的积雪覆盖范围和雪深等遥感监测资料，结合近50年（1951～2010）草地、气象、畜牧、社会经济等动态监测数据库，以及研究区发生的典型雪灾案例资料，研究了青藏高原地区雪灾预警的关键因子，构建出区域雪灾危害等级预警模型，研究了青藏高原地区雪灾预警分级标准和雪灾风险评价方法，对提高牧区防灾减灾能力建设，最大限度地减少牧区灾害损失，具有重要的理论意义及实际应用价值。

参考牧区雪灾等级国家标准（GB/T 20482—2006），依据受灾程度及积雪对放牧牲畜采食影响情况，提出青藏高原牧区雪灾危害强度预警分级标准，将雪灾危害程度划分为无雪灾、轻度雪灾、中度雪灾、严重雪灾和特大雪灾5级（表7-7）。

表7-7　牧区雪灾危害强度预警分级指标

雪灾等级	牲畜死亡数/（万头/只）	放牧影响情况
无雪灾	0	牧区草地有积雪，但积雪掩埋牧草程度小于20%或草地积雪覆盖率小于20%，对各类牲畜采食几乎无明显影响
轻度雪灾	5	影响牛的采食，对羊的影响尚小，而对马则无影响
中度雪灾	5～10	影响牛、羊的采食，对马的影响尚小
严重雪灾	10～20	影响各类牲畜的采食，牛、羊损失较大
特大雪灾	>20	影响各类牲畜的采食，如果救灾不力将造成大批牲畜死亡

思　考　题

1. 简述草业遥感与遥感、地理信息学及草业科学的关系?
2. 草业遥感针对的研究对象有哪些，有哪些主要用途?
3. 简述草业遥感主要研究方法?
4. 草业遥感中最重视的是那类地物的遥感信息提取，为什么?
5. 论述草业遥感在草业信息学中的功能、作用及其未来发展趋势?

参 考 文 献

崔霞. 2011. 甘南牧区草地遥感监测与分类经营研究[D]. 兰州: 兰州大学博士学位论文.
梁天刚, 冯琦胜, 夏文韬, 等. 2011. 甘南牧区草畜平衡优化方案与管理决策[J]. 生态学报, 34(4): 1111-1123.
梅安新, 彭望琭, 秦其明. 2001. 遥感导论[M]. 北京: 高等教育出版社.
王浩. 2012. 基于遥感技术的高寒草地植被盖度动态变化与碳储量估测[D]. 兰州: 兰州大学硕士学位论文.
徐丹丹. 2011. 甘南天然草地生态风险评价和预测[D]. 兰州: 兰州大学硕士学位论文.
于惠. 2013. 青藏高原草地变化及其对气候的响应[D]. 兰州: 兰州大学博士学位论文.
朱晓丽. 2012. 典型高寒牧区生态风险评价与生态健康耦合研究[D]. 兰州: 兰州大学硕士学位论文.
Guo X, He Y. 2008. Mismatch of band sequences between an image and header file: a potential error in SPOT L1A products[J]. Canadian Journal of Remote Sensing, 34(1): 1-4.

第八章　草业地理信息系统

地理信息系统（Geographic Information System，GIS）是近年来发展非常迅速的一门学科，目前在很多领域都得到了广泛应用。在草学领域，地理信息系统结合遥感及全球定位系统技术，在草地资源管理、草地生产力监测、草原灾害监测等领域发挥着重要的作用。数字草业和精准草业的发展也离不开地理信息系统的支持。因此，有必要对地理信息系统的概念及功能做一个系统的介绍，以便掌握如何在草业科学中应用地理信息系统技术。

本章第一节介绍草业地理信息系统的基本概念与功能，全面了解 GIS 软件的主要模块及分析方法。第二节介绍几何变换和地图投影。因为 GIS 处理的是地理空间数据，很多数据的处理，尤其是遥感数字图像，必须通过几何变换转换成与真实地理坐标一一对应的数字影像，才能进一步进行叠加分析、制图等操作，这是 GIS 的基础。第三节主要介绍 GIS 的数据模型。目前 GIS 有两种主要数据模型——矢量数据和栅格数据模型。本节的内容主要是介绍这两种数据模型的数据结构及区别，以及相互转换的方法。第四节介绍空间数据及属性数据的编辑方法。第五节是 GIS 的核心内容，即空间分析功能。主要介绍空间查询、矢量数据和栅格数据分析及地形制图与分析。第六节的主要内容是数据显示与地图制图。利用 GIS 进行数据查询和分析，最终的结果都是以地图的形式进行显示，如何合理地应用地图符号对分析结果进行显示是该节的主要内容。

第一节　草业地理信息系统的基本概念与功能

在学习草业地理信息系统之前，我们首先了解一下什么是信息系统。信息系统是具有数据采集、管理、分析和表达数据能力的系统，它能够为单一的或有组织的决策过程提供有用的信息。与普通的信息系统类似，一个完整的地理信息系统也主要由四个部分构成，即计算机硬件系统、计算机软件系统、地理数据（或空间数据）和用户。其核心部分是计算机系统（软件和硬件），空间数据反映 GIS 的地理内容，而用户则决定系统的工作方式和信息表示方式。

1）计算机硬件包括各类计算机处理及终端设备，它帮助人们在非常短的时间内处理大量数据、存储信息和快速获得帮助。

2）软件是支持数据的采集、存储、加工、再现和回答用户问题的计算机程序系统，它接收有效数据，并正确地处理数据；在一定的时间内提供适用的、正确的信息；并存储信息为将来所用。

3）数据是系统分析与处理的对象，构成系统的应用基础。

4）用户是信息系统所服务的对象。由于信息系统并不是完全自动化的，在系统中总是包含一些人的复杂因素，人的作用是输入数据、使用信息和操作信息系统，建立信息系统也需要人的参与。

一、关于地理信息系统

GIS是一个可以对地理空间数据进行采集、存储、查询、分析及显示的计算机系统。地理空间数据是既能描述位置又能描述空间属性特征的数据。例如，用地理空间数据描述一条道路，会涉及它的位置信息（在哪里）和它的特征信息（如长度、名称、限速和方向等）。能够处理并分析包含位置及属性特征的空间数据是GIS区别于其他信息系统的主要特征，目前GIS在不同领域应用非常广泛。从19世纪70年代开始，GIS已经在自然资源管理领域显示出重要的作用，包括土地利用管理、自然灾害评估、野生动物栖息地分析、林业管理、大气污染治理、农作物估产、沙尘暴监测、草地生物量监测、牧区雪灾监测与预警等。近年来，GIS作为一种重要的信息分析工具，在犯罪制图与分析、紧急事件处理、土地档案管理、市场分析及交通管理等方面也发挥着越来越重要的作用。GIS与互联网、全球定位系统、无线技术和Web服务的结合，可以显示其在定位服务、交互式地图绘制、汽车导航和精准农业等方面的应用优势。因此，在2004年8月，美国劳工部把地理空间技术作为三个最重要的新兴领域之一，其他两个分别是纳米技术和生物技术。

GIS架起了地理学和现代信息科学之间的桥梁，是地理学定量化、空间化，由传统走向现代的必要技术手段；它可以在空间尺度上，综合处理各类地理信息，这对弥合区域与系统、人文与自然之间的分裂状态将起到很大作用；GIS具有广阔的应用领域，资源、环境、土地、农业、城市管理和规划等部门都需要GIS技术。GIS是解决资源、环境和人口等问题的重要工具，也是现代信息科学的重要研究领域，已经形成和正在形成一个新的信息技术领域。据统计，80%以上的信息都和地理相关，需要GIS技术来处理；正在兴起的地球信息科学和席卷全球的数字地球浪潮主要以GIS为技术依托。

二、地理信息系统的功能

根据GIS的概念，我们可以把GIS的功能分为以下几个方面：空间数据输入、属性数据管理、数据显示、数据查询及数据分析。

（一）空间数据输入

一个GIS项目最费时最昂贵的部分即空间数据的获取，无论是使用现有的数据还是创建新的数据，空间数据输入可以说都是一个既费时又费精力的过程。随着GIS的发展，目前世界上已经有许多数据交换中心不但可以提供大量的GIS数据，包括交通、森林、国界、河流、土地利用等数据，而且大部分数据可以通过互联网免费获取，为GIS用户提供了方便。但是，这些数据在实际应用中通常还需要进行一些格式的转换。然而，有时在网络资源无法满足项目任务时，就需要创建新的空间数据。新的数据可以通过纸质地图、卫星影像、GPS数据及带有x、y坐标的文本文件数字化获取。数字化的地图经过编辑和几何转换，就可以作为GIS数据存储在数据库管理系统中，方便进一步处理与分析。随着空间技术的发展，遥感数据已成为目前GIS最重要的数据来源。

（二）属性数据管理

属性数据是用来描述空间要素属性特征的数据，这些数据是通过键盘数字化和属性表关联的方式获取的。在GIS系统中，一般采用关系数据库来管理属性数据。关系数据库是一系列表格的集合，可以对每一个表格进行独立的编辑和维护，表格之间通过关键字进行关联，在数据查询和检索时，可以将这些表格合并或者关联。

（三）数据显示

利用 GIS 系统将空间数据查询、分析后的结果以地图的形式显示出来是最终的目的，因此也有部分学者认为GIS是一个地图制图系统。但是，他们忽略了GIS的核心功能是可以对空间数据进行分析与处理，虽然最终的结果需要用地图来显示。

地图的基本要素包括标题、地图主题、图例、指北针和比例尺，其他要素还有副标题、图廓线、边框、注释等。对地图进行编制不但需要一定的地图学基础，包括对地图符号、颜色和字体有一个基本的认识，而且在地图设计中，地图制作者必须进行构图和视觉层面的试验。精心设计的地图可以有效提升地图的表达，而设计拙劣的地图会使读图者迷惑不解，甚至曲解制图者想要传递的信息。

（四）数据查询

一般情况下，数据查询是在数据分析之前一个非常重要的步骤，通过数据查询可以更好地观察和理解数据，弄清数据的分布与趋势，以及数据集之间的关系，为进一步对数据进行分析奠定基础。数据查询可通过空间数据查询或属性数据查询或通过两者的关系进行关联查询。GIS软件提供了有效的数据查询需要的互动和动态链接可视工具。可以以多个动态链接的窗口来显示查询得到的地图、图形和表格，从而提高对地理信息处理和综合的能力。

（五）数据分析

数据分析是GIS的核心功能，包括矢量数据分析和栅格数据分析。通过空间分析，可以深入挖掘隐含在数据内部有价值的信息及衍生的信息，为决策提供支持。针对矢量数据，主要包括缓冲区建立、地图叠加、距离量算等。针对栅格数据，主要有局域、邻域、分区及整体分析。

三、草业地理信息系统

草业地理信息系统是建立在GIS基础上，针对草业信息进行采集、存储、查询、分析及显示的计算机应用系统。草业地理信息系统是GIS在草业科学领域的具体应用，体现草业的特点与需求，解决草业科学，特别是草业空间信息的分析处理等相关问题，为草业资源的合理高效利用及草地畜牧业生产和牧业经济的可持续发展服务。

第二节　几何变换与地图投影

几何变换是利用一系列控制点和转换方程在投影坐标系统中配准数字化地图、卫星图像或航空像片的过程。用数字化或扫描方式得到的数字化地图及卫星影像，通过几何变换，对其进行投影转换，与其他图层相匹配。针对遥感图像，几何变换不仅可以将行和列转换到投影坐标系统，而且还可以纠正遥感图像的几何误差。在GIS中，所有的图层必须在空间上相匹配，否则会发生明显的错误。地理坐标系统是地球表面空间要素的定位参照系统。地图投影是将地球表面的经纬线转换到平面上的方法。投影是GIS的基本内容，空间数据如果没有统一的投影信息，空间查询及分析就无法正常进行。

一、几何变换

坐标系统之间进行几何变换有不同的方法。各种方法的区别在于它所能保留的几何特征，以及允许的变化。根据改变的方式可以将几何变换分为等积变换、相似变换、仿射变换及投影变换四种类型（图8-1）。其中，等积变换允许旋转，但保持形状不发生变化；相似变换允许旋转、大小变化，但是形状不变；仿射变换在保留线的平行条件下，允许旋转、平移、倾斜和不均匀缩放；投影变换允许角度和长度都发生变形。

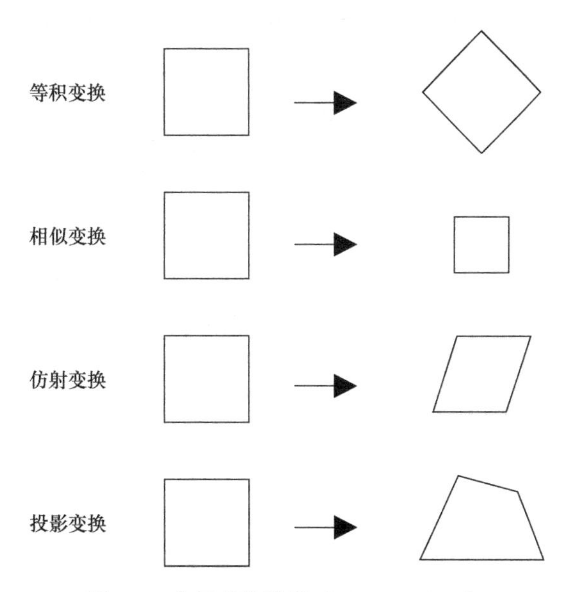

图8-1　几何变换类型（Chang，2010）

几何变换的目的主要是通过建立控制点与现实世界投影坐标系统的关系方程式，将图件转换到不同的投影坐标系统中。需要注意的是，在选择控制点的过程中，一定要尽可能保证选取的精度。对于纸质地图，控制点可以选取经纬度交叉点，便于读取，一般情况下，选取四个角的交叉点就可以完成对一副纸质扫描地图的几何变换。对于航空像片和遥感影像而言，控制点又称地面控制点，因为是直接在影像上选取，因此地面控制点的选取就不像在数字化地图上那么直接。从理论上而言，地面控制点就是那些单一的、明显的像元显示出来的要素，例如，十字路口、建筑物拐角、河流弯角等一些能具体分辨出来的像素，利用GPS（全球定位系统）或地形图就可以读取地面控制点的坐标值。而且选取的地面控制点要保证一定的数量和精确度，对一幅TM（专题制图仪）影像进行地理坐标配准需要至少 20 个地面控制点。当然地面控制点的选取与影像的质量、空间分辨率也是分不开的，所以控制点位置的选取完全是个人的主观行为，没有办法保证控制点的位置与实际位置不发生偏移。控制点选取的好坏通常用 RMSE（均方根误差）来衡量，即对控制点实际位置（真实值）与选取位置（估算值）之间的偏差估量。计算方程如下

$$\mathrm{RMSE}=\sqrt{\left(\sum_{i=1}^{n}\left(x_{\mathrm{act},\,i}-x_{\mathrm{est},\,i}\right)^2+\sum_{i=1}^{n}\left(y_{\mathrm{act},\,i}-y_{\mathrm{est},\,i}\right)^2\right)\Big/n}$$

式中，n 是控制点的数量，$x_{\mathrm{act},i}$、$y_{\mathrm{act},i}$ 是 i 点的实际位置的 x、y 值，$x_{\mathrm{est},i}$、$y_{\mathrm{est},i}$ 是 i 点的估算位置的 x、y 值。为了保证几何变换的精度，控制点的均方根误差必须控制在一定的容差值范围内。这个值会根据数据的精度、比例尺及空间分辨率有一定的区别。例如，输入数据是比例尺为 1∶24 000 的标准地图，小于 6m 的均方根误差是可以接受的。而一幅空间分辨率为 30m 的 TM 影像，均方根误差小于 1 个像元是可以接受的，即 30m。

经过几何变换后的图像是一幅包含投影坐标的新图像，但是图像的像元值是空的，必须通过像元值重采样的操作对其像元值进行重新填充。重采样是指利用原始图像的像元值填充新图像的每个像元，具体方法包括最邻近插值、双线性插值和三次卷积插值。最邻近插值法是将原始图像的最邻近像元值填充到新图像的每个像元中。该方法计算速度快，同时保留了原始值，这对一些类型栅格数据（如草地类型、土地利用类型）的重采样非常重要。双线性插值和三次卷积插值都是把原始图像的像元值经过距离加权平均后，再填充到新图像中。其中，双线性插值利用三次线性插值得到的 4 个最邻近像元值的平均值填充到新图像的相应像元。三次卷积插值则用五次多项式插值得出 16 个邻近像元的平均值，赋予新像元。这两种方法都改变了原始值，但是能产生更加平滑的图像，对剔除异常值、平滑图像非常有效。

二、地理坐标系统

地理坐标系统是由经度和纬度定义的，空间要素的精确位置是由经线和纬线的交叉点确定的（图 8-2）。经线和纬线的角度可以用度-分-秒（DMS）、十进制表示的度数（DD）或者弧度（rad）的形式表示。1 弧度等于 57.2958°，1°等于 0.01745 弧度。

地球并非一个完美的球体，它是一个赤道比两极之间略宽的近似椭球体（图 8-2）。绘制地球表面空间要素的第一步是选择一个与地球形状、大小接近的椭球体模型。椭球有与赤道相连的长轴（a）和与极点相连的短轴（b）。扁率（f）用于测量椭球两轴的差异，定义公式为：$f=(a-b)/a$。基于椭球的地理坐标被称为大地坐标，它是所有地图制图系统的基础。而大地基准就是地球的一个数学模型，可作为计算某个空间要素的地理坐标的参照或基础。大地基准包括大地原点、地球椭球体参数及椭球与地球在原点的分离。随着空间测量技术的发展，人类对地球的认识在逐步提高，对地球测量的精度也在提高。由此形成的大地基准也在逐步提高精度。椭球体与基准面之间是一对多的关系，也就是基准面是在椭球体基础上建立的，但椭球体不能代表基准面，同样的椭球体

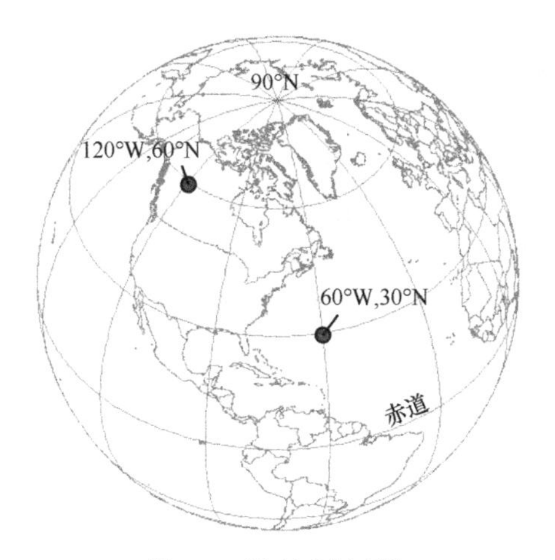

图 8-2　地理坐标系统

能定义不同的基准面。很多国家通过本地测量逐渐建立了自己的大地基准，如欧洲基准、澳大利亚基准、日本基准、印度基准等。我国参照苏联从 1953 年起采用的克拉索夫斯基（Krassovsky）椭球体建立了我国的北京 54 坐标系，1978 年采用国际大地测量协会推荐的 1975 地球椭球体建立了我国新的大地坐标系——西安 80 坐标系。目前大地测量基本上仍以北京 54 坐标系作为参照，北京 54 与西安 80 坐标之间的转换可查阅国家测绘地理信息局公布的对照表。

20 世纪 80 年代末，克拉克椭球 1866 成为美国地图绘制的标准椭球体。在 1986 年美国国家大地测量局又引入了 NAD83（1983 年北美基准），该基准是以 GRS80（大地测量参照系统 1980）椭球体为基础，以地心为中心的基准面。WGS1984（全球大地测量系统 1984）是由美国国防部的国家图像与制图局（现国家地理空间情报局）制定的参照系统或基准。基准面采用 WGS84 椭球体，它是一种地心坐标系，即以地心作为椭球体中心的基准面，目前 GPS 测量数据多以 WGS84 为基准。需要注意的是，基于相同坐标系但不同基准的数字化图层不能正确配准，所以不同基准的数字化图层需要做大地基准的转换。无论是 NAD27 转成 NAD83 或者 WGS84 都需要大地基准的转换，即对从一个地理坐标系统到另一个地理坐标系统的经纬度值进行再计算。商业 GIS 软件包提供了可供转换的方法，如三参数法、七参数法、Molodensky 法等。

三、地图投影

地图投影是利用一定的数学法则把地球表面的经纬线转换到平面上的理论和方法。由于地球是一个赤道略宽两极略扁的不规则的梨形球体，故其表面是一个不可展平的曲面，所以运用任何数学方法进行这种转换都会产生误差和变形，为按照不同的需求缩小误差，就产生了各种投影方法。按投影变形方式，可以把投影分为等角投影、等积投影和任意投影。等角投影，又称正形投影，指投影面上任意两方向的夹角与地面上对应的角度相等。在微小的范围内，可以保持图上的图形与实地相似，但不能保持其对应的面积成恒定的比例，图上任意点的各个方向上的局部比例尺都应该相等，不同地点的局部比例尺是随着经纬度的变动而改变的。等积投影指地图上任何图形面积经主比例尺放大以后与实地上相应图形面积保持大小不变的一种投影方法。任意投影为既不等角又不等积的投影，其中还有一类“等距（离）投影”，在标准经纬线上无长度变形，多用于中小学教学图。根据正轴投影时经纬网的形状，可以分为圆锥投影、圆柱投影和方位投影（图 8-3）。其中，圆锥投影主要应用于中纬度地区沿着东西伸展区域的国家和地区。圆柱投影是圆锥投影的一个特殊情况，正轴圆柱投影表现为相互正交的直线。等角圆柱投影（墨卡托）具有等角航线，表现为直线的特性，因此最适宜编制各种航海、航空图。方位投影的等变形线为同心圆，最适宜表示圆形轮廓的区域，如表示两极地区的地图。

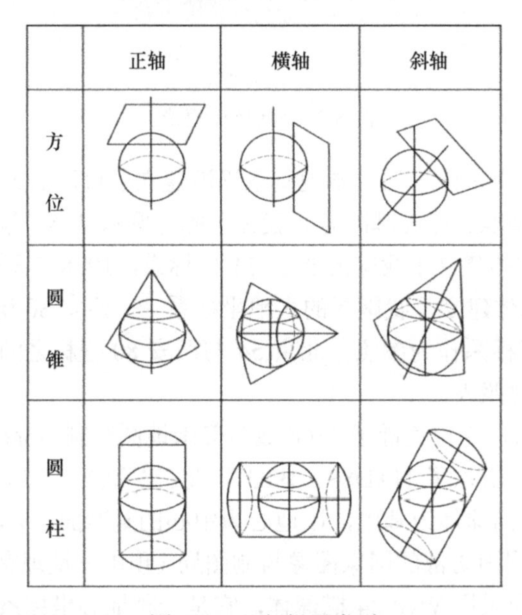

图 8-3 几何投影类型

四、常用地图投影

我国的基本比例尺（1∶5000，1∶1 万，1∶2.5 万，1∶5 万，1∶10 万，1∶25 万，1∶50 万，1∶100 万）地形图中，大于等于 50 万的均采用高斯-克吕格投影（Gauss-Krüger Projection），又称横轴墨卡托投影（Transverse Mercator）；小于 50 万的地形图采用正轴等角割圆锥投影，又称兰勃特投影（Lambert Conformal Conic）。高斯-克吕格投影依椭圆柱作为投影面，并与椭球体相切于一条经线上，该经线即为投影带的中央经线，按等角条件将中央经线东西一定范围内的区域投影到椭圆柱表面上，再展成平面，便构成了横轴等角切椭圆柱投影。在 GIS 系统中均采用 6°或 3°分带的高斯-克吕格投影，因为一般坐标采用的是 6°或 3°分带的高斯-克吕格投影坐标。高斯-克吕格投影以 6°或 3°分带，每一个分带构成一个独立的平面直角坐标系，投影带中央经线投影后的直线为 *X* 轴（纵轴，纬度方向），赤道投影后为 *Y* 轴（横轴，经度方向），为了防止经度方向的坐标出现负值，规定每带的中央经线西移 500km，即东伪偏移值为 500km，由于高斯-克吕格投影每一个投影带的坐标都是对本带坐标原点的相对值，各带的坐标完全相同，因此规定在横轴坐标前加上带号，如（4231898，21655933），其中 21 即为带号，同样所定义的东伪偏移值也需要加上带号，如 21 带的东伪偏移值为 21 500 000m。假如工作区位于 21 带，即经度在 120°～126°，则该带的中央经度为 123°。

第三节　地理信息系统数据模型

为了能够利用 GIS 工具来描述现实世界，并解决其中的问题，必须采用一定的模型来描述现实世界。GIS 中的空间数据就是对现实世界进行描述的方式。空间数据包含位置及属性信息，可以对任何现实世界的要素进行描述。在 GIS 中，有两种空间数据模型——矢量数据和栅格数据模型。两种数据都可以表达空间要素，但各有优缺点。一般矢量数据对离散型的空间要素描述较好，如台站、河流等；而栅格数据更适用于连续型的空间要素，如高程。本节的主要内容包括矢量数据和栅格数据模型的数据结构，以及二者之间的转换方法。

一、矢量数据模型

矢量数据模型用点、线和面等几何对象来表示地理空间要素。点要素只有位置特征，是由地理空间中一对 x、y 坐标表示的，如水井、采样点等；线要素除了位置特征，还具有长度特征，由一系列 x、y 坐标对表示，如道路、河流、等高线等；而面要素除了位置之外，还有面积和周长等特征，是由连接的、闭合的和不相交的线段组成，如伐木场、湖泊等。需要注意的是，利用点、线、面表示地理空间要素并非完全绝对的，还取决于地图比例尺和地图出版机构建立的指标体系。例如，在小比例尺（1∶1 000 000）地图中，一个城市可以用点来表示，而在大比例尺（1∶24 000）地图上却表示为一个面。

矢量数据模型是 GIS 发展中变化最大的一个方面。自 20 世纪 80 年代，ESRI 公司为了把 GIS 从当时的 CAD（计算机辅助设计）中分离出来而引入了内置拓扑的 Coverage 模型，其对应的软件包是 Arc/Info，后来开发了不具备拓扑特性的 Shapefile 矢量数据模型，对应的软件包是 ArcView，而目前的 ArcGIS 软件包对应的数据模型为 Geodatabase。其中 Coverage 和 Shapefile 属于地理关系数据模型，其最大的特点是采用一个分离的系统，分别存储空间数据和属性数据，两者通过唯一的标识号一一对应，相互关联。而 Geodatabase 属于基于对象的数据模型，它把空间数据和属性数据存储在一个系统中，把空间数据以 BLOB（Binary Large Object）格式的特定字段存储在属性数据表格。在 ArcGIS 中，不但可以使用 Coverage、Shapefile 和 Geodatabase 等格式存储矢量数据，而且不同格式之间是可以相互转换的。

另外，还有一种将点、线和面合成应用，可以更好表示空间复合要素的矢量数据，最常见的就是不规则三角网（Triangulated Irregular Network，TIN），其他还有分区和路径。TIN 把地表近似描绘成一组相互不重叠的三角面，每一个三角面在 TIN 中都有一个恒定的倾斜度。TIN 的基本组成要素包括点、线和面。可以由高程点和等高线创建 TIN，也可以将线要素如河流、山脊线、道路及面要素如湖泊和水库相结合，以提高地表拟合的精度。平坦的地区可以用少量的样点和大三角形描绘，而地势复杂的区域则需要更加密集而较小的三角面来描绘。TIN数据通常用于地形制图和分析，以及三维地表的创建。

矢量数据可以是拓扑的，也可以是非拓扑的。拓扑在GIS中的含义是利用表格或图形来研究几何对象的排列及其相互关系。对一个矢量数据模型而言，拓扑可以定义一条弧段的方向，以及弧段会聚或相交处的节点。Coverage矢量数据的拓扑关系有三种：连接性、面的定义及邻接性。连接性确保弧段间通过节点彼此连接；面是由一系列相连的弧段定义的；邻接性规定了弧段的方向性，且具有左多边形和右多边形。Geodatabase将拓扑定义为关系规则，可以让用户去选择规则，并在要素数据集中执行（表 8-1）。Shapefile是ESRI产品中一种标准的非拓扑的矢量数据格式，尽管在Shapefile中，点、线、多边形的表达与拓扑矢量数据模型一样，但是没有描述几何对象空间关系的文件。虽然非拓扑数据在保证数据质量和完整性，以及GIS分析中有一定的缺陷，但是非拓扑矢量数据比拓扑数据能更快速地进行计算及显示，而且非拓扑数据具有非专有性和互操作性的特点，使得Shapefile可以在不同的软件包之间通用，减少了数据生产的重复工作。

表 8-1　Geodatabase 数据模型的拓扑规则

要素类	规则
多边形	不重叠，没有间隙，不与其他图层重叠，必须被另一要素覆盖，必须相互覆盖，必须被覆盖，边界必须被覆盖，区域边界必须被另一边界覆盖，包含点
线	不重叠，不相交，没有悬挂弧段，没有伪结点，不相交或内部接触，不与其他图层重叠，必须被另一要素覆盖，必须被另一图层的边界覆盖，终结点必须被覆盖，不能自重叠，不能自相交，必须是单一部分
点	必须被另一图层的边界覆盖，必须位于多边形内部，必须被另一图层的终结点覆盖，必须被线覆盖

二、栅格数据模型

尽管矢量数据对表示具有特定位置及离散特征的几何要素比较理想，但是对一些具有连续特征的几何要素的表示就不是很理想了，如高程、降水量、温度、土壤侵蚀等。而栅格数据可以很好地弥补矢量数据在表示连续现象的地理特征数据方面的不足。

栅格结构是用大小相等、分布均匀、紧密相连的像元（网格单元）阵列来表示空间地物或现象分布的数据组织。栅格数据的每一个像元值可以表示与其对应位置的空间特征属性，像元值的变化可以反映地理要素在空间上的变异。栅格数据是最简单、最直观的空间数据结构，它将地球表面划分为大小、均匀、紧密相邻的网格阵列。每一个单元（像素）的位置由它的行列号定义，所表示的实体位置隐含在栅格行列位置中，数据组织中的每个数据表示地物或现象的非几何属性或指向其属性的指针。其实，栅格数据也是日常生活中接触最多的一种数据模型，如图形文件（bmp、JPEG、tif、gif）、航空像片、遥感影像、数字正射影像、二值扫描文件等都属于栅格数据。这些栅格文件都可以利用GIS软件包对其进行转换，得到GIS软件支持的特定栅格数据格式，如ArcGIS的

ESRI 格网格式（grid）。

与矢量数据不同的是，栅格数据在过去的 40 年中，其概念或数据格式并未改变，仅仅在数据结构及数据压缩领域不断取得进展。对于栅格结构，点实体由一个栅格像元来表示；线实体由一定方向上连接成串的相邻栅格像元表示；面实体（区域）由具有相同属性的相邻栅格像元的块集合来表示。栅格数据在 GIS 中又称为格网或影像，由行、列和像元组成。其中，行为 x 坐标，列为 y 坐标，用来确定空间要素的位置，像元是栅格的最小单位，表示由行列确定的该位置上空间现象的特征。依据像元值的编码格式，栅格可以划分为浮点型或整型栅格。整型栅格的像元值不带小数位，而浮点型的带小数位。通常情况下，整型栅格可以用来表示具有类别性质及次序特征的空间现象。例如，表示类别型的土地利用模型，用数值 1 表示农田、2 表示林地、3 表示居民用地等；表示次序型的土壤侵蚀模型，用数值 1 表示不严重、2 表示严重、3 表示非常严重等。而浮点型栅格通常用来表示具有连续特征的空间现象，如海拔、降雨量等可能具有浮点数值的空间现象。两者之间最大的区别在于浮点型栅格需要更大的计算机存储空间，这在很多涉及大范围的 GIS 项目中是必须要考虑的问题。另外，在 GIS 软件中，整型栅格可以通过读取数值属性表来了解像元值的基本情况，而浮点型栅格由于存在大量的像元值而没有属性表。图 8-4 为点、线、面要素的栅格数据和矢量数据的表示。

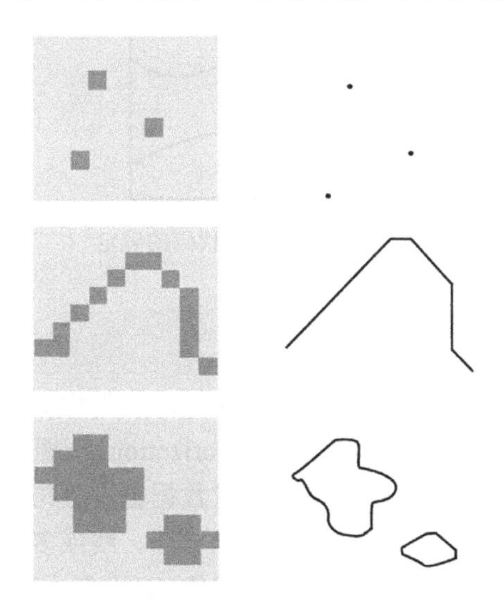

图 8-4　点、线和面要素的表示（Chang，2010）

左边为栅格数据；右边为矢量数据

另外，像元的大小决定了栅格数据的空间分辨率。10m 分辨率的像元代表 $100m^2$（10m×10m）的实际地表空间，而 50m 分辨率的像元意味着 $2500m^2$ 的范围。有些遥感影像的空间分辨率甚至为几十公里。像元越小，意味着地理空间特征越精细，位置越精确，但相应的像元数量基数更大，存储空间也随之增大，数据处理的时间也会增加。像元很大则无法表示空间要素的精确位置，但是会降低存储空间，提高数据处理的时间。然而，大像元还会带来另外一个问题，即混合像元的问题。混合像元表示一个像元内包含了一种以上的地物类型，如何对混合像元进行赋值也是 GIS 研究人员必须考虑的问题。一般情况下主要有以下几种赋值方式可供参考，中心点法、面积占优法、重要性法及百分比法。用处于栅格中心处的地物类型或现象特性决定栅格代码，在图8-5所示的矩形区域中，中心点O落在代码为C的地物范围内，按中心点法的规则，该矩形区域相应的栅格单元代码为C，中心点法常用于具有连续分布特性的地理要素，如降雨量分布、人口密度图等。面积占优法以占矩形区域面积最大的地物类型或现象特性决定栅格单元的代码，在图8-5所示的例子中，B类地物所占面积最大，故相应栅格代码定为B。面积占优法常用于分类较细，地物类别斑块较小的情况。重要性法根据栅格内不同地物的重要性，选取最重要的地物类型决定相应的栅格单元代码，假设图8-5中A类是最重要的地物类型，即A比B和C类更为重要，则栅格单元的代码应为A。重要性法常用于具有特殊意义而面积较小的地理要素，特别是点、线状地理要素，如城镇、交通枢纽、交通线、河流水系等，在栅格中代码应尽量表示这些重要地物。百分比法根据矩形区域内各地理要素所占面积的百分比数确定栅格单元的代码，如可记面积最大的两类BA，也可以根据B类和A类所占面积百分比数在代码中加入数字。

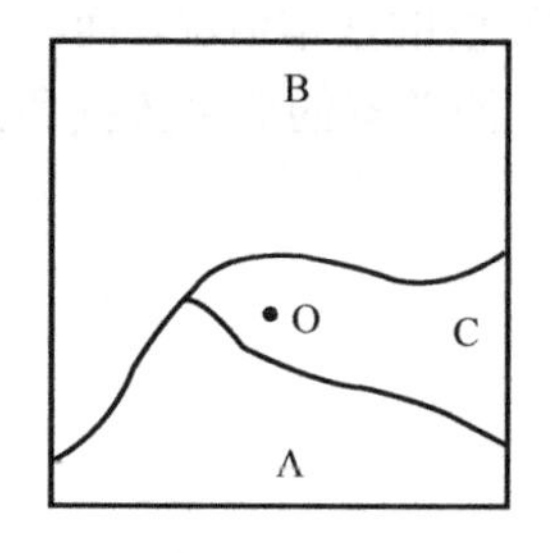

图8-5　栅格单元代码的确定

三、数据转换

栅格数据与矢量数据之间是可以相互转换的。将矢量数据转换成栅格数据称为栅格化（Rasterization），反之称为矢量化（Vectorization）。栅格化一般分为三个基本步骤：第一步，需要建立一个可以覆盖整个矢量数据范围且指定像元大小的栅格面，所有像元的初始值为0。第二步，改变那些对应于点、线或多边形界限的像元值。对于点和线的像元值使用矢量数据的属性值直接赋值，对于多边形的边界线赋予多边形值。第三步，利用多边形的边界值填充多边形内部所有像元值。目前已经开发出了很多高效的关于内部点的填充算法，比较具有代表性的包括：内部点扩散算法、复数积分算法、射线算法和扫描算法及边界代数算法。矢量化就是提取有相同编号的栅格集合表示多边形区域的边界和边界的拓扑关系，并采用矢量数据模型存储由多个小直线段组成的边界线的过程，包括线的细化、线的提取和拓扑关系重建三个主要步骤。由于像元精度的限制曲线可能不够圆滑，需采用一定的插补算法进行光滑处理，常用的算法有线形迭代法、分段三次多项式插值法、正轴抛物线平均加权法、斜轴抛物线平均加权法和样条函数插值法。

第四节　空间数据与属性数据编辑

本节首先介绍 GIS 数据的获取方法，包括从现有数据交换中心获取数据及创建新的数据，然后介绍空间数据和属性数据的编辑方法。

一、GIS 数据获取

GIS 数据获取是执行一个项目的前提条件，也是在一个 GIS 项目中花费最大的部分。我们可以在一些开放的数据中心寻找与项目有关的数据，也可以自己创建新的数据。目前，各级政府机构（如农业部、国土资源部、交通运输部、国家测绘地理信息总局、气象局等）已经建立了很多数据共享网站，不但包含了大量的基础 GIS 数据库，如国界、省界、道路、河流等，以及土地利用、草地类型等专题 GIS 数据库，而且包括大量的遥感数据。目前我国比较成熟的数据交换中心主要有寒区旱区科学数据中心（http://westdc.westgis.ac.cn）、地理空间数据云（http://www.gscloud.cn/）、中国气象数据网（http://data.cma.gov.cn/）、中国科学院数据云（http://www.csdb.cn/）、全球变化科学研究数据出版系统（http://www.geodoi.ac.cn）等。国外也有很多类似的数据交换中心，如美国的地质调查局（http://www.usgs.gov）、人口普查局（http://www.census.gov）、自然资源保持局（http://soils.usda.gov）和欧洲太空局（http://www.esa.int/ESA）等。很多数据资源都可以注册后免费申请使用。另外，除了这些公共资源，许多私人公司也介入了 GIS 的数据市场，有些公司可以直接为客户生产新的 GIS 数据，也有利用公共数据生产增值型 GIS 数据。因此，在执行一个项目前，首先要在这些公共资源和私人资源中寻找有什么数据资料可以提供，避免建立新数据所需的大量时间与精力。但是，在无法寻找到所需数据的情况下，建立新的数据是必须要做的工作。通常，将纸质地图通过扫描数字化是最常见的建立新数据的方法，其他包括从包含 x、y 坐标的文本文件创建数据，利用野外测量数据（GPS、全站仪、测距仪、方位仪等），通过交换式终端转换成 GIS 数据。目前航空像片和卫星遥感数据已经逐渐成为最主要的 GIS 数据源，尤其是搭载在不同卫星上的各类传感器，提供了大量的可见光到微波的对地观测信息，极大地丰富了 GIS 的数据来源（图 8-6）。

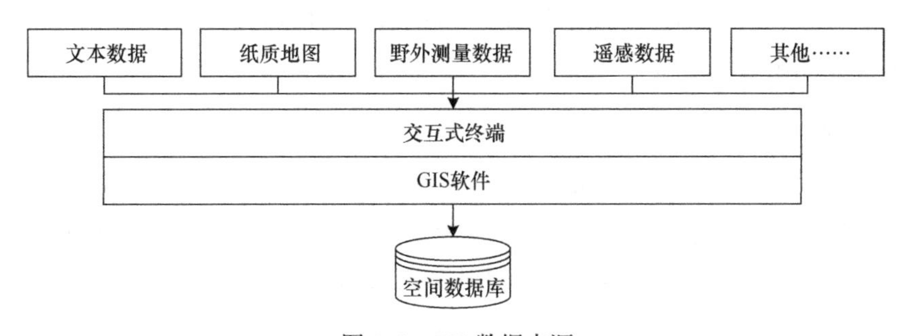

图 8-6　GIS 数据来源

从数据交换中心获取的数据，都包含了元数据（Metadata）信息。元数据是对数据进行描述的数据。一份完整的元数据应该包括标识信息、数据质量、空间数据组织、空间参照信息、实体和属性、出版信息、元数据参考、引文、时段和联系方式。元数据可以帮助用户更好地理解数据，方便用户对数据的使用。而遥感数据的元数据一般称作头文件（Head File），主要描述遥感数据的获取时间、处理时间、行列信息、空间参考、空间分辨率、波段等。

（一）*x*、*y* 坐标文件

地理空间数据可以从包含 *x*、*y* 地理坐标（十进制）或投影文件的文本文件（*.txt、*.xls）中直接生成，一对坐标生成一个点。例如，在草地野外调查中，使用 GPS 可以记录样方的经纬度，同时记录的其他草地信息可以在室内作业中直接转换成空间参考数据。也可以将记录的气象台站经纬度信息文本直接导入 GIS 软件包，生成气象台站空间分布图。

（二）扫描数字化

数字化是将数据由模拟格式转换成数字格式的过程。以前的数字化工作大多用手扶跟踪数字化仪完成，但是该仪器的工作量非常繁重，目前逐渐被屏幕数字化取代。因为屏幕数字化可以方便地对数字地图进行放大、缩小、漫游等操作，加快了数字化的过程，并且可以在一定程度上提高数字化的精度。具体步骤如下。

1）地图扫描：利用宽幅扫描仪将纸质地图扫描成数字图像。扫描文件要保证扫描精度至少在 300dpi 以上（即每英寸[①]300 个点）。

2）几何变换：根据纸质地图的经纬网格选取控制点，对地图进行几何变换，配准到现实坐标系统。

3）数字化：将几何变换后的数字地图作为背景图，利用屏幕数字化的方式逐线段进行数字化。

4）空间数据编辑：将数字化的矢量数据进行编辑，消除误差。

5）拓扑编辑：如果生成的是基于拓扑的矢量文件，还需进行拓扑编辑。

6）属性数据录入：根据完成的矢量数据文件，录入属性数据，并进行校验。

（三）野外观测数据

利用 GPS 和其他测量工具如中星仪、经纬仪或全站仪，获取方位角、距离、地块边界、海拔等地理空间信息，经过交互式终端的转换，可以直接转换成 GIS 支持的数据格式，导入到 GIS 空间数据库中。

（四）遥感数据

遥感数据是 GIS 最主要的数据来源之一。通过数字化或解译卫星影像，可以生成一系列专题数据库，如土地覆盖类型、植被类型、土壤侵蚀、积雪图等。遥感资料可以提供从可见光到微波所有波段的地物反射辐射信息，结合 GIS 技术，可以在陆地资源监测、水环境、生态、灾害监测与预警、气候变化等领域发挥巨大的作用。由航空摄影获取的

---

① 1 英寸=2.54cm

数字正射影像也在土地利用、军事等领域广泛应用。遥感数据还能提供动态的信息，对更新现有的 GIS 数据库也有很大的帮助。

目前，遥感数据的处理与分析软件包和 GIS 软件包的功能界限越来越不明显，可以预见，在未来的 GIS 软件的发展中，会逐步加强对遥感数据的处理能力，整合目前遥感数据分析软件的功能。ENVI（The Environment for Visualizing Images）是一套完整的遥感图像处理平台，原本是美国 Exelis Visual Information Solutions 公司的旗舰产品。它是由遥感领域的科学家采用交互式数据语言 IDL（Interactive Data Language）开发的一套功能强大的遥感图像处理软件。2007 年 6 月，ESRI 公司和 ITT Visual Information Solutions 公司宣布了两者的商务合作计划，对 ArcGIS 地理信息系统平台进行功能拓展，大大地提高了用户的影像处理能力。随着遥感与 GIS 一体化的发展，最新版本的 ENVI 已经成为与 ArcGIS 系列一体化集成的最佳遥感平台。

二、空间数据编辑

空间数据编辑是指在数字地图上添加、删除和修改要素的过程。其主要目的是消除数字化的错误。无论是采用手扶跟踪数字化还是屏幕数字化，人为的误差都是无法避免的，总会出现错误。这些错误有些是由数字化源文件造成的，但大多数是由人为的操作误差造成的。这些误差基本上可以分为两种类型：定位误差和拓扑误差。定位误差是指数字化过程中造成的几何误差，如多边形缺失或与空间要素几何错误有关的线条扭曲。拓扑误差是与空间要素之间的逻辑不一致有关，如悬挂弧段和多边形未闭合等。

（一）定位误差

对数字化后的地图进行定位误差的修正，可以通过用于数字化的源数据来检查是否出现定位错误。因为无论是什么方式的数字化操作，都会产生一定的误差，尤其是人为操作的手扶跟踪数字化和屏幕数字化，大量的手眼并用操作势必会导致数字化后的线条与源地图产生一定的偏差。但是如何评价二者之间的匹配程度，目前还没有一个统一的标准，通常的定位误差都是由数字化地图的制作者决定的。例如，美国自然资源保持局规定，在土壤地理调查数据库中，每一条数字化的土壤界线必须落在源地图的 0.01in（0.245mm）线宽之内。对于 1∶24 000 比例尺的地图，这一偏差代表的实际地面距离为 20ft（6～7m）。另外，源地图的精度受比例尺的影响较大，随着比例尺的变小，地图细节的表现就越综合，趋势线的概化程度的增加也会对数字化后的图像产生影响。如果是采用自动跟踪扫描算法，当二值图像的栅格线条相遇或相交，线条靠得太近或者线条太宽并且出现断裂时，跟踪算法往往会产生较大的误差，会导致生成的线条出现坍塌、变形或产生多余的线条。还有一种定位误差主要是纸质地图在转换成现实地理坐标的过程中产生的。地面控制点选取的偏差，导致整个数字化地图在现实坐标系统中出现偏移，这种误差只能通过重新数字化控制点并进行几何变换才能矫正。

（二）拓扑误差

拓扑误差会影响到 GIS 软件或用户自定义的拓扑关系，从而影响到 GIS 数据的空间分析。例如，ESRI 公司开发的 Coverage 矢量数据模型对拓扑关系的定义可以归纳为三个方面：①连接性，弧段间通过节点彼此连接；②多边形，由一系列相连的闭合弧段组成；③邻接性，弧段有方向性，且具有左多边形和右多边形。而 Geodatabase 数据模型包含了 25 种应用于点、线和多边形的拓扑规则。如果数字化的要素不能遵循这些关系，就会产生错误。图 8-7 为拓扑误差的示例图。

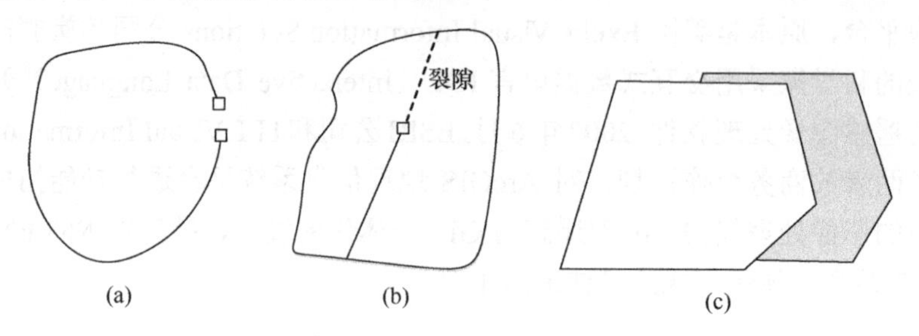

图 8-7　拓扑误差示例图

（a）为闭合多边形；（b）两个多边形之间有裂隙；（c）多边形重叠

（三）拓扑编辑

拓扑编辑的目的主要是确保数字化的空间要素遵循数据模型固有的和用户指定的拓扑规则。GIS 软件包可以根据这些规则发现和显示拓扑错误，并提供了消除拓扑错误的工具。以 ESRI 公司开发的 Coverage 矢量数据模型为例，要对一个 Coverage 图层进行拓扑编辑，首先要建立拓扑。ArcGIS 软件包提供了可以创建拓扑关系的 Clean 命令，这个命令可以对整个图层根据拓扑规则进行拓扑构建，在构建的过程中可以设定模糊容差或指定悬挂弧段长度的方式消除拓扑错误（图 8-8）。其中悬挂弧段设定为输出图层悬挂弧段的最小长度，如果一条悬挂弧段的长度小于预设的悬挂弧段将被直接删除。模糊容差是指容许的两点之间的最短距离，输出图层中如果两条弧段之间的两点间小于模糊容差，则会自动合并成一条弧段（图 8-9）。但是拓扑错误的编辑不能完全依赖于拓扑的建立，因为悬挂弧段与模糊容差设置的不合理会导致不该删除的线段被误删，或者不该闭合的线段闭合（图 8-10）。因此，建立拓扑时对悬挂弧段和模糊容差的设置一定要谨慎。完成拓扑构建后，还需对输出图层进行校验，使用 ArcGIS 提供的基本编辑工具（delete、move、add、split、unsplit 和 flip）来修正数字化的错误。

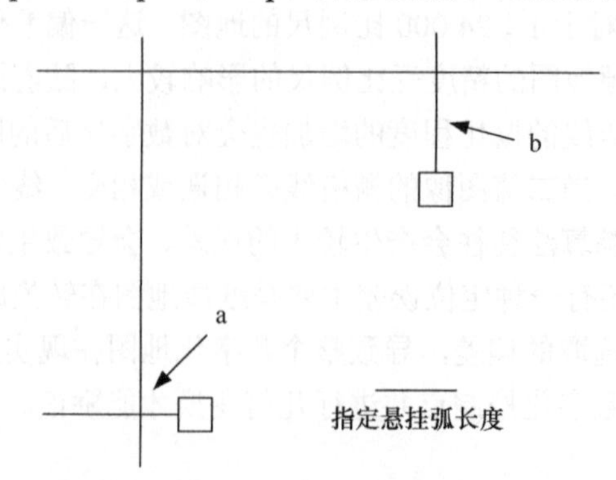

图 8-8　自定义的悬挂弧段长度可以消除过伸的弧段，如弧段 a，但是小于自定义弧段的 b 被保留（Chang，2010）

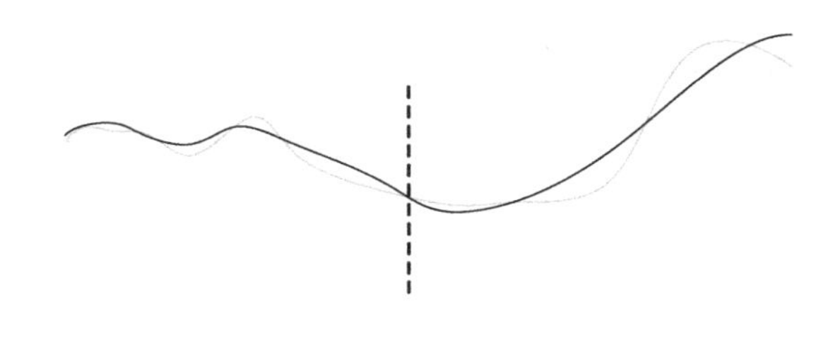

—— 设定的模糊容差

图 8-9　若双重弧段之间的缝隙距离小于设置的容差距离，则双重线会合并为一条线。图中虚线左侧的双重线被接合而右侧保持不变（Chang，2010）

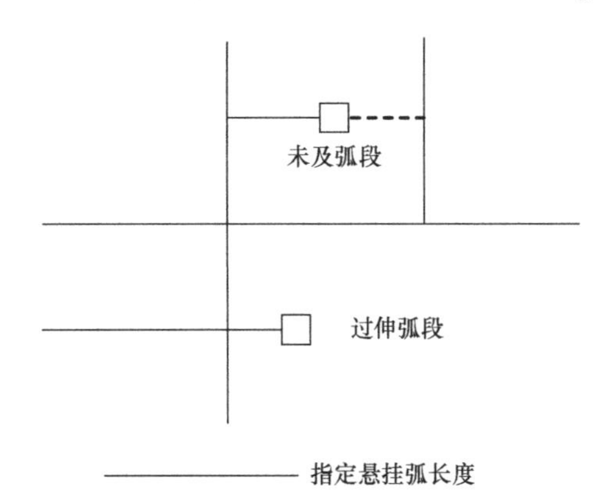

图 8-10　指定悬挂弧段过长会删除应该删除的过伸弧段及不应该删除的未及弧段（Chang，2010）

除了上述的拓扑编辑方法，有时也会用到地图拓扑（Map Topology）的方式对数字化地图进行拓扑编辑，但这种方式主要是针对 Shapefile 文件或 Geodatabase 模型要素。例如，同一个研究区要求不同图层之间的边界必须重合，通过建立地图拓扑可以使它们的外部轮廓重合。除此之外，也可以用拓扑规则对图层进行拓扑编辑。如 Geodatabase 总共有 25 种拓扑规则，通过定义参与要素的类型、每个要素类型的排序、拓扑规则和聚合容差，创建新的拓扑。完成后进行拓扑关系的验证，对错误进行修正。

（四）非拓扑编辑

非拓扑编辑主要是指不涉及拓扑关系的图层编辑，可以修正简单要素、基于现有要素创建新的要素等基本编辑操作。图 8-11 为非拓扑编辑示例图。ArcGIS 对现有要素的编辑工具主要有以下 4 种。

1）　延伸或修饰（extend/trim line）。

2）　删除或移动（delete/move features）。

3）　整形（reshaping features）。

4）　分割（split lines and polygons）。

由现有要素创建新要素的工具主要有以下 4 种。

1）　合成（merge features）。

2）　缓冲（buffer features）。

3） 联合（union features）。

4） 相交（intersect features）。

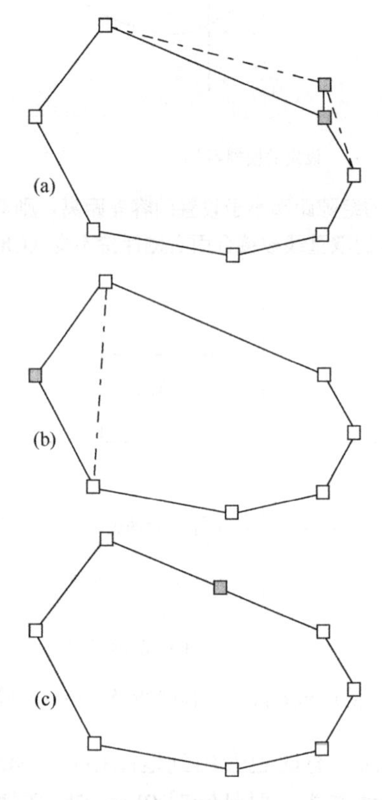

图 8-11 非拓扑编辑示例图（Chang，2010）

（a）移动节点；（b）增加节点；（c）对线条进行整型

（五）其他编辑

除了上述图层的编辑操作外，还有图幅拼接和线的简化与平滑。图幅拼接主要是将若干个相邻图层利用边缘匹配的方式拼接成一个完整的图层（图 8-12）。线的简化是利用简化算法消除线条上的某些点，在不影响图层整体轮廓的情形下，达到简化或概化线条的目的，从而提高计算机对图层的处理速度。代表性的算法有 Douglas-Peuker 算法（Douglas and Peucker，1973）（图 8-13），有时为了图形美观，不显得那么突兀，也会采用弯曲简化算法消除线条明显的角，生成质量更高的简化线条。而线的平滑与线的简化正好相反，是通过增加一些点的方式，改变线的形状，从而使线条显得更加平滑美观，增强数据显示的效果。

三、属性数据编辑

（一）属性数据录入

在数字化一幅纸质地图或遥感影像后，需要录入属性数据。属性数据的输入包括人

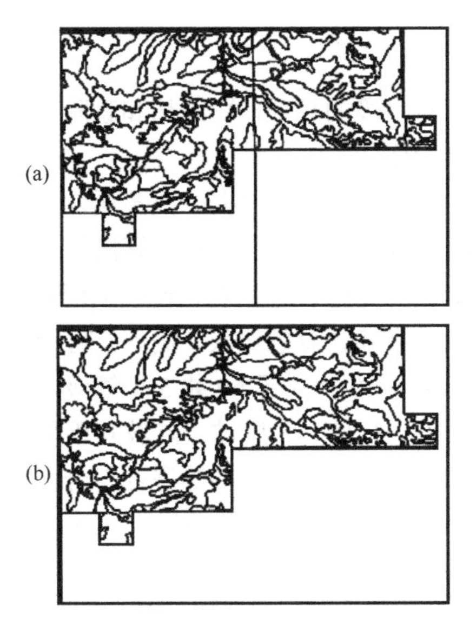

图 8-12 图幅拼接（Chang，2010）

把两个邻近的图层的线段进行匹配，使边界的线段连续，生成一幅完整的图层

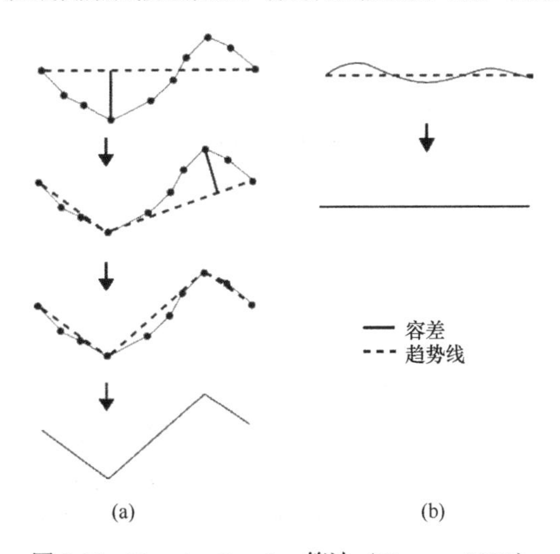

图 8-13 Douglas-Peucker 算法（Chang，2010）

工录入和现有属性表导入两种方式。前者在录入属性数据前，要根据需要录入的属性建立新的字段。建立字段首先要定义字段的名称、宽度、类型和小数位。GIS 软件包对属性字段的定义可以使用字符型、浮点型、整型及 OLBD（二进制块文件）。根据属性字段的类型，可以选择相应的字符类型。需要注意的是，字段的宽度和小数位的选择要尽可能地与属性表最长字符保持一致，太短则会导致录入数据不完整，太长则会占用大量的存储空间，减缓计算机处理的速度。如果能在公共资源或私人资源中找到已经完成的属性数据表格，可通过空间要素标识码将属性表格直接导入 GIS 中，可以减少属性数据输入的时间与人力。如多数 GIS 软件包可以导入分隔符文本文件、dBASE 文件和 Excel 文件。数据录入完成后，为保证属性数据与空间数据的正确关联及属性数据表的准确性和完整性，还需对属性数据表格进行校验核对。

（二）属性数据操作

对属性数据的操作包括对字段的管理，即添加和删除字段，以及属性数据的分类与计算及属性表的合并、关联操作。

对于大部分空间数据，其包含的属性数据中很多属性字段是不需要的，这时就要删除一些不需要的字段，以减少数据的冗余，节省计算机的显示及处理时间。当缺乏一些字段的时候，就要添加字段，尤其在属性数据的分类和计算中，添加字段是首要的一步，新添加的字段可以用来保存分类和计算的结果。例如，将一个属性表中的坡度字段划分为小于 5、5～20、20～40、40～60 和大于 60 共 5 个等级，然后新建一个字段，用来保存分类后的结果，分别是平坦、缓坡、中陡坡、陡坡和极陡坡。也可以组合不同的字段对其进行分类，如将海拔和坡度、温度和降水等进行组合，形成新的分类字段。对属性字段的计算也是如此，可以使用算数表达式和逻辑表达式对一个或多个字段进行计算和判断，将结果保存在新建的字段中。

第五节　空 间 分 析

空间分析是对分析空间数据有关技术的统称，是 GIS 最为核心的内容，也是 GIS 区别于其他信息管理系统的主要特征。本章介绍 GIS 中实现空间分析的基本功能，包括空间查询、缓冲区分析、叠加分析、栅格数据分析、地形制图与分析、流域分析、空间插值等，并描述了相关的算法，以及其中的计算公式。

一、数据查询

数据查询是 GIS 最主要的功能之一。从庞大的空间数据库中，通过查询分析可以发现数据的趋势及数据可能存在的关系。GIS 数据库中图形与属性通过唯一的标识码相互关联，可以按属性信息来查询空间数据的定位信息，如在草地经济价值分级图上查询年内草地产量最高月份的干草产量大于 4000kg/hm^2 的地区有哪些，这和一般非空间的关系数据库的 SQL 查询没有区别，查询到结果后，再利用图形和属性的对应关系，进一步在图上用指定的显示方式将结果定位绘出。也可以通过空间数据查询属性信息，例如，在空间数据中通过鼠标点选的方式查询一个气象台站，与之关联的属性信息也会同时以表格的形式显示。有时也会结合空间特征及属性信息进行查询，如查询距离草原站周边 100km 范围内养殖家畜大于 100 头的牧民有哪几户。这里既涉及空间信息的查询（100km 范围内），又涉及了属性信息的查询（养殖家畜大于 100 头）。这种交互式的、动态链接的查询方式是 GIS 区别于其他信息系统的最大特征。GIS 数据查询工具可以从不同角度探查数据，使用户可以更好地了解数据，为进一步对数据进行分析奠定基础。另外，GIS 软件包还提供了基本的描述性统计变量（值域、中值、分位数、平均值、方差、标准差、Z 得分等），可以以图形（线状图、直方图、散点图、泡状图、QQ 图等）、表格的形式显示查询结果，使用户更好地了解数据的趋势及相互关系。

在大多数 GIS 中，提供的空间查询方式有以下几种。

(一)属性数据查询

针对属性的查询可以从属性表中获取满足条件的子集，可以用表格和图形的方式显示出查询的结果，同时与之相对应的空间数据也会高亮显示。属性数据查询需要用到逻辑表达式，在 GIS 系统中使用结构化查询语句 SQL（Structure Query Language）作为查询表达式。SQL 是一种专门针对关系数据库设计的处理语言，由 IBM 公司于 20 世纪 70 年代开发，被许多商业数据库管理系统采用。SQL 的基本语法如下所示：

Select<属性列表>

From<关系>

Where<条件>

其中，Select 关键字表示从数据库中选择一个或若干个字段，From 关键字表示从数据库中选择的表格，Where 表示选择的条件。例如，从植被类型数据库中选择植被类型为高寒草地，满足条件为地上生物量大于 700kg/hm^2 的区域。

条件语句通常使用查询表达式，由布尔表达式和连接符组成。其中布尔表达式由两个操作符和一个逻辑运算符组成。例如，Alpine_Grassland.Biomass > ‘700’ 表达式中，“Biomass”和“700”就是操作符，而“>”是逻辑运算符。其他的逻辑运算符还包括=、>、<、>=、<=和<>等几种类型。布尔连接符包括 AND、OR、XOR 和 NOT，用于连接两个或更多的逻辑表达式，进行数据的查询。

(二)空间数据查询

空间数据查询是直接对空间数据进行查询获取子集的过程。对空间数据进行查询，与之相对应的属性数据也会被刷亮，并且可以以统计图的形式显示。空间数据查询的方式主要包括：利用指针（鼠标）、图形或地图要素之间的空间关系来选择空间要素。

利用指针选择要素是最简单的对空间要素进行查询的方式，可以用鼠标点选或者拖画出矩形区域来选择地图要素。用图形的方式选择空间要素是指可以使用圆形、矩形、线条或者多边形进行要素的选取，所有落在目标图形范围内或者与线条相交的要素都会被选中。例如，选择以市政府为中心的周边 1km 范围内的餐馆，海拔大于 3000m 的区域包含的草地类型。GIS 还可以提供基于空间关系进行查询的方式。这种查询方式主要是利用要素的空间关系，可以在同一图层中进行选择，但更常见的是在不同图层中进行查询。要素间的空间关系可以归纳为三种类型：包含、相交和邻近。如在指定区域内查找符合条件的要素（包含），选择与某条道路相交的省份（相交），选择落在某一要素指定距离内的要素（邻近）。邻近的一个特殊例子是空间邻接，此时指定的距离为 0，如查找与甘肃省邻接的省份。图 8-14 为以太阳谷为圆心其周边区域的气象台站情况。

(三)基于空间和属性特征查询

GIS 软件不但可以分别利用属性或空间进行查询，而且可以将二者组合起来同时进

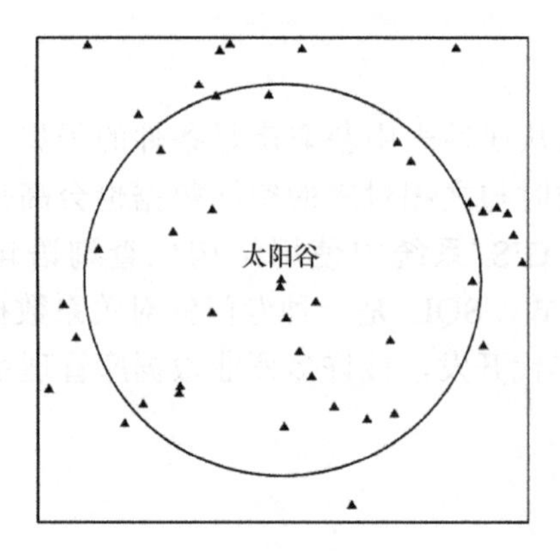

图 8-14　以太阳谷为圆心其周边区域的气象台站

查询以太阳谷为圆心，半径为 10km 的圆心图形，选择落入圆形区域内的气象台站

行查询，拓宽数据查询的深度与广度，如上面介绍的查询距离高速路入口周边 100km 范围内年收入大于 100 万元的加油站就是个很好的例子。

（四）栅格数据查询

针对栅格数据的查询，无论是概念还是方法都与矢量数据查询基本一致，但是由于栅格数据的像元值代表了像元位置的空间特征，在查询表达式中操作数据是栅格本身，而不是矢量数据属性表中的字段，因此对栅格数据的查询与矢量数据是不太一样的。另外，对栅格数据查询会生成一个新的栅格数据，用来保存查询获取的结果。如图 8-15 所示，查询符合坡度为 2 且坡向为 1 的栅格像元，其查询表达式为 Slope = 2 and Aspect = 1，在生成的查询结果中，满足条件的像元被赋值为 1，否则赋值为 0。从这一点上讲，对栅格数据的查询类似于矢量数据的叠加分析，下面会讲到。因此，很多 GIS 学者把栅格数据的查询当作数据分析来对待，而且 GIS 软件包中的栅格数据查询界面也通常与栅格数据分析放在一起。

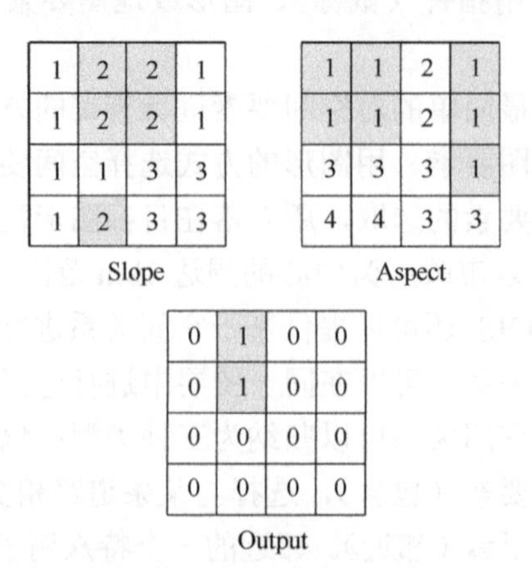

图 8-15　Slope 是坡度图，Aspect 是坡向图，Output 是满足条件 Slope = 2 and Aspect = 1 的查询结果。其中满足条件的赋值为 1，否则为 0（Chang，2010）

除了上述的栅格数据查询方法，也可以使用点、圆形、矩形或多边形等要素特征对栅格数据查询。查询结果在新生成的栅格中，像元值对应于定位点或查询区域范围内的

数值保持不变，其他像元则赋值为无数据（No Data）。

二、矢量数据分析

GIS 具有强大的对空间数据的分析功能，依据对不同领域的应用提供不同的功能模块及扩展模块。水文学领域的 GIS 用户更注重地貌分析和水文建模，因此 GIS 专门开发了水文建模的扩展模块。其他类似的还有三维分析、地统计分析、网络分析、跟踪分析、空间分析等扩展模块。除了这些扩展模块，GIS 软件还为用户提供了一套基本的数据编辑与空间分析工具。下面将对 GIS 软件的基本空间分析功能进行简单的介绍。

（一）缓冲区分析

建立缓冲区的目的主要是选择一个目标要素，基于邻近的概念，将地图分为两个区域，一个区域位于选定要素指定距离之内，另一个区域在指定距离之外。缓冲区通常作为保护区或中立地带应用于管理和规划。可以基于点、线或者面建立指定距离范围的缓冲区。如以沙漠边缘建立一个 5km 的缓冲区，对缓冲区域内的草场长期禁牧；建立沿河流两岸 150 m 的缓冲区，缓冲区内建植草坪以保持水土等；自然保护区缓冲带禁止人类活动，可以更好地保护动植物的栖息环境。将缓冲区作为中立地带，也是解决矛盾冲突的有效手段。例如，众所周知的中立地带（38°N）非军事区将朝鲜分为南北两方。

图 8-16 显示了分别依点、线和面建立缓冲区的事例。其中针对点的缓冲区建立，

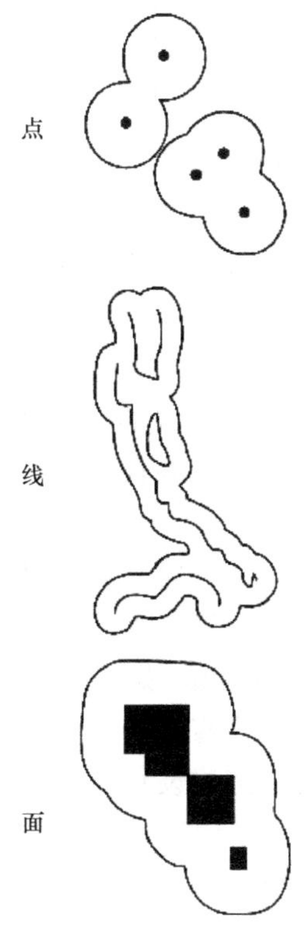

图 8-16　缓冲区分析（Chang，2010）

可以建立一个或多个缓冲区，在建立过程中，还可以对多个点的缓冲区进行边界融合或不融合。对线要素建立缓冲区，未必在线的两侧都有缓冲区，可以只在线的左侧或者右侧建立缓冲区。而多边形缓冲区的建立，可以沿外围或者内围建立缓冲区。如果缓冲区的边界有重叠，可以将重叠边界融合，甚至可以将融合边界设定为圆形或平直。

（二）叠加分析

地图叠加分析是将两个及以上的矢量图层的几何形状和属性组合在一起，生成新的输出图层的操作。输出图层的几何形状代表来自各个输入图层的空间要素的几何交集，因此用于叠加分析的图层必须在空间上进行配准，即具有相同的坐标系统。地图叠加分析可以在点与多边形、线与多边形及多边形与多边形之间进行。其中，点与多边形的叠加主要用于提取输入点图层相应位置的多边形的属性，如将气象台站的点图层文件与植被类型或者土壤类型的多边形图层叠加，可以提取气象台站位置的植被和土壤类型信息。线与多边形的叠加分析类似于点与多边形的叠加，可以提取线段在每一个相交多边形的属性信息。如将一条公路的线图层与行政区划图层叠加，可以提取被每个行政单元分割的公路及其相交的行政单元的属性集合。最常见的叠加分析是多边形与多边形的叠加，输出图层将输入图层和叠加图层的多边形组合在一起，生成一系列的新多边形，新多边形的属性组合了输入图层和叠加图层的所有属性（图 8-17）。

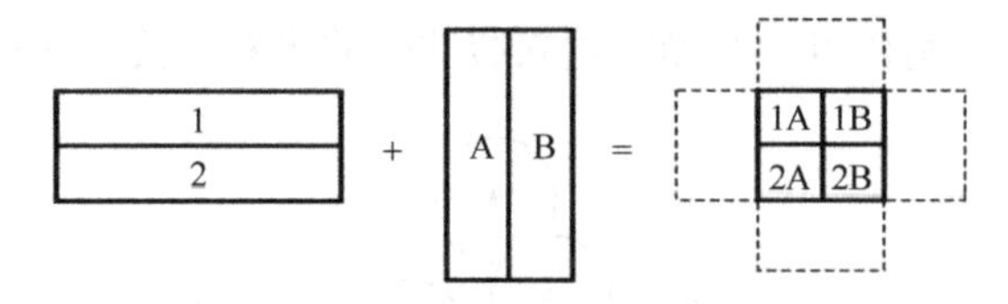

图 8-17　多边形的叠加分析

输出图层的几何范围是输入图层与叠加图层的交集。虚线部分在输出图层中并不存在

地图叠加分析方法都是基于布尔连接符的运算，即 AND、OR、XOR，相对应的操作分别是交集（Intersect）、合集（Union）、差异（Difference）。交集保留了来自输入图层共同区域范围的要素；合集保留了来自输入图层的所有要素；差异仅保留输入图层各自独有的区域范围内的要素。还有一种特殊的叠加分析方法识别（Identity），输出结果仅仅保留落在输入图层定义的区域范围的要素，输入图层可以是点、线或者多边形，但识别图层必须是多边形图层（图 8-18）。

叠加分析的结果对查询和建模方面非常有帮助。例如，在农作物生长适宜区分析中，只要熟悉作物的生长需求环境，结合温度、降水及土壤空间数据库，利用叠加分析就能很方便地找出适合某种农作物种植的区域。如果将不同输入图层的结果进行进一步的地统计分析，还能得出比叠加分析更加丰富的结果。例如，在兰州大学草地农业科技学院陈全功教授依据“中国草业开发与生态建设专家系统”提供的空间数据库，利用 GIS 叠加分析方法，结合全国 2000 多个气象台站提供的气象观测资料，逐点计算适宜度，制成《基于 GIS 的中国农牧交错带分布图》，将中国农牧交错带的研究推向了一个新的高度（陈全功等，2007）。基于 GIS 的叠加分析结果表明，中国农牧交错带大致沿胡焕庸、赵松乔两位先生指出的方向与区域分布，涉及黑龙江、吉林、辽宁、内蒙古、河北、山西、陕西、宁夏、甘肃、青海、四川、云南、西藏等 13 个省（区）的 234 个县（市、旗），总面积 $81.3459\times10^4\,km^2$。

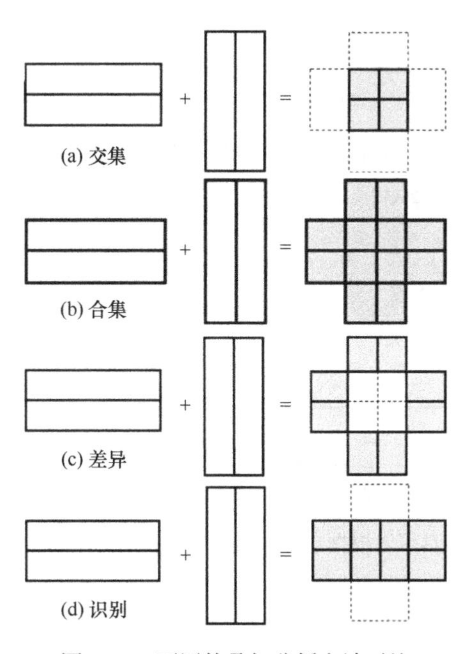

图 8-18 不同的叠加分析方法对比

灰色代表输出结果的保留区域

GIS 软件包还提供了很多类似于叠加分析的操作工具，但是这些工具属于图层编辑操作，不会对输入图层的空间数据和属性数据进行组合，如 Dissolve（边界融合）（图 8-19）、Clip（裁剪）（图 8-20）、Append（拼接）（图 8-21）、Select（选择）、Eliminate（消除）（图 8-22）、Update（更新）（图 8-23）、Erase（擦除）（图 8-24）、Split（分割）（图 8-25）等。

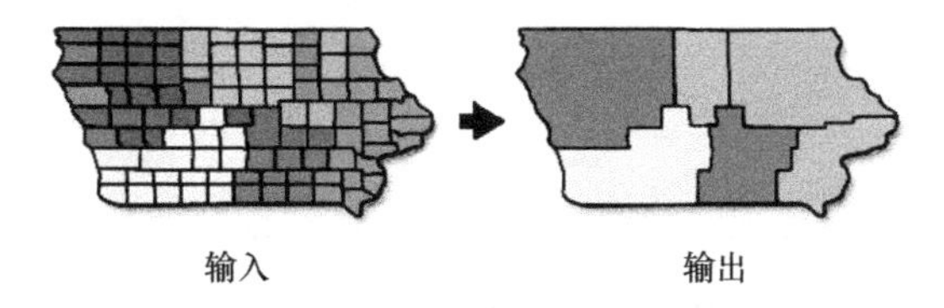

图 8-19 Dissolve 工具可以将属性表中包含相同属性且在空间上邻接的多边形融合成一个多边形

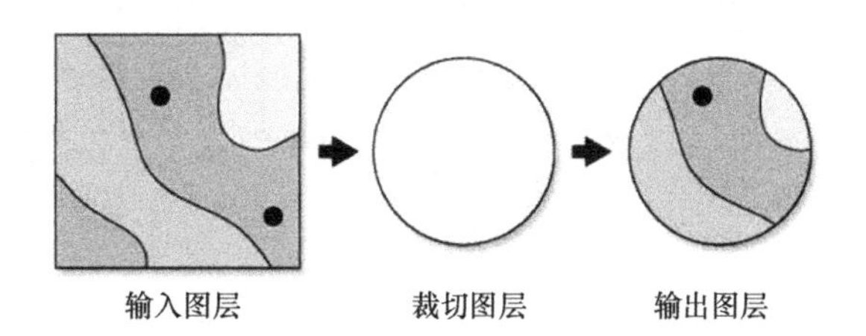

图 8-20 Clip 工具可以利用裁切图层对输入图层进行裁切

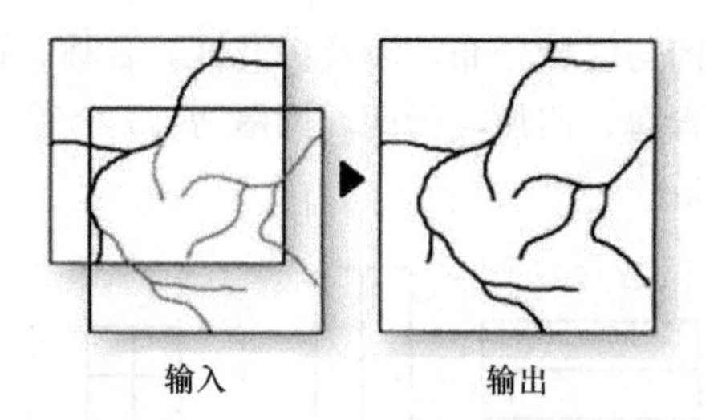

图 8-21 Append 工具将两个或多个图层在空间上拼接成一个新的图层

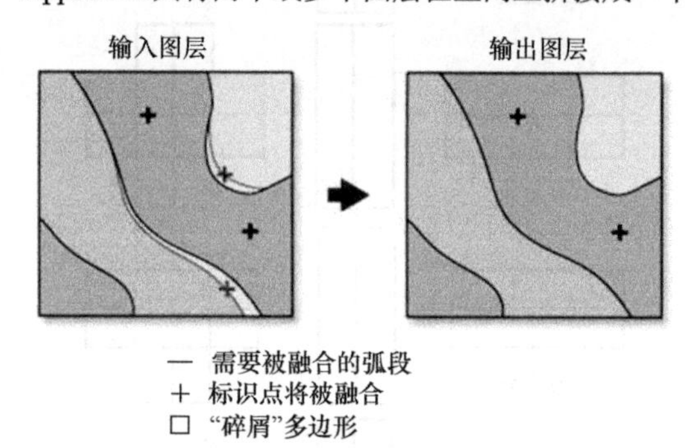

图 8-22 Eliminate 工具可以根据自定义最小制图单元消除图层中的"碎屑"多边形

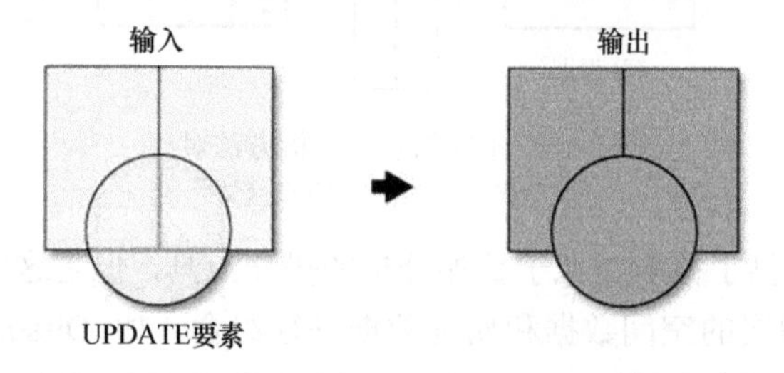

图 8-23 Update 工具用更新图层及其要素替换输入图层

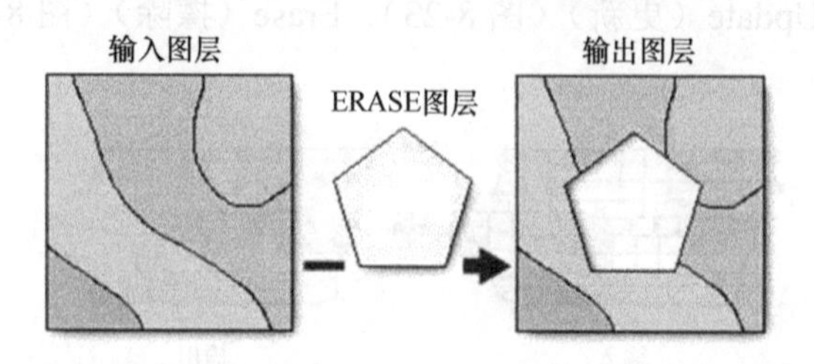

图 8-24 Erase 工具从输入图层消除落入擦除图层区域范围内的要素

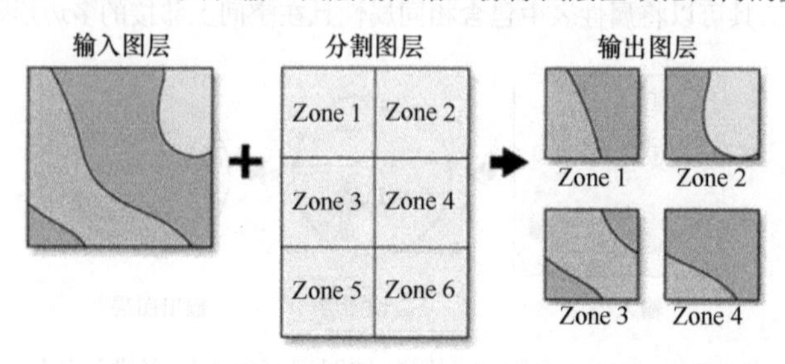

图 8-25 Split 工具利用分割图层将输入图层进行分割

三、栅格数据分析

与矢量数据分析不同，栅格数据分析是基于栅格像元的，能在独立像元、像元组或整个栅格像元上进行分析。虽然存在不同类型的栅格数据，但是栅格数据分析的操作只针对 GIS 软件指定的栅格数据类型，如 ArcGIS 的 ESRI/GRID 格式。因此，在做栅格数据分析前，一定要把数据格式转换成 GIS 软件包支持的格式。栅格数据分析的两个重要方面包括分析的区域范围和输出像元的大小。其中，分析区域可以指定需要分析的栅格像元，而输出像元的大小可以重新定义，像元填充值可利用像元重采样方法计算，包括最邻近法、双线性插值法及三次卷积插值法。

（一）局域运算

局域运算是基于单个像元的运算，即利用函数关系式对输入像元进行逐像元运算，生成新像元的过程（图 8-26）。输入栅格可以是单一栅格，也可以是多个栅格。对单一栅格，局域运算可以利用 GIS 软件包提供的大量的数学函数计算输出栅格的每个像元值，如算术运算、对数运算、三角函数及幂运算。

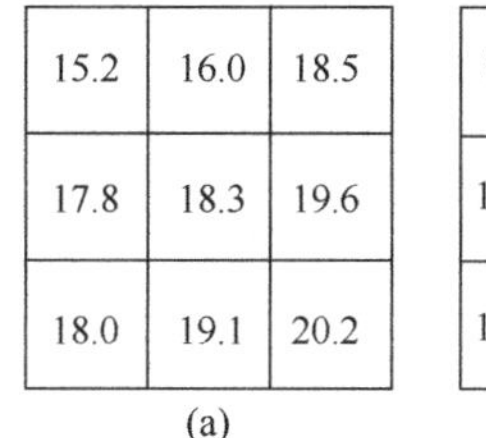

15.2	16.0	18.5
17.8	18.3	19.6
18.0	19.1	20.2

(a)

8.64	9.09	10.48
10.09	10.37	11.09
10.20	10.81	11.42

(b)

图 8-26　栅格数据局域运算（Chang，2010）

利用公式[slope_*d*] = 57.296 * arctan [（slope_*p*）/100]将坡度栅格数据的像元值由百分数（*a*）转换为度数（*b*）

重新分类是通过对像元值进行归类生成一个新栅格数据的局域运算方法，也称像元值重新编码，以达到简化栅格数据的目的。例如，将高程栅格数据进行重新分类，大于 5000m 为极高山区，3500～5000m 为高山区，1000～3500m 为中高山区，500～1000m 为中低山区，小于 500m 为平原丘陵区。然后分别用数值 1、2、3、4 和 5 来代表新的分类结果。除此之外，局域分析也可以在多个栅格之间进行，类似于矢量数据的叠加分析。不同栅格之间可以使用统计值或逻辑运算方法对多个栅格进行分析，得出一个新的栅格数据。

张剑等（2012）参考牟新待所建立的生态适宜度模型，建立了中国南北分界带适宜度模型，也是一个基于多栅格局域运算的例子，该计算表达式如下

$$S=\sum_{i=1}^{n}W_i\mu S_i(\theta,T,P,M,J,F,H,R)$$

其中，S 为南北分界带适宜度，W_i 是各因子的权重，μS_i 为各因子的隶属函数，θ、T、P、M、J、F、H 和 R 分别代表≥10℃年积温、多年平均温度、多年平均降水量、多年平均地表湿润度指数、多年 1 月平均气温、多年平均无霜期、多年平均相对湿度、水旱地面积比例，i 依次表示从 1 到 n（n=8），即 θ 到 R。各因子的权重 W_i 采用专家打分的层次

分析法加以确定，各因子的隶属函数μS_i通过模糊集合理论建立。

（二）邻域运算

邻域运算涉及一个焦点像元和一组环绕像元。环绕像元的邻域类型可以是矩形、圆形、同心圆或楔形（图 8-27）。用环绕像元的值进行运算（可以包括焦点像元或不包括）焦点像元的值，如最大值、最小值、平均值、众数、中值、标准差等统计值来替换焦点像元的值。

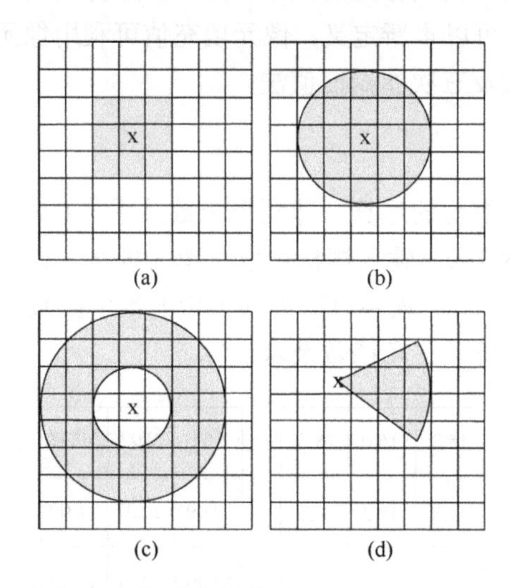

图 8-27　邻域分析类型（Chang，2010）
（a）矩形；（b）圆形；（c）同心圆；（d）楔形

邻域运算经常用于数据的平滑运算。例如，遥感资料获取的植被指数影像（Vegetation Index，VI），会存在一些噪声点（异常值），利用邻域运算求取焦点像元的平均值就可以对影像进行滑动平均，有效地去除噪声。邻域运算在图像处理中的应用也比较多，如空间滤波、卷积和视窗移动等。在地形分析中也非常依赖邻域运算，因为利用数字高程模型计算坡度、坡向、地表曲率用到的就是邻域运算。

（三）分区运算

分区运算用于处理相同值或相似要素的像元分组。分组又称为分区，在空间上可以是连续的（像元在空间上相连），也可以是不连续的（像元在空间上不相连）。分区运算可以针对单个栅格数据层或两个栅格数据层之间进行。如果是单个栅格数据层，分区运算可以测量每个分区的几何特征，包括面积、周长、厚度和重心。其中，面积为分区内像元数与像元大小的乘积；周长是其边界长度，如果是不连续分区，周长为每个区的周长之和；厚度是每个分区内可画的最大圆的半径；重心是分区的几何中心，即与分区最匹配的椭圆长短半轴的交点。如果输入栅格数据层为两个，其中一个为分区栅格，分区运算输出的结果可以统计输入栅格数据层在每个分区内的统计值和量测值，包括面积、最大值、最小值、总和、值域、平均值、标准差、中值、众数、少数和种类数。

四、地形制图与分析

人类把陆地表面作为制图对象已历经数百年，制图者设计了各种用于地形制图的方法，如大家比较熟悉的等高线法，可以根据等高线了解一个区域的地形、地貌及海拔等信息。其他技术还包括晕渲法、垂直剖面法、分层设色法、三维透视图等。地貌学家还发展了包括坡度、坡向和地表曲率等地表参数来对陆地表面进行量测。

用于地形制图与分析的两种常用数据模型包括基于栅格的数字高程模型（Digital Elevation Model，DEM）和基于矢量的不规则三角网（Triangulated Irregular Network，TIN）。GIS 软件包可以将这两种数据模型作为输入数据进行地形制图与分析，并且可以对这两种数据进行相互转换。

（一）等高线法

等高线是高程值相同的点连接起来的等值线，是地形制图最常用的方法。认识等高线首先要理解等高线的两个参数，即等高距和基准等高线。等高距是指等高线之间的垂直距离，通常都是以整数表示，如 5、10、100 等。基准等高线是开始计算高程的等高线。等高线的排列模式可以反映地形的变化。例如，平坦的地表等高线间距较稀疏而陡峭的地形等高线间距较紧密，等高线向河流的上游弯曲（图 8-28）。

图 8-28　等高线地图（Chang，2010）

背景图是由 DEM 生成的三维透视图

（二）地貌晕渲法

地貌晕渲法是模拟太阳光与地表要素的相互作用下显示出的地形地貌。通常面向光源的山坡明亮，背光的山坡阴暗，更具坡度与坡向的变化，明暗度也相应地发生变化，从而在视觉上给人一种立体的感觉。在 GIS 软件包提供的地形制图与分析模块中，提供了四个参数可以控制地貌晕渲图的视觉效果，分别是太阳方位角、太阳高度角、坡度与坡向。太阳方位角表示光线的方向，变化范围为顺时针方向 0°～365°。通常默认的太阳方位角为 315°，即左上方西北方向。太阳高度角是入射光线与地平面的夹角，变化范围为 0°～90°。另外两个影响因子是坡度和坡向，变化范围分别为 0°～90°和 0°～365°。图 8-29 显示了太阳方位角为 315°，太阳高度角为 45°的地貌晕渲图。

图 8-29　地貌晕渲图示例，太阳方位角为 315°，太阳高度角为 45°（Chang，2010）

（三）三维透视图

三维透视图是地形的三维显示效果图（图 8-30）。通过模拟观察者的观察方位、观察角度、观察距离对地形进行立体制图，还可以通过控制垂直缩放因子来突出微地形的特征。观察方位是观察者到地表的方向，变化范围为顺时针方向 0°～365°。观察角度是观察者所在高度与地平面的夹角，变化范围为 0°～90°。当观察角度为 0°时表示观察者从正对方观察地表，此时三维效果最明显。观察角度为 90°，表示观察者与地表垂直，此时的三维效果最不明显。

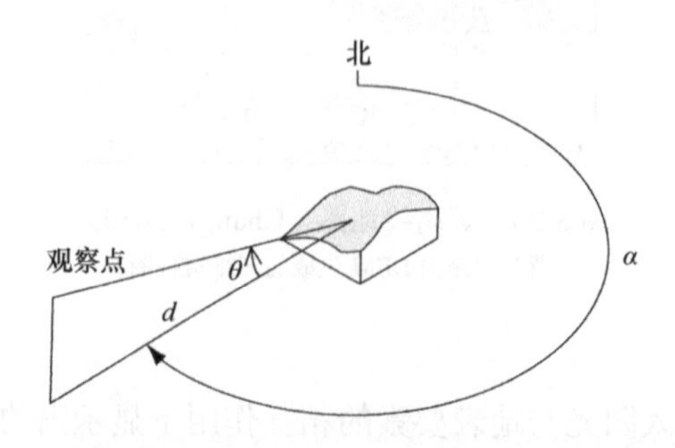

图 8-30　控制三维透视效果的三个基本参数（Chang，2010）
观察方位角 α（自北顺时针方向计算），观察角度 θ（自地平面开始计算），观察距离 d（观察点到三维表面的距离）

三维透视图经常用作地形地貌的背景演示图，另外可以叠加道路、河流、建筑物等要素，甚至是遥感影像，用于生成更加真实的三维数字地图。

（四）地形参数计算

利用 DEM 还可以计算一些基本的地形参数，如坡度、坡向、地表曲率等。其中，坡度是标准地表位置在高度上变化率的度量，坡向是斜坡的度量，而地表曲率表示在数字高程模型中某一个像元是上凸还是下凹。一个像元的曲率值为正值，表明该像元向上凸起；如果为负值，则是下凹；像元曲率值为 0，表明该像元表面是平的。利用栅格数据邻域计算的方法，可以获取这些地表参数。例如，可以采用中心点周边 8 个像元，利用计算公式估测中心点的坡度、坡向和地表曲率。

坡度的表示方法可以是百分数或度数。其中，百分数坡度等于垂直距离与水平距离之比再乘以 100，度数坡度是垂直距离与水平距离之比的反正切（图 8-31 显示的是度数坡度）。坡向的单位是度，从正北为 0°开始，顺时针旋转，回到正北以 360°结束。坡向的度量常分为 4 个基本方向或 8 个基本方向（图 8-32）。坡度和坡向的测量精度直接影响到以坡度、坡向作为输入参数的模型的准确度。除了坡度、坡向的算法对测量精度的准确性有影响外，另一个重要影响因素就是 DEM 的精度及分辨率。图 8-33 显示了不同分辨率的 DEM 生成的坡度图，不难发现，随着 DEM 分辨率的提高，地形的细节可以被更详细地显示出来。另外，局部地形也会影响坡度和坡向的计算准确性，通常情况下，陡坡地区的坡度估算误差较大，而平坦地区坡向的估算误差较小。

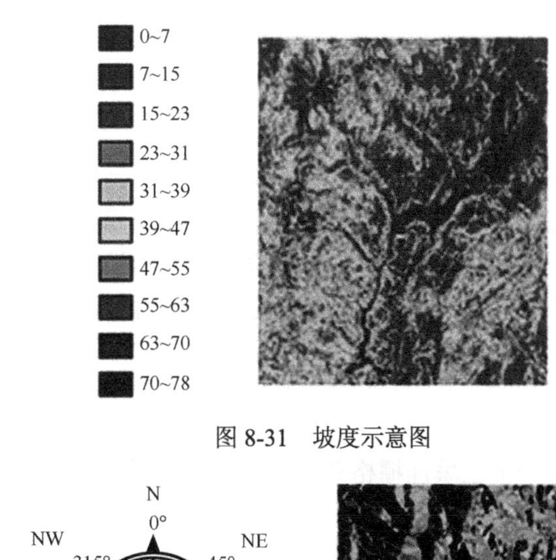

图 8-31　坡度示意图

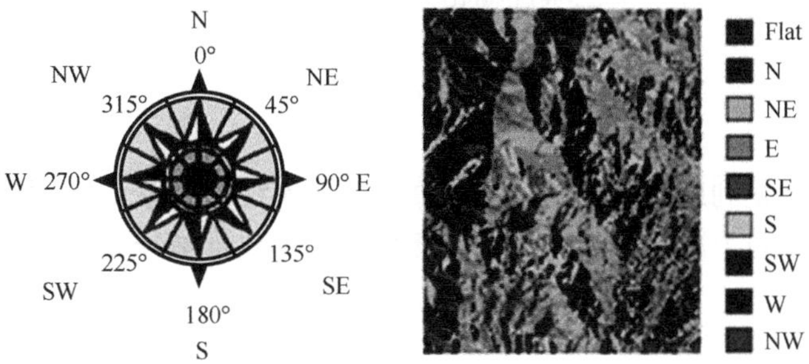

图 8-32　坡向示意图

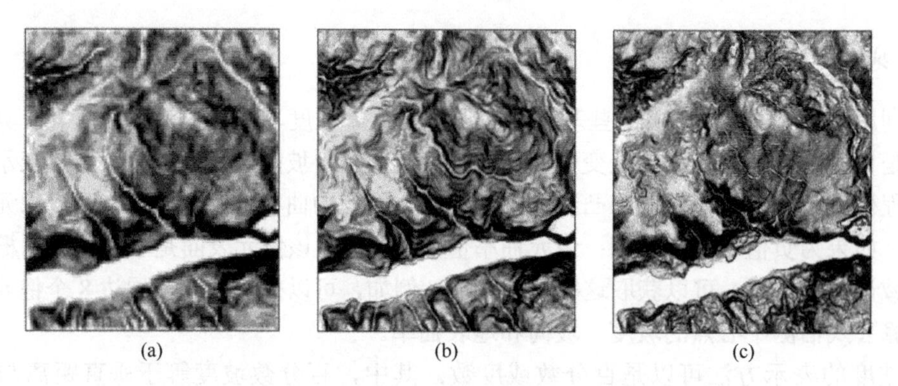

图 8-33　不同分辨率 DEM 生成的坡度图（Chang，2010）
（a）30m；（b）10m；（c）1.83m

五、流域分析

流域是自然资源管理与规划的水文单元，是具有共同出水口的地表水流经的集水区域。流域分析是指利用 DEM 和栅格数据运算来勾绘流域并提取河网等地形要素的方法。GIS 软件包提供了两种勾绘流域的方法，一种是基于区域，另一种是基于点。基于区域的方法可以将区域划分成一系列小的子流域，每个子流域对应一个河段；基于点的方法是选择一个点来勾绘流域，这个点被称作泻流点或出水口。点可以是出水口、水文站或水坝，也可以在任意河段的位置选择一个点。

具体的操作步骤如下。

（一）DEM 填注

无论是基于区域或者基于点的流域勾绘，都是在一个已填洼的 DEM 上进行。如果一个或多个像元被周围海拔值较高的栅格像元所包围，就是一个洼地，代表一个内排水区域。在对流向进行判别之前，首先要消除这些洼地（即使现实中真的存在，如采石场、壶穴等），常用方法是将像元值加高到周围最低海拔值，避免流向判断的误差。

（二）流向

流向是指水流离开每一个已填洼栅格单元时的方向。通常利用八方向法确定流向，生成流向栅格。

（三）流量累积

流量累积栅格是利用流向栅格，计算每个像元流经它的像元数，即每一个像元的流向累计值是所有来自上游像元流向它的像元数（但不包括被计算的栅格像元本身）。

（四）河网

河网是由流量累积栅格导出的。通过设定一个维持河道水流的阈值，就可以输出河网。阈值设置过大，生成的河网密度就越小，反之密度就越大。

（五）河流链路

河流链路是将河网的每一个栅格线赋予唯一的值，且与流向相关联的格网。类似于基于拓扑的河流图层，包括交汇点、河段和出水口。

（六）全流域勾绘

最后一步是将流向栅格和河流链路栅格作为输入数据，为每一个河段勾绘流域，生成整个区域的流域范围。

基于点的流域勾绘与全流域勾绘步骤基本相同，唯一的差别在于基于点的流域勾绘采用点栅格来替代河流链路栅格。在点栅格中，代表一个泻流点的像元必须位于河流链路的像元上，否则会导致生成偏小、不完整的流域。

六、空间插值

空间插值是利用已知点的数值来估算未知点数值的过程，常用于将离散点的测量数据转换为连续的数据曲面，以便与其他空间现象的分布模式进行比较。在自然现象中，有些类型不像地形可以用实体的形式去显示，如温度、降水量、人口密度等，但是在 GIS 分析中，需要将这些要素生成与地形一样的可视表面，这个可视表面就是一个统计表面。为了构建一幅区域的降水量图，可以使用该区域内气象台站提供的降水量数据，借助空间插值方法，将气象台站之间的数据进行填充，形成一个统计表面（图 8-34）。

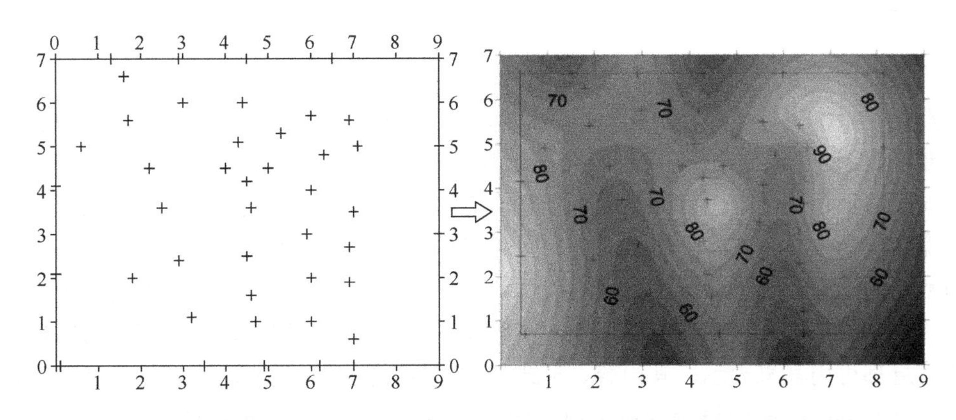

图 8-34　离散的气象台站数据经过空间插值方法生成的连续降水面栅格数据

空间插值最重要的两个方面是控制点和插值方法的选择。其中控制点是已知数值的点，也称为样本点或观测点。控制点是建立空间插值方法的基础，控制点的数目及分布都会对插值结果产生影响。无论用哪种插值方法，根据统计学假设可知，样本点越多越好，而样本的分布越均匀越好。但自然界控制点的分布大多趋于离散，很少出现控制点分布非常合理的理想状况。空间插值的思路是估算点的数值受邻近控制点的影响比受较远控制点的影响较大，因此空间上分布均匀且具数量较大的控制点是保证插值结果更为可靠的保证。任何一种空间数据插值法都是基于空间相关性的基础上进行的，即空间位置上越靠近，则事物或现象就越相似；空间位置越远，则越相异或者越不相关，体现了事物/现象对空间位置的依赖关系。

空间插值包括全局插值和局部插值两种方式。全局插值利用所有的控制点来估算未知点的值，而局部插值只使用邻近若干个已知点的值来估算未知点的值，类似于栅格数据的局域分析。全局插值倾向于估算整体的趋势，而局部插值用于估算局部或短程的变化，因此在估算精度上局部插值更为有效。根据估算结果，空间插值可以分为精确插值和非精确插值。精确插值得出估算值与相同位置的已知点的值相同，而非精确插值得到的估算值和已知值不同。另外，空间插值方法还可以分为确定性插值和随机性插值。确定性插值法不提供估测值的误差检验，而随机性插值法可以对估测误差进行评价。该部分内容的详细介绍参见第 3 章第 2 节。

第六节　数据显示与地图编制

地图是人类认识地球的媒介。GIS 查询与分析的结果，最终是以地图的形式呈现给用户的。GIS 有强大的地图制图功能，但是，单纯依靠 GIS 难以完成一副完美合理的地图，它需要人工的交互干预，如制图综合，目前还没有任何 GIS 软件能够很好地解决这些问题。本节的主要内容包括地图的元素、地图符号及种类、地图注记及地图设计。

一、地图符号及种类

普通地图元素包括图名、地图主体、图例、比例尺、指北针、文字说明和图廓，其他元素还包括格网、投影、附图及质量信息等。根据地图的用途可以把地图分为普通地图和专题地图。普通地图用于综合、全面地反映制图区域内的自然要素和社会经济现象，具有一般特征目的的地图。该地图可能包含有地形、水系、土壤、植被、居民点、交通网、境界线等内容，被广泛用于经济、国防和科学文化教育等方面，并可作为编制各种专题地图的基础。专题地图是指突出而尽可能完善、详尽地表示制图区内的一种或几种自然或社会经济（人文）要素的地图。专题地图的制图领域宽广，凡具有空间属性的数据和信息都可用其来表示。其内容、形式多种多样，能够广泛应用于国民经济建设、教学和科学研究、国防建设等行业部门，如自然地图（地貌图、植被图、土壤图等）、社会经济（人文）地图（交通图、人口分布图、行政区划图等）及其他专题地图（规划图、旅游图、军事图等）。

无论何种类型的地图，都是采用特定的地图符号，辅以不同的色彩和形状对地图要素进行表达。地图符号可以指示要素在空间的位置，而颜色和大小可以表示要素的属性。例如，蓝色的粗线可以表示一条河流，而浅蓝色的细线表示这条河流的支流。其中线要素显示了河流在空间中的位置信息，而色彩和宽度将不同等级的河流表现出来。因此，适当的地图符号（点、线、面）与视觉变量（色彩、大小）的选择是数据显示与地图制图的基本。

常见专题地图的表现类型主要有等值线法、质地法、范围法、点值法、符号法、动线法、统计图法等。

二、地图注记

地图上的文字和数字总称为地图注记，它是地图内容的重要部分。没有注记的地图只能表达事物的空间概念，而不能表示事物的名称和某些质量及数量特征。因此，地图注记是地图的重要组成元素，没有注记的地图是无法被理解的。地图上的注记可分为名称注记、说明注记和数字注记三种。名称注记说明各种事物的专有名称，如居民点名称；说明注记用来说明各种事物的种类、性质或特征，用于补充图形符号的不足，它常用简注表示；数字注记用来说明某些事物的数量特征，如高程等。注记也可以使用不同的视觉变量增强地图的表现力，如不同的字体、字号和颜色。另外，注记的排列与配置是否恰当，常常会影响读图的效果。汉字注记通常有水平字列、垂直字列、雁形字列（注记的字向指向北方或图廓上方）和屈曲字列（注记的字向与注记文字中心线垂直或平行）等。注记配置的基本原则是不应该使注记压盖图上的重要部分。图 8-35 表示了点、线、面注记的不同配置方式。GIS 软件为地图制图提供了自动注记的功能，但是完全依赖自动注记往往会产生较大的问题，必须借助人工的方式对注记进行配置，达到既不影响注记的标注又美观的效果。

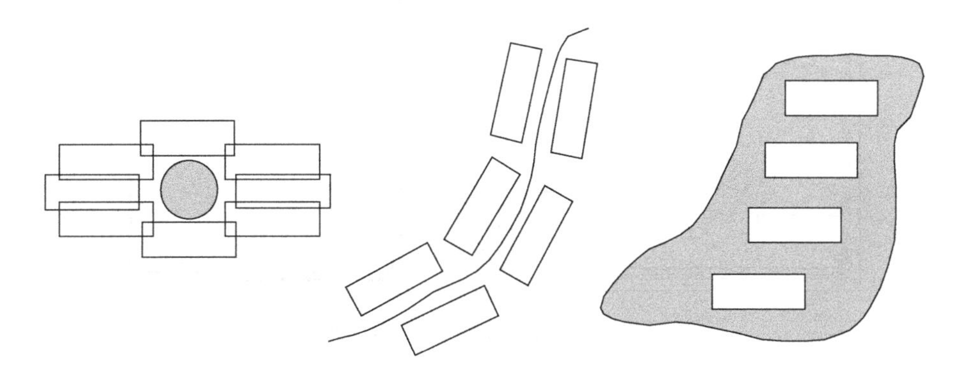

图 8-35 针对点、线和面的几种注记配置方式（邬伦等，2001）

三、地图设计与生产

专题地图的设计，是指任务和要求明确后初步提出的图幅基本轮廓，包括投影选择、明确比例尺、划定图幅范围、进行图面规划和绘制设计略图等内容。图幅基本轮廓的设计需要了解该图幅是专用还是多用，是否已出版了类似专题地图，以及地图使用者有哪些特殊要求。在弄清上述图幅的用途与要求之后，就要明确总体设计的指导思想，拟定专题内容项目，突出重点，提出图幅总体设计的方案。图 8-36 展示了一些不同风格的图面设计。

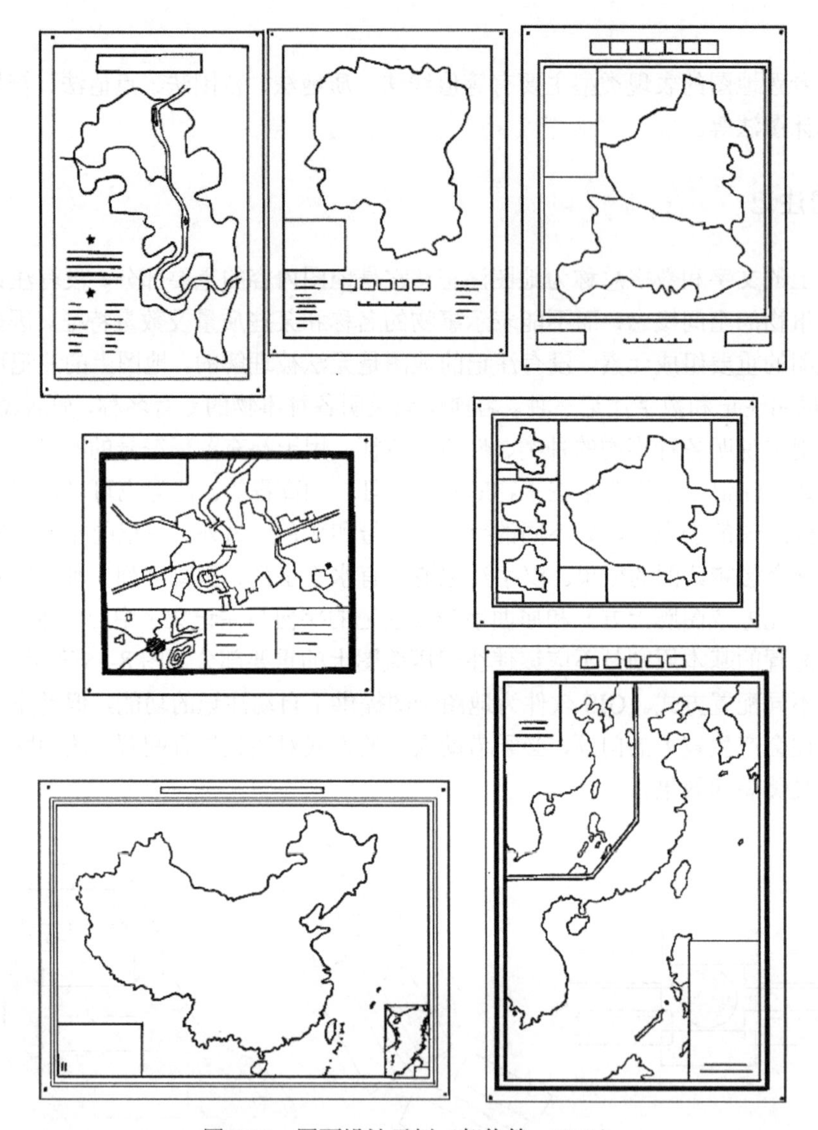

图 8-36　图面设计示例（邬伦等，2001）

思　考　题

1. GIS 软件按功能可分为哪几个模块？简述各模块的作用？
2. GIS 有哪些空间分析方法？
3. 简述格网 DEM 的主要应用领域？
4. 什么是空间数据的元数据？简述空间数据元数据的作用？
5. 简述像元重采样的三种方法及其区别？
6. 简述地图投影的分类？
7. 如何用验证技术来比较不同的插值方法？
8. 论述矢量数据与栅格数据空间分析方法及其区别？

9. 论述利用 GIS 技术建立草地类型外业调查地图数据库的基本步骤及方法?

10. 举例说明“3S”技术在草业科学研究中的应用领域及方法?

参 考 文 献

陈全功, 张剑, 杨丽娜. 2007. 基于GIS的中国农牧交错带的计算和模拟[J]. 兰州大学学报(自然科学版), 43(5): 24-28.

陈述彭, 鲁学军, 周成虎. 1999. 地理信息系统导论[M]. 北京: 科学出版社.

黄杏元, 汤勤. 1990. 地理信息系统概论[M]. 北京: 高等教育出版社.

邬伦, 刘瑜, 张晶, 等. 2001. 地理信息系统——原理、方法和应用[M]. 北京: 科学出版社.

张剑, 柳小妮, 谭忠厚, 等. 2012. 基于 GIS 的中国南北地理气候分界带模拟[J]. 兰州大学学报(自然科学版), 48(3): 28-33.

Chang KT. 2010. 地理信息系统导论(原著第五版)[M]. 陈建飞, 张筱林译. 北京: 科学出版社.

Douglas DH, Peucker TK. 1973. Algorithms for the reduction of the number of points required to represent a digitized line or its caricature[J]. The Canadian Cartographer, 10(2): 112-122.

第九章　草业决策支持系统

本章在介绍决策支持系统的概念、结构、类型和核心功能，以及其产生的背景、发展过程及现状的基础上，论述了草业决策支持系统的类型，以及每种类型的特征及其适用对象，详细介绍了草业决策支持系统的类型和应用案例。

第一节　决策支持系统的概念与功能

本节介绍决策支持系统的内涵及其概念的延伸后，从决策支持系统形成的四个方面论述了决策支持系统的结构，然后详细介绍了当前较为重要的四种决策支持系统，并论述了各种决策支持系统的特征，最后介绍了决策支持系统产生的历史背景及其发展过程。

一、决策支持系统的内涵

（一）决策支持系统的定义

决策支持系统（Decision Support System，DSS）是一种协助人类做决策的资讯系统，通过人机对话界面为人类解决半结构和非结构性问题提供辅助规划与各种方案，帮助人类做出决策的计算机应用系统（高洪深，2009）。一般而言，决策支持系统利用管理科学和计算机科学等相关学科的理论及方法，采用信息技术手段解决两方面的问题，一方面为解决半结构化和非结构化的决策问题提供背景材料与明确问题的特征，另一方面通过修改和完善模型，列举多种行动方案，为管理者正确解决半结构化和非结构化问题时提供帮助（陈德军等，2003）。决策支持系统融合了多种学科知识和技术，因此研究者的专业背景、原有专业领域及所处的时代，均影响人类对决策支持系统的认知过程，理所当然形成多个定义，其中三个定义对决策支持系统内涵的完善发挥了极其重要的作用：Sprague 和 Carlson 认为，决策支持系统具有交互式计算机系统特征，其目的是帮助决策者利用数据和模型解决半结构化的问题；Keen 将决策支持系统分为“决策”（D）、“支持”（S）和“系统”（S）三个模块，三个模块汇集为一体，从而形成一个人机交互系统，核心是利用不断发展的计算机建立技术系统（System），通过增加模块逐渐扩展其支持能力（Support），从而更好地为管理者提供辅助决策（Decision）；Mittra 则认为决策支持系统是从数据库中找出必要的数据，利用数学模型处理这些数据，然后产生用户认为有用的信息，并将这些用户所需的信息提供给用户（王辉鹏和董春游，2009）。因此，决策支持系统主要解决三类决策问题，分别是结构化决策、非结构化决策和半结构化决策（刘博元等，2011）。结构化决策，是指对某一决策过程的环境及规则，运用确定模型或语言描述，以适当算法产生决策方案，并能从多种方案中选择最优解的决策；

非结构化决策，是指决策过程复杂，不可能用确定模型和语言来描述其决策过程，更无所谓最优解的决策；半结构化决策，是介于结构化和非结构化决策之间，这类决策可以建立适当算法产生决策方案，使决策方案得到较优的解答。

无论决策支持系统定义如何拓展和延伸，其核心是建立不同类型的数据模块，然后通过控制模块将不同模块连接，通过定量或定性描述，用户根据自己决策问题的需求，从多种可选方案中，遴选出适合自己需求的答案。

（二）决策支持系统的结构

决策支持系统是为决策者提供决策支持，而决策支持是通过决策过程来实现的。决策过程包括提出问题、分析问题、求解问题和评价问题四个步骤。提出问题是指决策者根据自己需求提出的一种具体目标、思想或意向。分析问题主要指明确与问题相关的因素，决定问题所属的求解类型，特别是当决策支持系统介入到较高层次或综合性应用时，其涉及决策环境更加复杂，存在大量不确定因素，决策者很难明确自己需要决策支持系统帮助解决的问题是什么，此时需要决策者和决策支持系统共同解决，从而启用决策支持系统中的背景知识库，以启发思维的方式多次人机交互，明确影响问题的因素，再利用获得影响问题的因素，通过决策支持系统规则推理，将决策问题中的不确定因素用知识系统中的确定值替换，实现将决策意向转换为明确的一个决策问题。求解问题是根据问题的特点，确定模型求解或推理分析，或二者结合共同完成。评价问题是决策者根据问题的背景，决策评价所得结论，若所得结论与决策者开始所需的问题不相符，则需调整问题求解参数，重新求解，多次反复，直到决策者获得满意结果为止。

基于上述决策过程的分析，决策支持系统结构虽然随着计算机科学发展和人类需求的多元化，呈现出与时俱进的特征，但不同时期和不同专业领域内决策支持系统的主要结构是一致的，而辅助组分主要是根据决策支持系统的性质外挂不同的数据模块和模型模块，增加决策支持系统的输出功能（Spague，1980）。因此，决策支持系统的主要结构包括用户、人机交互系统、问题生成系统、问题求解系统、问题评价系统、广义知识系统（图 9-1）。

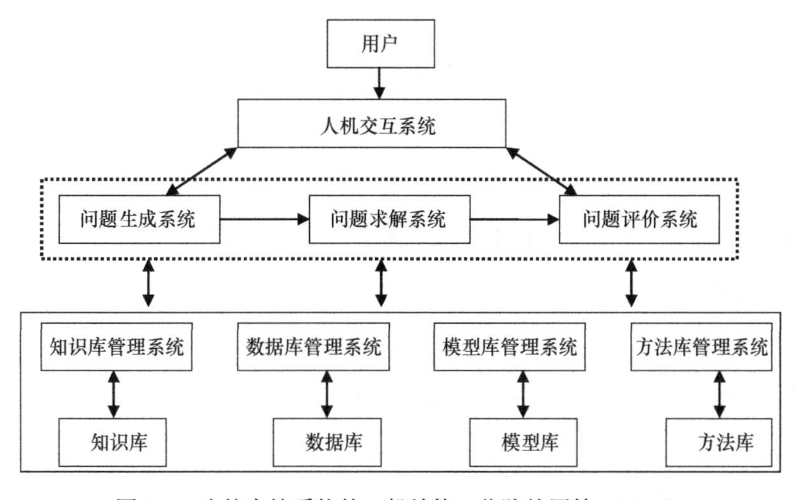

图 9-1　决策支持系统的一般结构（仿陈德军等，2003）

用户是决策支持系统的应用者或使用者。

人机交互系统又称人机交互界面，包括交互语言系统和问题处理系统两部分，由硬件和软件两部分组成，实现决策者与计算机间的对话，将信息的内部形式转换为人类可接受的形式，其连接着可编程序控制器、变频器、直流调速器、仪表等控制设备，利用显示屏显示，通过输入单元（如触摸屏、键盘、鼠标等）写入工作参数或输入操作命令，实现人与机器信息交互的数字设备。

问题生成系统是将决策者的问题进行具体化描述。由于决策问题的复杂性和不确定性，需要给问题求解模块提供准确的求解信息，因此明晰决策者所提问题的准确含义是十分关键的。当面临结构化决策问题时，可直接生成问题的描述框架；若遇到半结构化或非结构化决策问题时，则需要根据决策问题的环境条件，通过人机交互，分解问题，利用知识系统中的一阶谓词替换问题中的不确定因素，最终将问题表述为定量化与定性化的描述方式。

问题求解系统是借助知识系统中的模型和产生式规则等知识，获取所要决策问题答案的过程。决策问题具有多样性，不同决策者对决策问题的层次、决策目标、具体决策环境、约束条件、时间跨度等方面的重要性认识不同，因此获取决策问题的回答结果应包括定量的、定性的、定量加定性的一套具体问题求解方法。计算机在获取一个具体问题的回答时，可充分运用知识系统提供的模型和知识，选择适当的数据、模型、算法、规则等，从而形成一个特定问题的求解过程。

问题评价系统是利用知识系统中的知识和模型，评价计算机提供给决策者的回答是否符合需要的过程。若获取的决策问题的回答满足需要，决策者得到了答案；若获取的决策问题的答案满足不了决策者的需求时，则需要精确描述决策问题，或者再次核定决策问题的层次、决策目标、具体决策环境、约束条件、时间跨度，或者重新遴选合适方法再次决策。

广义知识系统是为整个决策支持系统中其他各种模块提供知识支持。决策过程是智能化的，因此决策支持系统是一个开放系统，它不断吸收各类学科最新成果，为各类问题提供智能决策。智能决策所依靠的是将问题领域的相关事实、经验知识、表示模型的过程看作广义知识模式的知识系统。广义知识系统包括传统的数据库、模型库、方法库、知识库等内容。

决策支持系统一般结构为多库结构，这种结构是一种显式结构，具有透明性和模块化等特点，较为直观。然而，这种显式结构不能直接反映决策者的思维方式和决策风格等智能品质，而这些智能品质往往对决策过程产生重要影响。

（三）决策支持系统的主要类型

随着知识爆炸和信息化的融合，决策支持系统因其良好的交互式和强大的扩展性特点，广泛地被应用于各行各业的决策过程。因此，决策支持系统自产生以来，发展十分迅速且类型多样（刘博元等，2011）。从 1985 年开始，随着集体讨论和效果评估等领域的发展，群决策支持系统（Group Decision Support System，GDSS）应运而生，其主要目的是为集体讨论和效果评估提供更方便和高效的支持。网络的快速发展与应用，使多个物理分离的信息处理能够融合于计算机网络，这促进了分布式决策支持系统（Distributed Decision Support System，DDSS）的诞生。人工智能领域（Artificial Intelligence，AI）的发展促进了 DSS 与 AI 的结合，形成了智能决策支持系统（Intelligent Decision Support System，IDSS），且成为目前决策支持系统研究领域的热点。

1. 群决策支持系统

群决策支持系统主要解决半结构化和非结构化决策问题的求解过程，为决策群体的共同目标提供决策支持。所谓群体决策是相对个人决策而言的，两人或多人召集在一起，讨论问题的实质性，提出解决某一问题的若干方案或策略，然后对这些方案或策略的优势做出客观评价，最后做出决策，这种决策过程称为群决策。事实上，群决策支持系统通过结合通信、计算机和决策技术，使决策问题的求解更加条理化和系统化。群决策支持系统可提供三个级别的决策支持：第一层次的群决策支持系统旨在减少群决策中决策者之间的通信、信息沟通和交流，障碍消除，如及时将各个决策者的各种意见显示在大屏幕，然后可以投票表决和汇总，也可以输入无记名意见和偏好；第二层次的群决策支持系统提供改善认识过程和系统动态分析的技术，以及决策分析建模和分析判断方法的选择技术；第三层次的群决策支持系统主要特征是将第一层次和第二层次的技术结合起来，用计算机来启发、指导群体的通信方式。

2. 分布式决策支持系统

分布式决策支持系统是由地域上分布在不同地区或城市的若干个计算机系统所组成的，其终端机与大型主机进行联网。系统中的每台计算机上都有 DSS，利用大型计算机语言和软件实行整个系统功能分布式的决策过程。决策者在个人终端机上利用人机交互界面，通过系统共同完成分析、判断，从而得到正确的决策。分布式决策支持系统与一般决策支持系统的区别主要包括五个方面：第一，分布式决策支持系统是一类专门设计的系统，能支持处于不同节点的多层次的决策，提供个人支持、群体支持和组织支持；第二，分布式决策支持系统不仅支持问题结构复杂不良的决策过程，还能支持信息结构不良的决策过程；第三，分布式决策支持系统能为节点间提供交流机制和手段，支持人机交互、机与机交互、人与人交互；第四，分布式决策支持系统具有处理节点间可能发生冲突的协调能力；第五，分布式决策支持系统内的节点作为平等成员而不形成递阶结构，每个节点有自治权。

3. 智能决策支持系统

将人工智能、知识推理技术和决策支持系统基本功能模块有机结合的一种系统，其实质是决策支持系统和人工智能相结合的产物。一方面，将传统决策支持系统的设计思想结合于人工智能开发的要求，形成智能决策支持系统的系统结构；另一方面，在求解决策问题时，知识推理机和库管理模块既相对独立、又相互依赖，类似数据字典，建立库字典，模型库为库信息的控制中心。最具典型的智能决策支持系统由语言系统（LS）、问题处理系统（PPS）和知识系统（KS）3 个子系统构成，其关键技术是自然语言处理，目前为人工智能研究的一个主要领域。

4. 战略决策支持系统

决策支持系统在战略管理中的应用和实践，也是目前决策支持系统研究的重要内容。其基本系统构成包括6个方面：①数据库系统，主要由数据库、查询语言和数据输入与修改等部分组成；②模型与方法库系统，包括模型和方法库，存储着不同类型的模型及其求解方法；③知识库系统，主要由知识库、推理策略、知识获取等功能组成；④案例分析系统，包括案例资料库、动态存储已解决的问题和案例等；⑤输入和输出系统，具有标准的图形生产器和问题求解报告生产系统，使问题求解过程更加透明，以获得用户对结果的认识；⑥控制与通信系统，控制整个问题求解过程，负责子系统之间的交互和通信。

（四）决策支持系统的核心功能

决策支持系统的主要基本功能包括四个方面：首先，解决高层管理者经常碰到的半结构化和非结构化问题；其次，通过模型或分析技术，将传统的数据存储和检索功能有机结合；再次，采用对话方式使用决策支持系统；最后，能适应环境和用户要求的变化（陈文伟，2000）。基于上述基本功能，决策支持系统能够实现以下核心功能：首先，用户能够比较几种方案，通过试探几种“如果，将如何”（What if…）的方案，通过对比各个方案的回答，从而做出自己的决策；其次，决策支持系统必须具备一个数据库管理系统，既包括一组以优化和非优化模型为形式的数学工具，又包括一个能为用户开发决策支持系统资源的联机交互系统；最后，决策支持系统的结构是由控制模块将数据存取模块、数据变换模块（检索数据、产生报表和图形）、模型建立模块（选择数学模型或采用模拟技术）三个模块有机偶联，从而为用户决策问题提供可靠回答的功能。

二、决策支持系统的产生与发展

（一）决策支持系统的产生

决策支持系统是随着科学技术，特别是电子计算机技术的发展而出现的，其产生过程基本经历了三个主要阶段，包括电子数据处理阶段、管理信息系统阶段和决策支持系统的产生阶段（冯珊，1993；倪金生等，2007）。

电子数据处理（Electronic Data Processing，EDP）阶段。20世纪50年代，电子计算机逐渐应用于管理领域，办公采用电子计算机处理数据和编制报表等，通常把这一类系统所涉及的技术称作电子数据处理（EDP）。主要优点是系统以报表方式驱动，通过办公自动化而节省人力、财力和时间，提高工作效率。主要缺点是仅局限于具体信息处理，不共享，不考虑整体或部门间的交互情况。

管理信息系统（Management Information System，MIS）阶段。20世纪60年代中期，计算机技术、网络技术和数据库技术的快速发展，为计算机系统与其他各种任务及各种因素的协调与配合提供了可能，此背景下管理信息系统应运而生。管理信息系统是一个由人和计算机等组成的、能进行管理信息的收集、传递、储存、加工、维护和使用的系统，从而使信息处理技术进入到一个新阶段，可以利用以往数据预测未来，利用信息控制企业行为，大幅度提高了信息的效能（倪金生等，2007）。但是，MIS 只能帮助管理者处理和管理基本信息，难以适应多变的内、外部管理环境，对管理人员的决策帮助十分有限。

决策支持系统（Decision Support System，DSS）阶段。由于信息管理系统无法给决策者提供更大的决策支持，仅能完成例行的日常信息处理任务。20 世纪 70 年代，人们期望通过计算机辅助解决复杂的决策问题，这种背景催生了决策支持系统（DSS）。DSS 最早源自美国麻省理工学院 Scott Morton 教授的《管理决策系统》。DSS 提出后发展十分迅速，被广泛应用于系统工程、管理科学和人工智能等领域。经过 40 多年的发展，DSS 的理论与应用在国内外取得了长足的进步和较大的发展，主要应用于企业预算和分析、预测与计划、生产与销售等部门，也用于社会科学、宏观经济与市场分析及投资效益分析等方面。

（二）决策支持系统的发展

DSS 产生以来，已从最初仅通过交互技术辅助管理者对半结构化问题进行管理，发展到运算学和决策学等多个领域，且成为信息系统领域发展的热点。传统 DSS 成功应用的实例并不多，一方面是因为传统决策支持系统只能提供辅助决策过程中的数据级支持，而现实决策所需的数据却往往是分布的、异构的；另一方面是实践中大多 DSS 的应用对决策者有较高的要求，不仅要有专业领域知识，还要有较高的 DSS 建模知识。由于传统 DSS 在实践中的缺陷，不同类型 DSS 应运而生，以满足社会的各种需求。

20 世纪 70 年代至 80 年代，群决策支持系统理论获得了相当的发展。随着市场竞争的日益复杂和动态多变，知识和信息数量较原来大大增加，一个组织、机构和团队需要解决的问题趋于复杂，远远超出个人的认识能力、独立完成的能力和精力，需要不同专业、不同经验的人才互相配合才能完成。此时，GDSS 平台将通信技术、计算机技术和决策理论融合为一体，将不同知识结构、不同经验、但负有共同责任的群体整合在一起实施决策，解决半结构化和非结构化问题，尽可能地减少决策过程中的不确定性，最大限度地提出合理的可接受的问题答案，提高决策质量，特别是需要群体决策的问题，如国家草原政策的制定。随着网络技术的发展，参与决策的人员不必聚集一起，可以采用网络决策，形成基于 Web 的决策支持系统（Web Decision Support System，WDSS）。WDSS 不仅能够实现单机版 DSS 中的大部分功能，而且还大大扩充了传统 DSS 的功能。WDSS 是将 DSS 原来的单机架构通过网络转换为基于 Internet 和 Web 的浏览器/服务器（B/S）架构，这样用户可以通过 Web 浏览器登录决策系统，不需要安装单机版软件，这解决了软件安装、维护和升级中存在的诸多问题（史明昌和王维瑞，2011）。因此，基于 Web 的决策支持系统（WDSS）成为决策支持系统研究领域新的发展趋势。

第二节　草业决策支持系统的类型

本节主要介绍基于牧草生长模型的决策支持系统、基于知识规则的草地管理决策支持系统、基于知识模型的草地管理决策支持系统、基于知识模型和生长模型的草畜管理决策支持系统等4种草业决策支持系统的特征和基本组成。

草业决策支持系统是通过计算机应用系统，建立人机对话界面，从而协助草业工作者解决草业建设和发展中的半结构和非结构性问题，提供各种决策问题的辅助规划与解决方案（杨锦忠和董宽虎，1999）。其源于决策支持系统在草业科学领域的应用，其基本结构和决策过程遵循决策系统的基本框架。草业决策支持系统发展相对较晚，主要用于栽培草地和天然草地的智能管理。我国草业决策支持系统始于草原生产力的监测与评价，后来发展到草畜平衡管理和决策支持系统。近十多年以来，随着我国草业科学课程体系的建立和不断完善，草业作为一个相对独立的产业从畜牧业中分离出来，草业科学与信息学的交叉融合得到快速发展，利用 DSS 理念及方法正在探索和研发多种类型的草业决策支持系统，主要包括基于牧草生长模型的决策支持系统、基于知识规则的草地管理决策支持系统、基于知识模型的草地管理决策支持系统、基于知识模型和生长模型的草畜管理决策支持系统等。

一、基于牧草生长模型的决策支持系统

基于牧草生长模型的决策支持系统是对牧草整个生长过程通过模型加以描述，从而预测各种条件下牧草的生长情况，对牧草生产提供多种管理决策措施，提高牧草生产的最大效益。基于牧草生长模型的决策支持系统是数字化草业技术研究和应用的重要组成部分，可以相对精确预测不同情景下牧草生产的可能性，从而为牧草生产者提供各种辅助规划和管理方案。该系统的核心是可以采用牧草生长模型对牧草生长过程通过跨越时间、季节、土壤类型和气候带进行描述，这是该类决策支持系统的基础，其准确性决定于牧草过程模型的准确性。

基于牧草生长模型的决策支持系统主要由数据库、模型库、模型应用及人机接口等部分组成（图9-2）。

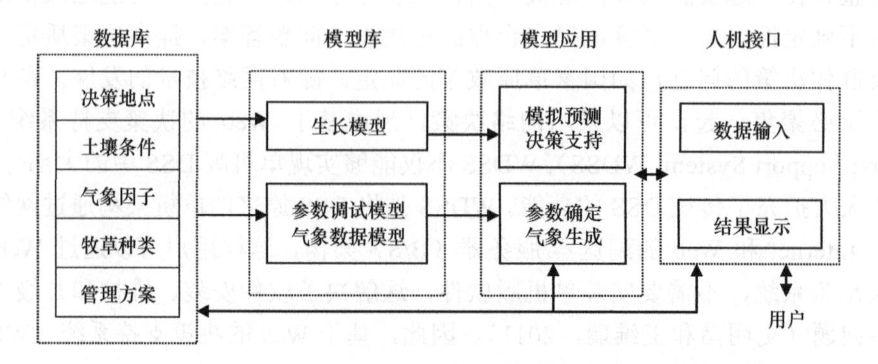

图9-2　基于牧草生长模型的决策支持系统结构图（仿汤亮等，2006）

（一）数据库

系统数据库由气象数据库、土壤数据库、牧草种类数据库、管理方案数据库和地点数据库组成（朱艳等，2004）。气象数据库包括地理位置信息、日期、日最高气温、日最低气温、日照时数及降水量等信息。

土壤数据库包括两种土壤数据，一类是反映耕作层土壤性质的数据，包括土壤类型、pH、土壤速效磷、速效钾、全氮、氨态氮、硝态氮、有机质、缓效钾含量等；另一类是不同土层的土壤特性数据，包括各土层厚度、容重、黏粒含量、土壤含水率、田间持水量和萎蔫含水量等。

牧草种类数据库主要包括品种特定的基本遗传参数，如温度敏感性、光周期效应、生理春化时间、比叶面积、千粒重、收获指数及株高等。

管理方案数据库主要储存牧草栽培管理措施数据，通常包括播栽期、播种量、水分管理措施（包括水分灌溉时间和灌溉量），以及氮、磷、钾的养分管理措施（包括施肥时间和施肥量）等。对于天然草地，主要储存草地改良措施、放牧时间、放牧率等。

地点数据库包括省份、市县及经纬度等数据。

（二）模型库

包括牧草生长模拟模型和气象因子模型。

1. 牧草生长模拟模型

牧草生产模型主要包括基于发育阶段的物候期子模型和基于形态发生的器官建成子模型。

物候期子模型的研究主要是根据不同牧草各自物候期的生长参数，建立其与气象、土壤、管理措施之间的相关关系模型，将其用于牧草产量模型之中，最终预测不同物候期牧草生长过程与牧草产量的关系，预测区域内哪个物候期对牧草生产最为敏感，从而制订出相对应的规划和预案（魏玉蓉等，2007）。

器官建成子模型主要研究牧草不同器官生长过程的模型，目前主要包括6种类型(汤亮等，2006)：第一，以油菜发育的生理生态过程为基础，通过引入热效应、光周期效应、生理春化时间及基本灌浆因子 4 个品种参数来定量不同品种之间的差异，它们之间的互作共同决定了每日生理效应的大小，其积累形成每日生理发育时间，并采用生理发育时间作为定量生育进程的尺度，构建了预测油菜阶段发育与物候期子模型。其中到达抽薹、初花、终花、成熟的生理发育时间分别为:16.9、22、31、51。第二，通过定量叶片、根、茎、花和籽粒的长度或质量与生理发育时间之间的关系，引入氮素及水分影响因子来调节器官的生长和消亡，并定义不同品种各器官最大潜在生长来反映品种之间的遗传差异，建立叶片、根、茎、花和籽粒生长的子模型，实现对牧草单个植株形态建成的全面模拟。第三，以光合作用与干物质积累为基础建立模型，通过分别计算花、籽粒、叶片三层的光合作用，引入高斯积分法简单有效地计算每层的光合量，得出每日的冠层总同化量，并建立生理年龄、氮素、温度等因子对牧草光合作用的影响模型及呼吸作用与光合产物消耗的子模型，构建光合作用与干物质积累的子模型。第四，以物质分配与产量形成为基础建立模型，利用牧草器官生长与发育进程和环境因子之间的关系，以生理发育时间为尺度来描述各器官分配指数的动态变化，进而以分配指数来预测总干物质在牧草各器官间的动态分配，通过计算分配到各器官的干物质量来预测产量形成。第五，以水分平衡为基础建立模型，根据土壤水分平衡的原理，不仅考虑因地下水位较浅而引起毛管上升水量和土壤导水率变化对土壤含水量变化的贡献，还通过干旱胁迫影响因子和渍水胁迫影响因子，模拟干旱和渍水对作物生长发育的影响，建立与牧草生长模型相耦合的土壤水分动态子模型。在这类模型中，干旱胁迫影响因子取决于土壤临界水分含量，渍水胁迫影响因子的算法不仅考虑了作物不同种类、土壤含水率高低引起的渍害差异，还考虑了渍水时间和不同生育阶段渍水敏感性差异等因素。第六，以养分平衡为基础建立模型，主要是根据牧草对氮、磷、钾三大养分的动态需求，建立模拟模型。

2. 气象因子模型

采用已有的方法构建气象因子模型（曹卫星和罗卫红，2000），降水因子模型由马尔可夫链（Markov Chain）模拟逐日降水出现与否，然后用 Gamma 分布函数来描述逐日降水量，并作为单一的独立随机变量处理。日最高气温、日最低气温和日照时数的模拟是利用波谱分析方法生成参数，并把气温和太阳辐射的日变化过程视为弱平衡随机过程进行模拟。

二、基于知识规则的草地管理决策支持系统

基于知识规则的草地管理决策支持系统是以现有草地管理的技术和知识，以及相关区域内草地形成和发展的因素为基础，通过建立决策问题解决方案的知识产生式规则和框架，具有可以自动遴选相关知识，自动进行处理和计算，并形成解决决策问题的方案或规划的人机系统。该系统主要由两部分组成，一部分是开发环境，另外一部分是运行环境（牛贞福，2004）。

开发环境部分主要由三个模块组成，首先是知识来源，这种知识既可以来源于长期关于草地管理和建设已有的各种科研成果，如论文、专著、专利和专家经验等知识，又可以是网络数据平台上的各种信息源。其次是知识获取机，包括知识发现、数据挖掘、机器学习和专家会谈，其中知识发现主要是将各种类型的知识，按照某个标准和需求，按照统一标准归类存储，以便计算机系统能够及时方便地获取；数据挖掘指计算机将输入的原始数据，根据设定的模型运算公式，进行自动计算而形成的衍生数据的过程；机器学习指计算机系统根据已有运算过程及输入和输出的经验，形成的默许记忆，当再次调动该数据过程时，计算机系统根据自己的记忆将已有过程和经验作为一个案例输入，以供决策者选择，通过机器学习，能够加快数据运算和计算过程，缩短结果输出时间；专家会谈指计算机系统在知识发现过程中，不同数据源处理解决同一决策问题时，出现结果分异或相悖时，需要根据专家知识帮助计算机系统遴选合理的数据源。最后是知识库，知识库主要包括产生式规则、框架和语义网络，其中产生式规则主要指数据运算的算法和标准；框架指解决决策问题过程时需要遵守的程序和标准；语义网络指有些知识需要通过计算机语言或编码表达。

运行环境包括人机接口、事实修改和推理机三个模块。人机接口也称多媒体人机交互系统，主要用于用户输入命令和输入结果。事实修改主要是根据输入命令，激活计算机系统已有的规则，获取求解结论，若输入结论不能满足用户需求时，需要修改输入命令或精细化输入命令，然后再次获取求解结果。推理机指计算机系统根据用户命令，搜索激活规则，通过冲突消解，遴选计算机系统认为最优的规则。

基于知识规则的草地管理决策支持系统结构如图 9-3。

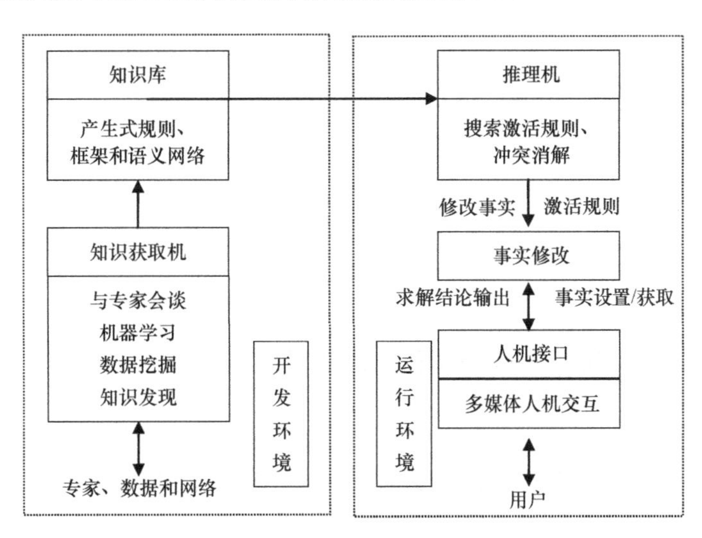

图 9-3　基于知识规则的草地决策支持系统结构图（引自牛贞福，2004）

三、基于知识模型的草地管理决策支持系统

基于知识模型的草地管理决策支持系统是依据有经验人员或专家的权重赋值，从而预测不同参数的重要性，实现草地管理过程中问题的决策。其决策过程为草地管理者提出需要决策的问题，然后对该问题包括的各种参数及其意义进行规范，提出产生式规则和框架，明确问题咨询的方式，如面谈、邮件、信件或电话等方式，最后通过专家对相关问题的回答和赋值，获取相关知识，将从专家那里获取的知识输入人机系统，通过计算机系统的推理机，获取解决方案。若该方案不能满足需求，再修改知识产生式规则或框架，再次获取专家知识，再通过人机系统推理机获取解决方案，一直到获取满意解决方案为止。修改产生式规则和框架时，不是全部重新定义产生式规则和框架，而是对前次产生式规则和框架的精炼与提升。

基于知识模型的草地管理决策支持系统主要由知识模型库、数据库、专家咨询库和人机界面等部分组成（图 9-4）。

模型知识库是通过综合分析、提炼田间试验、专家知识和文献资料，将其内在规律进一步量化，然后通过建模而构建的。在复杂巨系统的研究中全部定量化有明显的优越性，但作物生产系统的特点决定了这只能是理想化，是不现实的。因此，在广泛收集和量化专家知识与经验时，还需要对那些暂时无法量化但能够辅助草地管理的内容以规则形式存放在知识规则库中，用户可以利用人机界面选取相关知识规则进行专家咨询和辅助决策，这样使标准变得更加完善与合理。

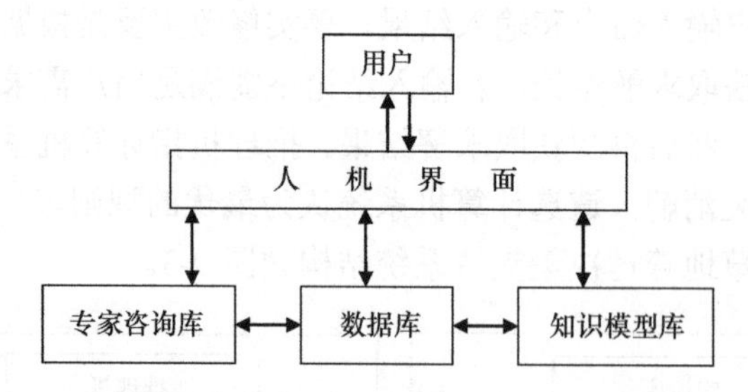

图 9-4 基于知识模型的草地管理决策支持系统（引自郭银巧等，2006）

数据库由数据及数据库管理系统组成，数据主要有气象、草地植被、土壤等数据。

该类系统可以实现产前设计、产中管理的定量决策，包括产量与品质目标的确定、人工草地播前方案设计、天然草地管理、适宜生育期的预测、动态生育指标的量化和系统维护等功能。

四、基于知识模型和生长模型的草畜管理决策支持系统

基于知识模型和生长模型的草畜管理决策支持系统将草畜管理知识模型、牧草生长模拟模型、家畜生长模拟模型及家畜与草地管理智能系统等按照一定的原理进行有机的耦合与集成，达到预测与决策功能的统一，提供“在哪里、种什么草、怎么种、养什么畜、怎么养、草畜如何平衡等”决策信息。系统由数据库、模型库（知识模型和生长模型）、方法库、知识库、推理机和人机接口等部分组成（图 9-5）。

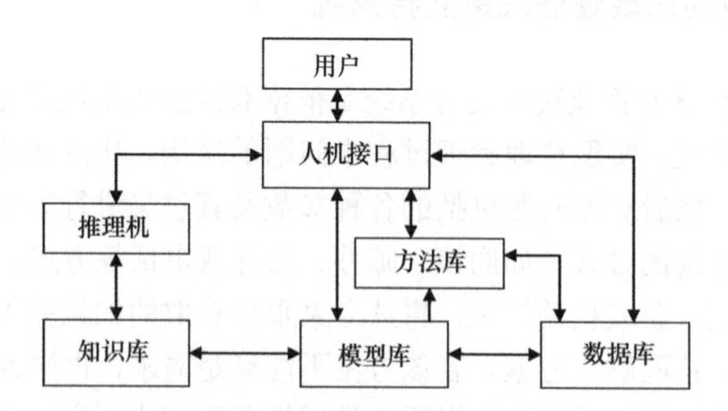

图 9-5 基于知识模型和生长模型的草畜管理决策支持系统（引自朱艳等，2004）

（一）数据库

系统数据库由基础数据及创建、存取和维护数据的数据库管理系统组成。

1. 草地数据

主要包括气候、地形、土壤、水文、草地、家畜、土地利用、行政分区、社会经济、综合信息等基础背景空间数据库。

气象数据：存储牧草生长季节的主要气象数据。包括决策点的日最高气温（℃）、日最低气温（℃）、日照时数（h）或日辐射量（MJ/m^2）、日降水量（mm）等。

土壤数据：存储反映土壤性质的数据。包括土壤pH、物理性黏粒含量（%）、容重（g/cm^3）土壤水分和养分状况[包括土壤实际含水量（%）、有机质含量（g/kg）、全氮含量（g/kg）、矿化无机氮含量（mg/kg）、速效磷含量（mg/kg）、速效钾含量（mg/kg）及盐分含量（%）等]。

草地数据：存储反映植被状况的数据。包括植被盖度（%）、高度（cm）、生产力、季节放牧利用、草地资源类型等。

草地管理数据：主要存储常规草地管理措施数据。

2. 家畜数据

家畜动态：种类与数量、存栏率、出栏率、理论载畜量及合理的畜群结构等。

3. 草畜平衡

饲料供给量、家畜需求量等。

（二）模型库

模型库是存储模型和表示模型的计算机系统。该决策系统的模型库主要包括草地管理、家畜管理及草畜平衡的知识模型和牧草、家畜生长模拟模型两大模型，也就是说，主要包括草地管理知识模型、家畜管理知识模型、草畜平衡知识模型、牧草生长模型、家畜生长模型。

（三）知识库

知识库主要存放草畜管理知识系统中某些定性的、目前无法用模型定量表达的技术性知识。

（四）方法库

方法库主要包括知识模型和生长模型耦合与集成的方法。

（五）推理机

推理机根据当前输入的数据，利用知识库中的知识，按一定的推理策略，去解决实际问题。推理机与知识库分离是系统透明性和灵活性的保证。

（六）人机接口

系统以 Windows 为界面，通过下拉菜单、工具条、图标、图形和表格等与用户进行交互，整个操作只要通过简单的鼠标点按或键盘敲击即可完成。

第三节　草业决策支持系统的应用案例

本节主要介绍国内外2个比较成熟的草业决策支持系统案例，包括每种系统的功能、结构和作用，国外介绍了澳大利亚的GrazFeed模型，国内介绍了草畜平衡管理系统。

一、澳大利亚 GrazFeed 智能决策支持系统

20 世纪 90 年代中后期，澳大利亚在 GrazPlan 项目（http://www.grazplan.csiro.au/）资助下正式发布了 Windows 版本的 MetaAccess、LambAlive、GrassGro、GrazFeed 等软件，广泛应用于家庭牧场的研究和管理。21 世纪以来，国外开发的家庭牧场管理系统得到不断丰富和广泛使用，在放牧草场 P、N、S 及 C 的原型模型研究、耕牧混合农作系统优化管理系统（如 GrazPlan 的 FarmWi$e)、智能决策支持系统的开发等方面取得了良好进展。其中，GrazFeed 模型是一种智能决策支持系统，用于放牧家畜管理的简单化软件，由澳大利亚联邦科学与工业研究组织（CSIRO）研发，主要用于放牧家畜的饲养方案决策，核心是为牧民或农场主提供最佳的草地利用方案，减少对昂贵饲料的依赖（Feiwel，1968），若当必须添加补饲时，则选用高效的补饲料，一方面实现草地的合理利用，另一方面让牧民或农场主获取最大的边际效益，从而提高牧民或农场主的收益。GrazFeed 适合于任何类型的草地，但是不适合以灌木或稀有种为主的天然草地，该软件适合于任何品种的羊和牛。

1. GrazFeed 的结构

该决策支持系统的基本框架分为三个部分，首先是家畜或饲养动物的现状，其次是饲草料供给部分，最后是家畜采食后的表现（图 9-6）。因此应用该决策支持系统时首先要了解草地和家畜的基况，系统会根据草地基况来预测家畜生产量，并预测添加补饲后家畜生产可能提高的幅度。系统中各家畜品种的生物功能等参数是按成年体重来设置的，主要依据澳大利亚反刍家畜喂养标准，目的是通过简易方法预测家畜采食量及其对能量和蛋白质的需求。家畜潜在采食量主要依据它的成年质量、发育阶段及泌乳阶段（如果有的话）的需求，首先，考虑家畜从草地可获得的潜在采食比例，即根据牧草质量、高度与质量占选择性放牧和给家畜提供补饲料的比例；其次，扣除为维持、妊娠及因为

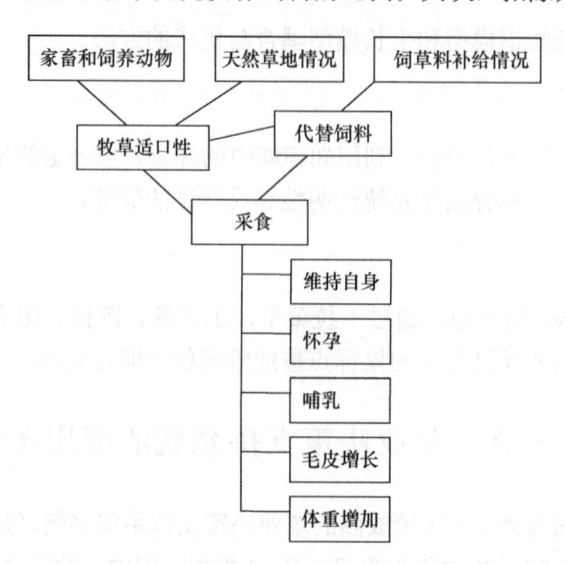

图 9-6　GrazFeed 智能决策支持系统结构图（仿李刚，2006）

寒冷产热的任何能量生产之后，GrazFeed可根据总代谢能和蛋白质的摄取预测家畜的生产力（质量的改变，毛的生产，奶的生产或未断奶的幼体获得的质量）；最后，使用者不仅可以检测不同级别补饲料的效果，还可以根据生产目标确定补饲料的使用量。程序运行结果可为生产提供建议，根据家畜生产的主要营养限制因子为使用者提供选择。

2. GrazFeed决策支持系统需要的资料

该系统需要输入气象、草地、家畜等方面的数据，主要包括：①气象条件，涉及最低温度、最高温度、平均日降水量、平均风速等资料。②草地供给能力方面，需要输入草地类型、产量、干物质消化率、粗蛋白含量、草层高度和盖度等与草地初级生产力相关的信息。③家畜和饲养动物现状指标方面，需要输入家畜及饲养动物种类（品种），以及不同家畜在不同年龄段时的体重、产毛量、产肉量、产毛率、产肉率等指标；随着家畜和饲养动物种类和品种的差异，这些指标值是不一样的，一般为某一个地区家畜或饲养动物的平均值，需要通过实验获取；同时需要输入家畜或饲养动物的饲喂信息。④不同产品的市场价格。⑤饲草料供给部分需要输入的参数，包括补饲饲料的种类及其营养成分等信息。

不同地区或同一地区不同草地类型的初级生产力受降水、温度、日照和土壤条件的协同影响，因此草地牧草的营养成分差异较大，而营养成分对不同种类家畜的健康生长、发育、繁殖及畜产品种类的数量和质量具有重要的影响。基于上述考虑，GrazFeed决策支持系统的参数中考虑了影响草地生长及牲畜繁殖、生长发育的各种必要的因子，本质上将草地营养供给能力与放牧家畜营养需要进行有机联系，将草地营养供给特点与家畜生产的肉、毛、乳之间的关系合理配置，实现家畜或饲养动物健康生长发育的智能决策，为牧民或农户合理配置饲料、畜种和放牧时间提供最佳选择方案，实现草地合理利用的同时，保证家畜或饲养动物体重的正常增长，并增加牧民或农场主的经济效益。

3. GrazFeed决策支持系统的使用

GrazFeed由表格组成的主菜单驱动：从Info开始到Feeding结束。菜单上的每个选项有一个对话框，可输入相应信息。

每个对话框的信息输入有两条途径：点击区域或由键盘输入，并覆盖原有的数值。

例如：草地产量和家畜，年龄，高度，组成百分比，从“Combo”对话框中：点击箭头，从列表显示中选择。

例如：品种类型，月，体况，从提供的选项中点击适合项（实心小圆点）。

例如：羊或牛，公羊或羯羊或母羊。

当所有的对话框都完成之后，使用鼠标键有两种方式可以在菜单间移动：通过“Next”键按顺序选择菜单，或者直接点击菜单上需要的选项。

Info界面：输入信息，设置文件储存路径。所运行的题目，使用者的名字和所做测试的详细情况。

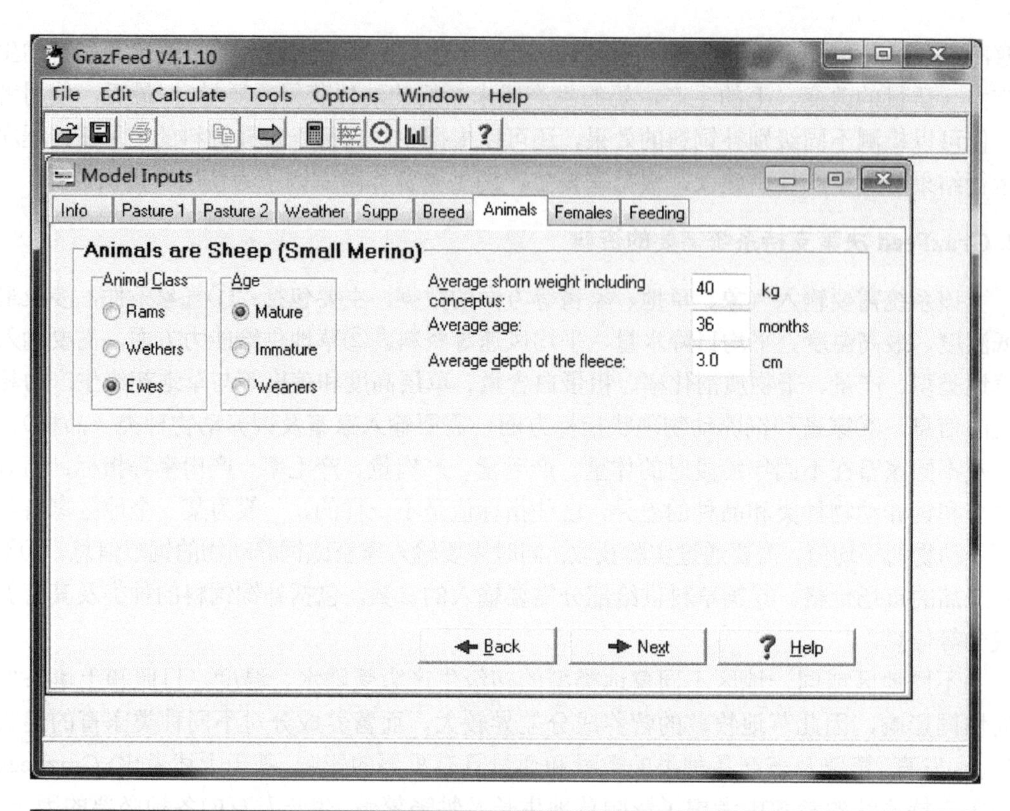

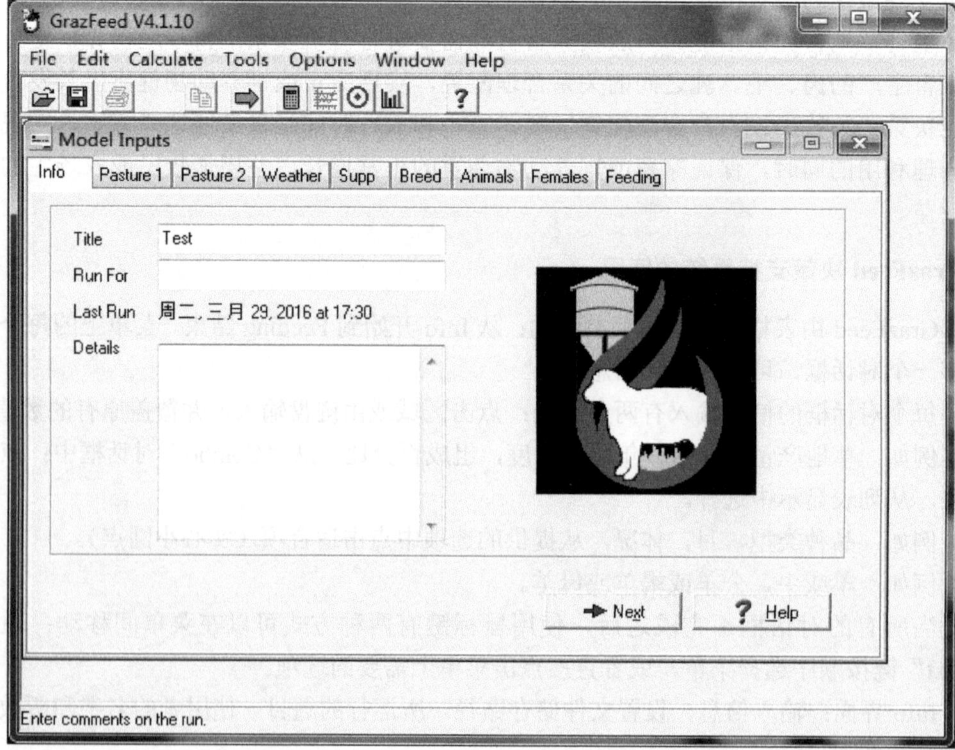

Pasture 1 界面：草地描述情况（牧草产量，干草状态下绿色部分和枯死部分平均消

化率、豆科牧草比例）、草地主要类型（温带、热带）、牧场坡度状态（水平、平缓、波动、适度陡峭、陡峭），纬度信息及月份。

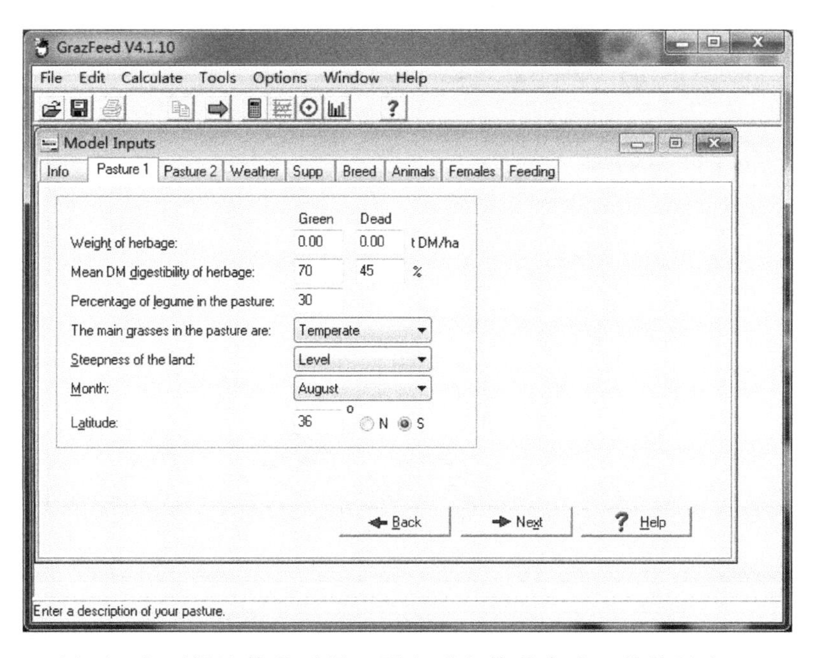

Pasture 2 界面：主要描述牧草质量、蛋白质和牧草高度，数值是由 Pasture 1 输入计算得来的。

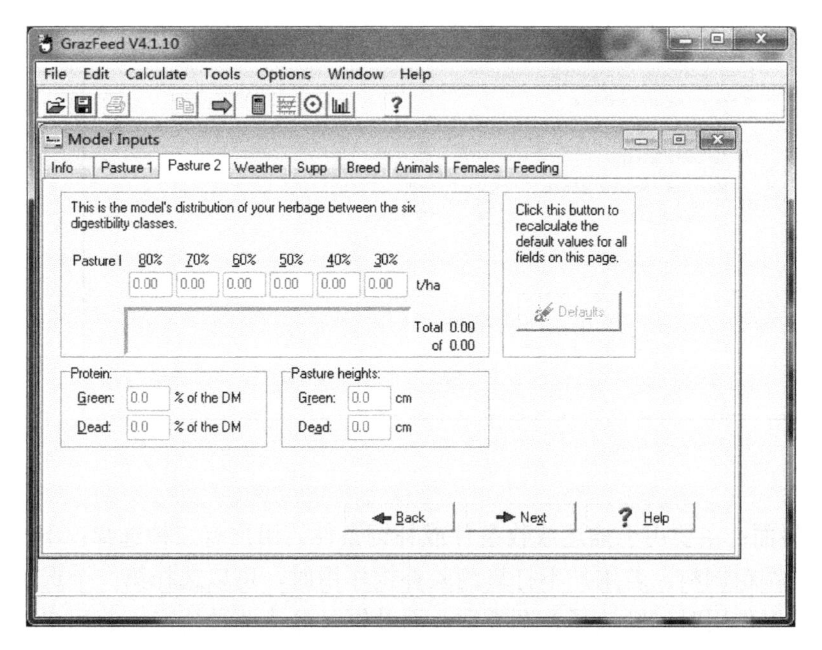

Weather 界面：主要询问是否考虑天气影响，若考虑天气影响，则在对话框中输入预计温度、平均风速和 24 小时之内的降雨量。若不需要，则不需要输入任何资料。

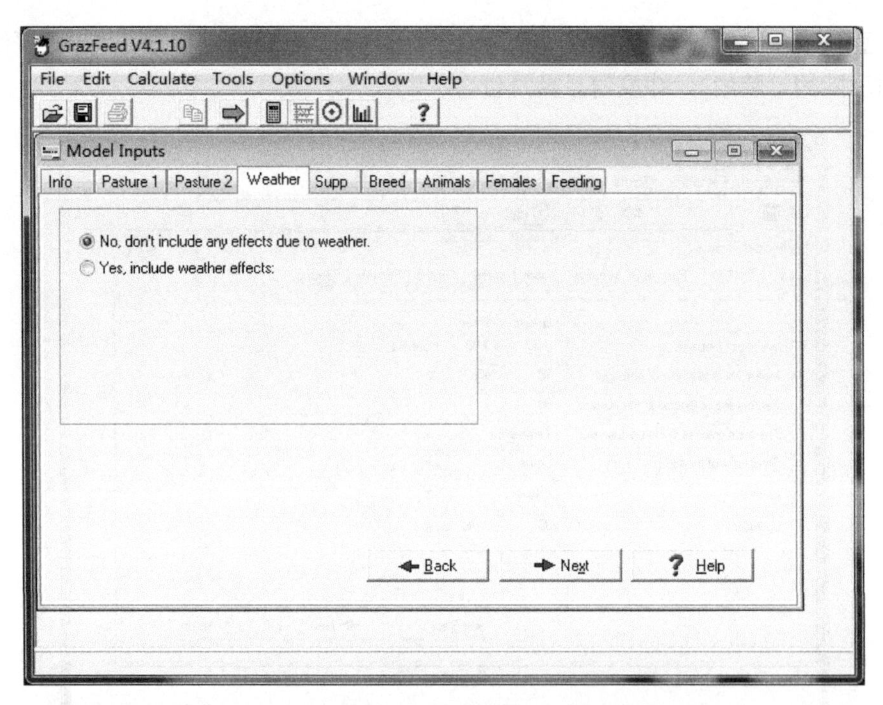

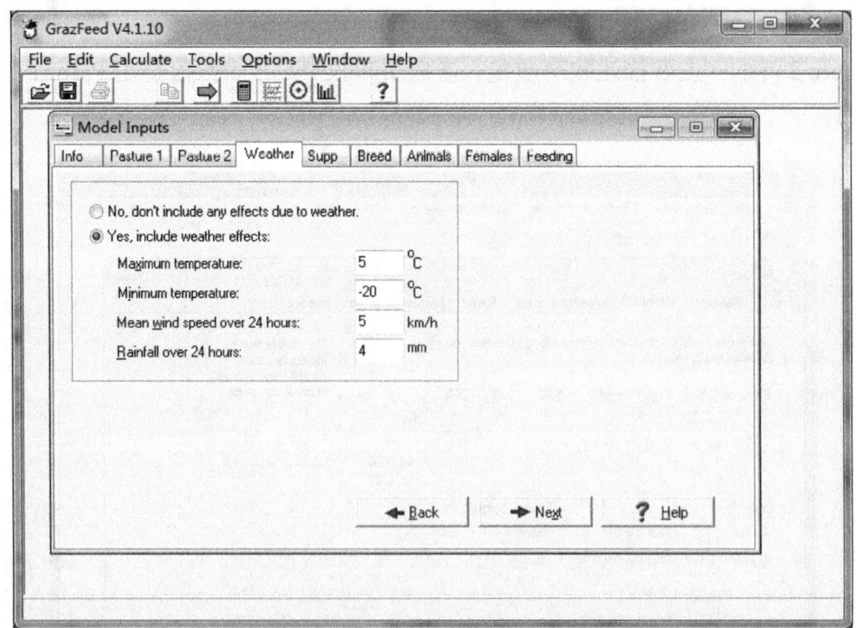

Supp 界面：主要用于描述放牧条件或补饲条件。用户有三种选择：不补饲，补饲精饲料或补饲粗饲料。若用户不打算测验补饲作用时，可以选择第一个选项。若用户需要测验补饲作用时，则选择补饲类型，而补饲又分为两种情况：若用户补的典型饲料同其他饲料混合，有数量限制并假定没有剩余的话，应选择“精料”，其中典型饲料包括谷类、豆类作物，油料饼和颗粒饲料，也可包括一定数量的干草或其他粗料。如果提供粗料冗余采食的话，不要选择“精料”。若用户只补饲了粗料，应选择“粗料”

项，如干草、稻草、青贮饲料，程序也提供了限定采食或“冗余采食”（Ad Libitum）的标准。

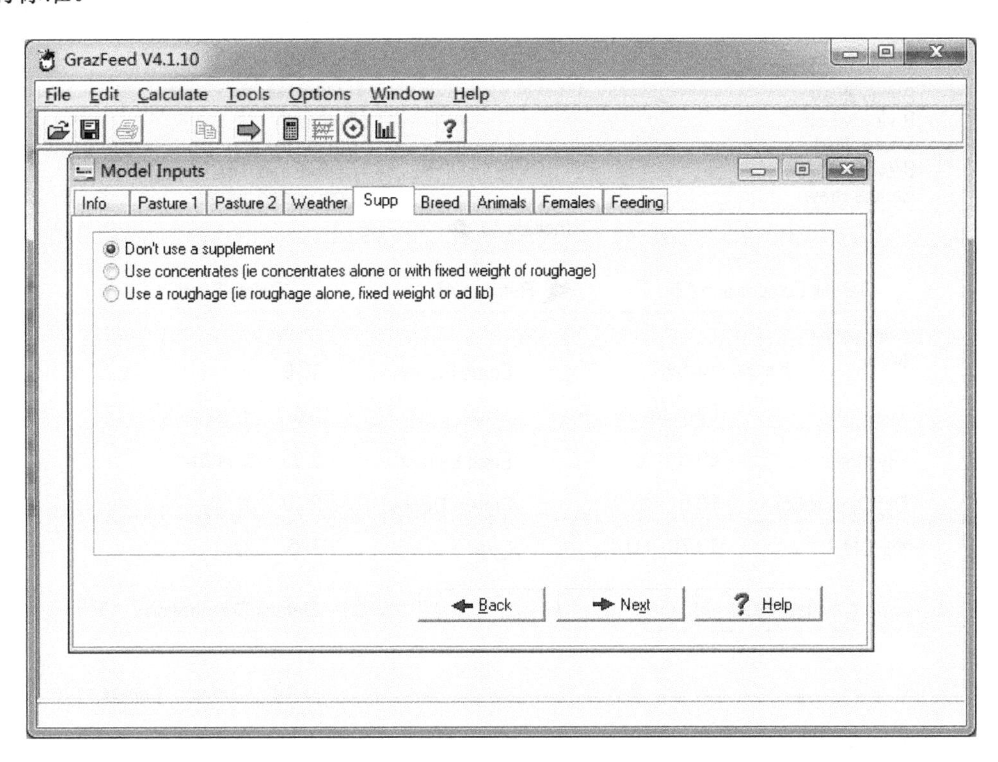

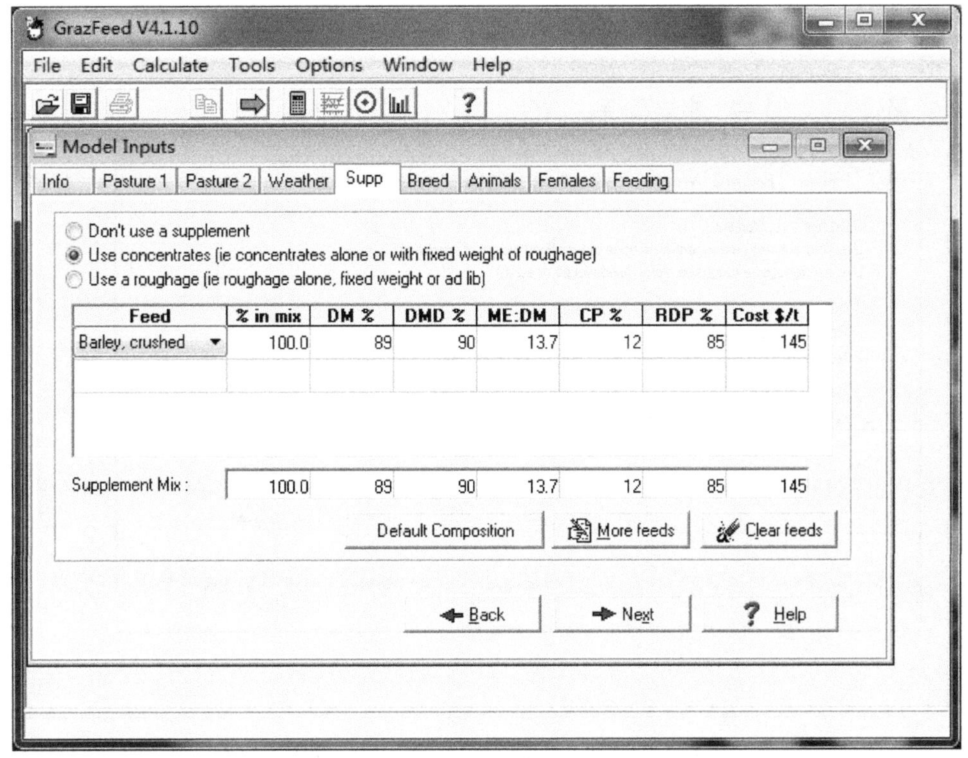

More feeds 界面：为选择更多饲料。

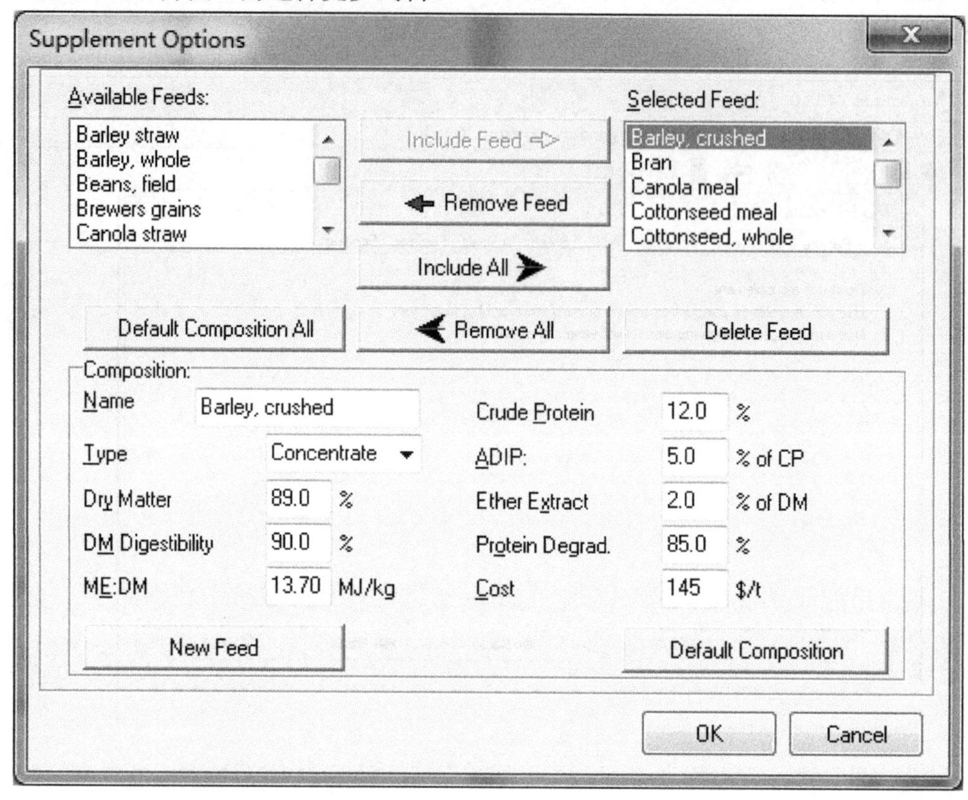

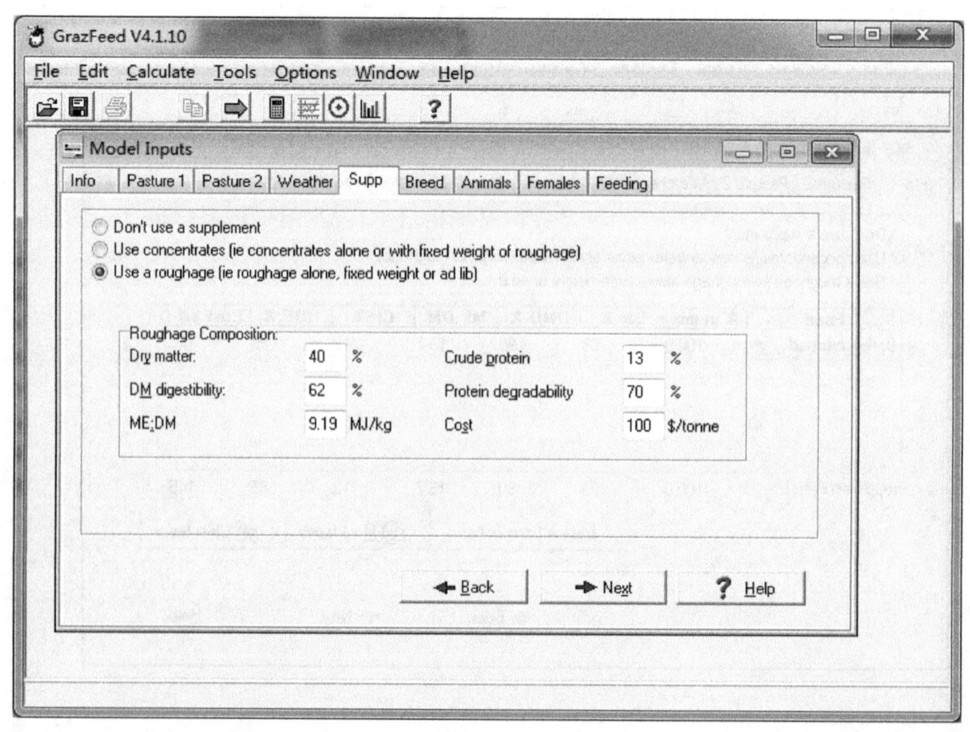

Breed 界面：用于选择家畜品种，选项允许用户在羊和牛之间做出选择，选择家畜

的品种，并描叙品种的特征。

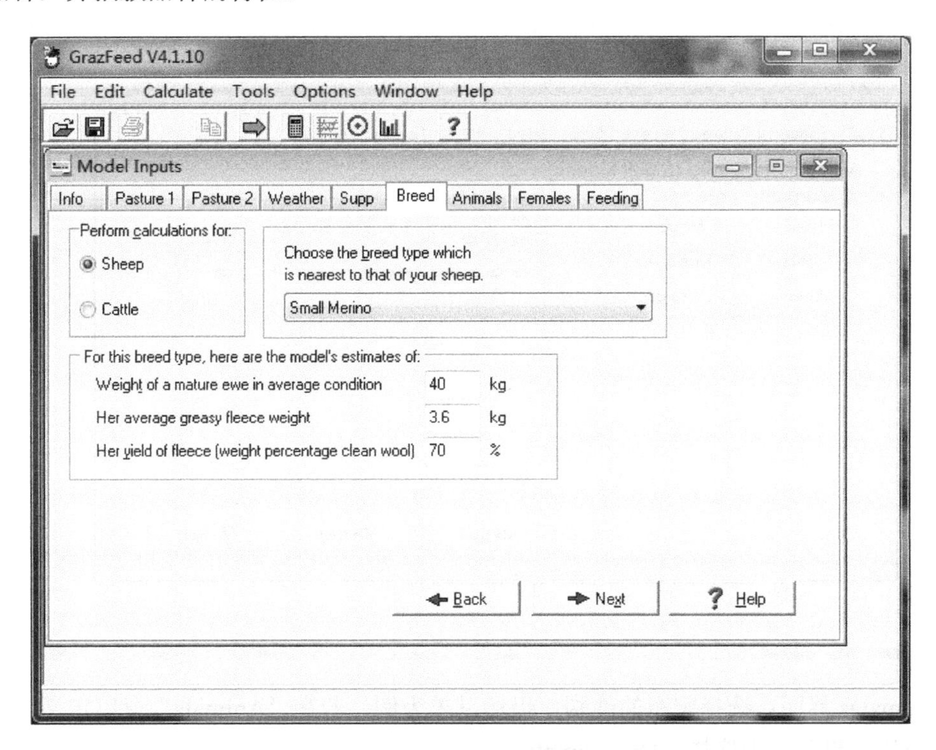

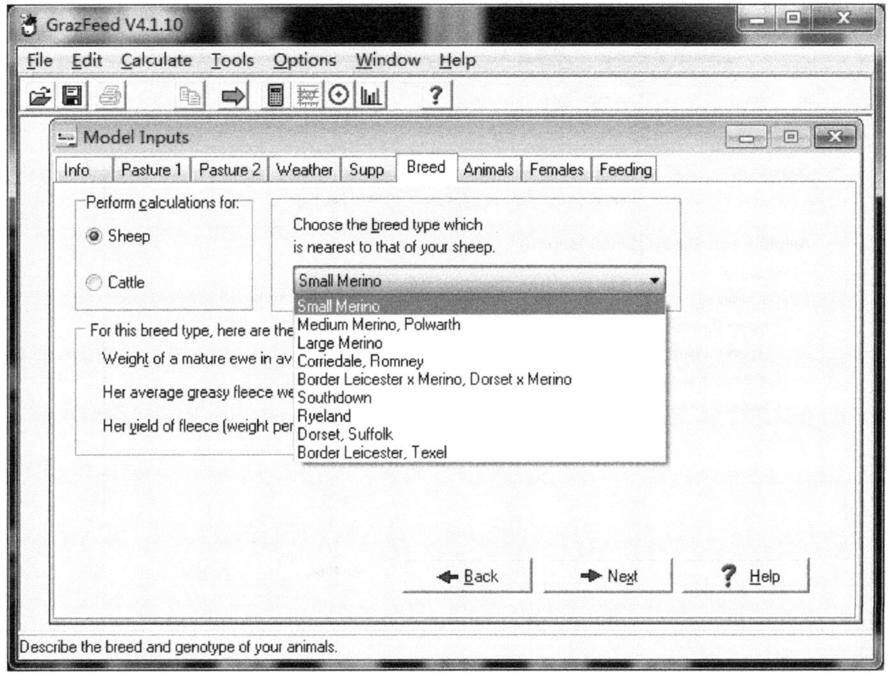

Animals 界面：主要用于描述家畜基础信息，以选择羊为例，需要填写羊的种类（公羊、羯羊、母羊）、年龄（成年、未成年、断奶）、平均剪毛质量（包括孕羊）、平均年龄及平均羊毛长度等。

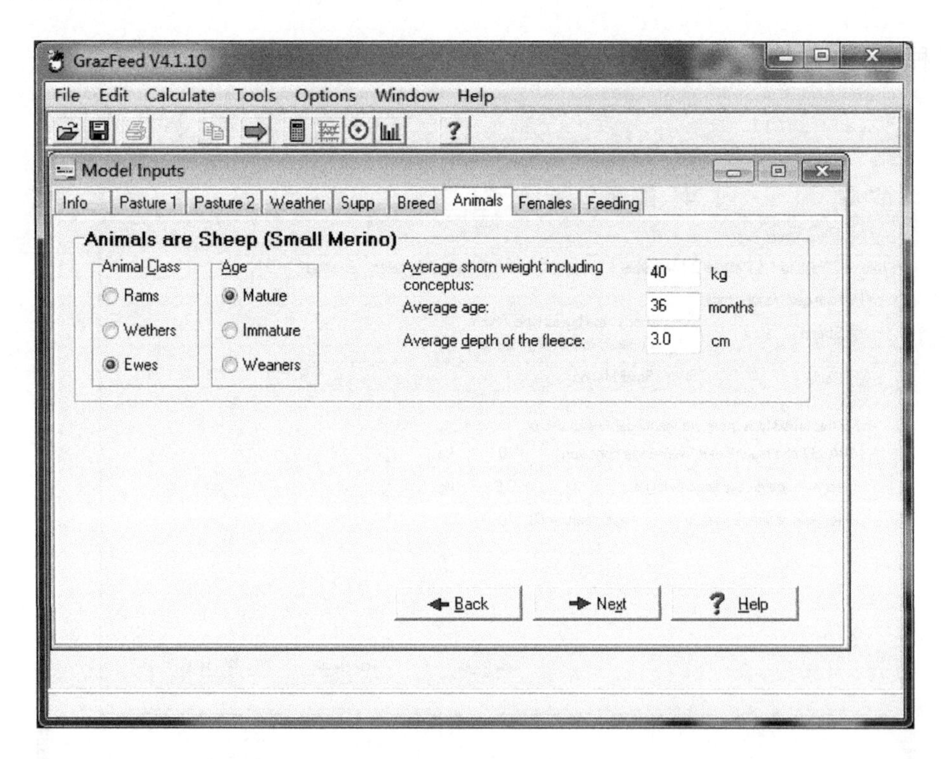

Females 界面：选择家畜的性别，仍然以羊为例，若在“Animals”窗口定义了未成年或成年的母羊，则选择“Dry，empty”。

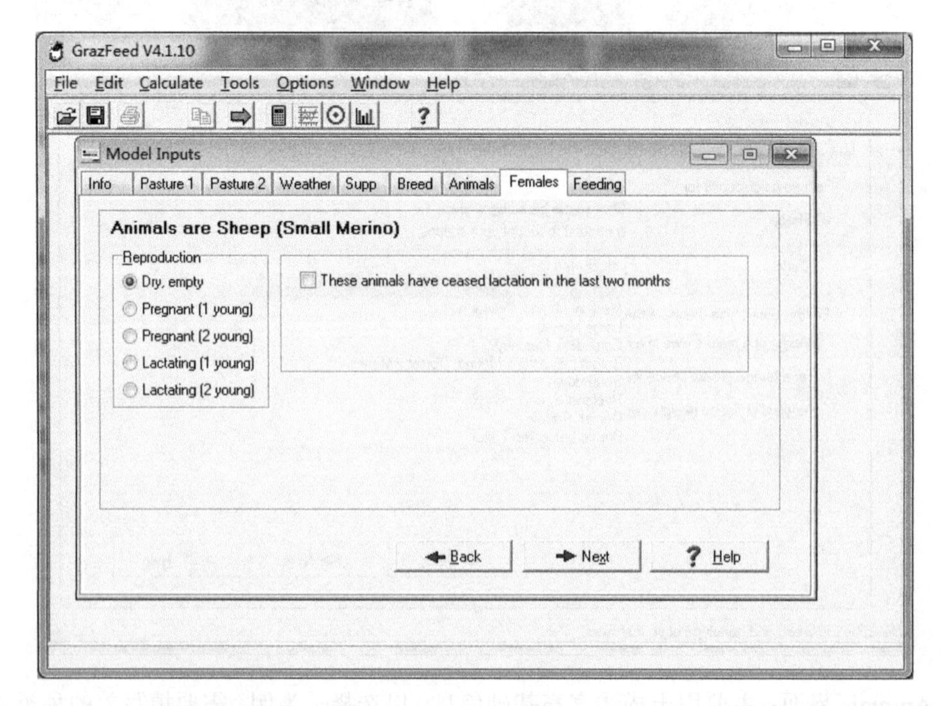

怀孕母羊：从相同的品种菜单里选择羊羔的类型，GrazFeed 能调整胎儿的大小。输入种公羊与母羊放在一起的天数，程序将从这些值中减去 8 天以估计平均妊娠天数。

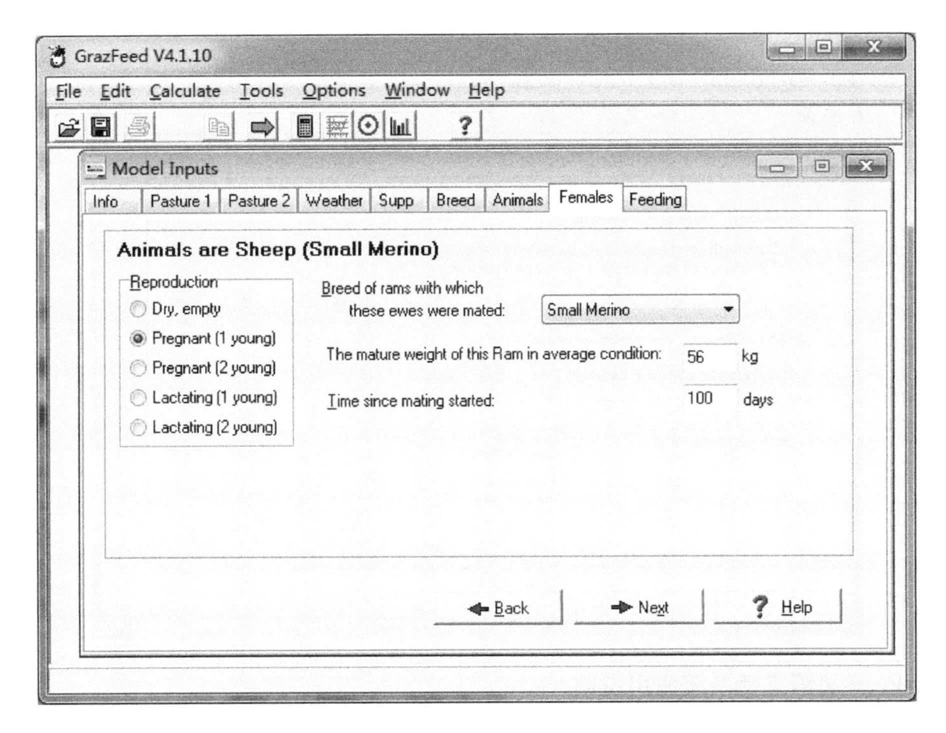

产奶母羊：生产羊奶需要从同一品种菜单里选择公羊的类型，GrazFeed 可以据此调整羊羔的大小。输入母羊产羔时的体况，软件据此调整母羊的潜在产奶量。

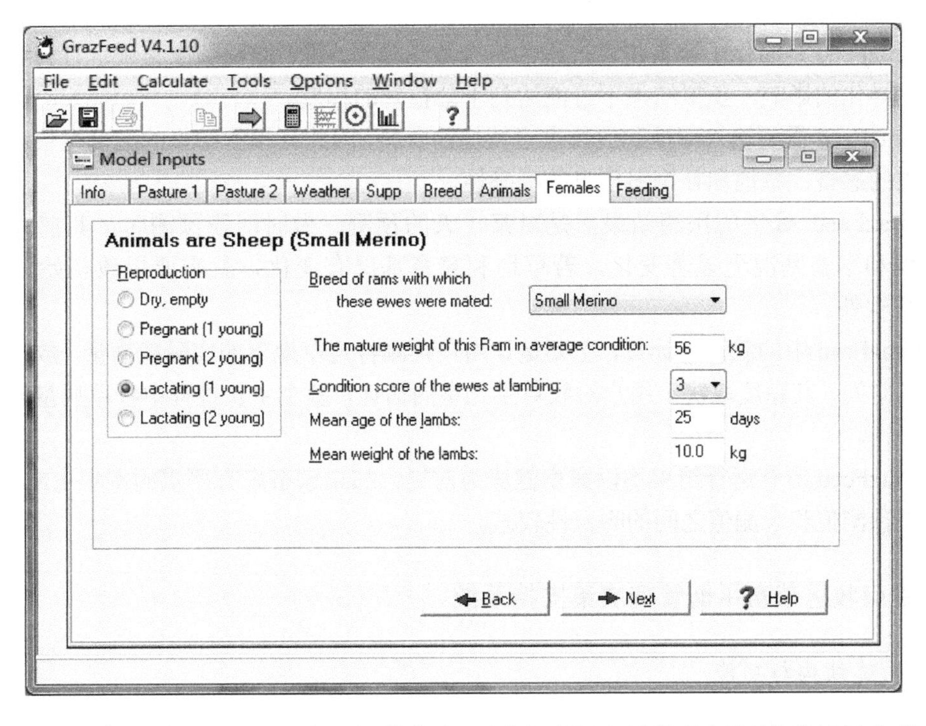

Feeding 界面：主要用于输入饲养信息。用户选择合适的补饲标准或目标产量的标准。当输入合适的值之后，选择喂养方法、输出选择，点击“Run”后将会显示输出。

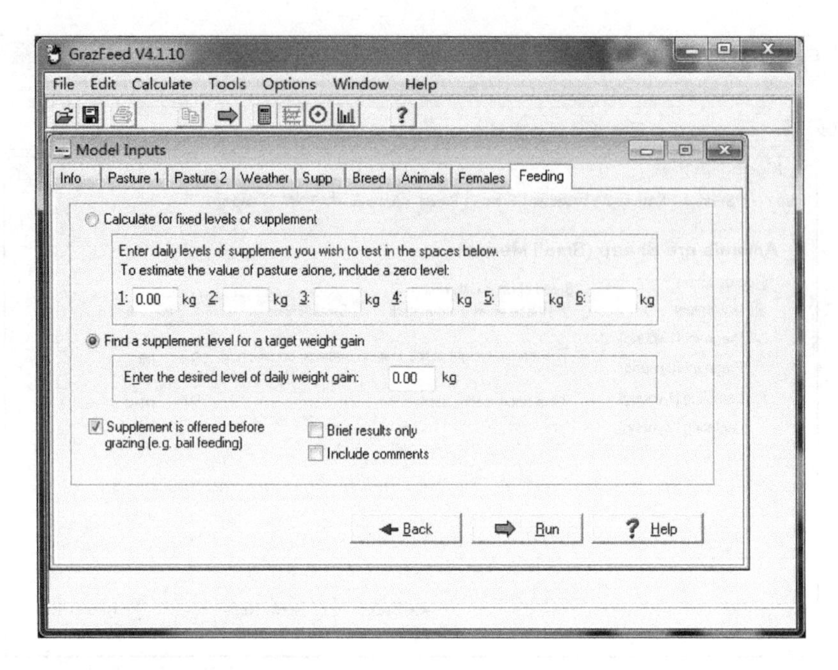

4. GrazFeed 决策支持系统应用说明

GrazFeed 虽然可以模拟草地放牧家畜的表现，但其以澳大利亚目前反刍家畜饲养标准为标准，虽然理论上 GrazFeed 模型适合任何种类的放牧系统，但应用于不同国家或地区时，需要对相关参数进行校正。

GrazFeed 是简化了家畜生产过程的一个数学模型，受不同反刍家畜采食行为和营养需求差异化的影响，模拟结果不可能达到十分精确的程度。

GrazFeed 需要输入草地和放牧家畜特性的资料，因此其预测结果的准确性依赖于用户提供的家畜、草地和补饲料信息的准确性。

GrazFeed 提供的预测结果，是对某一天的预测。做时间段预测时，其前提假设是草地和家畜基况无显著变化。若草地和家畜基况有变化，就需要更改初始值，重新运行软件。

GrazFeed 中的载畜量计算，主要是让用户预测特定草地下的实际载畜量、放牧强度或放牧时间，其精度取决于用户对牧草生长率的估计，整个生长过程中牧草质量的变化忽略不计。

GrazFeed 所有运行结果均以家畜健康为前提，如果家畜患有严重的寄生虫或疾病，则模型预测值和观测值之间的吻合性较差。

二、甘南牧区草畜平衡管理决策支持系统

（一）系统结构与功能

甘南牧区的草畜平衡状态与草原生态保护、牧民增收问题息息相关，草原生态保护与牧民的收益相互制约、相互影响。若一味强调草原生态保护，可能无法使牧民收益有显著增长；而若不断扩大牲畜数量，虽然可能在短期内能够提高牧民收益，但可能导致

超载过牧、天然草地退化等严重生态环境问题，影响牧区的可持续发展。为了研究甘南牧区草畜平衡状态，合理规划草地生产力、经济收益、生态环境影响力之间的关系，梁天刚等（2011）在构建了甘南州天然草地适宜载畜量监测模型和草畜平衡监测模型的基础上，通过建立多目标优化模型的方法，以实现草畜平衡。甘南牧区草畜平衡管理决策系统主要包括用户管理、草地监测、草地评价、家畜动态、草畜平衡诊断、草畜平衡决策、数据共享和后台维护 8 个模块（图 9-7）。

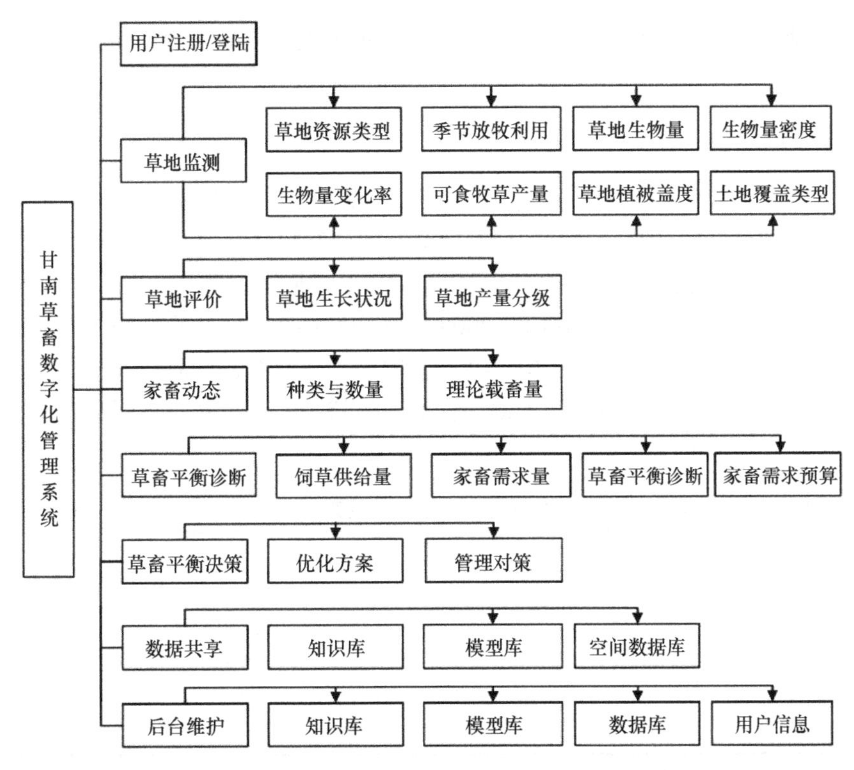

图 9-7　甘南牧区草畜平衡管理决策系统（引自冯琦胜等，2009）

1. 草地监测与评价

以各种遥感影像为数据源，通过植被指数和地面实测资料建立反演模型，动态监测草地分布、产草量和牧草生长状况等信息，可以帮助用户浏览、查询和检索草地资源类型、季节放牧利用分区、草地生物量、可食牧草产量、草地植被盖度和土地覆盖类型等信息。通过遥感监测资料，能够及时动态评价草地生产力。草地生产力评价分为两个方面：一是评价草地生长状况；二是评价草地产量。

2. 家畜动态监测

实现对家畜动态变化的监测，具体包括家畜种类、数量、理论载畜量等内容。

3. 草畜平衡诊断

实现草畜平衡状况的分析与诊断。在分析区域内饲草供给量、家畜需求量的基础上，为用户提供饲草供求预算结果及草畜平衡诊断信息。

4. 草畜平衡决策

综合考虑生态、经济和社会效益，为用户提供草地畜牧业生产的优化方案和管理决策。

（二）系统关键模型及参数

包括草地监测模型、理论载畜量和适宜载畜量模型、草畜平衡诊断模型、决策目标函数和约束条件。

（三）系统优化方案

利用MATLAB软件的多目标规划分析方法，以甘南牧区2008年及以前的草地畜牧业和社会经济发展统计数据为基础，研究规划末期（2011年）甘南牧区社会经济可持续发展的优化方案及管理对策，对比分析优化方案1（规划末期的总羊单位数小于2008年末数值）和优化方案2（保持2001～2008年平均发展水平，并且规划末期的总羊单位数大于2008年末数值）的畜群结构、牲畜总增率、净增率、商品率、出栏率、农牧民纯收益、林地、草地及耕地资源等关键指标的数量特征，分析甘南牧区草畜平衡优化方案及管理决策（表9-1）。

表9-1 甘南牧区2种草畜平衡优化方案的主要约束条件（引自梁天刚等，2011）

优化方案	主要特征	主要约束条件						
		总增率/%	净增率/%	出栏率/%	商品率/%	纯收益/元	林草覆盖率/%	外购精饲料/kg
方案1	减少牲畜	＞20	＞－10	＞30	＞25	达到2008年的1.3亿元以上	保持2008年水平	未约束
方案2	增加牲畜	＞26.9	＞－1.4	＞32.0	＞26.5	不约束	保持2008年水平	未约束

注：在2种优化方案中，各类牲畜死亡及减少率均保持2001～2008年的最小值，自食率为2001～2008年的最大值，购入牲畜数量均保持2001～2008年的平均水平

多目标优化分析的结果表明，在减畜优化方案中，甘南绵羊、山羊、牛、马和骡的优化比例分别为68.5%、6.4%、25.0%、0.1%和0.1%。同2008年相比，规划末期的绵羊数量增加，山羊、牛、马和骡的数量减少（表9-2，表9-3），并且其数量结构在规划期2009～2011年需要进行较大的调整，其中绵羊比例应提高11.8个百分点，山羊、牛、马和骡子则分别减少1.6、8.6、1.1和0.4个百分点。在增畜优化方案中，甘南绵羊、山羊、牛、马和骡的优化比例分别为75.4%、8.8%、14.8%、0.7%和0.3%。同2008年相比，规划末期的绵羊和山羊数量有较大幅度的增加，马的数量有所增加，骡子的数量略有减少，牛的数量则有较大幅度的减少（表9-2，表9-3）。对比分析这2种优化方案可以看出，在甘南牧区维持草畜平衡和保护草原生态环境的条件下，应大力提高绵羊的数量，适度控制对生态环境影响较大的山羊的存栏数，较大幅度地减少牛的数量，不断减少传统上以役畜为饲养目的的马和骡子的数量。

表 9-2 绵、山羊主要畜群结构指标优化结果（引自梁天刚等，2011）

家畜种类	主要指标	优化方案 1	变化率/%	优化方案 2	变化率/%
绵羊	年初存栏/只	2 275 601	7.66	3 230 025	52.82
	适龄母畜/只	1 080 091	6.81	1 637 267	61.90
	商品畜/只	798 832	32.24	258 745	–57.17
	自食畜/只	91 038	81.21	105 470	109.94
	其他死亡和减少/只	133 320	–12.79	109 500	–28.37
	年内产仔/只	887 360	14.66	1 428 041	84.53
	购入/只	28 200	–50.62	28 200	–50.62
	年末存栏/只	2 167 971	1.43	4 212 551	97.09
	产仔死亡/只	76 104	14.66	122 476	84.53
	商品率/%	35.10	22.82	8.01	–71.97
	自食率/%	4.00	68.31	3.27	37.38
	出栏率/%	39.10	26.32	11.28	–63.58
	产仔率/%	82.16	7.36	87.22	13.97
	净增率/%	–4.73	–520.28	30.42	2 602.99
	总增率/%	33.14	12.78	40.82	38.94
山羊	年初存栏/只	251 022	–21.91	456 303	41.95
	适龄母畜/只	130 120	–13.86	236 529	56.59
	商品畜/只	141 709	27.68	111 355	0.33
	自食畜/只	12 220	–49.20	22 213	–7.66
	其他死亡和减少/只	17 164	–13.49	17 164	–13.49
	年内产仔/只	98 523	–13.86	179 093	56.59
	购入/只	22 501	9.57	7 500	–63.48
	年末存栏/只	200 953	–33.34	492 164	63.25
	产仔死亡/只	8 215	0.00	13 378	62.85
	商品率/%	56.45	63.50	24	–29.32
	自食率/%	4.87	–34.95	4.87	–34.95
	出栏率/%	61.32	45.97	29.27	–30.32
	产仔率/%	75.72	0.00	75.72	0.00
	净增率/%	–19.95	220.93	7.86	–226.45
	总增率/%	32.41	10.22	35.49	20.68

注：变化率=100×（规划末期值－2008 年值）/2008 年值

表 9-3 大牲畜主要畜群结构指标优化结果（梁天刚等，2011）

家畜种类	主要指标	优化方案 1	变化率/%	优化方案 2	变化率/%
牛	年初存栏/头	930 138	–25.70	1 765 549	41.04
	适龄母畜/头	429 352	–23.74	814 977	44.76
	商品畜/头	354 599	43.15	1 368 642	452.51
	自食畜/头	20 268	–12.95	35 996	54.60
	其他死亡和减少/头	79 765	–3.99	50 446	–39.28
	年内产仔/头	263 742	–18.14	504 650	56.64

续表

家畜种类	主要指标	优化方案 1	变化率/%	优化方案 2	变化率/%
牛	购入/头	51 422	15.64	10 900	–75.49
	年末存栏/头	790 670	–37.47	826 015	–34.67
	产仔死亡/头	27 689	–19.58	44 492	29.22
	商品率/%	38.12	92.66	77.52	291.75
	自食率/%	2.18	17.15	2.04	9.61
	出栏率/%	40.30	86.17	79.56	267.51
	产仔率/%	61.43	7.35	61.92	8.21
	净增率/%	–14.99	–1594.22	–53.21	–5 402.99
	总增率/%	19.78	3.56	25.73	34.70
马	年初存栏/匹	36 818	–17.43	41 819	–6.22
	适龄母畜/匹	10 952	–11.46	13 083	5.76
	商品畜/匹	27 387	511.86	4 476	0.00
	其他死亡和减少/匹	1 612	–0.86	1 612	–0.86
	年内产仔/匹	4 170	–0.95	5 557	31.99
	购入/匹	300	–76.65	300	–76.65
	年末存栏/匹	4 398	–90.00	41 587	–5.45
	产仔死亡/匹	308	12.34	535	95.12
	商品率/%	74.38	641.04	10.70	6.63
	出栏率/%	74.38	641.04	10.70	6.63
	产仔率/%	38.08	11.88	42.47	24.80
	净增率/%	–88.05	6368.76	–0.55	–59.37
	总增率/%	–14.49	–349.99	9.43	62.78
骡子	年初存栏/匹	18 000	–17.31	18 000	–17.31
	商品畜/匹	11 004	339.83	2 502	0.00
	其他死亡和减少/匹	99	–92.69	99	–92.69
	购入/匹	1 143	–60.73	1 143	–60.74
	年末存栏/匹	2082	–90.00	16 542	–20.56
	商品率/%	61.14	431.87	13.90	20.93
	出栏率/%	61.14	431.87	13.90	20.93
	净增率/%	–88.43	1 936.96	–8.10	86.57
	总增率/%	–33.65	440.92	–0.55	–91.16

注：变化率=100×（规划末期值–2008 年值）/ 2008 年值

对甘南州 2001～2008 年草地畜牧业生产状况的研究表明，在全年放牧且不考虑补饲条件下，甘南州天然草地适宜载畜量下限为 295.5 万标准羊单位，上限为 502.9 万标准羊单位（表 9-4）。以 2008 年为例，甘南州人工草地和三荒地种草面积 19 760hm^2，生产鲜草合计 5038.8 万 kg，折合 34 512.3 标准羊单位，种植业可提供补饲的精、粗饲料的载畜量为 180 303.1 标准羊单位，2008 年末实际饲养的牲畜为 9 068 593 标准羊单位，按照天然草地适宜载畜量上限且考虑补饲状况时，2008 年甘南州超载率达 72.9%，实际多饲养牲畜 3 825 020 标准羊单位。若按照精饲料折算，所需补饲量达 1 396 132 361kg，而甘南全州 2008 年农牧民纯收益仅为 1.3 亿元。

表 9-4　甘南州天然草地适宜载畜量标准（引自梁天刚等，2011）

行政分区	可食牧草产量下限/（10^4kg 干重）	适宜载畜力下限/（标准羊单位/hm^2）	适宜载畜量下限/（10^4标准羊单位）	可食牧草产量上限/（10^4kg 干重）	适宜载畜力上限/（标准羊单位/hm^2）	适宜载畜量上限/（10^4标准羊单位）
甘南州	194 167.4	1.1	295.5	330 389.4	1.9	502.9
合作市	12 281.1	1.1	18.7	20 977.0	1.8	31.9
临潭县	3 718.7	1.1	5.7	6 265.0	1.8	9.5
卓尼县	22 940.4	1.0	34.9	38 984.0	1.8	59.3
舟曲县	3 929.3	1.0	6.0	5 988.2	1.6	9.1
迭部县	9 097.7	1.0	13.8	14 837.4	1.6	22.6
玛曲县	72 494.3	1.2	110.3	124 035.1	2.1	188.8
碌曲县	32 249.9	1.2	49.1	54 749.2	2.0	83.3
夏河县	37 456.1	1.1	57.0	64 553.5	1.8	98.3

注：表中所有指标的上限值和下限值分别表示在不考虑补饲及全年放牧条件下甘南各县（市）相关指标的多年（2001～2008 年）平均值和最大值

总体而言，甘南牧区草畜平衡决策管理系统通过对草地畜牧业的快速监测、评价和高效管理，以维持草畜平衡、优化畜群结构和保护草地生态环境为总目标，综合分析畜群结构、牲畜总增率、净增率、商品率、出栏率、农牧民纯收益等数量变化特征，可以对甘南牧区草畜平衡优化提供多种方案和相应的管理决策。其中，减畜优化方案是实现上述目标的根本途径。具体措施包括：①适度调整牲畜数量，改良品种，优化畜群结构；②调整农作物播种面积及结构，增加人工草地种植面积，提高补饲水平；③稳定天然林草面积，维护牧区生态环境；④增强畜牧业生产效益，提高出栏率；⑤严格控制人口数量，加强国家政策调控机制。

思　考　题

1. 简述决策支持系统的内涵和结构?
2. 决策支持系统的种类包括哪些?
3. 简述草业决策支持系统建设的原则?
4. 简述草业决策支持系统的目标和内容?

参　考　文　献

曹卫星, 罗卫红. 2000. 作物系统模拟及智能管理[M]. 北京: 华文出版社.
陈德军, 盛翊智, 陈绵云. 2003. 一般决策支持系统架构体系研究[J]. 武汉理工大学学报, 25(7): 60-63.
陈文伟. 2000. 决策支持系统及其开发(第二版)[M]. 北京: 清华大学出版社.
冯琦胜, 王玮, 梁天刚. 2009. 甘南牧区草畜数字化管理系统的设计与开发[J].中国农业科技导报, 11(6):

93-101.
冯珊. 1993. 将智能决策支持系统设计成人—机联合认知系统[J]. 系统工程理论与实践, 13(5): 1-5.
高洪深. 2009. 决策支持系统(DSS)理论与方法. 第 4 版[M]. 北京: 清华大学出版社.
郭银巧, 郭新宇, 李存东, 等. 2006. 基于知识模型的玉米栽培管理决策支持系统[J]. 农业工程学报, 22(10): 163-166.
李刚. 2006. 内蒙古草地生产力和锡林浩特市草畜空间管理模拟研究[D]. 北京: 中国农业科学院农业资源与农业区划研究所硕士学位论文.
梁天刚, 冯琦胜, 夏文韬, 等. 2011. 甘南牧区草畜平衡优化方案与管理决策[J]. 生态学报, 31(4): 1111-1123.
刘博元, 范文慧, 肖田元. 2011. 决策支持系统研究现状分析[J]. 系统仿真学报, (B07): 241-244.
倪金生, 李道亮, 姜航. 2007. 农林信息技术[M]. 北京: 电子工业出版社.
牛贞福. 2004. 基于知识规则的黄瓜栽培管理多媒体专家系统的研发[D]. 杭州: 浙江大学硕士学位论文.
史明昌, 王维瑞. 2011. 数字农业技术平台技术原理与实践[M]. 北京: 科学出版社.
汤亮, 曹卫星, 朱艳. 2006. 基于生长模型的油菜管理决策支持系统[J]. 农业工程学报, 22(11): 160-164.
王辉鹏, 董春游. 2009. 决策支持系统发展研究[J]. 应用能源技术, (6): 48-50.
魏玉蓉, 潘学标, 敖其尔, 等. 2007. 草地牧草物候发育模型的应用研究——以锡林郭勒草原为例[J]. 中国生态农业学报, 15(1): 117-121.
杨锦忠, 董宽虎. 1999. 草地决策支持系统的开发与实践[J]. 草原与草坪, (3): 7-11.
朱艳, 曹卫星, 王其猛, 等. 2004. 基于知识模型和生长模型的小麦管理决策支持系统[J]. 中国农业科学, 37(6): 814-820.
Feiwel M. 1968. The GRAZPLAN animal biology model for sheep and cattle and the GrazFeed decision support tool1[J]. Nurs Times, (23): 759-762.
Spague RH. 1980. A framework for the development of decision support systems[J]. MIS Quarterly, 4(4): 1-26.

第十章　草业专家系统

专家系统（Expert System，ES）是人工智能从理论研究走向实际应用，从一般思维方法探讨转入专门知识运用的典范。近年来，草业信息学的加速发展和草业信息技术的普及，推动了草业专家系统的研制与开发。本章主要介绍草业专家系统（Pratacultural Expert System，PES）的概念、特征、基本结构与功能，以及知识表达、知识获取和系统开发方法。

第一节　草业专家系统的概念、特征与结构

草业专家系统是基于草业专门知识和经验的人工智能系统。本节从概念、特征和结构等方面对草业专家系统的基本知识进行介绍。

一、草业专家系统的概念

专家系统是一种具有大量专门知识与经验的智能计算机程序系统（敖志刚，2010）。它把专门领域中人类专家的知识和思考解决问题的方法、经验和诀窍进行组织整理并存储在计算机中，不但能模拟专家的思维过程，而且能宛如人类专家那样智能化地解决实际问题（王智明等，2006）。

从这个概念出发，结合草业生产和科研的实际，草业专家系统可以定义为一个以大量的权威草业专家的经验与成果及专业资料和数据构成的知识库为基础，并能利用这些知识，模拟草业专家的思维过程，分析解决草业生产领域相关问题的智能计算机程序系统。

二、草业专家系统的特征

（一）拥有专家水平的专门知识和能力

草业专家系统将一个或多个专家的知识、经验及解决问题的思路和方法，以数据库、知识库、模型库的形式进行储存和问题处理。例如，“苜蓿病害诊断专家系统”（王淑英等，2001）不但能以专家的水平在苜蓿生产和科研的病害诊断及防治领域高效、准确、迅速地进行工作，而且不会像人类专家那样产生疲劳、遗忘，还不受环境、情绪等因素的影响。

（二）突破了空间和时间的限制

由于构成专家系统的软件程序能够永久保存，并可复制，可在互联网上进行传递，

因而与人类专家相比，草业专家系统更易于大范围使用和传播。

（三）能够有效地进行推理求解

与固定程序控制下的指令执行过程不同，草业专家系统的工作是在环境模式驱动下依靠知识表达技术和知识推理技术，进行知识的收集、编码、存储、编排等符号化处理，并模拟草业专家的思维过程，对专门问题进行精确性推理求解和非精确性推理求解。

（四）具备咨询解释能力

作为基于知识的智能问题求解系统，与一般计算机程序相比，草业专家系统不仅能够对用户的提问给出解答，而且还能以可理解的方式解释获得结论的推理过程，提供可信度估计，以便让用户明确答案的求解过程，提高对草业专家系统的信赖。

（五）可以自主获取知识

草业专家系统能够进行自学习，不断总结规律，增长知识，更新知识，扩充和完善系统自身。这一点是传统计算机程序无法比拟的。

（六）具有友好的智能人机界面

草业专家系统一般采用多媒体技术和可视化技术，实现语音、文字、图形和图像的直接输入输出，界面友好，操作简单。

草业专家系统是一种能进行多功能集成的专家推理系统，且具有实用性较强的特性，使其应用领域涵盖前植物生产层到植物生产层、动物生产层和后生物生产层，涉及草业生产的产前、产中和产后的全过程。随着草业科学与信息学的不断发展和深度融合，草业专家系统解决实际问题的能力会越来越强，在草地畜牧业生产和管理中所起的作用也会越来越大。

三、草业专家系统的结构

草业专家系统的结构是指草业专家系统各组成部分的构造方法和组织形式。从自身的适用性和有效性出发，为使系统具有扩展的可能性，草业专家系统一般采用模块化结构（梁天刚等，2002），通常由 7 个模块构成（图 10-1），它们分别是用户接口模块、推理机模块、知识库模块、学习器模块、结论输出模块、知识获取模块和解释机构模块。

这 7 个模块按图 10-1 所示的形式进行组织，各个模块的主要功能概述如下。

（一）用户接口模块

一方面它使用接近于自然语言的计算机语言，把用户的要求和所提供的事实以数据、文字、图形、图像等方式传给草业专家系统，使用户能够方便地操纵系统运行；另一方面它把系统处理的结果和知识库的解释以一定方式交给用户，并将信息转换为易于理解的形式。

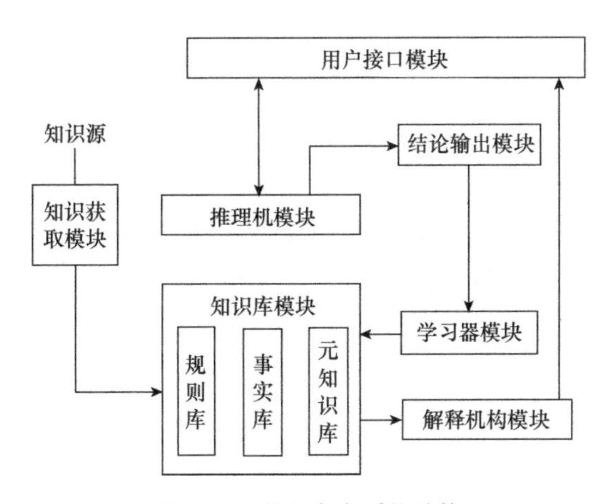

图 10-1　草业专家系统结构

（二）推理机模块

它是一组用来控制和协调整个草业专家系统的程序，是草业专家系统的核心。它根据知识库中的知识，按照一定的推理策略，对用户输入的事实和数据进行解释，继而求解当前问题，推导出结论，并向用户提示。在一些大中型专家系统中，推理机模块由知识库管理系统和推理机两个部分组成。其中，知识库系统实现对知识库中知识的合理组织和管理，并能够根据推理过程的需求去搜索、运用知识，以及对知识库中的知识做出正确的解释；而推理机主要用于进行推理，并控制推理的进程和使用知识库中的知识。

（三）知识库模块

知识库是草业专家系统的知识和数据存储器，存放着通过推理、学习和知识获取得到的权威性知识与数据，包括事实数据库、规则库和元知识库。一般来说，前两者存储草业专家的经验知识和相关领域专门知识，后者存储元知识，即相关知识的来源和解释知识的其他相关信息。

（四）学习器模块

它通过学习对知识库的内容进行扩充、修改，使草业专家系统具有自动增长知识的能力。

（五）结论输出模块

它将推理结果以便于用户理解的形式进行输出。

（六）知识获取模块

它利用手工、半自动、全自动的方式获取外部环境的知识。一方面，由知识工程师通过领域专家获取知识，并利用相应的知识编辑软件把知识保存到知识库中；另一方面，将知识工程师的知识进行转换、加工为计算机可识别的内部表示。有的草业专家系统自身就具有部分学习功能，由系统直接与领域专家对话获取知识；有的系统可在系统运行过程中通过归纳、总结，得出新知识；有的系统通过传感器自动获取外部知识和数据。

（七）解释机构模块

它以用户便于接受的方式解释草业专家系统推理结论的正确性和推导过程，包括系统提示、人机对话、能书写规则的语言及解释部分程序。目前，大多数草业专家系统的解释机构都采用人机对话的交互式解释方法。在基于规则的草业专家系统中，系统的解释通常是与某种规则的追踪形式相联系的，当系统进行解释时，那些被追踪的规则将被触发。

第二节　草业专家系统的开发过程和知识获取

草业专家系统的开发是一项从选题开始，包含系统分析、设计、编程、调试等一系列人机交互过程的系统工程。知识获取则是建立草业专家系统最基本的过程。本节首先简要说明草业专家系统的开发过程，然后对知识获取的相关概念和知识库的建立进行介绍。

一、草业专家系统的开发过程

一般来说，草业专家系统的开发过程从选题与明确任务开始，在分析系统需求之后，收集、归纳、整理权威草业专家和相关文献资料的知识，进行概念化处理，再以形式化的表示方式存储到计算机中；然后根据所获取的知识，确定系统的实施策略、推理方式和对话模式模型等，完成系统设计，进入编程与调试阶段，由草业专家系统开发人员将形式化的知识转换为计算机程序，并反复进行编译、验证、修改等调试；编制完成并经过调试的程序，称为草业专家系统原型软件，它必须要通过运行大量的实例来测试其性能，以确定系统的实现方案是否合适；测试结果达到需求的系统，就可以交付使用，在使用过程中还需不断进行系统的维护和完善（图 10-2）。

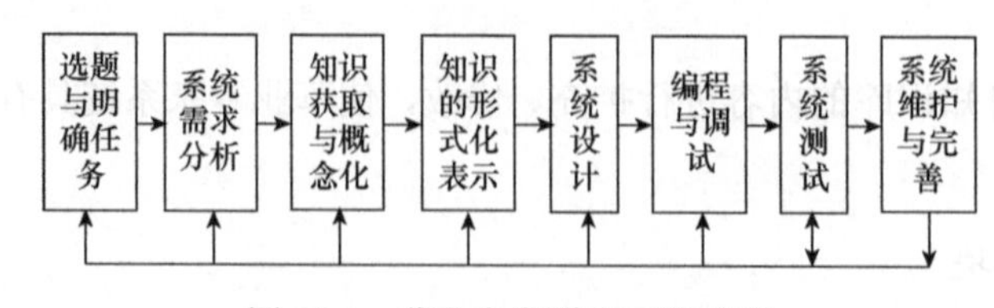

图 10-2　草业专家系统开发过程

二、草业专家系统的知识获取

决定草业专家系统性能的关键因素是它所具备知识的质量与数量。在解决了知识表示的基础上，如何获取人类专家拥有的知识或相关资料保存的知识并被计算机快速、便捷、准确地应用，是草业专家系统必须解决的一个关键问题。有效获取专家头脑中的领域知识和人类长期积累的文字知识是建立草业专家系统最基本也是最重要的过程。

（一）知识获取的概念和功能

所谓知识获取就是将从人类专家处和其他知识源中获取的事实、关系、试验资料等领域知识，经识别、理解、筛选、归纳等步骤，进行概念化处理和形式化表达，以知识库的形式在计算机中存储、传输及转移。

在整个草业专家系统建设过程中，知识获取环节主要负责收集、整理、筛选、归纳有用的知识，因而它具有对知识源的有效收集、整理精炼和智能学习3个功能。也就是说，它不仅能对人类专家的专业技能和业已取得的科研成果进行有效的收集，并通过整理和精炼去除冗余、修正错误，还能够对所获取的知识进行智能学习。

（二）知识获取的基本过程

草业专家系统的可信赖程度是由为系统提供专门知识的领域专家的水平来决定的，这里的“领域专家”是一种泛指，它代表一个专家群体，好的领域专家应该具有丰富的专业知识、实践经验和理论技术，能够很好地分析和解决领域内的实际问题。

整个知识获取过程一般要经历以下几个阶段：①知识源的确定阶段，确定知识源的内容、形式和提供对象；②知识的概念化表达阶段，对问题求解所需知识的关系、策略、控制机制等进行定义和说明；③知识的形式化表示阶段，将概念化知识模型转变为便于在计算机中检索和管理的形式化知识模型；④知识库建立阶段，将形式化知识模型通过在计算机存储器中进行存储、组织、管理，形成有机的知识集群；⑤知识库的测试、精炼和维护阶段。在实际操作中，以上几个阶段往往会相互交织、重叠，还可能反复进行。

（三）知识获取的方式

根据知识获取的自动化程度，可将其分为非自动知识获取和自动知识获取两类基本方式。

1. 非自动知识获取

进行非自动知识获取，首先由知识工程师与草业专家进行交流，阅读相关文献，获取专家系统所需的原始知识；其次对获得的知识进行条款化表达，并交草业专家审查；最后把反复审查修改确定的知识条款用知识编辑器转换为计算机可识别的内部语言形式。例如，“苜蓿病害诊断专家系统”的各种病害诊断知识库就是通过非自动知识获取方式建立的。

草业专家系统中的知识可能来自多个知识源，如研究报告、报刊、论著、专利、教材、数据库、经验数据及系统自身的运行实践等，其中主要知识源是领域专家。知识工程师的大多数工作是由草业专家系统的设计及建造者担任的，在进行非自动知识获取时，他们的主要任务有以下几部分。

1）熟悉相关专业，与领域专家进行交流，阅读有关文献，获取草业专家系统所需要的原始知识。

2）对获得的原始知识进行分析、归纳、整理，形成用自然语言表达的知识条款，然后交领域专家审查。这很可能是一个反复的过程，通过知识工程师和领域专家的多次交流，去伪存真，直至把知识条款完全确定下来。

3）把最后确定的知识条款用知识表示语言表示出来，通过知识编辑器进行编辑输入。

知识编辑器是用于知识表示和输入的软件，它是专家系统的问题求解所需知识在计算机中的表示方法、表示形式和组织原则的集成，通常由知识工程师为特定的专家系统专门编制。为了使系统的问题求解简便、正确、高效，知识编辑器应具备以下主要功能：将用知识表示语言所表示的知识转换为计算机可识别的形式，并把这些知识按照一定的方式组成计算机能处理的数据结构和系统控制结构，进而形成知识库；能够对各类知识进行高效的转换，且转换后能够很好地支持以高效的算法完成对问题的推理求解；检测所输入知识的正确性、完整性和一致性，以便对知识进行增加、删除和修改，并保证在修改过程中对已有知识的内容及结构不产生或少产生干扰。

2. 自动知识获取

自动知识获取是指由系统自身直接完成的知识获取活动。这种方式下，系统不仅可以直接与草业专家对话，从专家提供的原始信息中"学习"专家系统所需的知识，而且还能从系统自身的运行实践中总结、归纳新知识，发现原有知识的错误并进行修正，并通过不断的自我完善，建立性能更好、内容更为完备的知识库。常用的自动知识获取方式主要有以下几种。

1）自然语言理解：主要借助于自然语言处理技术，针对文本类型的信息源，通过语法、语义分析，推导文本内容属性，抽取与领域相关的语义实体及其关系，实现知识获取。

2）模式识别：主要针对多媒体信息源（如图片、语音波形、符号等），采用统计方法等对事物或现象进行描述、辨认、分类和解释，从经数字化处理后的数据中识别事物对象的特征。

3）机器学习：机器学习是研究如何使用机器（计算机或智能机）来模拟或实现人类学习活动（获得新知识和新技能），重新组织已有的知识结构，使之不断改善自身性能的科学。对机器学习可以从狭义和广义两个角度去理解。狭义的机器学习是指通过系统设计、程序编制和人机交互，使机器获取知识。例如，在"苜蓿病害诊断专家系统"建立过程中，通过人工移植的方法，将苜蓿病害知识存储到机器中。除了人工知识获取外，广义的机器学习还可以通过自动和半自动的方式获取。例如，在专家系统的调试和运行过程中，通过机器学习进行领域知识的积累，对知识库进行增删、修改、扩充和更新。

4）数据挖掘与知识发现：基于数据挖掘的知识获取是近几年发展起来的新方法，它主要针对结构化的数据库，从大量的、不完全的、有噪声的、模糊的、随机的数据中，提取隐含在其中的、人们事先不知道的、但又潜在有用的信息和知识的过程，是克服数据丰富而知识（或信息）贫乏问题、获取信息的重要手段。

（四）知识的概念化方法

草业专家或科技文献中的知识通常是以文字、图形、表格等形式来表示的，而草业专家系统知识库中知识的表示方式则与之差别较大，后者必须表示为计算机所能够识别和运用的形式。为了把从草业专家及相关文献中抽取出来的知识存储在知识库中，供求解问题时使用，需要将其转换为产生式规则、框架等形式的知识条款，这就是知识的概念化。

知识的概念化以获得知识条款为最终目的，一般分两步进行：第一步把从专家及文献资料中抽取的知识转换为某种知识表示模式，如在“苜蓿病害诊断专家系统”中，采用依据病害发生部位进行归类的模式，对苜蓿病害的特征知识进行表示；第二步把该模式表示的知识转换为系统可直接利用的内部形式。前一步工作通常由知识工程师完成，后一步工作一般通过输入及编译实现。知识文本是构造知识库的基础，概念化阶段以获得完整的文本而结束。文本的获取方式主要有面谈法和模拟法。

1. 面谈法的知识文本形成

与专家面对面交谈是一种广泛使用的知识获取方式，但是不拘形式的会谈不容易获得详细知识。因此，可以与草业专家就某一专题进行面对面的交谈，即向专家提出预先准备好的问题，由专家给予专业性的回答，然后知识工程师将答案整理成知识条款。这些问题大致以两种形式出现：“在什么情况下如何处理”和“为什么要这样处理”。交谈是获取领域专家使用的概念和术语常见的方法，特别是缺乏书面材料的情况下，通过交谈可以准确把握专业概念和术语的内涵。

2. 模拟法的知识文本生成

模拟法分为静态模拟和动态模拟两种形式。进行静态模拟有两种形式：一种是开始就把所需的条件和数据提供完备；另一种是只提供部分原始数据，待求解过程中根据专家的要求进行补充，从而看出专家使用数据的顺序。在静态模拟过程中，知识工程师向草业专家提出一组实例，给出相关的资料及初始数据；草业专家针对该问题进行求解，并说明求解过程中所用的知识与步骤，得到一套材料；经过知识工程师的总结后形成知识文本。

动态模拟是在草业专家处理某个真实问题时，知识工程师通过观察并记录下其实际求解步骤与相关信息，然后分析处理所记录内容，形成知识文本。这种方法的优点是能够观察到草业专家在自然状态下的工作过程，缺点是较费时费力。

（五）知识库的形式化过程

知识库是陈述性知识和过程性知识的集合，而知识的表示形式是知识库系统首要解决的问题，它应当用计算机可以理解的方式对知识进行表示，同时以一种接近自然语言的方式将处理结果告知用户。也就是说，知识库的知识必须以某种一致化的结构存储和组织，以实现计算机自动知识处理和问题求解，这就是知识的形式化表示。

知识库的形式化过程，将知识文本转换为形式化的新文本，这个过程的步骤为：首先按照预先设计好的专家系统组织形式把知识条款划分为若干块，然后给每一块选择恰当的数据结构，以符合知识库输入要求的格式写出每块的知识，最后根据系统结构对各个知识块进行组合排列。

以“苜蓿病害诊断专家系统”为例，知识库的形式化首先是按苜蓿病害的发生部位对其进行归类，把知识条款划分为叶部病害、根部病害、茎部病害和全株病害4个部分，然后依据各类病害诊断过程中领域特征知识的逻辑关系，采用关系型数据库的组织方式将相关知识录入计算机，从而建立苜蓿病害诊断知识库（王淑英等，2001）。

（六）创建知识库

创建知识库就是将形式化的知识存储于计算机中，并且把各条知识链接起来，形成“知识库规则链表”，这些知识通常是以文件的形式存放的，在专家系统进行推理判断时将被调用。

（七）知识库的调试、精炼与维护

知识库调试主要是用推理机测试所有可能推理路径的可达性，是对获取的知识进行事实、规则和框架的识别、分解、编译，并进行知识的调试，保证知识库的语法正确性、协调性和完整性。

知识库的精炼是指消除知识库中的冗余、知识中的二义性和不可达现象。知识库的调试和精炼二者相辅相成。

当知识库经过调试与精炼并提供给专家系统使用后，要对专家系统进行维护。这些维护包括知识库的显示、知识库中知识增加后的再调试与精炼、知识库中知识删除后的再调试与精炼、知识库中知识修改后的调试与精炼。

第三节　草业专家系统的知识表达

知识表达研究用怎样的数据结构将有关问题的专家知识以符号形式存入计算机中，以便于系统程序进行处理。本节将从概念、结构、表示方法等方面对产生式表示法、面向对象表示法、语义网络表示法、框架表示法、谓词逻辑表示法进行详细介绍。

一、知识表达的要求

恰当的知识表达可以使纷杂的问题变得清晰而有条理，总的说来，知识表达要满足4点要求：一是表达能力，即能够将问题求解所需的知识正确有效地表达出来。包括知识表示的广泛性、高效性，对非确定性知识表示的支持程度等。二是可理解性，即对知识的表达形式简单明了，符合一般的思维习惯。所表示的知识易懂、易读、易获取、易维护，使人和计算机易于理解。三是可利用性，即对推理的适应性和对高效算法的支持性。为了有效地进行问题求解，系统程序能够高效和准确地使用与检查知识，还需要有便于利用的知识表示形式。四是可维护性，即在保证知识的一致性与完整性的前提下，对知识所进行的增加、删除、修改、恢复等能力，并保证修改过程中对已有知识的内容及结构不产生或少产生干扰。同时，为了便于系统程序进行统一处理，知识表达的结果则要满足3个条件：有统一的结构模式、有一致的符号、上述模式和符号能构成合理的

知识体系。

知识表示水平的高低是决定一个专家系统的性能优劣的主要因素之一。为了将专家在该领域独特的理论知识、见解、经验知识以特定形式进行描述、表达，并输入计算机的知识库，就要遵循以下原则：成熟性原则，在对草业专家系统的领域知识和问题处理思路进行表达时，要尽可能选择能够确切反映与表示这些知识和思路的业已成熟的知识表示方法；综合性原则，草业专家系统所用的知识和思路涉及畜牧学、生态学、植物学、经济学等多个学科，因而较为复杂，这就要采用若干种基本的表达方式综合地来表达；灵活性原则，为了有效地表达草业专家系统的知识和思路，在兼顾成熟性的同时，针对具体的专门知识，要提出并形成一套相应的知识表示策略，不能生搬硬套其他专家系统使用的策略。

知识表达方法就是用各种不同的形式化的知识模型表示知识的方法。目前，知识表达的方法种类繁多，分类标准也不尽相同，常用的方法有产生式表示法、面向对象表示法、语义网络表示法、框架表示法、谓词逻辑表示法等。

二、产生式表示法

产生式表示法用于描述事实、规则及它们的不确定性度量。由于它的可行性较强，因而是构建草业专家系统知识库的主要方法之一。产生式可看成是断言一个语言变量的值或多个语言变量之间关系的陈述句，语言变量的值或语言变量的关系可以是一个词，不一定是数字。

（一）产生式的结构与组成

事实的表示。一般使用三元组（对象，属性，值）或（关系，对象 1，对象 2）来表示事实，其中对象就是语言变量，若考虑不确定性就是四元组表示，即（对象，属性，值，不确定度量值）。例如，对事实“紫花苜蓿是豆科植物”可以表示为（Alfalfa，Species，Leguminous）；而“褐斑病和锈病都是植物病害”则可以表示为（Plant Disease，Brown Spot Disease，Rust Disease）。

规则的表示。在自然界的各种知识单元之间存在着大量的因果关系。这是前提和结论之间的关系，可用产生式（或称规则）来表示。其基本形式为：“$P \rightarrow Q$”或“IF P THEN Q”，含义是：如果前提 P 满足，则可推出结论 Q 或执行 Q 所规定的操作；其中 P 是产生式的前提或前件，它给出了该产生式可否使用的先决条件，由实事的逻辑组合构成；Q 是一组结论或后件，它指出当前提 P 满足时，应该推出的结论或应该执行的操作。

对基于规则的产生式可作如下描述（“∷ =”意为“被定义为”）：

<产生式> ∷ =<前提>→<结论>

<前提> ∷ =<简单条件> | <复合条件>

<结论> ∷ =<实事> | <操作>

<复合条件> ∷ =<简单条件> AND <简单条件> [（AND <简单条件>）…] | <简单条件> OR <简单条件> [（OR <简单条件>）…]

<操作> ∷ =<操作名> | [（<变元>…）]

例如："IF 天阴 AND 空气中湿度很大 THEN 可能要下雨"就是一个产生式。

在"苜蓿病害诊断专家系统"中，苜蓿根部病害诊断过程可用图 10-3 表示，其产生式可表示如下。

R_1：若苜蓿植株根颈未变色并被切断或损伤，易拔出，则病害为根部病害。

R_2：若根颈组织呈黄褐色并软化，死株内有黑色菌核，则病害为根部病害。

R_3：若植株萎蔫下垂，叶片变黄枯萎，常有红紫色变色，先发生在个别枝条上，则病害为根部病害。

R_4：若植株感染根部病害且地上部分黄枯死亡，则病害类型为鼠害或地下虫害。

R_5：若植株感染根部病害且枯萎的茎变褐表面有絮状菌丝，最后变软呈糊状，则病害类型为菌核病。

R_6：若植株感染根部病害且根易拔出，主根维管束变暗褐色，髓部腐烂变空，则病害类型为镰孢萎蔫或根腐病。

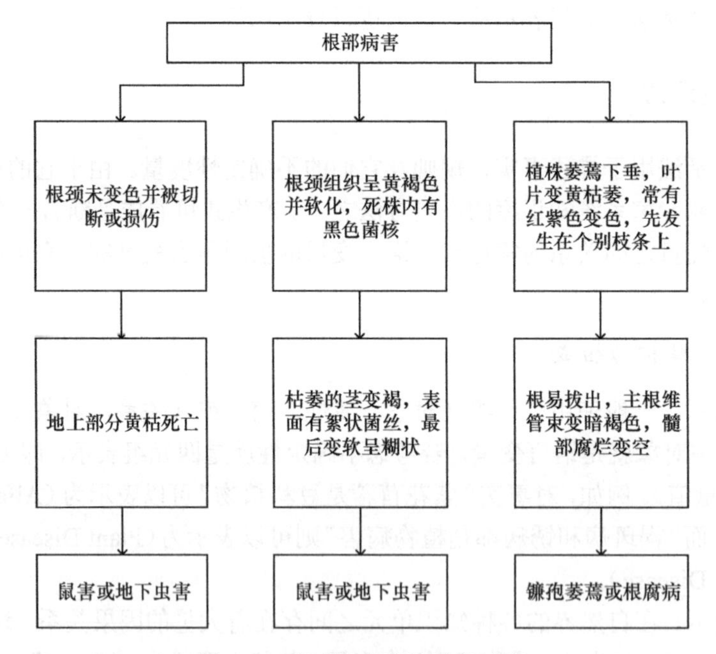

图 10-3 苜蓿根部病害诊断过程

（二）产生式系统的基本结构

一个产生式系统的基本结构包括全局数据库、规则库和控制系统 3 个主要部分。它们之间的关系如图 10-4 所示。

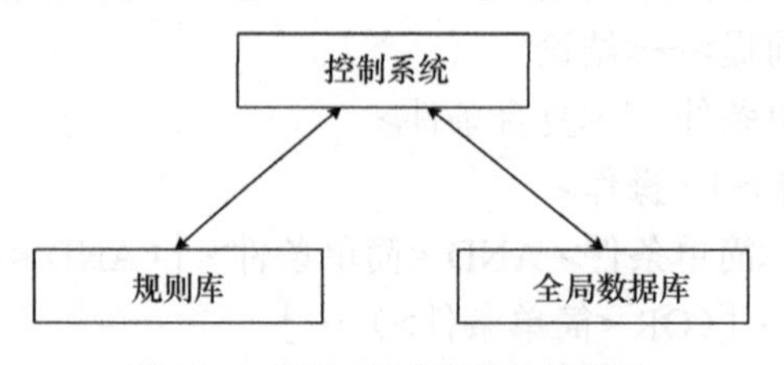

图 10-4 产生式系统的基本结构

1. 全局数据库

全局数据库也称为综合数据库、动态数据库、工作存储器、上下文、黑板等。它是一个数据的集合，是一个用来存放与求解问题有关的各种当前信息的数据结构。它可以是简单数字或数字阵，也可以是非常庞大的文件结构，如问题的初始状态、输入的事实、推理过程中的已知条件、推理得到的中间结论及最终结论等。

2. 规则库

规则库是作用在全局数据库上的一些规则（算子、操作）的集合，相当于系统的知识库。它采用“IF <前件> THEN <后件>”的形式，来表达求解问题所需要的知识。其中，规则的<前件>表达的是该条规则所要满足的条件，规则的<后件>表示的是该规则所得出的结论或者动作。它包含了将问题从初始状态转换成目标状态所需要的所有变换规则。可见，规则库是产生式系统进行问题求解的基础，其知识的完整性、一致性、准确性、灵活性，以及知识组织的合理性等，对规则库的运行效率都有重要影响。

3. 控制系统

控制系统又称为控制策略或者搜索策略，用于控制整个系统的运行，是负责选择规则的决策系统，对应的是控制性知识，任务是对规则集与事实库的匹配过程进行控制，决定问题求解过程的推理线路，使产生式系统能有效地进行问题求解。通常要考虑以下问题：如何选取将规则与事实进行匹配的顺序；如何解决“冲突”协调问题，当有多条规则能与事实库相匹配时，如何选择适当的规则；推理方法的组织，包括如何利用启发知识等。

（三）产生式系统求解问题的基本过程

1）初始化全部数据库，要把解决问题的已知事实送入全局数据库中。

2）检查规则库中是否存在尚未使用过的规则，若有则执行 3)；否则转 7)。

3）检查规则库的未使用规则，是否存在有其前提可与全局数据库中已知事实相匹配的规则，若有则从中选择一个；否则转 6)。

4）执行当前选中规则，并对该规则作上标记，把执行该规则后所得到的结论作为新的事实放入全局数据库；如果该规则的结论是一些操作，则执行这些操作。

5）检查全局数据库中是否包含了该问题的解，若已包含，则说明已求出解，问题求解过程结束；否则转 2)。

6）当规则库中还有未使用的规则，但均不能与全局数据库中的已有事实相匹配时，要求用户进一步提供关于该问题的已知事实，若能提供，则转 2)；否则，说明该问题无解，终止问题求解过程。

7)若知识库中不再有未使用规则，也说明该问题无解，终止问题求解过程(图 10-5)。

需要说明的是，这个过程是不确定的。因为 3）没有明确指出当有多条规则可用时，如何从中选择一条作为当前可执行规则。另外，3）到 5）的循环过程，实际上就是一个搜索过程。

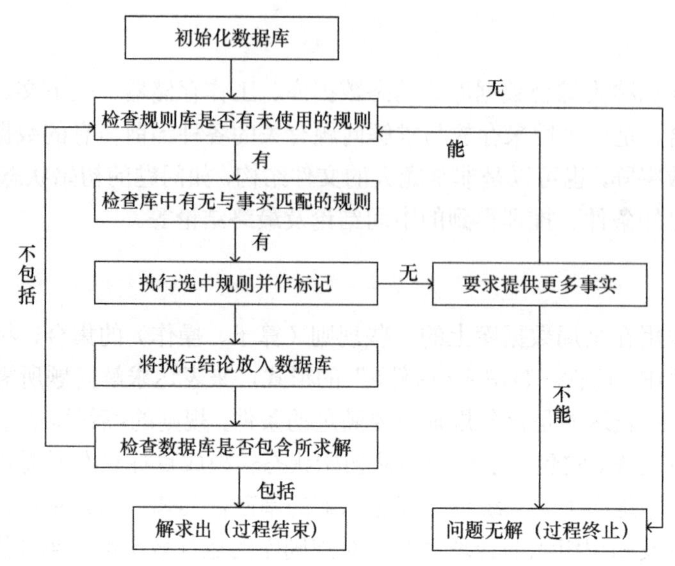

图 10-5　产生式系统求解基本过程

（四）产生式知识表示的性能

1. 产生式表示法的优点

1）模块性好：每条规则具有相同的格式且相对独立。规则的组合、修改、增删比较容易，规则的收集、整理比较方便。规则间的联系仅依赖于上下文的数据结构，它们本身并不相互调用，从而增加了规则的模块性（图 10-6）。

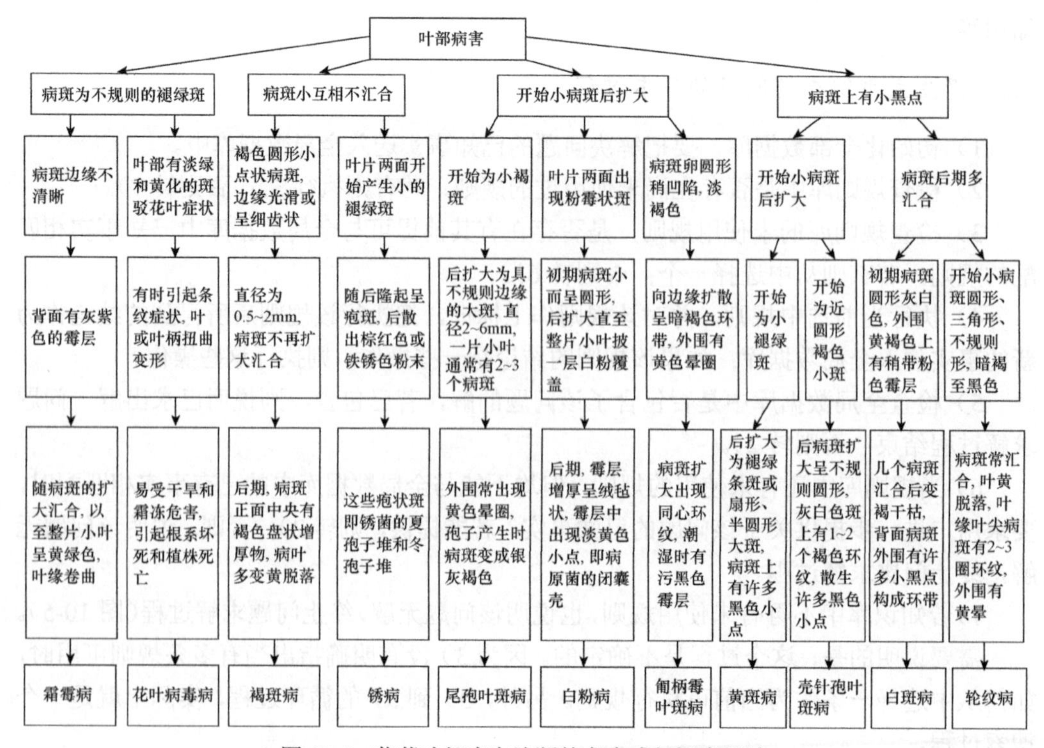

图 10-6　苜蓿叶部病害诊断的产生式知识表示法

2）表达自然性：产生式表示法用“如果……，则……”的形式表示知识，既直观、自然，又便于进行推理。推理过程类似于人类求解问题时的逻辑思维过程。

3）表达有效性：产生式系统具有丰富的知识表示能力，可以用简单直观的规则方式表达人类的经验知识。不仅可以表达知识，还能表达动作。

4）一致性好：规则库中的所有规则都具有相同的格式，并且全局数据库可被所有规则访问，不存在只属于某些规则的局部数据库，因此规则库中的规则可以统一处理。

5）容易排除故障：当系统工作异常时，通过跟踪产生式规则的触发序列，就可容易地发现故障，为系统调试和维护提供便利条件。

6）推理方向具有可逆性：由于产生式规则的前件和后件结构类似，可同时进行正向和反向推理，即混合推理，当解决复杂问题时，可提供有效的框架结构。

7）控制机构具有多样性：可根据对象领域和欲求解问题的特点设计最佳控制机构。

2. 产生式表示法的缺点

1）效率不高：产生式表示的各规则之间的联系必须以全局数据库为媒介，在大型系统的知识库中又导致了产生式检索和匹配的高费用；并且其求解过程是一种反复进行的“匹配-冲突消解-执行”过程，产生式之间的信息传递都依赖于上下文，它难以对事先定义好的操作程序或求解过程需要的捷径推理做出反应。这样的执行方式将导致执行的低效率。

2）非透明性：产生式的推理算法用程序语言表达时明确度不高，问题求解的控制流难以理解。解决效率问题和透明性的方法之一是牺牲系统的部分模块性和清晰性，以换取程序设计语言中的一些优点，如函数调用、子程序嵌套等。

3）解释能力受到局限：产生式系统尽管易于解释其推理过程，但解释也只能重复已启用的产生式组合，而不能从本质上给出问题的原理性解释。

3. 产生式表示法的适用领域

1）知识结构类似于产生式规则的领域并且领域知识是扩散性的，领域内需要有大量的经验知识，不具备精确统一的理论，如医疗诊断系统、故障识别系统、动植物病虫害诊断系统等。

2）可以自然地用产生式规则的后件来表达的领域。该领域知识中包含一系列相互独立的信息，如草地灾害监测系统。

3）领域知识可方便地从应用中分离出来的领域，如树形辨识系统、植物分类学等。

4）若要求解的问题可视为问题空间中一个状态到另一个状态的变换序列，则可用产生式系统求解。例如，修道士和野人问题、梵塔问题、四皇后问题等经典的人工智能问题的求解等。

三、语义网络表示法

语义网络是奎廉（J. R. Quillian）1968年在研究人类联想记忆时提出的一种心理学模型，这个模型认为记忆是由概念建立的联系实现的。随后，奎廉又把它用作知识表示。

1972 年，西蒙在他的自然语言理解系统中也采用了语义网络表示法。1975 年，亨德里克（G. G. Hendrix）又对全称量词的表示提出了语义网络分区技术。目前，语义网络已在专家系统、自然语言理解等领域得到了广泛的应用。

（一）语义网络的概念

语义一般是指语言结构（如词、短语、句子、段落等）及其意义上的联系。

语义网络是一种用实体及其语义关系来表达知识的有向图，由一组节点和若干条有向弧线构成，节点和弧都可以有标号。节点表示各种事物、对象、概念、情况、属性、状态、事件、行为等；弧表示节点间的语义联系或关系。

从结构上看，语义网络一般是由一些最基本的语义单元构成的，这种最基本的语义单元被称为语义基元。一个语义基元可以用三元组“(节点 1，弧，节点 2)”来表示。如某一三元组的两个节点分别为 A、B，R 为 A 与 B 之间的语义联系，则它所对应的语义基元可表示为 R（“A”，“B”）。当把多个语义基元用相应的语义联系关联在一起时，就形成了一个语义网络。在语义网络中，弧的方向是有意义的，不能随意调换。

（二）知识的语义网络表示

1. 用语义网络表示事实

如图 10-7 所示，这个简单的语义网络所表示的就是“苜蓿、饲草、植物之间的相互关联”的事实。

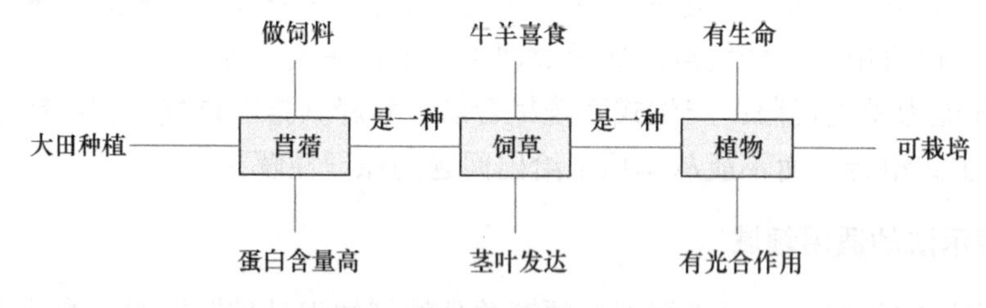

图 10-7　用语义网络表示事实

2. 用语义网络表示事实之间的关系

如图 10-8 所示，这个语义网络所示的是“岩羊、骆驼、鲨鱼、草鱼”之间的分类关系。

（三）基本语义关系

从功能上讲，语义网络可以描述任何事物之间的任何复杂关系，而这种描述是通过把许多语义基元用基本语义关系关联到一起来实现的，图 10-9 就是有关奶牛养殖基地的一个语义网络。

最常用的基本语义关系有以下几种。

1）类属关系：是指具有共同属性的不同事物间的分类关系、成员关系或实例关系。类属关系的主要特征是属性的继承性，处在具体层的节点可以继承抽象层节点的所有属

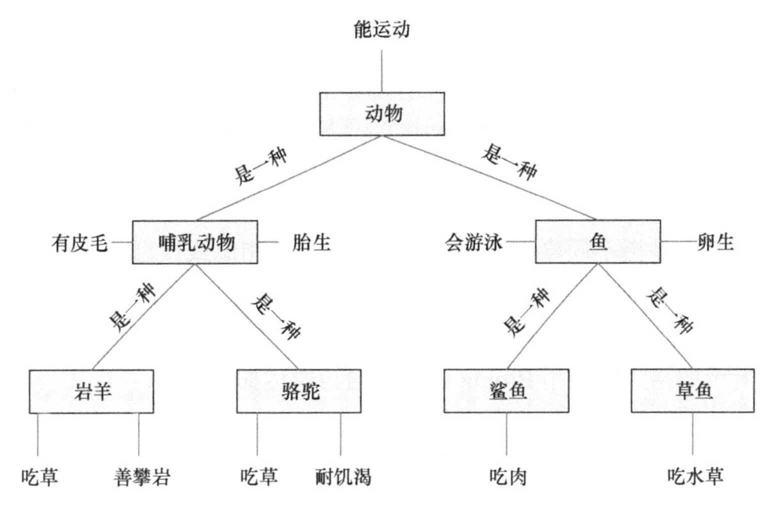

图 10-8　用语义网络表示事实之间的关系

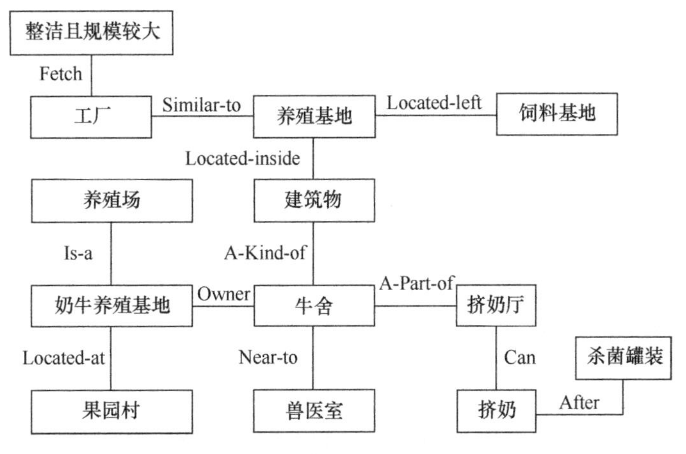

图 10-9　有关奶牛养殖基地的语义网络

性。常用的类属关系有：A-Kind-of（是一种）、A-Member-of（是一员）、Is-a（是一个）。如图 10-9 所示，牛舍是一种建筑物、奶牛养殖基地是一个养殖场，就属于类属关系。

2）包含关系：也称为聚类关系，是指具有组织或结构特征的“部分与整体”之间的关系。它和类属关系的最主要区别是包含关系一般不具备属性的继承性。常用的包含关系有：A-Part-of（是一部分）。在图 10-9 中，挤奶厅是牛舍的一部分，就属于包含关系。

3）属性关系：是指事物和其属性之间的关系。常用的属性关系有：Have（有）、Can（能、会）、Owner（所有者）。在图 10-9 中，牛舍属于奶牛养殖基地、挤奶厅能够用来挤奶是属性关系。

4）时间关系：是指不同事件在其发生时间方面的先后次序关系。常用的时间关系有 Before（在前）、After（在后）。在图 10-9 中，挤奶后要进行牛奶罐装属于时间关系。

5）推论关系：如果一个概念可由另一个概念推出，两个概念间存在因果关系，则称它们之间是推论关系。推论关系用 Fetch（推出）表示。在图 10-9 中，由于养殖基地像工厂推出整洁且规模较大属于推论关系。

6）位置关系：是指不同事物在位置方面的关系。常用的位置关系有 Located-on（在上）、Located-at（在）、Located-under（在下）、Located-inside（在内）、Located-outside（在外）、Located-left（在左）、Located-right（在右）。在图 10-9 中，奶牛养殖基地位于果园村、牛舍在养殖基地内、养殖基地在饲料基地的左侧属于位置关系。

7）相近关系：是指不同事物在形状、内容等方面相似或接近。常用的相近关系有：Similar-to（相似）、Near-to（接近）。在图 10-9 中，养殖基地像工厂、兽医室在牛舍附近属于相近关系。

图 10-9 所示的语义网络用 Prolog 语言的语句表达如下

Located-left（“养殖基地”、“饲料基地”）

Located-inside（“建筑物”、“养殖基地”）

Located-at（“奶牛养殖基地”、“果园村”）

Similar-to（“养殖基地”、“工厂”）

Fetch（“工厂”、“整洁且规模较大”）

A-Kind-of（“牛舍”、“建筑物”）

A-Part-of（“挤奶厅”、“牛舍”）

Is-a（“奶牛养殖基地”、“养殖场”）

Owner（“牛舍”、“奶牛养殖基地”）

Near-to（“牛舍”、“兽医室”）

After（“挤奶”、“牛奶罐装”）

Can（“挤奶厅”、“挤奶”）

（四）语义网络的推理

目前，大多数语义网络所采用的推理机制主要有两种，即匹配和继承。

1. 匹配

匹配就是在知识库的语义网络中寻找与待求解问题相符的语义网络模式。由于事物是通过语义网络这种结构来描述的，事物的匹配则为结构上的匹配，包括节点和弧的匹配。用匹配的方法进行推理时，首先构造问题的目标网络块，然后在事实网络中寻找匹配。推理从一条弧连接的两个节点的匹配开始，再匹配与该两个节点相连接的所有其他节点，直到问题得到解答。下面以图 10-10 所示的语义网络片段为例说明。

假设在知识库中存放着如图 10-10 所示的语义网络片段，问挤奶之后要做什么。

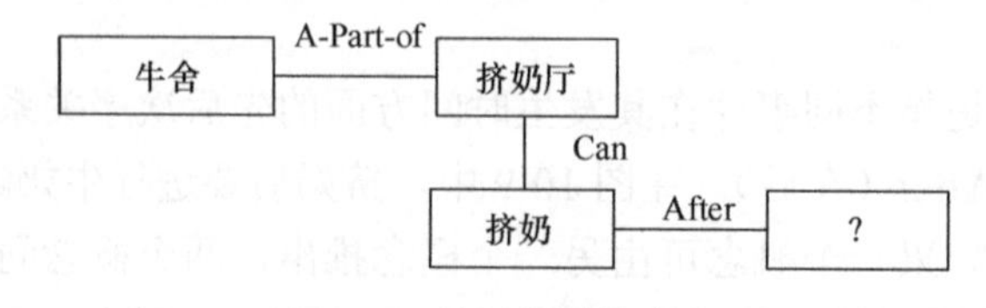

图 10-10　语义网络片段

根据问题的要求，构造如图 10-10 所示的语义网络片段，然后将该片段和图 10-9 所示的语义网络进行匹配，由“After”弧所指的节点可知，挤奶后要进行杀菌罐装，于是得到问题的答案。如果还想知道挤奶厅的其他情况，可以通过在语义网络中增加空节点来实现。

当事实语义网络较复杂时，进行匹配时要加入含有启发性知识的选择器函数，选择器函数中包含事实网络中哪些节点和弧，可以优先考虑匹配和这样匹配的建议，这种选择器函数能加速匹配的搜索过程。

2. 继承

继承是指把对事物的描述从抽象节点传递到具体节点。通过继承可以得到所需节点的一些属性值，它通常是沿着 Is-a、A-Kind-of 等继承弧进行的。继承的一般过程为以下几部分。

1）建立节点表：节点表中存放着待求解节点和所有 Is-a、A-Kind-of 等继承弧与此节点相连的节点。初始情况下，表中只有待求解节点。

2）检查是否有继承弧：从第一个节点开始，检查是否有继承弧，如果有，就把该弧所指的所有节点放入节点表的末尾，记录这些节点的所有属性，并从节点表中删除第一个节点。如果没有，仅从节点表中删除第一个节点。

3）重复步骤 2)，直至节点表为空：此时记录下来的所有属性都是待求解节点继承来的属性。

例如，在图 10-10 所示的语义网络中，通过继承关系可以得到：牛舍是个建筑物，它属于奶牛养殖基地，有挤奶厅，在兽医室附近。

（五）语义网络表示法的特征

1. 语义网络法的优点

1）知识的深化表达：语义网络能把实体的结构、属性及实体间的因果联系简洁明确地表达出来。由于可执行语义搜索使得与一个实体相关的事实、特征、关系可以通过相应节点的弧推导出来，因而通过与某一节点连接的弧可以很容易地找出与该节点有关的信息，而不必遍历整个庞大的知识库，从而可以避免组合爆炸。

2）知识的联想性：语义网络本来就是以人类联想记忆为模型提出来的，它着重强调事物间的语义联系，体现了人类的联想思维过程。

3）知识的自燃性：语义网络实质上是一个带有标识的有向图，它以自然的构架直观地把知识表示出来，比较符合人们表达事物间关系的习惯，同时也容易实现与语义网络之间的相互转换。

4）知识的组织化结构：在语义网络结构化的知识表示方法中，下层节点可以继承、新增和变异上层节点的属性，因而容易被询问和学习，实现信息共享。

2. 语义网络法的缺点

1）形式简单：语义网络表示法的形式比较简单，只能用节点代表各种事物，用弧代表事物间的所有联系，在表达现实世界时显然有一定的局限性。

2）管理维护复杂：在语义网络表示法中，联系的增加会大大增加语义网络的复杂程度，相应地，知识的存储和检索过程也变得更为繁琐，从而使语义网络的管理和维护的复杂性增加。

3）节点和弧缺乏术语标准：语义网络本身没有赋予其节点和弧以确切的含义，缺乏标准术语和约定。推理过程中有时不能明确区分“类”和“个体”。如一个节点标记为“羊”，那么它究竟是指“羊”这个概念，还是所有“羊”的集合，或是某一只特定的羊呢？一个节点可以赋予不同的解释，而系统设计者可决定节点的具体特性。

四、面向对象表示法

面向对象的知识表示方法将多种单一的知识表示方法（规则、框架等）按照面向对象的程序设计原则组成一种混合知识表达形式，即以对象为中心，将对象的属性、动态行为、领域知识和处理方法等有关知识“封装”在表达对象的结构中。这种方法将对象的概念和对象的性质结合在一起，符合专家对领域对象的认知模式。

（一）面向对象表示法概述

1. 基本概念

面向对象是20世纪末发展起来的一种先进的软件设计方法，是一种程序设计范型，同时也是一种程序开发的方法。对象指的是类的实例，它将对象作为程序的基本单元，将程序和数据封装其中，以提高软件的重用性、灵活性和扩展性。

在面向对象的程序设计中，有以下几个基本概念。

1）对象：是面向对象程序设计的核心概念。它是面向对象系统中的基本视图，由一组操作（也称方法）和记忆操作结果的局部共享状态（也称为属性）构成。因此，对象是把数据和操作该数据的代码封装在一起的实体。对象具有特殊的属性和行为方式。

2）类：是一种对象类型，它描述属于该类型对象的共同特性，这种特性包括操作特性和存储特性。类中的每一个对象作为该类的一个实例，成为一个成员对象。类具有继承性，一个类可以是某一个类的子类，从而从父类那里继承所有的特性。

3）消息：是对象之间相互请求或相互协作的途径，是要求某个对象执行其中某个功能的说明，对象间的联系只能通过消息的传递来进行。某一对象在执行相应的操作时，又可以请求其他对象完成某种操作。对象只有在收到消息时才被激活。

4）方法：是对对象实施各种操作的说明，也就是消息的具体实现。消息中只包含发送对象的操作要求，而不包含如何完成操作的具体方法。在面向对象程序设计中，方法就是函数的定义。

2. 主要特征

1）封装性：封装的目的在于将对象的使用者和设计者分开，其实质是将对象的数据和操作包装在一起，从而使对象具有包含和隐藏信息的能力。一个对象好像是一个不透明的黑盒子，表示对象状态的数据（对象的属性）和实现各个操作的代码（对象的方法）都被封装在黑盒子里面，对外界完全封闭。它与外界的联系是通过方法来实现的，方法就是对象的对外接口。同时，外面的对象也不需要关心方法如何进行处理，只要知道调用方法需要什么参数，以及方法能够返回什么样的结果就可以了。

2）继承性：继承是一种联结类与类的层次模型，它提供了一种明确表述共性的方法，允许和鼓励类的重用。继承是指基于现有的类（称为父类或基类）创建新类（称为子类或派生类）的机制。子类继承基类的某些属性、方法、事件，并可以附加新的属性和方法，以进行优化。继承所具有的作用有两个方面，一是可以减少代码冗余，二是可以通过协调性来减少相互之间的接口和界面。

3）多态性：是指类为方法提供不同的实现方式，但可以用相同的名称调用的功能。它有两个方面的含义，一种是将同一个消息发送给同一个对象，但由于消息的参数不同，对象也表现出不同的行为（通过重载实现），另一种是将同一个消息发送给不同的对象，各对象表现出的行为各不相同（通过重写实现）。

3. 基本形式

用面向对象的方法表示的知识系统中，对象的静态属性就是对象具有知识，而对知识的处理方法和操作就是该对象所具有的行为，因此，一个从客观世界抽象出来的对象可表示为：<对象>∷=（ID，DS，MS，MI），其中 ID 是对象的标识符，即对象名；DS 是对象的数据结构，描述对象的静态属性；MS 是对象的方法，用于说明对象提供的对静态数据进行处理的方法操作，对象的数据只能由其具体操作来改变，其他对象不能操纵，从而体现了面向对象方法所具有的信息隐蔽性，即封装性；MI 作为对象的消息接口，用于接收外部信息和驱动内部相关操作及产生向外的输出信息，问题的求解就是依靠对象间传递消息完成的。

面向对象设计需要将一组客观对象具有的共同特征抽象出来，即采用从特殊到一般的归纳方法构造类，为系统构成提供同一类对象之间代码共享的手段。此外，面向对象设计还是一个建立类层次的过程，派生类通过继承机制从较简单的基类中继承特征，实现代码重用，为系统构成提供类之间代码共享的手段。用面向对象方法表示知识时需要对类进行描述，具体描述形式如下

```
Class <类名>[：<Superclass>]
                        [<类变量表>]
   Structure
<对象静态结构描述>
   Method
<对象的操作定义>
   Restraint
[<限制条件>]
END
```

其中，类名是系统中类的唯一标识，如果该类是由其他类继承而来，则 Superclass 指出

其基类名字，<类变量表>给出类所有对象所共享的一组变量，<对象静态结构描述>用于描述类对象的数据结构，<对象的操作定义>给出对类对象可进行的操作和方法，也可以是一组规则，<限制条件>指出该类对象应满足的限制条件。

（二）面向对象表示法的推理机制

草业专家解决领域问题的能力主要体现在两个方面：一是拥有大量的专业知识，二是具有选择知识来解决问题的能力。知识库和推理机是草业专家系统必不可少的组成部分，是基于知识的推理的基础和核心。以苜蓿病害诊断为例，病害的推理过程即根据病灶表现，利用知识库中的知识，采用某种推理策略得到病害的类型。在面向对象的知识表示方法中，知识对象将实体属性、知识及知识处理方法封装在一起，知识对象通过消息（接口）与外部发生联系，整个推理过程就是消息在各对象之间传递的过程。

面向对象的推理过程是知识对象类的实例化过程，如果传递到知识对象的消息触发了其方法，则该知识对象被激活。知识对象类实例化一个知识对象的过程是：如果该对象还包含其他对象类作为自己的成员，则首先实例化那些对象，然后进行属性填充、继承、过程调用等方法获取知识，建立起一个新对象。对象创建后开始进行推理，推理首先在对象内部进行，也就是在知识对象内部，确定导致该知识对象对应的结构元素出现病灶的子结构或产生病灶的同层次的其他结构元素，如果是子结构病灶，说明病害发生在对象所在实体，则引导系统向下一层次进行诊断；若是同层次的其他结构元素产生病灶，则转到同层次的其他知识对象进行诊断推理。按上述方法将推理一直进行下去，直到得到诊断结果。整个推理过程可以表示成一个树形结构，树的叶子结点就是诊断的结果。

（三）面向对象表示法的优缺点

1. 优点

1）分解性更好：面向对象表示法较为符合习惯的思维方法，便于分解大型的复杂多变的问题。由于对象对应于现实世界中的实体，因而可以很自然地按照现实世界中处理实体的方法来处理对象，知识工程师可以很方便地与专家进行沟通和交流。

2）维护性能高：采用面向对象思想设计的结构，可读性高。由于继承的存在，即使改变需求，维护也只是在局部模块，所以维护起来是非常方便且成本较低。

3）可重用性强：由于功能被封装在类中，并且类作为独立的实体而存在，所以提供一个类库就非常简单了。类库不但有很广泛的编程语言适用性和多功能性，而且可以很容易地通过提供符合需求的类来扩充这些功能。

2. 缺点

1）面向对象程序设计方法所涉及的概念都很抽象，对概念的描述也不够成熟，许多基本概念还没有统一权威的标准定义，可供用户使用的类也是种类繁多、结构复杂，而代码编程部分又需要许多传统程序设计的思想，对初学者来说直接学习面向对象程序设计有一定的困难。

2）虽然类库中提供的类都是经过精心设计、测试过的，但很难保证类库中的每个类在各种环境中百分之百正确，如果应用程序中使用了类库中某个存在问题的类，当经过几层继承后错误才显现出来，这时软件工程师对此将束手无策，有可能要推翻原来的全部工作。

五、框架表示法

框架表示法是在框架理论的基础上发展起来的一种结构化知识表示方法。框架理论认为人们对现实世界中各种事物的认识都是以一种类似于框架的结构存储在记忆中的，当遇到一个新事物时，就从记忆中找出一个合适的框架，并根据新的情况对其细节加以修改、补充，从而形成对这个新事物的认识。

（一）框架表示法的概念与设计

1. 概念

框架是一种描述对象（事物、事件或概念等）属性的数据结构。即当新情况发生时，人们只要把新的数据加入到该通用数据结构中便形成一个具体的实体，这样的通用数据结构就称为框架。框架是知识表示的基本单位。

实例框架：对于一个框架，当人们把观察或认识到的具体细节填入后，就得到了该框架的一个具体实例，框架的这种具体实例被称为实例框架。

框架系统：由一组框架节点及其相互关系组成的一个结构化整体。

框架系统推理：由框架之间的协调来完成。

框架表示方法是一种层次的、组合式的知识表示方法。它可以在统一的知识表示环境中综合使用说明型和过程型描述的方法。它具有面向对象、匹配和性质继承等特点，已发展成为一种通用的表示方法。

2. 框架表示法的设计思路

1）依据要表示的问题定义框架名。

2）为了表现事物关联信息及各部分细节，框架可包含若干子框架；主框架表示主问题，子框架表示子问题。

3）赋以槽号和指针加以连接。

4）每一框架还可以划分侧面，有侧面名和值加以区分。

5）列举数据项与记录值，如相关槽值、侧面值等表示属性和特征。

3. 框架表示法的设计步骤

1）框架知识学习：对当前事物或对象进行观察与分析，把要认识的对象与选定的框架知识表示进行比对，完成对象属性及其知识的学习和了解。

2）建立框架模式与概念：依据以往的经验，可在脑海的记忆中勾画出一个粗略的框架模式，予以装配，并给定一个框架表示其概念。

3）框架的资料数值填写：在对该事物有了更加全面深入的了解后，再依据现实情况比照框架体的细节加以替换、修改和补充，按照框架的数据项（所定义的框架槽名和框架的侧面名）的要求，完成相关对象属性及其知识等资料数值的填写，以便逐步形成一个完整而具体的框架结构。

4. 框架表示法主要优缺点

1）结构化的知识表示：最突出的特点是善于表示结构性知识，它能够把知识的内部结构关系及知识间的特殊联系表示出来。框架结构可以表现人类经验和抽象思维的特性，每一个框架就是一个独立的知识单元，形成一个相对独立的知识模块，这样的模块具有直观、描述层次简洁、易于扩充、修改等优点。

2）可使用模式匹配的推理：框架表示法发挥了人、机都可采用的模式匹配的经验手段来模拟推理，巧妙地利用了人、机都可以进行细微比较的智能，又可以按照框架的多方面多层次分别进行模式匹配，便于控制推理过程的精度和效率。

3）支持上、下层框架属性知识表达的继承：在框架系统中，下层框架可以继承上层框架的槽值，也可以进行补充和修改，这样不仅可以减少知识的冗余，而且还比较好地保证了知识一致性。

4）自然性：框架系统对知识的描述是把某个实体或实体集相关特性都集中在一起，从而高度模拟了人脑对实体多方面、多层次的存储结构，直观自然、易于理解。

5）主要缺点：框架表示法过于死板，难以描述诸如机器和人纠纷等类问题的动态交互过程，且对过程性知识表示的清晰度难以保证。

（二）框架的基本结构和描述

1. 框架基本结构的一般描述

一个框架由若干个槽（Slot）组成，一个槽有一个槽值或若干个侧面，而每一个侧面又有若干个侧面值，其中槽值和侧面值可以是数值、字符串、布尔值，也可以是一个动作或过程，甚至还可以是另一个框架的名字。在一个框架系统中，一般都含有多个框架，对于不同的框架应赋予不同的名字，同样，对于不同槽和侧面也需要给予相应的槽名和侧面名。

槽用于描述对象某一方面的属性；侧面用于描述相应属性的一个方面。槽和侧面所具有的属性值分别被称为槽值和属性值。

一个框架的基本结构如下

〈框架名〉

〈槽名 1〉〈槽值 1〉 | 〈侧面名 11〉〈侧面名 111，侧面值 112，…〉

〈侧面名 12〉〈侧面名 121，侧面值 122，…〉

⋮

〈槽名 2〉〈槽值 2〉 | 〈侧面名 21〉〈侧面名 211，侧面值 212，…〉

〈侧面名 22〉〈侧面名 221，侧面值 222，…〉

⋮

⋮

〈槽名 k〉〈槽值 k〉 | 〈侧面名 k1〉〈侧面名 k11，侧面值 k12，…〉

〈侧面名 k2〉〈侧面名 k21，侧面值 k22，…〉

⋮

〈约束〉

〈约束条件 1〉 〈约束条件 2〉… 〈约束条件 m〉

其中，约束条件是为了给框架、槽或侧面附加说明。这些说明信息用来指出什么样的值才能填入到槽或侧面中去。

2. 框架结构的示例

上面是框架的一般结构，对一个特定的问题而言，需要给出一个适合于该问题的具体框架。

下面就是一个描述能繁母牛有关情况的框架。

框架名：〈能繁母牛〉

编号：单位（号码）

年龄：单位（岁）

条件：岁＞2

体重：单位（kg）

母牛：〈能繁母牛〉

受胎次数：单位（次）

产犊次数：单位（次）

首次发情时间：单位（年月）

首次受胎时间：单位（年月）

首次产犊时间：单位（年月）

产犊时限：单位（年）

默认：10 年

此框架共有 10 个槽，分别描述了能繁母牛 10 个方面的情况。每个槽中的说明信息，用来描述填写槽值的一些格式限制。其中，“单位”用来说明填写槽值时的格式；“〈 〉”表示由它括起来的是框架名，如“母牛”槽的槽值是另一个框架的框架名“能繁母牛”；“默认”说明当相应槽没填入槽值时以其默认值作为该槽的槽值，如“产犊时限”槽，当没填入任何信息时，就以缺省值“10 年”作为该槽的槽值；“条件”用来说明所填槽值应该满足的限制条件，如对“年龄”槽，限制了能繁母牛的年龄应该大于 2 岁。

对于一个框架，当把具体信息填入槽或侧面后，就得到该框架的一个实例框架。下面是软课题评审专家框架的一个实例框架。

框架名：〈012 号能繁母牛〉

编号：2012012

年龄：4

体重：400kg
母牛：〈012 号能繁母牛〉
受胎次数：3
产犊次数：2
首次发情时间：2012 年 4 月
首次受胎时间：2012 年 5 月
首次产犊时间：2013 年 1 月
产犊时限：

在这个实例框架中 “产犊时限”的槽值为空，表示取默认值“10 年”。“母牛”槽的槽值为“012 号能繁母牛”，表示对子框架“012 号能繁母牛”的调用。

从上述 2 个例子可以看出，前者描述的是一个概念，后者描述的是一个具体的事物，是前者的一个实例。这就是说，这两个框架之间存在一种层次关系。一般称前者为上位框架（或父框架），后者为下位框架（或子框架）。

（三）框架系统的推理和求解过程

1. 框架系统的基本结构

当要表示的知识比较复杂时，需要把多个相互联系框架组织起来，形成一个框架系统。

框架系统的基本结构是通过各框架之间的横向或纵向联系来实现的。由于一个框架的槽值或侧面值可以是另一个框架的名字，这就使框架之间建立起了联系，这种联系称为框架之间的横向联系。当用框架表示具有演绎关系的知识结构时，下层框架与上层框架之间则为纵向联系，两者之间存在继承关系。

2. 框架系统的推理

与语义网络系统一样，框架系统也可以进行特性的继承和匹配。框架系统继承，就是子框架可以拥有父框架的槽及槽值。实现继承的操作有匹配、搜索和填槽。匹配就是问题框架同知识库中的框架的模式匹配，所谓问题框架就是用框架形式所表示的待求解问题，如果其与知识库中已有的框架匹配成功，则可获得有关信息。搜索就是沿着框架间的纵向和横向联系，在框架系统中进行相关信息的查找。填槽就是当候选框架确定之后，按照该框架中各个槽的次序填写具体的槽值。此外，由于框架用于描述具有固定格式的事物、动作和事件，因此可以在新的情况下推论出未被观察到的事实。

需要说明的是，框架的匹配实际上是通过相应槽的槽名和槽值逐个进行比较来实现的。如果两个框架的各个对应槽没有矛盾，或者满足预先规定的某些条件，就认为两个框架可以匹配。由于一个框架所描述的某些属性及值可能是从它的上层框架继承过来的，因而两个框架的比较往往会涉及它们的父框架或祖先框架，这就增加了匹配的复杂性。

3. 框架系统问题的求解过程

框架系统的问题求解过程一般按照以下步骤进行。

1）把待求解的问题用框架表示出来。

2）把这个框架与知识库中已有框架进行匹配，找出一个或多个候选框架，并在这些候选框架引导下进一步获取附加信息，填充尽量多的槽值，以建立一个描述当前情况的实例。如果该候选框架可以找到满足要求的填充值，就把它们填入该候选框架的相应槽中。如果找不到合适的填充值，就选择新的框架。

3）用某种评价方法对候选框架进行评价，以决定是否接受该框架，如接受则问题求解结束。

第四节　草业专家系统的建立

在对知识获取和表达有了一定的了解之后，本节从知识库和模型库的构建、系统的调试与修改、系统开发工具与环境等三个方面对草业专家系统的建立进行简要的介绍，要了解相关的详细内容，可以参考人工智能方面的专业论著。此外，本节最后对草业专家系统的应用领域及发展趋势进行概述。

一、草业专家系统知识库与模型库的构建

（一）知识库与数据库的关系

知识库与数据库之间既有区别又有联系，二者的联系表现为以下两方面。

1）在专家系统建立的实际工作中，数据库有可能以事实库的形式成为模型库的组成部分，在特定情况下，还可以将知识库的一部分转化为等效的数据库。

2）专家系统的知识库在低层次实现技术方面，可以借鉴成熟的数据库技术。

知识库与数据库的区别在于以下两部分。

1）应用的对象不同。数据库用于普通信息管理，其目标在于有效地存储和检索大量数据；知识库用于智能信息的处理，即进行人工智能问题的求解。

2）数据库和知识库的组成及工作方式不同。简单来说可以用以下两个式子表示：数据库=事实的直接表达+查询检索；知识库=知识的直接或间接表达+推理或启发式搜索。

（二）知识库的构建方法

知识库的建立大致有三种方法：第一种利用知识库编辑模块建立知识库；第二种利用学习算法模块建立知识库；第三种利用知识库管理系统建立知识库。

1. 利用知识库编辑模块建立知识库

利用知识库编辑模块建立知识库的流程是：首先通过规定的形式化文本表示模式的输入格式和组织知识结构的录入控制机制，将概念化文本转换为形式化新文本，其次进

入知识库编辑模块对录入的知识进行语法、句法的检验，最后根据检验结果对其进行编辑、插入、删除、修改和显示等。一般来说，诊断类专家系统中的知识库主要是采用这种方法建立的。

2. 利用学习算法模块建立知识库

利用学习算法模块建立知识库是一种智能的自动化获取及建库模式，其具体流程是：首先按照学习算法模块规定的输入格式将形式化学习文本录入，在计算机内自动生成特定数据结构的知识；然后这些知识在知识入库控制模块中根据知识库的组织结构，检查新生成知识的合法性，把学习所得的知识存入知识库的相应位置，完成知识库的建立。对于知识库中知识的显示、修改、删除、插入及语法和语义的检查，则由在特定的知识库组织结构的知识表示模式控制下的知识管理模块来完成。随着各种计算机算法的不断发展，知识库的建立将会越来越多地用到这种方法。

3. 利用知识库管理系统构建知识库

知识库管理系统主要由 4 个模块组成：推理机模块、知识获取/学习模块、知识库维护模块和用户智能接口。利用知识库管理系统建立知识库的流程类似于用数据库管理系统建立数据库，具体流程是：首先用知识库管理系统定义知识库的结构和知识表示模式，然后将形式化文本录入知识库管理系统，通过该系统实现对知识的查询、浏览、删除、修改等基本管理，以及知识一致性、完整性和冗余的检查。

早期的专家系统，尤其是诊断类专家系统一般利用知识库编辑模块建立知识库，随着计算机软件技术的不断发展，越来越多的专家系统利用学习算法模块和知识库管理系统建立知识库。

（三）模型库概述

1. 模型库的概念

模型库是将众多的模型按照一定的结构组织起来，通过模型库管理系统对各个模型进行有效管理和使用的计算机程序（刘铁梅和谢国生，2010）。模型库中的模型不仅可被不同系统共同调用，而且还可组合成综合性模型。

根据模型的表达形式，可将模型库中的模型分为数学模型、数据处理模型、图形图像模型、报表模型和智能模型。草业专家系统的模型库，主要由草业系统模拟模型构成。

2. 草业系统模拟模型

草业系统模拟模型就是综合利用系统分析方法、计算机模拟技术及草业科学、气象、土壤、生态等学科的理论和研究成果，以由牧草、家畜、环境、技术、经济等要素构成的草业系统为研究对象，通过建立数学模型来描述牧草（或家畜）个体（或群体）的生长发育、产量形成、质量指标与各要素之间的数学关系，并在计算机上进行模拟的软件程序。

较为理想的草业系统模拟模型，能够在兼顾通用性、灵活性、研究性和经济性的基础上，综合运用各学科的原理和知识，对系统各要素之间物质、能量和信息传递的机制进行模拟，获得系统行为较为可靠的定量预测结果，为生产决策提供依据。

（四）草业系统模拟模型的建立

草业系统模拟模型建立要经过模型选择与系统定义、资料获取与算法构建、模块设计与模型实现、模型检验与改进 4 个步骤才能完成。重点和难点是在深入解析和科学把握系统内涵与特征的基础上，研究和建立草业系统模拟模型的算法结构。

在模型选择与系统定义阶段，首先要弄清模拟研究的目的、水平及对象，以明确模拟的范围和层次。如果建模的主要目的是为了研究和机制解释，那么模拟的系统水平和层次就应该低一些；对于一个应用性较强或注重宏观预测的模型，研究的系统水平就可以高一些。通过这项工作，可以先建立一个描述系统结构与关系的概念模型。

资料获取的来源大致有 3 个方面：一是已有的工作积累或文献资料，二是通过合作途径从同行科学家得到的相关资料，三是通过补充试验或支持研究，围绕某个主题获得的全新资料。在获取的这些资料基础上，选择恰当的数学关系式并对关系式中的参数进行模拟推算，完成算法构建。

模块设计与模型实现，首先要选择恰当的模拟算法和界面编程语言进行系统的组织；其次要将主程序和子程序设置成模块化结构，突出模块的可读性和解释性、可改性和灵活性；最后，模型要有友好的人机界面和较强的可操作性。

模型的检验包括对模型的核实、校准与检验；模型的改进则是在检验模型的过程中，对模型进行必要的改进与完善。

（五）模型库管理系统

模型库管理系统由模型管理系统、知识管理系统、数据交换器及解释分析系统构成。它对模型的存储、运行和组合进行管理，模型存储管理的内容包括模型的表示、存储的组织结构、维护和查询，模型运行管理的内容包括模型程序输入和编译、运行控制及数据的存取。

模型管理系统用来完成模型的生成、修改、更新、检索和调用等。知识管理系统则存放有关模型的使用条件约束、模型间关联的方式、模型参数的顺序及格式说明和模型组合构造规则等。数据交换器以数据库和人机交互界面来处理提取模型调用操作所需数据或构建新模型，并使用人机交互方法得到的模型表达式来描述信息。解释分析系统对人机交互系统所发出的操作模型的命令进行语义分析，实现模型的调用、修改、删除、关联组合等。

二、草业专家系统的调试与修改

（一）系统调试与修改概述

对于程序编写完成、成功进行系统测试并从中发现错误的草业专家系统，还需要进行系统调试，其目的是确定错误的原因和位置，并改正错误。调试工作的困难与人的心理因素和技术因素都有关系，需要系统开发和管理人员的脑力劳动与丰富经验。常用的调试方法除简单的调试方法外，还有归纳法调试、演绎法调试等。

（二）简单的调试方法

1. 在程序中插入打印语句

在程序中插入打印语句，可以显示程序的动态过程，比较容易检查源程序的有关信息。但效率低，可能输出大量的无关数据，发现错误带有偶然性。同时还要修改程序，这种修改可能会掩盖错误、改变关键的时间关系或把新的错误引入程序。

2. 运行部分程序

有时为了测试某些被怀疑为有错的程序段，整个程序反复执行多次，使很多时间浪费在执行已经是正确的程序段上，在此情况下，应设法使被测试程序只执行需要检查的程序段，以提高效率。

3. 借助于调试工具

大多数程序设计语言都有专门的调试工具，可以利用这些工具分析程序的动态行为。例如，借助“追踪”功能可以追踪子程序调用、循环与分支执行路径、特定变量的变化情况等，利用“断点”可以执行特定语句或改变特定变量值引起的程序中断，以便检查程序的当前状态，还可借助调试工具观察或输出内存变量的值，提高调试程序的效率。

（三）归纳法调试

归纳法是一种从特殊到一般的思维过程，从对个别事例的认识当中，概括出共同特点，得出一般性规律的思考方法。归纳法调试从测试结果发现的线索入手，分析它们之间的联系，导出错误原因的假设，然后再证明或否定这个假设。归纳法调试的具体步骤如下。

1）收集有关数据。列出程序“做对了什么”、“做错了什么”的全部信息。

2）组织数据。整理数据以便发现规律，使用分类法构造一张线索表。

3）提出假设。分析线索之间的关系，导出一个或多个错误原因的假设。

4）证明假设。假设不是事实，需要证明假设是否合理。如果不能证明这个假设成立，需要提出下一个假设。

（四）演绎法调试

演绎法是一种从一般的推测和前提出发，运用排除和推断过程做出结论的思考方法。演绎法调试是列出所有可能的错误原因的假设，然后利用测试数据排除不适当的假设，最后再用测试数据验证剩余的假设确定出错的原因。演绎法调试的具体步骤如下。

1）列出所有可能的错误原因的假设。把可能的错误原因列成表，不需要完全解释，仅是一些可能因素的假设。

2）排除不适当的假设。仔细分析已有的数据，寻找矛盾，力求排除前一步列出的所有原因。

3）精化剩余的假设。利用已知的线索，进一步求精余下的假设，使之更具体化，以便可以精确地确定出错位置。

4）证明余下的假设。做法与归纳法相同。

三、草业专家系统的开发工具与环境

（一）专家系统开发工具与环境

草业专家系统开发工具与环境是一种为高效率开发草业专家系统而设计的高级程序系统或高级程序设计语言环境。目前，专家系统的开发工具与环境主要有5种类型：程序设计语言、知识工程语言、辅助型工具、支持工具及开发环境。总的说来，专家系统的建造方法可以分为利用计算机高级语言编写建造、利用计算机程序设计环境编写建造、利用计算机程序设计工具建造3类。

（二）专家系统的语言型工具

1. 程序设计语言

程序设计语言包括符号处理语言和面向对象的语言。符号处理语言是为人工智能应用而专门设计的语言，它包括以LISP为代表的函数型语言和以Prolog为代表的逻辑型语言。C ++和 Java 则是面向对象的程序设计语言的代表，这些语言以其类、对象、继承等机制，与草业专家系统的知识表达与知识库建设有很好的联系。

C ++既是一种面向对象的程序设计语言，又是一种很好的符号处理语言，以其强大的功能和面向对象的特征在草业专家系统开发中具有很好的应用前景。集 Visual C ++和 Visual J ++于一体的 Visual Studio 程序软件设计包，可以为草业专家系统的多媒体信息处理、可视化界面设计、基于网络的分布式运用等提供良好的语言环境。此外，对于基于网络的分布式多专家协同的专家系统的开发，ASP.net 也是常用的语言工具。

2. 知识工程语言

知识工程语言是一类专门用来建造和调试专家系统的语言，是为开发专家系统专门设计的高级工具，具有很强的支撑环境。知识工程语言可以粗略地分为骨架型和通用型两大类。

骨架型知识工程语言也称为专家系统外壳，它是由一些业已成熟的具体专家系统演变来的。演变的方法是，抽去这些专家系统中的具体知识，保留它们的体系结构和推理机功能，再把领域专用的界面改成通用界面，这样就可以得到相应的专家系统外壳。采用骨架系统可以利用系统已有的知识表示模式、规则语言及推理机制，并可以直接使用已建立的支持该系统的辅助功能，如知识的编码输入及解释、知识库结构及管理机制、推理机结构及控制机制、人机接口及辅助工具、规则之间的一致性检查修改和跟踪调试等，使得新系统的开发变得简单、方便。但是，由于灵活性和通用性较差，骨架型知识工程语言的适用范围受到限制，只适合于与原系统同类型的专家系统的开发，而且技术上受原系统水平的限制。

通用型知识工程语言即通用型专家系统开发工具，是专门用于构造和调试专家系统的通用程序设计语言。它是完全重新设计的一类专家系统开发工具，不依赖于任何已有的专家系统，也不针对任何具体领域，能够处理不同领域的不同问题。它比骨架系统提供了更多的对数据存取和查找的控制，具有更大的灵活性，又比一般的人工智能程序设计语言更方便使用。常用的通用型知识工程语言有 OPS、UNITS、RLL、ROSS、LOOPS 等。

知识工程语言的专用性和通用性是一对矛盾，如果只考虑专用性，系统就不够灵活，如果只考虑通用性，势必丢掉某些专用的特色，降低工具自身的可用性。因此，专家系统开发工具的发展方向是在不影响专用性的前提下尽量提高通用性。

（三）专家系统的设计工具

1. 辅助型工具

辅助型工具是专家系统开发工具中支撑环境的部分，主要用于帮助建造高质量的知识库和系统调试，包括一些用来帮助获取知识、表达知识的程序，以及帮助知识工程师设计专家系统的程序。按照其功能和特性，专家系统辅助型工具可分为知识获取辅助工具和系统设计助手。前者又包括自动知识获取工具、知识编辑工具、面向问题求解方法的知识获取工具、面向特定问题领域的知识获取工具及基于特定语言的知识获取工具。后者则包括构造专家系统的设计工具，归纳产生规则、决策树和用户提问顺序的归纳工具，以及帮助领域专家建造专家系统的辅助工具。

2. 支持工具

专家系统支持工具也称为专家系统支持环境或支持工具集。它们用来执行与专家系统建造工具的连接，帮助用户与专家系统对话，进行辅助程序的调试或作为它的一部分。专家系统支持工具由辅助调试工具、知识库编辑器、输入/输出界面和解释设施组成。

辅助调试工具提供相应的跟踪辅助功能、自动测试模块机中断设施等；知识库编辑器是一种基于文本编辑的知识编辑工具，它不仅简化了文本知识的输入方式，而且还减少了对知识进行编辑所产生的错误；输入/输出界面提供实时知识获取工具和多种不同的输入/输出方式，使用户能够和运行的系统交流；解释设施是用来向用户解释系统是如何得到某个特定结果的。

（四）专家系统的开发环境

专家系统的开发环境是以一种或多种工具和方法为核心，由若干计算机子程序或者模块组成，为高效率开发专家系统而设计和实现的大型智能计算机软件系统，加上与之配套的各种辅助工具和界面环境的完整集成，形成一种集成化的专家系统开发工具包，用于解决特殊范围或层次的问题。一个好的专家系统开发环境，应向用户提供从系统分析、知识获取、程序设计到系统调试与维护的全方位支持。

专家系统开发环境提供的主要功能有以下几方面。

1）多种知识表示方法。至少提供两种以上的知识表示方法，如语言网络、框架、面向对象等。

2）多种不精确推理模型。一般留有用户自定义接口。

3）多种知识获取手段。除了必需的知识编辑工具外，还有知识自动获取功能和知识求精手段。

4）多样的辅助工具。包括数据库访问、电子表格、作图等工具。

5）多样的用户友好界面。包括多媒体的开发界面和专家系统产品的用户界面，有自然语言接口。

6）广泛的适应性。能满足多种应用领域的特殊要求，具有良好的通用性。

四、草业专家系统的应用

为了能够快捷有效地解决草业科学在研究和生产实践中出现的许多难点与热点问题，利用 ES 的理论设计和开发草业专家系统具有重要的意义。随着计算机技术的飞速发展，草业专家系统不仅能够拥有越来越强大的功能，而且还具有非常广阔的应用前景。

从理论上讲，草业专家系统可以广泛地应用于包括前植物生产层、植物生产层、动物生产层和后生物生产层的草业生产全过程中，为广大的农业科技人员和生产管理人员服务，指导草业生产，推广草业科技成果和技术。前植物生产层包括水源涵养、自然保护、旅游休憩等，植物生产层包括牧草生产、草地管理、饲草调制等，动物生产层包括家畜饲喂、草畜平衡、疾病防治等，后生物生产层包括生产技术的管理、生产方法的管理、草畜产品的储藏和加工等。

从发展趋势上看，草业专家系统与“3S”技术、决策支持系统、生物模拟模型和现代信息技术的结合，将推动草业专家系统向数据动态化、功能集成化、技术综合化、应用网络化发展。

与“3S”技术的结合，不但能够为草业专家系统提供海量基础数据，缓解数据源和知识源缺乏的问题，为系统的基础数据库和模型库提供数据支持；而且这些可更新的动态数据，使数据库、知识库、模型库具有更强大的生命力；同时，“3S”技术的集成使大范围数据的获取成为可能，可以为草业专家系统的功能拓展、知识更新及推广和应用提供重要途径。与决策支持系统的结合，使草业专家系统能针对不同的决策目标，通过定量分析进行辅助决策，给出最优方案，用以指导生产实践。与生物模拟模型的结合，能够把草业专家的最新研究成果融入系统中，使其成为具有整体性反馈控制的专家系统，完成优化和动态定量决策。总体而言，草业专家系统与现代信息技术的结合，能够扩大其使用范围，大大提高系统的实用性。

思 考 题

1. 什么是草业专家系统？它有怎样的特征和结构？
2. 简述草业专家系统的开发过程？

3. 简述在研制草业专家系统时知识获取的基本过程和方式？
4. 在草业专家系统中，主要的知识表达方法有哪些？
5. 如何进行知识库和模型库的构建？
6. 草业专家系统的开发工具有哪些？

参 考 文 献

敖志刚. 2010. 人工智能及专家系统[M]. 北京：机械工业出版社.
曹卫星. 2005. 农业信息系统[M]. 北京：中国农业出版社.
李国永，李维民. 2009. 人工智能及其应用[M]. 北京：电子工业出版社.
梁天刚，陈全功，任继周. 2002. 甘肃省草业开发专家系统的结构与功能[J]. 草业学报, 11(1): 70-75.
刘铁梅，谢国生. 2010. 农业系统分析与模拟[M]. 北京：科学出版社.
王淑英，梁天刚，钞振华. 2001. 甘肃苜蓿病害诊断系统的初步研究[J]. 兰州大学学报(自然科学版), 37(supp.): 120-126.
王智明，杨旭，平海涛. 2006. 知识工程及专家系统[M]. 北京：化学工业出版社.

第十一章　精准草业与数字草业

本章主要介绍了精准草业的内涵及其形成与发展历程，阐述了我国精准草业的现状及其发展需求；然后概述了全球定位系统的工作原理及其应用领域；最后介绍了我国数字地球发展的对策，论述了数字草业的内涵，界定了数字草业的主要内容和基本构成，分析了我国数字草业的特点，展望了我国数字草业的前景。

第一节　精准草业简介

本节重点介绍了精准草业的内涵，以及我国精准草业萌芽、雏形和形成时期各自的特征，重点分析了我国精准草业的发展现状，指出了我国精准草业发展的主要制约因素，提出了我国精准草业优先发展的重点方向；然后介绍了全球定位系统的组成、定位原理、误差来源、特点、精度及其应用领域；最后介绍了我国智能草业机械装备技术的发展现状。

一、精准草业技术概述

（一）精准草业的内涵

精准草业是草业科学技术持续发展的产物，随着草业生产流程中各个节点的环境压力逐渐增加，需要革新或完善草业生产流程中各个环节的技术体系，实现草业生产的环境友好和资源节约，特别是精准农业的产生和发展，不仅给精准草业的发展提供了丰富的经验和技术储备，而且还推动了精准草业的快速发展。

1. 精准农业

精准农业源自“Precision Agriculture”、“Precision Farming”，我国学者将其翻译为“精准农业”、“精细农业”等不同的版本。虽然不同学者对这个概念的表述不同，但其本质内涵是一致的。一般认为，“精准农业”是利用“3S”技术、决策支持技术和智能装备技术，定量决策、变量投入、精准定位实施农业生产的现代农业生产管理技术系统（赵春江等，2003）。其本质是一方面根据农田内作物生长的土壤性状而调节对作物的投入，另一方面根据农作物生产目标，实施定位“系统诊断、优化配方、技术组装、科学管理”，实施精准变量投入，高效地利用各类农业资源，增加产量，提高农产品质量，减轻农业生产的环境负荷，以最少或最节省投入而实现同等收入或更高收入，充分体现了因地制宜、科学管理的思想，最大限度地挖掘耕地的生产潜力，实现作物生产系统可持续发展的目标（赵春江等，2003）。精准农业的核心技术包括全球卫星定位系统、农田地理信息系统、农田遥感监测系统、农田信息采集系统、作物生产精准管理模型与专家决策支持系统，基于信息与现代控制技术的农业作业机械智能系统，以及系统集成技术等（刘爱民等，2000）。

精准农业产生的背景是传统农业在生产过程中带来了一系列的生态环境问题，如水土流失、生态环境恶化、生物多样性丧失。传统农业很大程度上依赖于生物遗传育种技术，以及化肥、农药、矿物能源、机械动力等投入，而化学物质过量投入引起生态环境和农产品质量下降，高能耗管理方式降低农业生产效益，加剧资源短缺，传统农业生产管理模式显然已经不能适应农业可持续发展的需求（刘爱民等，2000）。20 世纪 80 年代西方发达国家的作物栽培学家注意到农田内部小区作物产量和环境条件间存在显著的时空差异，从而提出了作物栽培管理中的定位实施，按变量需求投入的作物生产理念，这是精准农业的雏形（Searcy，1996）。此后，随着“3S”技术的兴起，逐渐满足了精准农业的要求。因此，精准农业的核心是建立一个完善的农田地理信息系统，将大尺度的农业生产转变为根据小区需求制订变量投入的方案，精准农业可以说是信息技术与农业生产全面结合的一种新型农业。与传统农业相比，精准农业关注效益，而不是过分强调高产，它将农业带入数字和信息时代，是当今世界现代农业发展的重要方向。

2. 精准草业

草业是农业的重要组分，其生产过程同样面临着生态环境恶化、生物多样性丧失、草畜产品质量下降、水土流失严重的局面（李凌浩等，2012）。因此，在草业生产过程中，也需要定位实施、按变量需求投入的策略，以增加草畜产品产量，提高草畜产品质量，减轻草地生产的环境负荷。

随着现代信息技术在草业实践中的应用，将传统草业生产转变为定位实施，按变量需求投入的精准草业生产时代已经到来，某种意义上说精准草业是精准农业技术与草业科学相互融合的结果。一般而言，精准草业是采用信息技术和草业生产相关的基础学科有机结合的手段，实时监测草地、牧草和草坪草生产过程，利用诊断和决策制订计划，集成多种信息技术的现代草地、牧草和草坪草信息化生产系统，其信息技术主要包括遥感技术、地理信息系统、全球定位系统、计算机、通信和网络、自动化技术等高新技术（李凌浩等，2012）。草业生产相关的基础科学包括地理学、草学、农业、生态学、植物生理学、土壤学等学科。生产过程包括牧草和草坪草、草地和草坪及土壤的宏观与微观实时监测，以及牧草生长和发育、病虫害、水肥状况，相应环境状况信息的定期获取和动态分析（李凌浩等，2012）。通过 GPS 确定草业作业者的瞬时位置，通过设置不同位置用途各异的传感器及监测系统，随时随地地采集田间数据（土质、性状、含水率、肥力、毒杂草量、病虫鼠害和分布状况等），将这些数据输入 GIS；结合事先储存在 GIS 中定期输入的或持久性的数据、专家系统及其他决策支持系统，对信息进行加工处理，瞬间做出适当的草业作业决策。

（二）精准草业的形成与发展

我国草地面积约 4 亿 hm^2，占世界草地面积的 12.5%，占国土面积的 41.7%，是保障食物安全和改善膳食结构的重要物质资料，也是维持国家生态安全的主要屏障，更是国土安全和边疆稳定的主要阵地（周旭英，2008）。因此合适的草地生产管理方式在一定程度上决定着我国的食物、生态和国土安全。然而草地生产管理方式作为一种生产关系，只有适合生产力发展水平时才会推动草地畜牧业的持续发展，当其不适合生产力发展水平时，就会阻滞草地畜牧业和社区的可持续发展。然而牧区生产力的活跃性和草地生产管理方式的相对稳定性间的关系，客观上决定了人们需要不断调整草地生产管理方式去适应牧区生产力的发展（赵旭等，2013）。从精准草业形成和发展的角度出发，我国精准草业的发展大致经历了萌芽时期、雏形时期和形成时期。

1. 精准草业的萌芽

自 20 世纪 80 年代，我国草地生产管理方式从游牧利用方式转向了家庭承包经营方式，将原来大尺度或以村社为单位的草地生产管理方式转为以家庭为单位的管理方式。与原来草地游牧利用方式相比较，具有缩小劳动范围，固定劳动时间，牧户和草地间形成相对稳定的依附关系的特征，这不仅适应了牧区生产力发展，契合了牧民的愿望，将草地生产管理决策权从集体决策转向牧户个人，理顺了人、草、畜间的关系，而且还根除了草原无偿使用的观念，改变了重畜轻草、重用轻管的经营习惯，刺激了牧民的生产积极性，增强了牧民依法保护、合理利用草原的责任感。由于牧户作为承包草地的实际经营者和管理者，其有权决定自己草地利用的时空尺度，客观上牧户可以根据自己的生产实践需要，安排投入和产出，这是精准草业的萌芽。

2. 精准草业的雏形

经过 20 多年的发展，草地家庭承包责任制中牧户的主要关注点为增加经济收益，客观上促进了家畜数量的增加，其弊端逐渐体现。水源区成为草地退化的源点；牧户个体决策的差异性不利于畜牧产品的规模化，规模效益不显著；牧户更多关注经济收益，对生态效益的关注度较低；重要的是忽略了土-草-畜-人之间的关系（杨理和侯向阳，2007），此时需要建立理顺这种关系的草地生产管理方式。家庭牧场应运而生，家庭牧场以单户或联户家庭牧场为载体，将饲草生产、健康养畜、畜产品加工和管理方案等草原生产流程的各个环节以标准化形式固定，草地畜牧业生产遵循统一的技术规范和规程，从而形成一个比较完善的、系统的草地畜牧业生产标准体系，其基本特征是规模适度、草地生产力持续稳定，畜群结构合理，饲养和管理科学（文成志，1998）。

家庭牧场作为一个系统，各个生产环节作为子系统，不仅注重各个子系统的运行，而且还注重子系统间的衔接，通过子系统间的耦合增加总系统的效益，注重生产和生态效益，而不仅仅是产出，关注副产品和废物的再次利用，让家庭牧场内部形成小循环模式，减轻草地生产的环境负荷（文成志，1998）。从家庭承包责任制到家庭牧场，大部分牧户虽然依然经营自己的草地，但其生产和管理的理念发生了明显变化，草地生产管理的核心从高产转移至效益，注意副产物和废物的利用，减轻环境负荷，从草畜系统转向土-草-畜-人系统，这是精准草业的雏形。

3. 精准草业的形成

家庭牧场经营模式虽然实现了草地生产管理方式按牧户需求管理，但客观上是小农经济，区域内无法提供大量的同样产品，规模化效益无法体现，主要是不同牧户间草地基况存在差异和适宜饲养的家畜或动物种类可能不同。现代信息技术的发展，特别是“3S”技术在草业生产实践中的应用，客观上可以将广袤的草原按照其土壤特性和草地类型，分化为不同尺度的区域，将草地按照生产特征进行分区，一个区域内草地生产管理方式采用相对一致的标准，生产同样的草畜产品，建立专业合作社，从而实现规模效益。在一个较大的区域内，根据土壤特征、家畜需求、天然草地营养供给能力，可以通过人为定向设计，改造原有草地生产系统，提高草地生产的效益。例如，中国科学院植物所在内蒙古多伦县生态地区，将土壤特性肥沃的天然草地改种青贮玉米、苜蓿、冰草等多种优质牧草，弥补天然草地营养供给不足的问题，种植 $1hm^2$ 栽培草地相当于 $10hm^2$ 天然草地的生产力，既满足了家畜的日常需求，又让更多的天然草地以自然方式恢复其生态功能（李凌浩等，2012）。

将精准农业的发展思路引入到草地管理的实践中，逐渐形成精准草业。其本质就是在满足牧草生长的生态因子前提下，实现定位实施，按需变量投入，并根据草地次级生产的需求，人工定向优化家畜或动物生产的饲料构成，提高区域草地生产效益的同时，减少对天然草地的过度利用，保护草地生态环境。我国牧区先后启动了天然草原保护、退牧还草等重大生态工程，通过“3S”技术获取准确的草地实况信息，将草地按照其功能重要性划分为不同属性的管理区域，从而定位实施管理策略，实现草地畜牧业生产的科学管理和动态调控（郭正刚等，2004），在局部地区以集约经营、科学管理等为特征的牧场形式进行管理（Cui et al.，2012），初步形成以生产经营价值较高（如高尔夫球场、种畜场、草籽生产基地等）的精准草业管理模式（唐华俊等，2009）。

（三）我国精准草业的需求分析

我国精准草业在经历萌芽、雏形和形成三个阶段后，已经初具规模，但依然存在诸多因素，限制其持续健康发展，主要原因是国家和社会对不同时期精准草业的要求有所不同，特别是目前随着社会对草业技术和草业生产需求的精细化，不同地区精准草业发展应该具有不同的重点领域和方向。

1. 精准草业发展的制约因素

中国地域辽阔，不同地区自然、经济、社会条件和生产力发展水平差异较大，草业生产流程和特征各具特色。不同区域精准草业模式受当地社会经济发展状况、区域特点和发展程度的制约。因此，要采用信息技术改造传统的草业，促进草业的现代化与信息化尚需要不断探索和发展。我国发展精准草业技术的背景条件与美国、欧洲国家不同，主要是国情复杂，人口密度大，贫富差距大，因此我国发展精准草业要比西方国家难度大。限制我国精准草业发展的核心因素主要包括下列几个方面：首先，中国草地类型多样，分布于差异较大的环境，遍及热带、亚热带、温带和高寒等不同的气候类型，主体分布区既包括了相对平坦的内蒙古高原和东北地区，又包括沟壑纵横的黄土高原、云贵高原和秦巴山地，还包括高海拔的青藏高原、天山、阿尔金山等地区。因此，建立统一的精准草业模式难度较大。其次，我国草地主要分布在少数民族居住区和边疆地区，基础条件相对薄弱，草地管理者接受教育的程度相对较低，一方面采用自动控制的机械化装备从事草地生产困难重重，另一方面，掌握先进机械操作和先进技术的速度较慢。最后，我国牧区草地生产方式目前多为家庭牧场，仍然存在大面积草原条块分割，牧区社会经济发展较为落后，许多高新技术很难在短期内被大范围采用，家庭牧场仍然以传统的生产管理方式为主。因此，中国精准草业发展需要充分考虑我国实际国情，因地制宜地引进高新技术，走有中国特色的精准草业之路。

2. 精准草业发展的重点方向

我国传统草业主要集中于内蒙古、新疆、青海、甘肃、西藏等几个重点牧区，随着现代养殖业和草产业的发展，传统农区也成为我国草业发展的重要地区，即我国草业发展从原来的牧区转向现在的牧区和农区两个阵地，这注定了我国精准草业的发展要分为农区和牧区两个阵地考虑，有些重点方向既适合于农区，又适合于牧区，有些则要么仅适合农区，要么仅适合牧区。

第一，采用精准灌溉技术，提高栽培草地的水分利用效率。水资源短缺是农区草业乃至农业持续发展的主要限制因素，尤其是随着我国栽培草地面积逐渐增加，其与作物灌溉竞争水资源的趋势更加激烈，因此栽培草地精准灌溉需要正确处理以下几个关系：①选择适宜的灌溉方式，促进水资源的高效利用，如交替灌溉较常规灌溉能够提高河西走廊紫花苜蓿水分利用效率的 48%以上（表 11-1），但紫花苜蓿第一茬和第二茬产量变化不大（表 11-2）；②选择适宜的草种和品种，特别是干旱半干旱地区，选择抗旱性较强的品种能够增加产量和提高单位体积水分的生产力；③正确处理开源与节流的关系，精准草业的核心是效益，而不是高产，以最少的灌溉量获取最大的经济效益，特别是地

表 11-1　灌溉方式与灌溉量对紫花苜蓿水分利用效率的影响（引自 Yu et al.，2015）

灌溉量	灌溉方式	基于总生物量的水分利用效率	基于地上生物量的水分利用效率
I_1	交替灌溉	5.76±0.3485a	4.29±0.1191a
	常规灌溉	3.41±0.1951cd	2.62±0.1706d
I_2	交替灌溉	5.73±0.1732a	4.33±0.1388a
	常规灌溉	3.10±0.0728d	2.53±0.0385d
I_3	交替灌溉	4.83±0.1616b	3.81±0.1239b
	常规灌溉	2.82±0.1529de	2.38±0.1260d
I_4	交替灌溉	3.80±0.2295c	3.01±0.1284c
	常规灌溉	2.28±0.0917e	1.93±0.0719e
显著性			
灌溉方式		**	**
灌溉量		**	**
灌溉方式 × 灌溉量		*	*

*表示 0.05 水平上影响显著，**表示 0.01 水平上影响显著。I_1~I_4 分别表示 70%、85%、100%、115%的蒸散发

下水资源的开采，要合理调控利用，适度开发；④“巧用天水”是西部干旱半干旱地区精准灌溉的精髓，利用饲草生长周期长、与降雨同步的特性，提高水资源利用效率；⑤以水价经济杠杆，推动精准灌溉草业的发展。因此，农区栽培草地灌溉，提高水资源利用效率是灌溉的核心和准绳。

表 11-2　灌溉方式与灌溉量对紫花苜蓿产量的影响（引自 Yu et al.，2015）

处理	产量/（kg/hm²）			
	第一茬	第二茬	第三茬	生长季
灌溉方式				
交替灌溉	5408.33	4550.00	2400.00b	12358.33b
常规灌溉	5766.67	4750.00	4700.00a	15216.67a
显著性	ns	ns	**	**
灌溉量				
I_1	4600.00b	4033.33c	3000.00b	11633.33b
I_2	5800.00a	4500.00b	3200.00b	14100.00a
I_3	6350.00a	5366.67a	4133.33a	15250.00a
I_4	5600.00a	4700.00b	3866.67a	14166.67a
显著性	*	*	**	**
灌溉方式 × 灌溉量				
显著性	ns	ns	ns	ns

*表示 0.05 水平上影响显著，**表示 0.01 水平上影响显著，ns 表示无显著性差异。I_1~I_4 分别表示 70%、85%、100%、115%的蒸散发

第二，实施精准施肥，提高肥料利用率。对农区草业而言，增添土壤养分是维持栽培草地生产力的重要途径，但我国年化肥施用量从 1978 年至 2011 年增长了 581%，而粮食总产量仅增长 87.43%，当前我国化肥施用量占世界的 35%，相当于美国和印度的总和。1kg 化肥投入所生产的粮食由 31.5kg 下降至 17.7kg，说明我国化肥施用结构不合理，且利用率低，主要问题是没有精准定位实施，有些地方过度使用化肥，已经引起了严重的水土污染，而有些地方土壤始终处于贫瘠状态。因此，在农区栽培草地精准施肥过程中，需要根据土壤养分特性，精准定位实施，按需变量投入，一方面提高化肥资源利用率，另外一方面降低成本和提高牧草产量。

第三，建立天然草地信息化管理档案。我国天然草原一直处于养分输入和输出相悖的状态，主要是我国大部分牧区将家畜粪便作为能源使用，割裂了土-草-畜养分循环系统。因此不同地区土壤肥力现状及其养分源差异较大，这就需要依托现有技术和资料，建立基于“3S”技术的草地土壤养分管理和以施肥为主体的信息系统；针对家庭联产承包草地分散经营的体制，在主要牧区选点，研究不同草原利用条件下土壤养分状况、变化规律和变异情况，建立基于不同草原利用状态下的土壤养分库和信息系统，对我国草地土壤各养分状况及变化特征进行图形化描述和信息化管理。在此基础上，以县或乡为单位，研究建立适合区域特征的土壤养分信息系统和养分信息化动态管理模式，分类分

区为牧民提供物质投入（主要是肥料）的选择方案。

第四，树立效益优先的草地生产理念。草原生产管理的核心从产出向效益转变，增加自动控制和信息化的设施家畜养殖，增加草畜产品产出，提高其品质，节约水、肥资源。

第五，开展鼠虫害的研究，研发生物源灭鼠和灭虫农药，积累了不同鼠类和害虫的防治经验，为全面实施精准草业提供科学依据。

第六，开发精准草业的“大脑”，加强我国草业管理决策支持系统建设，其核心是基于空间变量而制作涉及田间生产和管理的处方。

二、草业空间定位系统

草业定位系统又称全球导航卫星系统，主要有美国的全球定位系统（Global Positioning System，GPS）、俄罗斯的GLONAS、欧盟的Galieo和中国北斗卫星导航系统（BeiDou Navigation Satellite System，BDS）。基于我国草业发展现状和定位系统应用的范围，重点介绍全球定位系统和北斗卫星导航系统。

（一）GPS

GPS是利用人造地球卫星进行点位测量导航的一种技术体系，可覆盖地球表面98%的地区。GPS始于1958年美国军方研发的一个项目，主要任务是为美国陆海空三大领域提供实时、全天候和全球性的导航服务，以及情报搜集、核爆监测和应急通信等一些军事目的，后来逐渐应用于民用领域。其主要功能是利用导航卫星和地面站，为全球提供全天候、高精度、连续、实时的三维坐标和定位信息（栗恒义，1996；胡友健等，2003）。

1. GPS组成

GPS由三大部分组成，分别是空间部分——GPS卫星星座、地面控制部分——地面监控系统、用户设备部分——GPS信号接收机（图11-1）。GPS卫星星座，GPS由21颗工作卫星和三颗备用卫星组成，它们均匀分布在6个相互夹角为60°的轨道平面内，即每个轨道上有四颗卫星。卫星高度离地面约20 000km，绕地球运行一周的时间是12恒星时，即一天绕地球两周。GPS卫星用L波段两种频率的无线电波（1575.42MHz和1227.6MHz）向用户发射导航定位信号，同时接收地面发送的导航电文及调度命令。地面控制系统，对于导航定位而言，GPS卫星是一动态已知点，而卫星位置是依据卫星发射的星历（描述卫星运动及其轨道的参数）计算得到的。每颗GPS卫星播发的星历是由地面监控系统提供的，同时卫星设备的工作监测及卫星轨道的控制，都由地面控制系统完成。GPS卫星的地面控制站系统包括位于美国科罗拉多的主控站及分布全球的三个注入站和五个监测站，实现对GPS卫星运行的监控。GPS信号接收机，任务是捕获GPS卫星发射的信号，并进行处理，根据信号到达接收机的时间，确定接收机到卫星的距离。如果计算出四颗或者更多卫星到接收机的距离，再参照卫星的位置，就可以确定出接收机在三维空间中的位置。

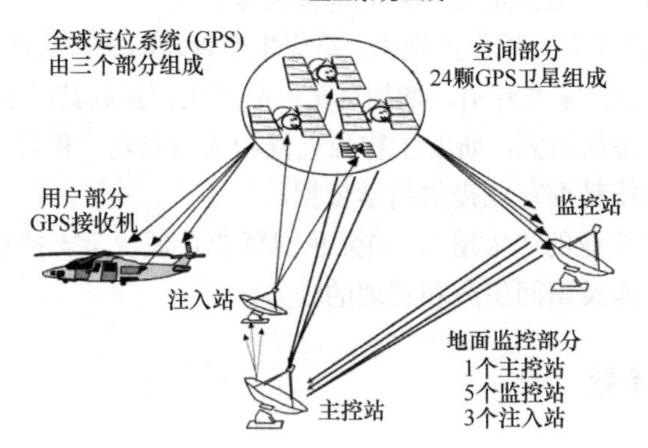

图 11-1　GPS 卫星系统组成（引自亚洲流体网，2013）

2. GPS 定位基本原理

GPS 定位基本原理是利用测距交会确定点位（胡友健等，2003）。一颗卫星信号传播到接收机的时间只能决定该卫星到接收机的距离，但不能确定接收机相对于卫星的方向。在三维空间中，GPS 接收机的可能位置构成一个球面。当测到两颗卫星的距离时，接收机的可能位置被确定于两个球面相交构成的圆上；当得到第三颗卫星的距离后，球面与圆相交得到两个可能的点；第四颗卫星用于确定接收机的准确位置。因此，采用 GPS 定位时，地面接收机最少要接收四颗以上卫星的信号。当接收到信号的卫星数目多于四个时，系统则会择优选择四颗卫星计算位置。

3. GPS 误差来源及其特征

GPS 定位误差形成的因素很多，大致可以归为与卫星有关的因素，与传播途径有关的因素，与接收机有关的因素，以及其他（王晓华和郭敏，2005）。卫星自身方面，首先是美国政府实施了可用性选择政策（SA 政策，Selective Availability），即通过在 GPS 基准信号中加入了高频抖动技术，人为降低了普通用户采用 GPS 导航定位时的精度，但该政策 2000 年被取消；其次是卫星星历误差所致，GPS 定位计算某时刻卫星位置时所需要的卫星轨道参数是通过各种类型星历提供的，但任何类型星历，其计算出的卫星位置与其真实位置均有差异；再次是卫星钟差，指卫星上所装置的原子钟的钟面时与 GPS 标准时间之间的误差；最后是卫星信号发射天线相位中心偏差，指 GPS 卫星上信号发射天线的标称相位中心与其真实相位中心之间的差异。传播途径方面，首先是电离层延迟；其次是对流层延迟；最后是多路径效应，指接收机周围环境的影响，使接收机所接收到的卫星信号中还包括各种反射和折射信号的影响，称为多路径效应。与接收机方面，首先是接收机钟差，指 GPS 接收机所使用钟的钟面时与 GPS 标准时之间的差异；其次是接收机天线相位中心的偏差，指接收机天线相位中心相对测站标石中心位置的误差。其他方面，首先是 GPS 控制部分人为或计算机造成的影响，指 GPS 控制部分的问题或用户在进行数据处理时引入的误差等；其次是数据处理软件的影响，指数据处理软件的算法不完善，从而形成对定位结果的影响。

尽管 GPS 具有不可避免的误差来源，但其特点十分突出：第一，具有全球地面连续覆盖的特点，即地球上任何地点、均可连续同步观测到 4 颗卫星，保障了全球、全天候、连续的对地物经纬度和高度的定位；第二，具有定位精度高、观测时间短的特点，一般民用单点的定位精度大约为几十米，但数据经过处理后，GPS 定位精度可精确至厘米级，而动态相对定位的时间仅需几分钟就能得到观测结果；第三，具有全天候作业的特点，GPS 观测可以在任何地点、任何时间连续进行，不受天气状况影响；第四，操作简便，GPS 测量自动化程度高，用户操作简单易学；第五，GPS 接收机体积小、质量轻、便于搬运和携带；第六，应用广泛，它主要应用于导航和测量方面。随着 GPS 定位技术的发展，其应用领域仍在不断拓展（王晓华和郭敏，2005）。

4. GPS 基本应用

GPS 用途从过去单一的军事用途，目前扩展到各行各业。目前主要用于以下几个方面：第一是应用于测量，GPS 技术广泛应用于测绘和勘测界领域。利用载波相位差分技术（RTK），在实时处理两个观测站的载波相位的基础上，可使测量精度达到厘米级。与传统的手工测量手段相比，GPS 技术有着巨大的优势，表现为测量精度高，操作简便，仪器体积小、便于携带，全天候操作，观测点之间无须通视，测量信息自动接收，以统一的标准存储。目前广泛应用于大地测量、资源勘查、地壳运动、地籍测量等领域。第二是应用于交通服务，利用 GPS 技术跟踪和调度出租车、租车服务、物流配送等行业，合理配置和分布车辆，从而以最快速度响应用户乘车或送货的请求，不仅降低了能源消耗，而且还节省运行成本。GPS 应用于车辆导航，特别是城市数字化交通电台，可以通过 GPS 实时发播城市交通信息，且通过车载 GPS 进行精确定位，结合电子地图及实时交通状况，其为驾车者自动匹配选择最优路径，及时提醒驾车者路线是否正确。民航运输业内，GPS 接收设备不仅有助于飞机驾驶员着陆时准确对准跑道，还能为塔台工作人员安排进出口航班提供帮助，提高机场利用率。第三是应用于救援，利用 GPS 可以及时准确定位火警报警点、救护地点、交通事故点，从而为警察应急调遣，及时处置火灾、犯罪现场、交通事故和交通堵塞等紧急事件。有了 GPS 的帮助，救援抢险人员能够在人迹罕至的大海、山野、沙漠等条件恶劣的环境中，有效搜索和拯救失踪人员和遇险船只等。第四是应用于农业，GPS 技术已经被广泛引入农业生产领域。例如，获取农田、草地、森林的信息，定位标记试验田和样地，采用植被指数和遥感影像间的关系，估测作物、草地和森林的生物量，定位土样采集点的位置。通过计算机系统处理和分析数据，决策出农田、草地和森林地块的管理措施，实现定位实施各种农艺措施，按变量变化确定投入物质的量，实现不减产情况下，降低农业生产成本，提高资源利用效率，减少浪费和农业生产环境的负荷。第五是应用于娱乐消遣，随着 GPS 价格的降低，小型 GPS 接收机逐渐走进了人们的日常生活，成为外出旅游和探险的好帮手。人们可以在高楼林立的陌生城市内，通过 GPS 迅速定位目的地，以最优路径行驶。野营者携带 GPS 接收机，可快捷地找到合适的野营地点（胡友健等，2003）。

（二）BDS

也称北斗二号，是我国自主研制的全球卫星定位系统。该系统主要包括空间段、地面段和用户段三个组分，能够在全球范围内实现全天候、全天时为各类用户提供高精度、高可靠的定位、导航、授时服务，且具有短报文通信能力。2012 年 12 月 27 日开始，在区域范围内导航和定位的精度达 10m，测速精度 0.2m/s，授时精度为 10ns（搜狗百科，2013）。2012 年 12 月 27 日开始 BDS 正式向亚太地区提供无源定位、导航和授时服务。

1. 系统构成

空间段：由 35 颗卫星组成，其中 5 颗是静止轨道卫星，27 颗为中地球轨道卫星，3 颗为倾斜同步轨道卫星。5 颗静止轨道卫星的定点位置为东经 58.75°、80°、110.5°、140°、160°，中地球轨道卫星运行在 3 个轨道面上，轨道面之间为相隔 120°均匀分布。地面段：由主控站、注入站、监测站组成，其中主控站用于系统运行管理与控制等，处理从监测站接收的数据，生成卫星导航电文和差分完好性信息，然后交由注入站执行信息的发送；注入站用于向卫星发送信号，对卫星进行控制管理，在接受主控站的调度后，将卫星导航电文和差分完好性信息向卫星发送；监测站用于接收卫星的信号，并发送给主控站，可实现对卫星的监测，以确定卫星轨道，并为时间同步提供观测资料。用户段：即用户的终端，可以是专用于北斗卫星导航系统的信号接收机，也可以是同时兼容其他卫星导航系统的接收机。接收机需要捕获并跟踪卫星的信号，根据数据按一定的方式进行定位计算，最终得到用户的经纬度、高度、速度、时间等信息（搜狗百科，2015）。

2. 特征与优势

BDS 定位系统具有四大特征：第一，其定位快速、全天候、实时；第二，定位精度与 GPS 相当；第三，具有短报文通信功能，一次可传送 120 多个汉字的信息；第四，精密授时精度达 20ns。BDS 定位系统基于上述特征，其应用时具有五大优势：第一，BDS 同时具备定位与通信功能，且通信时不需要其他通信系统支持，但 GPS 只能定位，不能通信；第二，BDS 覆盖范围大，没有通信盲区，不仅可为中国提供服务，而且还可为周边国家或地区提供服务；第三，BDS 适合于大范围监控管理和数据采集用户的数据传输；第四，融合北斗导航定位系统和卫星增强系统两大资源，即可利用 GPS，但较 GPS 应用更加广泛；第五，BDS 自主系统，安全、可靠、稳定，保密性强，适合关键部门应用（搜狗百科，2015）。

3. 北斗导航系统的应用

根据用户应用环境及 BDS 的功能，BDS 用户机分为五类：第一类是基本型，其主要用于一般车辆、船舶和便携型用户的导航定位；第二类是通信型，其主要用于野外作业、水文测报、环境监测等各类数据采集和数据传输；第三类是授时型，其主要用于授时和校时，实现用户间的时间同步；第四类是指挥型用户机，其主要用于小型指挥中心的指挥调度、监控管理；第五类是多模型用户机，既能接收 BDS 定位和通信信息，又能利用 GPS 系统或 GPS 增强系统导航定位（周露和刘宝忠，2004）。

三、智能化草业机械装备技术

随着现代科学技术的发展，现代草业生产的机械智能化程度越来越高，这不仅在草业生产中节省了大量的人力、物力和财力，而且还提高了草业生产的效率。目前我国智能化草业机械装备种类较多，品种齐全。主要有自走型草业机械智能化技术、草地信息采集装备及系统、草地遥感监测装备及系统、草地地理信息装备及系统、草业专家系统、环境监测系统网络化管理系统和培训系统、农用航空技术（唐华俊等，2009)。支持“精准草业”的智能化草业机械主要包括带产量监视器与产量图自动生成系统的收获机械，实现精密播种、精细施肥、精细施药和精细灌溉等定位控制作业的具有变量处方的草业机械，以及实施机载草地空间信息快速采集的其他机电一体化草业机械等。

“精准草业”应用实践可根据不同国家和地区的社会、经济条件，围绕提高生产、节本增效和保护环境的目标，采用不同的技术组装方式，逐步提高草业生产管理的科学化与精细化水平。建立一个完整的精准草业技术体系，需要有多种技术知识和先进技术装备的集成支持。具体包括以下几方面内容。

第一，GPS、GIS 在草业机械田间导航、作业面积计量、引导定位作业和空间数据定位采样中的应用及软件开发研究。

第二，用于与机械配套的产量传感技术与带产量图自动生成系统软件的开发研究。

第三，实施定位处方控制的施肥、施药、浇水、精播和栽植的移动作业机械的研究。

第四，自走式土壤、病虫草害和作物苗情定位信息采集机械装备的开发研究。

第五，大中型拖拉机和自走型草业机械智能化技术状态实时诊断、监控与显示装置的开发研究。

第六，农机作业信息高效处理、存储、传输、通信技术及其总线与接口的标准化。

第七，GPS、GIS 有关技术国产化、产业化和用于支持农业机械社会化服务的规划、组织、调度与辅助管理决策支持系统的研究。

第八，研究试验带 GPS 接收机的智能化节水灌溉机械、植保机械和播种机械，尽快形成国产化的自主产品，为农机社会化服务体系提供新一代技术装备。

第二节　数字草业技术

本节介绍了数字地球的概念、技术基础和作用，分析了我国数字地球发展的战略对策和技术对策；介绍了数字草业的内涵，界定了我国数字草业的主要内容，提出了我国数字草业发展的基本构成和我国数字草业发展的自身特点，并对我国数字草业研究和发展的前景作了展望。

一、数字地球概述

（一）数字地球概念

数字地球（the Digital Earth，DE)，又称虚拟地球，出现于 20 世纪末期，1998 年 1

月31日，美国副总统戈尔在加利福尼亚科学中心作了题为《数字地球——认识二十一世纪我们这个星球》的讲演，这是数字地球作为一个单独名词首次在公开场所被提及。数字地球是以计算机技术、多媒体技术和大规模存储技术为基础，以宽带网络为纽带，运用海量地球信息对地球进行多分辨率、多尺度、多时空和多种类的三维描述（史明昌和王维瑞，2011），并利用它作为工具来支持和改善人类活动与生活质量，用数字化的方法将地球、地球上的活动及整个地球环境的时空变化装入电脑中，实现网上流通，并使之最大限度地为人类的生存、可持续发展和日常的工作、学习、生活、娱乐服务；其核心是用数字化的手段来处理整个地球的自然和社会活动诸方面的问题，最大限度地利用资源，并使普通百姓能够通过一定方式方便地获得他们想了解的有关地球的信息（承继成等，2000）。数字地球的两大特点是嵌入海量地理数据，以及实现对地球的多分辨率和三维描述。

数字地球的产生不仅与认知科学、信息科学和地球科学的发展密切相关，而且还与遥感、GPS、因特网、海量存储和元数据等技术的发展密切相关（图11-2）。认知科学、信息科学和地球科学为数字地球的产生奠定了理论基础，遥感、GPS、因特网、海量存储和元数据等技术的发展为数字地球提供了技术支持。全球变化和可持续发展对数字地球的出现起到了助推剂的作用。目前数字地球已经被广泛应用于不同专业领域、城市与区域发展、科研和教育事业、政治和外交等国际事务的处理。

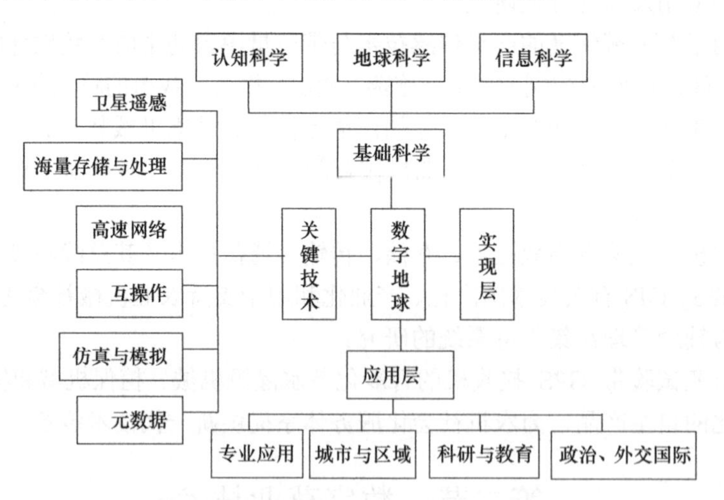

图11-2 数字地球（仿承继成等，2000）

（二）数字地球技术基础

数字地球的研究对象是地球，采用以网络和计算机信息处理为主体的技术系统，各个国家或地区建成国家信息基础设施（National Information Infrastructure，NII），又称信息高速公路，各个国家和地区通过因特网相连接则成为地球信息高速公路。数字地球主要由四个部分组成，分别为数据交互网络体系、基础数据集、法规与标准、机构体系。数字地球主要由计算机服务器、数据库、网络和计算机终端组成，它能够给用户随时提供大容量信息。其技术系统的基本框架由遥感、遥测、地理信息系统、因特网等组成，其中遥感、遥测等提供获取数据的手段，地理信息系统管理、存储、分析和表现数据，因特网实现数据传输发布。

1. 数据自动获取

自动和快速地实时处理、准确地提取信息是数字地球信息获取的关键，这些信息均可从高分辨率卫星遥感数据中自动快速获取。高分辨率卫星遥感数据的分辨率从 1m 到 4000m，且每天均产生大量数据，因此自动快速获取这些数据是建立数字地球的基础。

2. 地球空间数据的存储和处理

分布式数据存储是海量数据管理的趋势，可以避免集中式系统带来的管理困难及网络拥塞，因此地球空间数据的存储和处理通常采用超大型计算机或者并行计算以实现数据的快速处理。

3. 超媒体空间信息系统

数字地球的主要任务之一是通过因特网实现信息的共享和发布，主要通过 WebGIS 技术实现，即超媒体空间信息系统。

4. 地理信息的分布式计算

空间分布特性是地理信息的基本特征之一，地理信息具有基础性、共享性和综合性的属性。因此，在 OpenGIS 规范的约束下，采用 CORBA（或 COM）体系结构，就可以实现地理信息的分布计算。

5. 无比例尺数据库

无比例尺数据库是指以一个大比例尺数据库为基础数据源，在特定区域内的空间对象信息量会随比例尺变化自动地增减，实现大比例尺空间数据自动生成不同小比例尺的数据，而小比例尺则根据用户需求而定。

6. 空间数据仓库

空间数据仓库的主要任务是将来源、结构、格式不同的原始数据，采用相对一致的标准进行处理、储存、分析，然后建立结构化查询的数据库，其目的是及时处理积累的海量空间数据，从中抽取有用信息，以提供用户决策支持。结构框架包括数据源、Metadata 数据源、Metadata 互操作协议、数据抽取求精、Metadata 创建与浏览数据仓库、存取与检索、Metadata 管理及查询与分析等。

7. 空间数据融合

空间数据融合指将多种数据合成后，不再保存原来数据而产生一种新的综合数据，如假彩色合成影像等。数字地球的多种数据融合不仅包括多种分辨率数据、多维数据、不同类型数据的融合，而且还要实现融合得到的数据的可视化表现。

8. 虚拟现实技术

虚拟现实指运用计算机技术生成一个可交互、动态的“世界”，其具有逼真、视觉化、听觉化、触觉化的效果。人们可以通过操纵和考察虚拟世界中的虚拟实体，用户与虚拟现实系统的交互利用数据手套、数据头盔、数据衣等进行，而 VR 系统通过视觉描绘器、听觉描绘器、触觉描绘器使用户产生身临其境的感觉。目前，GIS、虚拟现实及 Web 技术相结合的方式之一是虚拟现实造型语言（Virtual Reality Modeling Language，VRML），通过 VRML 描述 GIS 信息，可以在因特网上发布空间三维数据，供用户浏览。

9. 元数据

为了保证信息不被误用，需要通过 Metadata 对数据进行详细的描述，这样不仅数据生产者能够充分描述数据集，用户还可以估计数据集对其应用目的的适用性。

（三）数字地球的作用

数字地球是世界进入信息时代的最重要标志之一，其对推动全球信息产业的发展具有非常重要的作用。

第一，利用数字地球可以多分辨率、多尺度、多时空和多种类描述全球变化的过程、规律和影响，进而通过三维描述和各种模拟及仿真的手段解析全球变化过程，以及人类应付全球变化的对策。

第二，通过数字地球可以了解到全球范围内任何地方生态环境、地震、土地利用现状、灾害、犯罪、外交、国防的最新、最全面的实际情况，从而为政府在生态环境保护、地震救援、灾害防治、土地利用规划、打击犯罪活动，以及外交和国防等方面进行宏观决策提供依据。

第三，依托数字地球，农牧民可以获得其农田、草地和森林的长势等信息，通过利用 GIS 等技术进行分析，制定出精准农业和精准草业的行动计划，然后借助车载 GPS 和电子地图，定位实施精准农业和精准草业作业。

第四，在水利建设方面，通过数字地球可以虚拟大型水库建成后库区周围和上下游的环境变化，一方面对水库修建提供决策依据，另一方面对水库修建后可能出现的问题有比较清楚的了解，从而制定相应对策。

第五，在现代化战争和国防建设方面，可以利用数字地球建立服务于战略、战术和战役的各种军事地理信息系统，运用虚拟技术建立数字化战场，掌握战场主动权。

第六，数字地球可为普通用户提供学习、购物、参观、旅游服务，充分利用其时空变化，用户可以穿越时空或空间范围，领略不同地区的风土人情、文学艺术、自然景观、植物、动物、天气等。依托数字地球，用户可以通过戴上头盔看见地球从太空中出现，且随分辨率增大，用户可以看见大陆，然后是乡村、城市，最后是私人住房、商店、树木和其他天然及人造景观。

数字地球将改变人类的生存和发展方式，未来利益分配将无不与数字地球息息相关，尤其是在未来利益冲突（包括军事冲突）中将很大程度依赖对数字地球的控制，数字地球上占优势的一方将在数字地球上展开外交攻势、新闻传播、心理战、政治颠覆、文化侵略和数据破坏等。

（四）我国数字地球的发展对策

我国实施“科教兴国”和“可持续发展战略”，强调自主创新能力。在中国发展“数字地球”具有一定的迫切性，因此我国从国家战略层面和技术层面提出了中国数字地球发展的对策，以避免将“中国数字地球”发展为“数字中国”。中国数字地球是以整个地球为背景，以整个地球的技术系统作为研究对象，其中整个地球指地球的任何一个部位的、感兴趣的重点地区，实际上并不是全球。数字中国指以中国的数字化或中国的信息化为研究对象，即以解决中国自己与社会经济发展密切相关的数字地球问题作为研究的重点，或以数字地球的方法，解决中国最迫切的问题，如数字长江、数字农业等（孙小礼，2000；华璀和吴健平，2001）。

1. 战略层面发展对策

首先，“中国数字地球”应国家战略措施，以整合地球科学，促进先进科学技术发展，最终形成以科技发展为基础的新产业，从而引导我国地球科学、信息科学，以及相应产业的发展。其次，“中国数字地球”框架内加强地理信息基础设施建设，主要包括：①国家层次制定统一的对地观测卫星发射计划，建立卫星制造、发射、维护和应用的竞争机制；②尽快建立 IP 宽带网，大幅度增加传输速率，从国家层面比较“三网合一”和“三网并行”的优劣；③加快国家地理空间信息基础设施建设。最后，应该尽快组建“中国数字地球”工作委员会。

2. 技术层面发展对策

首先，加强我国数字地球关键技术的开发和创新。美国发展经验表明，计算科学、大规模存储、卫星图像、宽带网络、互操作性和元数据是创建数字地球的重点。然而，我国与发达国家之间在这些技术方面存在很大差距。因此，需要大力加强与数字地球有关的关键技术研究和创新已刻不容缓。1m 分辨率的卫星图像商业化，说明高分辨率卫星数据已经用于支持全球范围的空间信息分析和处理，因此信息技术进步意味着巨大的商机和潜在的经济社会效益。根据我国国情国力、应用需求和国家安全的需要，迫切需要在关系国家经济和国防安全的两个领域有所突破，即加速建立我国自主、稳定、功能强大的卫星对地观测系统和空间信息传输主干网络，摆脱过分依赖国外卫星数据源、网络传输和管理技术的限制，增强我国地球空间信息产业的国际竞争实力，主要包括加速我国遥感卫星的研制和发射，建立自己的遥感卫星系列和独立稳定的对地观测空间信息源；建立健全空间地理信息采集、处理、分发和应用的技术体系、基础设施及数字产品的市场环境，满足各类应用对空间信息源的需求，特别是满足国土资源及环境动态观测和分析的需要，建立自主的对地观测卫星系列。

其次，加速我国空间信息基础设施发展。第一，盘活信息资源，驱动应用发展，充分利用我国现有信息资源潜力，利用发达国家开放高分辨率卫星数据的契机，加速多源信息的整合，推进数字地球应用系统建设。第二，关键技术创新和基础设施发展。建立有中国特色的空间信息基础设施运行与管理体系，形成我国自主的航空航天对地观测体系，增强我国空间信息技术和相关产业的国际竞争实力，保障国家安全。第三，带动高技术产业形成和发展。通过空间信息基础设施的发展，促进和带动我国空间信息系统软件产业、空间信息服务业及其他相关产业的形成与发展，并为其应用开辟市场，创造必要的技术经济支撑环境。

最后，大力培植我国空间信息产业发展。20 世纪 80 年代以来我国陆续积累了大量空间数据，开发建设了为数甚多的基于空间信息的应用系统，其中一些技术已经达到当时国际先进水平，但仍有大批空间数据（包括航天、航空遥感数据）及其研究成果未能及时转化为应用，没有在国民经济和社会服务信息化中发挥应有的作用。国内 70%以上的地理信息系统软件市场被国外软件占领，空间信息产业十分弱小。针对以上问题，“九五”以来，我国已将 GIS、RS 和 GPS 的产业化、集成化和实用化列为“重中之重”的研究课题，组织开展了国家空间信息基础设施（NSII）关键技术及其雏形——国家资源环境与区域经济信息系统（NREDIS）的开发，并通过这些项目促进空间信息共享和相应地球空间信息产业的形成与发展。

（五）数字地球在我国的应用

我国数字地球的应用刚刚起步，但在农业发展和河流流域管理中已经取得长足进步。数字农业又称信息农业，是利用空间和信息技术形成一个包括农作物、土地、土壤从宏观到微观的监测、预测，农作物生长、发育状况及环境要素的现状与动态分析、诊断预测、耕作措施和管理方案等决策支持在内的信息农业技术系统（汪懋华，2012）。数字长江是长江流域的信息基础设施的建设，实现长江流域的可持续发展，为此进行防洪减灾和生态规划。其中，长江流域的信息基础设施建设，包括长江上游地区 1∶10 万基础地理数据库、中游 1∶5 万基础地理数据库和长江中下游及长江三角洲经济发达地区 1∶1 万基础地理数据库等。长江流域的不同比例尺的有关专题数据库，包括资源、环境、经济和社会数据的分布式数据库建设等。此外，还包括长江流域的网络化建设、长江洪水灾害的监测和预测系统建设、长江防洪调控系统平台建设、长江流域的可持续发展规划监测系统建设等（熊忠幼和张志杰，2002）。

二、数字草业技术体系

（一）数字草业的含义

随着草业生产流程需要数字化和可视化的控制，借助数字地球和数字农业的技术，数字草业应运而生，从而形成了一系列的专门用于草业生产的数字技术体系，实现草业生产、管理、经营、流通、服务等各个节点的数字化控制，实现草业按照人类需求和可持续发展的目标发展（唐华俊等，2009）。

1. 数字农业

随着中国数字地球的兴起，各行业以数字地球的理念提出了自己的“数字”理念，以生物技术和信息技术为主导的新型农业模式——数字农业（Digital Agriculture）

应运而生。数字农业是中国数字地球的重要组分部分，是数字地球在农业领域应用的具体体现。一般而言，数字农业指利用数字化技术对农业（种植业、畜牧业、渔业和林业等）生产与管理的全过程进行数字化和可视化表达、设计、控制和管理（唐世浩等，2002），其本质是将信息技术扩容到农业生产，将工业可控生产和计算机辅助设计应用于农业生产系统，通过计算机、地学空间、网络通信、电子技术和农业的融合，对农作物生长发育、病虫害防治、水肥变化及相应的环境要素进行实时监测，定期获取信息，建立动态空间多维系统，模拟农业生产过程的各种现象，达到合理利用农业资源、节约生产成本、改善生态环境、提高农作物产量和质量的目的（史明昌和王维瑞，2011）。

2. 数字草业的内涵

我国对数字草业的认识仍处于启蒙阶段。目前我国关于数字草业的表述有“精准草业”、“智能草业”、“虚拟草业”、“网络草业”等术语，尚没有形成统一的定义。草业信息化是数字草业的核心，也是其具体表现形式。以信息化为标志的第三次产业革命给各行业提供了创新的契机，信息技术的应用不仅改变了传统的草地生态系统管理思想，而且还引发了以知识为基础的产业技术革命。虽然欧美发达国家近半个世纪内建立了现代化草畜生产体系，特别是 20 世纪 90 年代后将 Internet、“3S”技术、智能控制等逐渐应用于现代草地畜牧业的生产和管理，但欧美发达国家并没有草业这一专有名词和术语。草业是我国在现实国情下提出的专门学科，其内涵虽然包括了欧美等国家的草地和牧草生产，但极具特色。在我国数字草业是数字农业的一个重要分支，其基本标准和规范框架遵循数字农业，但需要考虑草业承担的食物安全和生态安全的双重使命。

一般而言，数字草业是利用数字化技术实时监测草业生产的整个流程，评估每个生产节点的生态、生产、经济，定期获取草业生产过程的信息，建立多维动态系统，对比分析草业生产流程中的各种外在表现，从而选择出资源利用率高、生产成本和环境负荷低、效益高的生产方案。通过数字化设计草业生产过程的生产、管理、经营、流通、服务和草业环境，可视化表达每个节点和流程，实现草业生产过程的智能化控制，使草业按照人类需求和可持续发展的目标发展。

（二）数字草业的主要内容

数字草业主要包括草业要素的数字化、草业过程的数字化和草业管理的数字化三个方面的内容。

1. 草业要素的数字化

草地农业系统包括前植物生产层、植物生产层、动物生产层和后生物生产层，这四个生产层通过草丛-地境界面（A）、草地-动物界面（B）和草畜-经营管理界面（C）连缀，而成为完整的草业系统。因此，草地农业系统包括生物要素（动物和植物）、环境要素、技术要素和草业社会经济要素 4 类组分。每一类又包含多个因素，如生物要素中既有动物又有植物，动物包括家畜和野生动物，植物包括多种多样的牧草。家畜也包括不同种类的家畜，同一种类中又包括不同的品种；牧草种类既有禾本科和莎草科牧草，又有豆科牧草。禾本科中包括早熟禾和垂穗披碱草等多种，豆科牧草中包括紫花苜蓿和阴山扁蓿豆等多种。牧草的生长发育与光合作用、呼吸、蒸腾和营养等因素密切相关（史明昌和王维瑞，2011）。所有这些要素，在传统草业中直接用属性表达，而在数字草业中，均需按照一定的要求和标准用数字化的方法表达，这一过程称为草业要素的数字化。

2. 草业过程的数字化

草业生产过程包括土-草-畜-产品-销售-消费等多个节点，不仅有其内在的规律和机制，而且还与外部环境有着不可分割的联系，这些内在的规律和外在的联系虽然部分可以用科学实验佐证，抽象理论分析，但有些是无法用科学实验表达的。数字草业中各种草业过程的内部规律和外部联系均需要用数字草业模型去揭示与表达，从而使草业研究的成果在更大的地理范围和更长的时间尺度上进行推广应用（史明昌和王维瑞，2011）。目前草业模型种类较多，既有遥感估测模型，又有统计模型，内容涉及草地生产力估算、牧草适应性评价、牧草生长过程模拟、草畜平衡优化、混播牧草竞争等，这些模型是实现草业过程数字化的基础。

3. 草业管理的数字化

草业管理大致包括草业行政管理、草业生产管理、草业科技管理及草业企业管理（史明昌和王维瑞，2011）。不断整合和创新草业数字化方法，如应用各种数学规划方法对草业问题进行辅助决策，充分利用专家经验将草业过程的模拟与草业的优化原理相结合，对某些草业决策提供支持等，是实现草业管理数字化的必由之路。

（三）数字草业的基本构成

包括草业信息标准化建设、草业信息实时获取与处理、草业信息数据库建设、信息服务平台建设和草业信息管理系统建设（史明昌和王维瑞，2011）。

1. 草业信息标准化建设

草业信息描述、定义、获取、表示形式和信息应用环境等尚未形成统一的标准，利用率低。因此，建立数字草业的第一步工作是开展草业信息标准化，将草业活动的各个环节采用标准化方式管理，以便有机衔接信息的获取、传输、储存、分析和应用，这有助于开发和利用草业信息资源，扩大其共享范围。

草业信息标准化是草业标准化体系的重要组成部分。广义的草业信息标准化是指对草业信息及信息技术领域内最基础、最通用、最有规律性、最值得推广和最需共同遵守的重复性事物与概念，通过制定、发布和实施标准，在一定范围内达到某种统一或一致，从而推广和普及信息技术，实现信息资源共享。

2. 草业信息实时获取与处理

草业信息是实现数字草业过程中最重要的基础信息设施建设的内容之一。数字草业建设要充分依靠各种草业信息的支持，而草业资源分布、草业生产信息等大部分草业数据是基于空间分布的。因此，在数字化的草业时代，如何快速准确地获取草业信息资源，并进行开发利用是重中之重。随着科学技术的发展，草业信息获取的手段也不断改进，遥感技术和全球定位系统的有机配合，使得实时、高精确定位的草业信息获得成为了可能，结合计算机网络技术快速、准确的数据传输能力，以及地理信息系统的强大的数据处理能力，为数字草业的信息获取与处理提供了技术保障。

3. 草业信息数据库的建设

草业信息数据库是实施数字草业的基础，主要包括基础数据库、专业数据库、模型库、知识库、方法库和元数据库。基础数据库存储基础地理信息数据、水文气象数据、社会经济数据和遥感影像数据等；专业数据库包括标准法规数据、草业生物数据、草业环境资源数据、草业经济数据等，它是草业信息数据库的核心；模型库、方法库和知识库中分别存储数字草业相关的专业模型及其参数、数据处理方法相关的公式和解决具体问题的知识规则；元数据库存储以上各类数据的元数据，是实现信息资源共享的前提。

4. 信息服务平台建设

数字草业涉及草业生产、草业管理的各方各面，这样一个庞大的系统工程必须有先进的技术手段和框架体系作为支撑，并使各个部分构成一个有机整体，以实现数据、草业模型及知识等多层次资源的高度共享和集成。信息服务平台能有效解决高吞吐量的计算、远程数据访问与服务、分布式异构环境及协同计算等难题，是实现共享机制的关键，其主要功能是应用服务和资源管理。信息服务平台由信息服务中间件、模型库、知识库和资源服务管理器等组成。

5. 草业信息管理系统建设

数字草业的另外一个主要方面，就是草业信息管理系统建设，包括草业各子专题系统的建设，如土壤水分监测子系统、土壤养分监测子系统、牧草病虫害监测子系统、栽培草地灌溉子系统、草地生产力估测系统、草地载畜量评价系统、草业机械传感控制子系统、影像识别子系统、牧草长势监控子系统、自动/人工智能化监测系统和决策支持系统等，它存在于数字草业系统中的各个阶段。这些都需要综合利用 RS、GIS、GPS 及 Internet 技术和农业电子、电气化技术，从而实现现代化的高效草业生产。

（四）我国数字草业的特点

虽然我国数字草业发展刚刚起步，但其也具有以下特点。

1. 数字草业是多领域、多学科技术综合利用的产物

数字草业是地球科学技术、信息科学技术、空间科学技术等现代科学技术与传统草业科学交融的前沿学科，是交叉形成的综合技术体系。它是卫星遥感遥测技术、全球定

位技术、地理信息系统、计算机网络技术、虚拟现实技术和自动化的农机技术等高新技术与地理学、草学、生态学、植物生理学、土壤学和气象学等基础学科的有机结合，综合利用以实现草业过程中对牧草、土壤及家畜等要素从微观到宏观的管理与监测，从而实现草业生产空间信息的有效管理（史明昌和王维瑞，2011）。

2. 数字草业涉及多源、异构、多维、动态的海量数据

基础地理信息、草业资源信息、草业生产信息和草业经济信息等草业数据大部分是基于空间分布的，具有多源、异构、多维、多比例尺、动态和大数据量等特点（梁天刚等，2011）。多源是指获取数据的途径多样，可以通过遥感、遥测和实地调查等多种不同的手段获取。异构是指数据格式不同，包括遥感影像、图形的栅格数据和矢量数据，还包括音频、视频和文本等格式的数据。多维是指数据高达五维，包括空间立体三维、时间维及相对五维空间。多维特性的时空数据必然导致数据是动态变化的、海量的。对于多维、海量数据的组织与管理，特别是对时态数据的组织与管理，需要时态空间数据库管理系统，它不仅能有效储存空间数据，同时还能够形象地显示多维数据和时空分析后的结果。

3. 数字草业要实现草业自然现象或生产、经济过程的模拟仿真和虚拟现实

数字草业要在大量的时空数据基础上，综合运用各类草业模型，采用三维虚拟现实的技术手段，对草业生产、经济活动进行模拟，为草业管理人员提供形象直观的方式，以便更好地进行草业宏观决策，如草业自然灾害和畜产品市场流通等方面的虚拟现实。

（五）我国草业数字建设的目标

草业数字建设是一项长期的、负责的、系统性工程。基于我国草业发展现状和国家对草业建设的需求，我国草业数字建设的目标分为近期目标和远期目标两个部分。

1. 近期目标

首先，草业信息化标准建设。主要包括草业信息术语和获取方法标准化，以及草业信息表示的标准化两个方面。前者指建立术语体系，制定新术语，修改不确切的术语；后者指分类和编码各种草业信息，将其转化为标准数据元，并统一表示法。

其次，草业信息采集系统建设。充分利用我国草业科学领域内已有的研究成果，通过遥感、DPS、自动化监测和固定的地理信息采集点，收集我国牧区天然草地和农区栽培草地的现状，以及这些草地的时空分布、不同地区的牧草生产潜力和天然草地初级生产力、不同地区土壤肥力现状、草地灾害分布现状、养殖分布和家畜等多种空间和属性信息，建立草业信息采集系统。争取以可靠和先进的手段获取信息，保证信息的准确性和适时性，为其他业务系统提供数据支持。

再次，草业信息数据库建设。在 GIS 平台上，利用空间数据管理技术，建立完善、权威的草业信息数据库，对海量、多类型、既具有空间分布特征又具有时空变化特征的草业信息进行高效管理，实现草业信息的无缝集成和建库管理及数据库的联动，维护数据的完整性和一致性。

最后，草业信息管理系统建设。利用“3S”、计算机、自动化等技术，建立包括天然草地和栽培草地土壤监测与评价系统、家畜与饲养动物品种和习性系统等在内的草业信息管理、分析和决策系统，对草业生产行为和草业布局做出科学合理评价，为管理部门提供决策支持。

2. 远期目标

首先，建立牧草栽培、天然草地监测、家畜生长监测等数字化技术服务平台，实现草业生产过程与“3S”技术的有机结合，为我国草业信息获取、分析、管理、上报、决策与发布提供支持，为我国草业现代化和草业信息化提供全面、可靠的服务。

其次，建立基于网络的农业部、省级、县级草业主管机构之间互联互通、有机集成的一体化数字草业信息共享交换平台，实现不同级别草业主管机构、不同地区草业主管机构间的无缝对接，实现长效的、高效的数据共享机制。

最后，逐渐完善涉及草业生产流程的各种模型，深化和完善草业基础信息平台。

三、数字草业研究展望

我国数字草业虽起步较晚，但在草地生态系统模拟和决策支持方面也开发了一系列模型，包括草地生物量和生产力的估算模型（朴世龙等，2004）、草地利用模型和载畜量与草畜平衡模型（Cui et al.，2012；金花，2008）、天然草地-家畜系统仿真和优化管理模型（王贵珍和花立民，2013）等，并且研发了一些信息管理和决策支持系统，如苜蓿病虫害诊断防治专家系统（谷艳蓉等，2005）、中国草业开发与生态建设系统（杨永顺等，2007）等。

草地生态系统模拟模型可分为统计模型、系统生长模型和区域仿真模型三种类型。统计模型主要有植被潜在生产力估计模型（如 Miami 模型、Chikugo 模型等），以及用于次级生产估算的各种草地利用模型。系统生长模型，又称生态过程模型或生态生理模型，主要有应用于人工草地产量模拟的 EPIC 模型、YIELD 模型，以及用于天然草地和永久性人工草地-家畜系统动态模拟的 SPUR 和 Grass-Gro 等。区域仿真模型可以描述区域植被生理生态功能、物理环境与植物之间的物质循环，是目前仿真模型的热点，主要有陆地生态系统模型（TEM）、卡萨生物圈模型（CASA）、草地生态系统模型（CENTURY）、生物地化循环模型（BIOME-BGC）等，这些模型都把植物生长看成环境因子的函数，可以与大气环流模式（GCM）相耦合，有利于开展区域或全球尺度生态系统结构与功能的动态研究。

作为主要的陆地生态系统，区域尺度草地生态系统模拟技术也得到了长足发展，尤其是随着遥感技术和地理信息技术的发展与应用，草地生态系统动态监测技术实现了从传统地面监测到数字化监测的飞跃，利用不同遥感平台、不同类型的传感器开展了大量草地生产力估算、灾害监测、草地植被退化监测等方面的理论研究与技术探索（朴世龙等，2004；金花，2008；何咏琪等，2013；杜自强等，2005），推动了数字草业的发展。首先，基于 APAR 的全球植被生产力模型的建立，带动了一批基于卫星数据的光能利用率模型的研究，如 CASA、GLO-PEM 等。其次，草地生产力全遥感监测模型实现了草业数字化管理中的动态信息实时更新，将草地生态系统管理的水平提高到一个新的层次。再次，草地灾害和荒漠化监测研究方面，澳大利亚将草地环境指标动态监测信息、草地长势监测信息用于干旱区草地畜牧业应急管理，建立了一系列草原-家畜系统监测预警模型，如 Rangepack、Pasture from Space 等对草地生产-环境-经济复合体系进行实时监测和预报控制，还进行草业系统安全运行决策与风险评估，并结合网络技术实现了草地管理远程决策支持。最后，伴随着传感器制造技术、传感器识别能力、厘米级空间分辨率、纳米级带宽的高分传感器的发展，大大拓宽了草地资源遥感指标的监测范围，美国、加拿大、新西兰、澳大利亚等国和欧洲发达国家开发了多种草业管理信息系统、专家系统和决策支持系统。据统计，美国目前正在使用或准备使用的农牧业专家系统超过 1000 个，美国 48%的农牧民拥有互联网接入技术，专家系统是日常生产中的主要应用技术；澳大利亚、新西兰等畜牧业发达的国家，数字化技术应用已深入到草业生产、管理、市场经营的各个环节，澳大利亚 40%以上的家庭牧场应用专家决策支持系统来进行草地放牧系统管理和生产经营。随着草业管理专家系统和软件技术的发展，各种用于科研和生产的草地数字化管理、决策支持硬件技术产品也得以迅速发展，如用于草地群体盖度的无损伤测量仪器、草地生产速率无损伤测量仪器及装载了各种决策支持信息的掌上电脑等。

目前，国际信息技术进入以网络化、空间化、智能控制为主的全面信息化阶段，数字化技术趋于硬件化、实用化、产品化。根据我国国情和草业生产发展水平，数字草业理论与技术表现出空间化、精准化、自动化、集成化的发展趋势。①草地监测技术的空间化趋势：我国草地生态系统区域辽阔、自然条件复杂，草业生产问题具有多时间、多空间尺度变化特点，基于多平台遥感的监测技术是满足草地实时数据获取的必要手段；②草业生产过程的精准模拟：不同尺度上草畜过程管理决策支持的要求不同，但结合植被生长发育过程、草地-家畜相互作用机制的生产系统动态模型是草业数字化技术的前沿领域，结合遥感定量反演、数据与模型同化，为实现可控尺度上的精准化生产控制提供工具；③草业生产管理的自动化控制：人工智能是信息领域最前沿的技术之一，应用人工智能进行田间管理参数的获取与识别，将大大提高草业生产管理的自动化和实时化程度；④草业信息技术集成化：信息技术对草业发展重要的帮助之一是远程信息通信，具有网络支持的移动存储平台将弥补电信基础设施条件带来的不便，提供更加方便的服务。

思 考 题

1. 举例说明精准草业的内涵是什么？
2. 简述我国精准草业发展的制约因素及重点方向？
3. 简述全球定位系统的特点及应用？举例说明 GPS 和 BDS 的异同点？

4. 简述数字地球及其作用？
5. 论述数字草业的内涵及主要内容？
6. 论述数字草业的特点？举例说明数字草业的应用？

参考文献

承继成, 郭华东, 薛勇. 2000. 数字地球导论(第二版)[M]. 北京: 科学出版社.

杜自强, 王建, 沈宇丹, 等. 2005. 基于 3S 技术的草地退化动态监测系统设计[J]. 草业与畜牧, (11): 51-54.

谷艳蓉, 张国芳, 孟林. 2005. 苜蓿病虫草害诊断与防治专家系统的构建[J]. 草原与草坪, 5: 60-63.

郭正刚, 王锁民, 梁天刚, 等. 2004.草地资源分类经营初探[J]. 草业学报, 13(2): 1-6.

何咏琪, 黄晓东, 侯秀敏, 等. 2013. 基于 3S 技术的草原鼠害监测方法研究[J]. 草业学报, 22(3): 33-40.

胡友健, 罗昀, 曾云. 2003. 全球定位系统(GPS)原理与应用[M]. 北京: 中国地质大学出版社.

华璀, 吴健平. 2001. 中国数字地球的发展思考[J]. 广西师范学院学报(自然科学版), 18(1): 58-62.

金花. 2008. 基于 3S 技术支持的草地营养与载畜量评价研究[D]. 呼和浩特: 内蒙古农业大学博士学位论文.

李凌浩, 王堃, 斯琴毕力格. 2012. 新时期我国草地环境科学发展战略的思考[J]. 草地学报, 20(2): 199-206.

栗恒义. 1996. GPS 的应用[J]. 导航与雷达动态, (1): 10-16.

梁天刚, 黄晓东, 任继周. 2011. 论草业科学的信息维[J]. 草业科学, 28(8): 1552-1555.

刘爱民, 封志明, 徐丽明. 2000. 现代精准农业及我国精准农业的发展方向[J]. 中国农业大学学报, 5(2): 20-25.

朴世龙, 方精云, 贺金生, 等. 2004. 中国草地植被生物量及其空间分布格局[J]. 植物生态学报, 28(4): 491-498.

史明昌, 王维瑞. 2011. 数字农业技术平台技术原理与实践[M]. 北京: 科学出版社.

搜狗百科. 2013. 北斗二号卫星[EB/OL]. http: //baike.sogou.com/v61184981.htm. 2013.

搜狗百科. 2015. 北斗导航定位卫星[EB/OL]. http: //baike.sogou.com/v55221.htm. 2015.

孙小礼. 2000. 数字地球与数字中国[J]. 科学学研究, 18(4): 20-24.

唐华俊, 辛晓平, 杨桂霞, 等. 2009. 现代数字草业理论与技术研究进展及展望[J].中国草地学报, 31(4): 1-8.

唐世浩, 朱启疆, 闫广建, 等. 2002.关于数字农业的基本构想[J].农业现代化研究, 23(3): 183-187.

汪懋华. 2012. 数字农业[M]. 北京: 电子工业出版社.

王贵珍, 花立民. 2013. 牧场管理模型研究进展[J]. 草业科学, 30(10): 1664-1675.

王晓华, 郭敏. 2005. GPS 卫星定位误差分析[J]. 全球定位系统, 30(1): 43-47.

文成志. 1998. 搞好家庭牧场建设促进现代化畜牧业发展[J]. 四川草原, (4): 16-18.

熊忠幼, 张志杰. 2002. 实现"数字长江"宏伟构想[J]. 中国水利, (4): 45-47.

亚洲流体网. 2013. GPS 卫星系统组成[EB/OL]. http: //www.liuti.cn/news/145592.html. 2013.

杨理, 侯向阳. 2007. 完善北方草原家庭承包制与天然草地可持续管理[J]. 科技导报, 25(9): 29-32.

杨永顺, 陈全功, 杨丽娜, 等. 2007. 基于 WebGIS 的《中国草业开发与生态建设专家系统》的开发[J]. 草业科学, 24(10): 31-35.

赵春江, 薛绪掌, 王秀, 等. 2003. 精准农业技术体系的研究进展与展望[J]. 农业工程学报, 19(4): 7-12.

赵旭, 韩天虎, 孙琼, 等. 2013. 甘南藏区放牧制度及其时效性评价[J].草业科学, 30(12): 2077-2083.

周露, 刘宝忠. 2004. 北斗卫星定位系统的技术特征分析与应用[J]. 全球定位系统, 29(4): 12-16.

周旭英. 2008. 中国草地资源综合生产能力研究[M]. 北京：中国农业科学技术出版社.

Cui X, Guo ZG, Liang TG, et al. 2012. Classification management for grassland using MODIS data: a case study in the Gannan Region, China[J]. International Journal of Remote Sensing, 33(10): 3156-3175.

Searcy SW. 1996. A US view on the precision farming revolution[A]. *In*: Brighton Crop Protection Conference: Pests & Diseases-1996, Vol. 3: Proceedings, Brighton, UK[C]. Farnham: British Crop Protection Council: 1113-1120.

Yu X, Zhang J, Jia TT, et al. 2015. Effects of alternate furrow irrigation on the biomass and quality of alfalfa (*Medicago sativa*)[J]. Agricultural Water Management, 161: 147-154.